U0216071

电子信息前沿专著系列

"十四五"时期国家重点出版物出版专项规划项目

国家出版基金项目
NATIONAL PUBLICATION FOUNDATION

大规模存储系统
数据消冗

夏文 冯丹 华宇 邹翔宇 著

Redundancy Elimination for Mass Storage Systems

工信学术出版基金
Industry and Information Technology
Academic Publishing Fund

人民邮电出版社
北 京

图书在版编目（ＣＩＰ）数据

大规模存储系统数据消冗 / 夏文等著. -- 北京：
人民邮电出版社，2023.5
（电子信息前沿专著系列）
ISBN 978-7-115-61016-4

Ⅰ．①大… Ⅱ．①夏… Ⅲ．①大规模—分布式存贮器
—研究 Ⅳ．①TP333.2

中国国家版本馆CIP数据核字(2023)第01 265号

内 容 提 要

近年来，云计算、物联网、区块链和边缘计算等多种新技术应用产生了海量的有价值数据，而且数据呈现出持续增长的趋势。如何高效地存储和管理这样前所未有的庞大数据是现代工业界和学术界共同关注的重点和难点问题。

本书系统介绍了数据消冗技术，该技术能够通过有效检测和消除数据中的冗余部分，达到减轻存储系统负担和降低成本的目标，从而应对海量数据增长带来的挑战。本书结合作者最近十余年在存储系统领域相关的著名国际学术会议和期刊上发表的前沿成果，一方面对单独的数据消冗技术问题进行深入的理论和应用剖析，另一方面针对多种典型应用场景的数据消冗需求提供丰富的系统级解决方案和技术思路。

本书主要面向数据存储相关研究人员、咨询顾问和架构师等技术人员，也适合高等院校相关专业的本科生、研究生和对数据消冗相关领域感兴趣的读者阅读。

◆ 著　　　　　夏　文　冯　丹　华　宇　邹翔宇
　　责任编辑　贺瑞君
　　责任印制　李　东　焦志炜

◆ 人民邮电出版社出版发行　　北京市丰台区成寿寺路 11 号
　　邮编　100164　电子邮件　315@ptpress.com.cn
　　网址　https://www.ptpress.com.cn
　　北京捷迅佳彩印刷有限公司印刷

◆ 开本：700×1000　1/16
　　印张：24.25　　　　　　　2023 年 5 月第 1 版
　　字数：474 千字　　　　　　2023 年 5 月北京第 1 次印刷

定价：149.00 元

读者服务热线：(010)81055552　印装质量热线：(010)81055316
反盗版热线：(010)81055315
广告经营许可证：京东市监广登字 20170147 号

电子信息前沿专著系列

总　序

　　电子信息科学与技术是现代信息社会的基石，也是科技革命和产业变革的关键，其发展日新月异。近年来，我国电子信息科技和相关产业蓬勃发展，为社会、经济发展和向智能社会升级提供了强有力的支撑，但同时我国仍迫切需要进一步完善电子信息科技自主创新体系，切实提升原始创新能力，努力实现更多"从0到1"的原创性、基础性研究突破。《中华人民共和国国民经济和社会发展第十四个五年规划和2035年远景目标纲要》明确提出，要发展壮大新一代信息技术等战略性新兴产业。面向未来，我们亟待在电子信息前沿领域重点发展方向上进行系统化建设，持续推出一批能代表学科前沿与发展趋势，展现关键技术突破的有创见、有影响的高水平学术专著，以推动相关领域的学术交流，促进学科发展，助力科技人才快速成长，建设战略科技领先人才后备军队伍。

　　为贯彻落实国家"科技强国""人才强国"战略，进一步推动电子信息领域基础研究及技术的进步与创新，引导一线科研工作者树立学术理想、投身国家科技攻关、深入学术研究，人民邮电出版社联合中国电子学会、国务院学位委员会电子科学与技术学科评议组启动了"电子信息前沿青年学者出版工程"，科学评审、选拔优秀青年学者，建设"电子信息前沿专著系列"，计划分批出版约50册具有前沿性、开创性、突破性、引领性的原创学术专著，在电子信息领域持续总结、积累创新成果。"电子信息前沿青年学者出版工程"通过设立专家委员会，以严谨的作者评审选拔机制和对作者学术写作的辅导、支持，实现对领域前沿的深刻把握和对未来发展的精准判断，从而保障系列图书的战略高度和前沿性。

　　"电子信息前沿专著系列"首批出版的10册学术专著，内容面向电子信息领域战略性、基础性、先导性的应用，涵盖半导体器件、智能计算与数据分析、通信和信号及频谱技术等主题，包含清华大学、西安电子科技大学、哈尔滨工业大学（深圳）、东南大学、北京理工大学、电子科技大学、吉林大学、南京邮电大学等高等院校国家重点实验室的原创研究成果。本系列图书的出版不仅体现了传播学术思想、积淀研究成果、指导实践应用等方面的价值，而且对电子信息领域的广大科研工作者具有示范性作用，可为其开展科研工作提供切实可行的参考。

希望本系列图书具有可持续发展的生命力，成为电子信息领域具有举足轻重影响力和开创性的典范，对我国电子信息产业的发展起到积极的促进作用，对加快重要原创成果的传播、助力科研团队建设及人才的培养、推动学科和行业的创新发展都有所助益。同时，我们也希望本系列图书的出版能激发更多科技人才、产业精英投身到我国电子信息产业中，共同推动我国电子信息产业高速、高质量发展。

2021 年 12 月 21 日

前　　言

　　数据消冗是当前大规模存储系统的一个热门课题，通过对冗余、重复的数据开展全局检测和有效消除，能够显著地减轻存储系统的负担并降低成本，从而助力构建绿色低碳的数据中心。

　　最早的数据消冗研究可以追溯到 20 世纪 50 年代的熵编码压缩技术，以及 20 世纪 70 年代兴起的字典压缩编码技术。这两者的结合形成了当前通用数据压缩技术的基石，但是这类技术主要应用于小范围的数据消冗，存在着空间复杂度和时间复杂度高、可扩展性差等问题，不适合大范围的全局数据消冗。因此，随着数据规模的增长，面向大规模存储的系统级数据压缩技术应运而生，块级数据去重、相似数据去重等新型数据消冗技术被逐步提出并广泛应用在各级存储系统中。21 世纪初，美国麻省理工学院和贝尔实验室几乎同时提出了块级数据去重技术的雏形，之后这一项可适用于大规模存储系统的数据消冗技术，受到了广大系统研究学者的关注，成为近二十年存储系统研究的焦点技术。同时，华为、腾讯、阿里巴巴、百度、戴尔、Microsoft、Data Domain、HP、EMC、NetApp、PureStorage、Dropbox 等国内外大型云计算或存储企业对于数据消冗方面持续的技术需求催生了大量深刻、有效的研究和工程工作。这些工作的切入点与研究重心各有不同，且分散在数据消冗的各个领域中，十分碎片化。截至本书成稿时，依然没有相对专业的研究专著系统地分析和概括当前的各种数据消冗技术，尤其是近些年新兴的相似数据去重技术。这为数据消冗技术的总结与归纳、传承与发展、推广与应用带来了重重困难，阻碍了数据消冗技术更进一步的广泛应用。

　　本书结合作者最近十余年在与存储系统领域相关的著名国际学术会议和期刊上发表的前沿成果，一方面对单个数据消冗技术问题进行深入的理论和应用剖析，从存储系统中冗余的特征出发，介绍现代数据消冗的发展脉络，以及几种典型技术的特征和它们关键流程中的技术细节，包括数据分块、指纹索引、垃圾回收、差量压缩、数据恢复等；另一方面针对多种典型应用场景（包括数据备份、数据同步、人工智能模型、非易失性内存、时序数据库及图像存储等）的数据消冗需求，提供丰富的系统级解决方案和技术思路。希望不同背景的读者能够从本书中受益，并最终推动本书描述的数据消冗研究成果在国产存储系统和云数据中心等诸多场景中得到应用及转化。

　　本书总结和呈现的相当一部分工作得到了国家自然科学基金委面上项目、青年项目，广东省自然科学基金面上项目，深圳市优秀科技创新人才培养项目（优秀青年基础研究）等的支持。在编写本书的过程中，作者也得到了王芳、江泓、胡燏翀等教师，以及课题组的周鹏、万斌朝硕、梁文凯、徐菡、谭浩良、胡浩、魏灿、金豪宇、吴东磊、施杨、潘延麒、邓才、黄晓嘉、贺远、张舒昱等同学的大力支持，在此一并表示感谢。

由于水平有限，书中不妥之处在所难免，恳请指正。

作者

2022 年 10 月 21 日

目　　录

第 1 章 绪　　论

作为冯·诺依曼架构中的重要组成部分，存储器肩负着保存数据的重任，生来就受到了计算机研究者和工程师的关注。一方面，人们对处理和保存更多数据的需求催生了容量越来越大的存储器；另一方面，容量越来越大的存储器也使人们开始设想需要更大存储空间的应用。这样的正反馈循环在计算机蓬勃发展的过程中促进了技术的进步，推广了计算机的应用。但是，在数据无所不在的今天，数据规模的膨胀速度已经远远超出存储设备容量的进步速度，这使得以前的正反馈循环已经难以为继。而数据消冗（Redundancy Elimination，又称数据缩减）技术正是维持这一循环的重要技术手段：它能够有效地扩大数据存储系统的逻辑容量，提高物理存储的物理密度，弥补存储方面的应用需求与设备容量之间的差距，从而提高数据存储效率和管理效率，降低数据存储系统的建设成本。本章介绍当前数据急剧增长的趋势、数据冗余的普遍性、大规模数据消冗的应用及对应的主要挑战等，借此说明数据消冗技术的必要性、有效性和应用背景。

1.1　数据增长与数据消冗

当今，随着电子计算机、科学计算、互联网及移动互联网的迅速普及，全球的数据量呈爆炸式的增长。人们越来越深切地感觉到，如何存储和管理这些海量数据已经成为一个相当棘手的问题。虽然存储设备的单位容量价格在持续下降，但也远远赶不上用户需要存储和处理的数据量的攀升速度。据国际数据公司（International Data Corporation，IDC）权威统计，目前全球数据总量呈现每年约 61% 的增长趋势：2010 年全球数据总量达到了 1.2 ZB，2018 年达到了 33 ZB，2025 年全球数据总量预计达到 175 ZB [1-3]。

数据规模的急剧增长给数据存储系统带来了巨大的压力。据中国电子学会发布的《中国绿色数据中心发展报告（2020）》和国家发改委等 4 部门联合印发的《贯彻落实碳达峰碳中和目标要求　推动数据中心和 5G 等新型基础设施绿色高质量发展实施方案》，全球信息总量快速增长（每年约 61% 的增速）的趋势驱动了数据中心的建设。具体地，我国近五年机架投放市场的平均增速高达 30%。数据中心的扩张带来了能耗的急剧攀升：预计到 2030 年，全国数据中心的总能耗将达到 1800 亿 kW·h，产生的碳排放将达到全社会的 1.5%。因此，在这些大规模数据存储系统的建设和维护的过程中，一方面，如何在保证整体性能的前提下，提高数据存储密度、存储效率和管理效率，降低数据存储系统的硬件成本，成为一个关键的问题；另一方面，面对如此庞大的数据存储需求，如何尽可能地降低存储系统的能耗和维护成本，成为另一个亟待解决的问题。

在数据存储规模持续增长的同时，最近的研究发现，数据冗余现象（如重复数据块、重复文件等）普遍存在于各级存储系统中。具体而言，在桌面文件系统、数据中心等应用场景下，大规模存储系统中冗余数据的比例高达 42%~93%，在数据备份存储场景中甚至高达 98%。这个现象凸显了数据消冗技术的必要性。

数据消冗技术是一系列消除数据冗余、缩小数据规模的技术。它是对传统数据压缩技术在应用维度和技术维度上的扩展，不仅囊括了传统的数据压缩技术，还新引入了数据去重（Data Deduplication）技术、相似去重技术、数据有损压缩（Lossy Compression）技术等。传统压缩技术一般只在通常大小的文件上有较好的效果，而数据消冗技术面向的是大规模和超大规模存储系统的数据。它可以有效地解决上述两个关键问题：一方面，它可以有效地提高数据存储系统的逻辑容量，从而降低其对物理存储容量的需求，提高数据存储效率和管理效率，降低数据存储系统的建设成本；另一方面，物理设备的减少也降低了数据存储系统的整体能耗，能够帮助数据中心实现节能减排的目标，从而助力构建绿色低碳的数据中心。事实上，据 IDC 的调查研究 [4]，有 80% 参与调查的公司表示已经在他们的存储系统中应用了数据消冗技术来减少存储设备开销，提高存储资源利用率。

总体而言，数据消冗技术从数据的冗余特征入手，以不同的粒度、不同的角度来全局地、高效地挖掘、识别和消除冗余数据，可以有效地节省数据存储的物理空间，从而有效应对数据规模高速膨胀的挑战。因此，数据消冗技术成为近年来大规模存储系统研究的热点。

1.2　大规模存储系统冗余负载分析

冗余数据广泛地存在于各种数据负载中，包括桌面文件系统、商用备份存储系统、高性能计算（High Performance Computing，HPC）数据中心、云计算虚拟机等。表 1.1给出了主流的存储研究机构，包括微软、易安信（EMC Corporation）、国际商业机器公司（International Business Machines Corporation，IBM）等公布的大规模存储系统中的冗余数据负载情况。

其中，微软研究院于 2011 年公布了其收集的近 900 个用户桌面文件系统的冗余数据负载 [5]：个人的文件系统中平均存在着约 40% 的重复数据，用户之间共享的重复数据也高达 68%，数据块级（简称块级）去重往往比文件级去重多找到约 20% 的重复数据。据微软研究院于 2012 年公布的微软桌面服务器文件系统的冗余数据负载情况[6]显示，微软服务器文件系统中的冗余数据占比更大，为 15%~90%。基于这一观察，微软在 2012 年推出的 Windows Server 2012 产品中添加了数据去重功能来提高存储效率。

表 1.1　主流存储研究机构公布的大规模存储系统中的冗余数据负载情况

研究机构	数据源出处	总大小	压缩策略	压缩率
微软	857 个用户桌面文件系统	162 TB	用户内文件级去重	约 21%
			用户内 8 KB 块级去重	约 42%
			用户间文件级去重	约 50%
			用户间 8 KB 块级去重	约 68%
	15 个 MS 服务器文件系统	6.8 TB	文件级去重	0~16%
			64 KB 块级去重	15%~90%
EMC	约 1 万个商用备份存储系统	700 TB	8 KB 块级去重	69%~93%
	6 个大型备份存储系统	33 TB	8 KB 块级去重	85%~97%
			差量压缩（去重后）	66%~82%
			GZIP（去重后）	74%~87%
美因茨大学	欧洲的 4 个高性能数据中心	1212 TB	8 KB 块级去重	20%~30%
IBM	43 个服务器和 8 个虚拟机镜像	44 TB	DEAFLATE 压缩	18%~53%

数据备份和归档是当今企业实行数据保护和存储管理的主要方式。而传统的备份存储技术是直接持久化地保存所有需要保护的数据，无端浪费了企业用户的网络带宽和存储空间等资源，降低了数据备份和归档的存储利用率。而且随着备份次数的增多和备份数据量的迅猛增长，存储系统中的冗余数据越来越多，消耗在冗余数据上的存储和管理的资源会成倍增加。EMC 数据备份研究团队于 2012 年公布了约 1 万个商用备份存储系统的冗余数据负载情况[7]。结果显示，备份系统中的冗余数据占比更大，数据去重技术消除的冗余数据平均高达 80%，这就意味着可以帮助用户节省 4/5 的存储空间。此外，差量压缩（Delta Compression）技术和传统的压缩技术（如 GZIP）可以进一步消除数据去重后的冗余数据[8]。

德国美因茨约翰内斯-古腾堡大学（Johannes Gutenberg-University Mainz,简称美因茨大学）也于 2012 年公布了对欧洲的 4 个高性能计算数据中心的冗余数据负载[9] 的调查结果。结果显示，重复数据在高性能计算数据中心这种场合中，也占有 20%~30% 的比例。此外，IBM 研究院于 2013 年公布的研究数据[10] 还显示：传统的经典压缩技术 DEALATE[11][一种联合了哈夫曼编码（Huffman Encoding）与字典编码（Dictionary Encoding）的压缩算法] 也可以节省 18%~53% 的存储空间，提高存储效率。

上述各大研究机构公布的数据表明，现在的大规模存储系统中广泛地存在冗余数据。因此，有效、积极地消除存储系统中的冗余数据有着非常重要的意义。

（1）高效地节约有限的存储空间。数据消冗能够极大地提高存储系统的空间利用率，节省存储系统的硬件成本。

（2）减少网络中冗余数据的传输。在网络存储系统中，消除冗余数据可以减少冗余数据的网络传输，优化网络带宽使用率。

（3）在广域网环境下，消除冗余数据传输量的好处会更加明显，也有利于实现远程大规模数据的备份或容灾。

（4）帮助用户节约时间和成本。具体体现在帮助用户加快数据传输和节省存储设备空间上，可帮助用户简化数据存储管理和改进用户体验。

（5）尽可能地降低存储系统的能耗和维护成本，实现数据中心节能减排的目标，从而助力构建绿色低碳的数据中心。

1.3 数据消冗技术的应用与挑战

数据消冗技术是对传统数据压缩技术在应用维度和技术维度上的扩展，包括传统的无损压缩（Lossless Compression）技术、数据去重技术 [12]、差量压缩技术 [13,14]、有损压缩（Lossy Compression）技术等。传统的无损压缩技术往往受制于其回看区间，无法消除时空间隔较大的数据冗余，因此在大规模数据消冗方面效果不佳。有损压缩技术则是无损压缩技术的一种变体。对于特定的任务（如时序数据、人工智能学习）而言，无损压缩技术可以在微小且不影响可用性的精度损失下大幅提升数据的可压缩性。而数据去重技术，以及其扩展出来的相似去重技术则是通过大范围地（如文件级、8 KB 大小的块级）识别和消除冗余数据来降低数据存储成本的重要技术 [12,15,16]。与传统的基于哈夫曼编码和字典编码的压缩技术相比，数据去重技术和差量压缩技术具有更好的可扩展性，更加适应目前存储系统规模的增长，可有效地帮助存储系统节省存储空间并提高网络带宽利用率。与传统的无损压缩技术相比，数据去重技术以互不重叠的数据块（Chunk）为冗余检测单位，数据处理的粒度更大，速度也更快。由于这项技术迎合了数据规模爆炸式增长的趋势，满足了用户对冗余数据消除的吞吐率的需求，所以无论是学术权威研究机构，还是各大存储厂商，都非常看好数据去重技术的发展前景。此外，差量压缩技术作为一种针对相似数据的压缩技术，是通过计算相似数据的修改部分（差量）来消除数据冗余。由于数据去重技术只能识别完全重复的数据，而差量压缩技术能够有效地识别并消除非重复但是相似数据中的冗余，所以后者作为数据去重技术的一种补充技术，在近几年也引起了广泛的关注。总体而言，数据消冗技术在以下场景中得到了广泛的应用。

（1）由于数据备份 [12,15,17] 系统、数据归档 [17-19] 系统中冗余数据的广泛存在 [数据压缩比（Compression Factor，CF）高达 5～40[7,8]]，所以次级存储系统是数据消冗技术的重要应用场合。而且近年来，差量压缩也被逐步应用到数据备份系统和数据归档系统去重后的进一步数据消冗中。差量压缩作为数据去重技术的补充压缩策略，可以获得额外 2～3 倍的数据压缩比 [8,20]。

（2）主存储文件系统的数据消冗在最近几年也获得了广泛的关注。微软研究院公布的数据（见表 1.1）显示，主存储文件系统（个人或服务器）也存在大量数据冗余 [5,6]，但是主存储系统需要数据去重的计算和索引延迟更小，而且对数据去重后的读性能要求也很高 [21]。

（3）云存储环境也是数据消冗技术的主要应用场合之一，目前主流的云存储软件都添加了数据去重这一功能 [22]。这是因为，目前云存储系统中的主要性能瓶颈仍然是网络带宽，所以有效地识别客户端与云端的冗余数据就可以缩短同步数据所需的传输时间 [23]。也正是由于云存储对网络带宽的敏感性，压缩粒度更小、压缩率（Compression Ratio，CR）更高的差量压缩技术在这个场合得到了广泛的应用 [22]。

（4）虚拟化环境也是数据消冗技术最早的应用领域之一，这是因为在同构或异构的多台虚拟机部署平台中，无论是主存储系统 [24-26] 还是外存储 [27-31] 都有着丰富的冗余数据。有效地检测并消除这些冗余数据（结合数据去重、差量压缩、传统的无损压缩等多种数据消冗技术）迎合了充分利用虚拟化环境和节省计算机系统资源的理念。

（5）网络环境下通过数据消冗来减少冗余数据的传输可以节省网络带宽 [32-35]。一般来说，网络环境下的数据消冗技术粒度更小（几十到几百字节不等），其处理的对象也有数据流和数据包等多种形式，而且其使用的指纹算法和查找算法也有着很大的不同（与系统级数据消冗技术相比）。从 2010 年微软研究院公布的数据 [36] 来看，在企业级广域网中采用数据去重技术，可以节省约 30% 的网络带宽。

（6）此外，数据去重和差量压缩等数据消冗技术在其他领域也有广泛的应用。例如在固态硬盘（Solid State Disk，SSD）研究领域，CAFTL[37]、CA-SSD[38] 利用数据去重技术有效地减少了 SSD 的重复写次数，可以有效延长 SSD 的使用寿命；I/O Deduplication[39] 通过建立基于数据内容的缓存，有效地消除了主存储系统中重复的 I/O 操作；I-CASH[40] 利用差量压缩技术有效地扩大了 SSD 缓存的逻辑空间，提高了 SSD 缓存的设备利用率，最终优化了存储系统的整体性能。

数据消冗技术在得到广泛应用的同时，也面临着诸多技术上的挑战。这包括了目前非结构化数据的持续增长所带来的挑战，数据规模增长带来的重复数据和相似数据查找的磁盘索引瓶颈问题，数据去重技术和差量压缩技术带来的计算延迟与日益增长的存储和网络带宽的矛盾等。所以，如何高效地压缩存储系统中的海量数据，是现在数据去重和差量压缩研究的迫切需求和研究热点，这也是本书后续章节介绍的各项技术所要解决的核心问题。

1.4　本章小结

在数据无所不在的今天，数据规模的膨胀速度已经超出了存储介质容量的进步速度，而消除数据的冗余成为弥补这一差距的重要手段。本章介绍了数据急剧增长的趋势、数据冗余的普遍性、大规模数据消冗的应用及对应的主要挑战等，从而说明了数据消冗技术的必要性、有效性和应用背景。

参考文献

[1] IDC. The 2011 Digital Universe Study[Z/OL]. (2011-6-1)[2022-11-30].

[2] GANTZ J, REINSEL D. The Digital Universe in 2020: Big data, Bigger Digital Shadows, and Biggest Growth in the Far East[Z/OL]. (2012-12-1)[2022-11-30].

[3] IDC. The Digitization of the World—From Edge to Core[Z/OL]. (2018-11-1)[2022-11-30].

[4] DUBOIS L, AMALDAS M, SHEPPARD E. Key Considerations as Deduplication Evolves into Primary Storage[J]. White Paper, 2011: 223310.

[5] MEYER D, BOLOSKY W. A Study of Practical Deduplication[C]//Proceedings of the USENIX Conference on File and Storage Technologies (FAST'11). CA: USENIX Association, 2011: 229-241.

[6] EL-SHIMI A, KALACH R, KUMAR A, et al. Primary Data Deduplication-large Scale Study and System Design[C]//Proceedings of the 2012 USENIX Annual Technical Conference (USENIX ATC'12). MA: USENIX Association, 2012: 1-12.

[7] WALLACE G, DOUGLIS F, QIAN H, et al. Characteristics of Backup Workloads in Production Systems[C]//Proceedings of the 10th USENIX Conference on File and Storage Technologies (FAST'12). CA: USENIX Association, 2012: 1-14.

[8] SHILANE P, HUANG M, WALLACE G, et al. WAN Optimized Replication of Backup Datasets Using Stream-informed Delta Compression[C]//Proceedings of the 10th USENIX Conference on File and Storage Technologies (FAST'12). CA: USENIX Association, 2012a: 1-14.

[9] MEISTER D, KAISER J, BRINKMANN A, et al. A Study on Data Deduplication in HPC Storage Systems[C]//Proceedings of the International Conference on High Performance Computing, Networking, Storage and Analysis (SC'02). Utah: IEEE Computer Society, 2012: 1-11.

[10]　HARNIK D, KAT R I, MARGALIT O, et al. To Zip or not to Zip: Effective Resource Usage for Real-time Compression[C]//Proceedings of the 11th USENIX Conference on File and Storage Technologies (FAST'13). CA: USENIX Association, 2013: 229-241.

[11]　DEUTSCH L P. DEFLATE Compressed Data Format Specification Version 1.3 [Z/OL]. RFC Editor. (1996-5-1)[2022-11-30].

[12]　ZHU B, LI K, PATTERSON R H. Avoiding the Disk Bottleneck in the Data Domain Deduplication File System[C]//Proceedings of the 6th USENIX Conference on File and Storage Technologies (FAST'08). CA: USENIX Association, 2008(8): 1-14.

[13]　MACDONALD J. File System Support for Delta Compression[D]. Berkeley: University of California at Berkeley, 2000.

[14]　TRENDAFILOV D, MEMON N, SUEL T. Zdelta: An Efficient Delta Compression Tool[R]. NY: Polytechnic University, 2002.

[15]　LILLIBRIDGE M, ESHGHI K, BHAGWAT D, et al. Sparse Indexing: Large Scale, Inline Deduplication Using Sampling and Locality[C]//Proceedings of the 7th USENIX Conference on File and Storage Technologies (FAST'09). CA: USENIX Association, 2009(9): 111-123.

[16]　BHAGWAT D, ESHGHI K, LONG D D E, et al. Extreme Binning: Scalable, Parallel Deduplication for Chunk-based File Backup[C]//Proceedings of IEEE International Symposium on Modeling, Analysis & Simulation of Computer and Telecommunication Systems (MASCOTS'09). London: IEEE Computer Society, 2009: 1-9.

[17]　DUBNICKI C, GRYZ L, HELDT L, et al. HYDRAstor: A Scalable Secondary Storage[C]//Proceedings of USENIX Conference on File and Storage Technologies (FAST'09). CA: USENIX Association, 2009(9): 197-210.

[18]　QUINLAN S, DORWARD S. Venti: A New Approach to Archival Storage[C]//Proceedings of USENIX Conference on File and Storage Technologies (FAST'02). CA: USENIX Association, 2002: 1-13.

[19]　YOU L L, POLLACK K T, LONG D D. Deep Store: An Archival Storage System Architecture[C]//Proceedings of the 21st International Conference on Data Engineering (ICDE'05). Tokyo: IEEE Computer Society, 2005: 804-815.

[20]　SHILANE P, WALLACE G, HUANG M, et al. Delta Compressed and Deduplicated Storage Using Stream-informed Locality[C]//Proceedings of the 4th USENIX Conference on Hot Topics in Storage and File Systems (HotStorage'12). MA: USENIX Association, 2012b: 201-214.

[21]　SRINIVASAN K, BISSON T, GOODSON G, et al. iDedup: Latency-aware, Inline Data Deduplication for Primary Storage[C]//Proceedings of the 10th USENIX Conference on File and Storage Technologies (FAST'12). CA: USENIX Association, 2012: 24-37.

[22] DRAGO I, MELLIA M, MUNAFÒ M M, et al. Inside Dropbox: Understanding Personal Cloud Storage Services[C]//Proceedings of the 2012 ACM Conference on Internet Measurement Conference (IMC'12). MA: ACM Association, 2012: 481-494.

[23] VRABLE M, SAVAGE S, VOELKER G M. Cumulus: Filesystem Backup to the Cloud[J]. ACM Transactions on Storage, 2009, 5(4): 14.

[24] WALDSPURGER C A. Memory Resource Management in VMware ESX Server[J]. ACM SIGOPS Operating Systems Review, 2002, 36(SI): 181-194.

[25] GUPTA D, LEE S, VRABLE M, et al. Difference Engine: Harnessing Memory Redundancy in Virtual Machines[C]//Proceedings of the 5th Symposium on Operating Systems Design and Implementation (OSDI'08). CA: USENIX Association, 2008: 309-322.

[26] REN J, YANG Q. A New Buffer Cache Design Exploiting Both Temporal and Content Localities[C]//Proceedings of 2010 IEEE 30th International Conference on Distributed Computing Systems (ICDCS'10). Genoa: IEEE Computer Society, 2010: 273-282.

[27] CLEMENTS A T, AHMAD I, VILAYANNUR M, et al. Decentralized Deduplication in SAN Cluster File Systems[C]//Proceedings of the 2009 USENIX Annual Technical Conference (USENUX ATC'09). CA: USENIX Association, 2009: 1-14.

[28] DESHPANDE U, WANG X, GOPALAN K. Live Gang Migration of Virtual Machines[C]//Proceedings of the 20th International Symposium on High Performance Distributed Computing (HPDC'11). CA: ACM Association, 2011: 135-146.

[29] JIN K, MILLER E L. The Effectiveness of Deduplication on Virtual Machine Disk Images[C]//Proceedings of SYSTOR'09: The Israeli Experimental Systems Conference. Haifa: ACM Association, 2009: 1-14.

[30] NG C H, MA M, WONG T Y, et al. Live Deduplication Storage of Virtual Machine Images in an Open-source Cloud[C]//Proceedings of the 12th International Middleware Conference (Middleware'11). Lisbon: International Federation for Information Processing, 2011: 80-99.

[31] ZHANG X, HUO Z, MA J, et al. Exploiting Data Deduplication to Accelerate Live Virtual Machine Migration[C]//Proceedings of 2010 IEEE International Conference on Cluster Computing (CLUSTER'10). Crete: IEEE Computer Society, 2010: 88-96.

[32] PUCHA H, ANDERSEN D G, KAMINSKY M. Exploiting Similarity for Multi-source Downloads Using File Handprints[C]//Proceedings of the 4th USENIX Conference on Networked Systems Design & Implementation (NSDI'07). Cambridge: USENIX Association, 2007: 1-14.

[33] ANAND A, MUTHUKRISHNAN C, AKELLA A, et al. Redundancy in Network Traffic: Findings and Implications[C]//Proceedings of the 11th International Joint Conference on Measurement and Modeling of Computer Systems (SIGMETRICS-Performance'09). WA: ACM Association, 2009: 37-48.

[34] SANADHYA S, SIVAKUMAR R, KIM K H, et al. Asymmetric Caching: Improved Network Deduplication for Mobile Devices[C]//Proceedings of the 18th Annual International Conference on Mobile Computing and Networking (MobiCom'12). Istanbul: ACM Association, 2012: 161-172.

[35] HUA Y, LIU X, FENG D. Smart In-network Deduplication for Storage-aware SDN [C]//Proceedings of the ACM SIGCOMM 2013 Conference (SIGCOM'13). Hong Kong: ACM Association, 2013: 509-510.

[36] AGGARWAL B, AKELLA A, ANAND A, et al. EndRE: An End-system Redundancy Elimination Service for Enterprises[C]//Proceedings of the 7th USENIX Conference on Networked Systems Design and Implementation (NSDI'10). CA: USENIX Association, 2010: 14-28.

[37] CHEN F, LUO T, ZHANG X. CAFTL: A Content-aware Flash Translation Layer Enhancing the Lifespan of Flash Memory based Solid State Drives[C]//Proceedings of the 9th USENIX Conference on File and Storage Technologies (FAST'11). CA: USENIX Association, 2011: 1-14.

[38] GUPTA A, PISOLKAR R, URGAONKAR B, et al. Leveraging Value Locality in Optimizing NAND Flash-based SSDs[C]//Proceedings of the 9th USENIX Conference on File and Storage Technologies (FAST'11). CA: USENIX Association, 2011: 91-103.

[39] KOLLER R, RANGASWAMI R. I/O Deduplication: Utilizing Content Similarity to Improve I/O Performance[J]. ACM Transactions on Storage, 2010, 6(3): 13.

[40] YANG Q, REN J. I-CASH: Intelligently Coupled Array of SSD and HDD[C]// Proceedings of the 17th IEEE International Symposium on High Performance Computer Architecture (HPCA'11). San Antonio: IEEE Computer Society, 2011: 278-289.

第 2 章　从传统压缩到大规模数据消冗

对于如何缩减数据规模的问题，学术界和工业界已经有了广泛的研究和探索，并发展出一系列数据消冗技术。这些技术的发展是随着应用场景的演化而进行的。本章会依次介绍传统压缩技术、数据去重技术和相似去重技术的基本原理和性能特性，以及它们被提出时的时代背景和要解决的核心问题。

2.1　传统压缩技术

本节首先介绍数据消冗技术的理论基础，然后介绍数据消冗技术的发展历程：从字节编码技术到字典编码技术，从无损压缩技术到有损压缩技术。最后，介绍各种数据消冗技术提出的时代背景和相关的具体技术特征。

1948 年，信息论之父克劳德·艾尔伍德·香农（Claude Elwood Shannon）在其发表的论文《通信的数学理论》[1]（*A Mathematical Theory of Communication*）中第一次提出了"信息熵"（Information Entropy）的概念，阐明了信息出现的概率（或称不确定性）与信息冗余度的关系：任何信息都存在着冗余数据，冗余数据的大小与信息中每个符号（数字、字母或单词）的出现概率（或称不确定性）有关。香农借鉴了热力学熵的概念，把信息中排除了冗余后的平均信息量称为信息熵，并给出了计算信息熵的数学表达式。式 (2.1) 展示了一个信息值域为 $\{x_1, \cdots, x_n\}$ 的随机信息变量 X 的熵值。

$$\text{Entropy}(X) = E(I(X)) = \sum_{i=1}^{n} P(x_i)I(x_i) = -\sum_{i=1}^{n} P(x_i)\log_b P(x_i) \tag{2.1}$$

其中，E 是期望函数，$I(X)$ 是 X 的信息量大小，每个信息实体 x_i 出现的概率为 $P(x_i)$。将这些信息使用计算机的编码表示的理论长度为 $\log_b P(x_i)$，其中底数 b 表示基本编码的位数，如 b=2 表示对信息 x_i 进行二进制编码；b=16 则表示对信息 x_i 进行十六进制编码。b 通常是 2，即计算机普遍采用二进制位：把真实世界的信息通过二进制方式记录在电子计算机的存储设备中。

式 (2.1) 所示的熵值反映了一串信息真正的信息量，也反映了一个随机信息变量 X 的可压缩性。在信息世界里，对同样长度的数据而言，熵越小，反映其承载的信息量越小，代表数据可以压缩的程度越高；熵越大，反映其承载的信息量越大，则代表数据可以压缩的程度越低。但是在电子信息爆炸式增长的今天，整体的信息量虽然越来越大，这些信息的熵值却并没有随之增大，在某些场合反而很低，如数据备份与归档。

香农提出的信息熵理论，反映了信源编码数据压缩的理论极限值。这里给出一个实例加以说明：给定字符串的长度为 10，其中仅有 3 个字符 a、b、c，它们各自在这个字符串域里面出现的次数分别为 6、3、1。所以，每个字符的熵分别为

$$\text{Entropy}(a) = -\log_2(0.6) = 0.737$$
$$\text{Entropy}(b) = -\log_2(0.3) = 1.737$$
$$\text{Entropy}(c) = -\log_2(0.1) = 3.322 \tag{2.2}$$
$$\text{Entropy}(X) = \text{Entropy}(a) \times 6 + \text{Entropy}(b) \times 3 + \text{Entropy}(c) \times 1 = 12.955$$

由式 (2.2) 计算可得，该字符串的理论熵值为 12.955，这也就意味着该字符串理论上可以压缩为 12.955 bit。而在真实世界中，用计算机常用的 ASCII 码来表示该字符串，则需要整整 80 bit。香农的信息熵理论揭露了信息的真实信息量，表示了信源编码数据压缩的理论极限值。熵越大，意味着信息的规律性越差、冗余越少，数据信息的随机化程度高；熵越小，则意味着越容易预测压缩比特携带的信息，数据的冗余性和局部性越强，数据信息的随机化越低。

香农的信息熵理论奠定了冗余数据压缩的理论基础。广义来讲，如图 2.1 所示，数据消冗技术包括了 3 个大分支：传统的无损压缩技术、有损压缩技术，以及近 30 年出现的面向大规模数据的消冗技术（差量压缩技术和数据去重技术）。这些技术的出现和推广有着相应的时代背景和需求，反映了当时数据规模的增长和信息熵值的变化。

图 2.1　数据消冗的技术体系及发展时间轴示意图

最早的数据消冗技术是**字节编码技术**，其中应用最广泛的是哈夫曼编码技术。哈夫曼编码是由麻省理工学院的博士生大卫·哈夫曼（David A. Huffman，1925—

1999 年）在 1952 年提出的一种熵编码（Entropy Encoding）算法。在他的论文《一种构建极小冗余编码的方法》（*A Method for the Construction of Minimum Redundancy Codes*）[2] 中，哈夫曼提出使用自底向上的方法通过构建二叉树来编码。具体而言，哈夫曼编码使用变长编码表对输入符号（如文件中的一个字母）进行编码，其中变长编码表是通过一种评估输入符号出现概率的方法得到的：出现概率高的字母使用较短的编码，反之则使用较长的编码。这便使编码之后的字符串的长度的期望值降低，从而达到无损压缩数据的目的。由于哈夫曼编码算法的压缩性能好，而且实现简单，该算法一直被广泛地应用于字节级的压缩编码技术中。

但是，哈夫曼提出的这种通过构建二叉树来编码的方法也有一定的缺陷，其与理论的、基于信息熵的压缩极限还有一定差距。例如式 (2.2) 中讨论的案例，根据哈夫曼编码算法，字符 a、b、c 分别用编码 0、10、11 表示，所以该案例的哈夫曼压缩长度为 $1 \times 6 + 2 \times 3 + 2 \times 1 = 14$ bit，比理论的信息熵的压缩极限还多了约 1.1 bit。这种差距会随着数据量的增长变得愈发明显。

于是，研究人员也在不断寻找其他更加接近理论极限值的熵编码技术。算术编码就是基于哈夫曼编码的上述缺陷而被提出的一种全新的编码技术 [3]。传统的哈夫曼编码方法通常是先对每个符号分别进行编码，再将编码结果组合起来；算术编码则是将数据视为一个整体，结合其中各种符号的出现频率，将数据映射为一个大于 0 且小于 1 的小数，且使该小数的长度无限接近信息熵的理论压缩极限。所以，算术编码是一种压缩率更高的熵编码技术，但是相应的计算（编码与解码）开销也更大，目前主要应用于图像压缩领域。由于算术编码的开销问题和知识产权问题（IBM 在这个方向申请了大量的专利 [4-8]），目前占据字节编码技术主流地位的仍然是哈夫曼编码。

字典编码技术是在 20 世纪 70 年代被提出的一种无损压缩技术，也是现在应用最广泛的无损压缩技术，大家日常使用的通用压缩技术几乎都采用了字典编码技术。最早的字典编码技术 LZ77[9] 和 LZ88[10] 是由以色列的两位科学家亚伯拉罕·伦佩尔与雅各布·齐夫分别于 1977 年和 1988 年提出的基于字符串的编码技术。该技术颠覆了以往的基于单个字符的冗余编码技术，更加高效和简便地实现了数据规模增长后的数据压缩。字典编码技术采用了一种基于滑动窗口缓存的技术，即用一个短的编码（记录位置和偏移信息）来代替重复的字符序列。这种编码技术是基于真实世界的信息特征：真实的信息不是随机无序的，而是有规律地由各种单词、字符串等形式联合出现的，所以挖掘这种粒度的冗余可以更快且更有效地检测出数据的冗余，避免全局、静态地统计分析各个字节的出现次数，同时也可简化冗余数据编码和解码的过程。在 LZ77 和 LZ78 之后，还衍生出了大量的压缩算法的变种，如优化数据压缩率的算法（DEFLATE[11]）和优化数据压缩速率的算法（LZW 和 LZO[12]）。

有损压缩技术是 20 世纪七八十年代随着图像、视频、音频等信息数据的产生而出现的一种压缩技术。有损压缩技术利用了人类对图像或声波中的某些频率成分不敏感的特性，允许压缩过程中损失一定的信息；在不损失数据可用性的前提下，放弃部分数据的精度或部分对原始图像的理解，以换取更高的压缩比。有损压缩技术被广泛应用于语音、图像和视频数据的压缩。总的来说，有损压缩技术的理论基石依然是熵编码和字典编码，其独到之处往往在于如何选取可以损失的信息。本书主要关注在人工智能模型和时序数据库等场景下的无损压缩技术。

差量压缩技术和数据去重技术是 20 世纪 90 年代及以后被提出的面向大规模存储系统的数据消冗技术。这两项技术是在数据规模持续增长的背景下，针对特别的应用场合提出来的，也是本书主要研究和关注的内容。这里值得回顾的是，数据消冗技术是随着时代背景发展起来的，反映了当时的数据规模和冗余数据存在的粒度增长的趋势：从字节级到字符串级，再到块级和文件级。

2.2　数据去重技术

数据去重技术是 21 世纪初出现的一种文件级或块级的数据压缩技术。该技术与传统数据消冗技术的本质区别是，它是以块级或文件级粒度检测数据冗余（这个粒度远远大于传统字节级和字符串级压缩技术）[13-17]。由于文件级数据去重技术相对比较简单而且去重效果一般 [18-21]，所以一般提到的数据去重技术指的是块级数据去重技术，其核心包括安全指纹识别技术和基于内容分块（Content-Defined Chunking，CDC）技术。

目前公认的最早明确提出块级数据去重技术的是低带宽网络文件系统（Low-Bandwidth Network File System，LBFS）[13] 和 Venti[14] 这两项工作。LBFS 是 2001 年 10 月由美国麻省理工学院在操作系统领域的著名会议 SOSP'01 上提出的一种应用于网络文件系统的数据消冗技术。该技术首先使用 CDC 算法将文件划分成平均大小为 8 KB 的数据块，然后计算数据块的 SHA-1 指纹来唯一标识该数据块。它能够减少低带宽网络环境下的冗余数据传输，提高网络带宽的利用率。

Venti 是 2002 年 1 月美国贝尔实验室在 FAST'02 会议上提出的一种应用于备份归档系统中的数据消冗技术，其采用 8 KB 定长分块（Fix Sized Chunking，FSC）算法对文件进行分块，使用安全哈希算法（Secure Hash Algorithm，包括 SHA-1、SHA-256、SHA-512）来计算数据块的安全哈希摘要，并通过这个安全哈希摘要来唯一标识数据块，同时给出了对这种安全哈希摘要识别方法的可靠性的理论分析。Venti 通过这种块级数据消冗技术，有效地消除了备份系统中将近 30%

的冗余数据。

数据块的安全哈希摘要就是把任意长度的输入数据通过安全哈希算法转换成固定长度的输出，该输出就是哈希值。这种转换是一种压缩映射，哈希值的长度通常远小于输入的长度。安全哈希算法的数学表述为

$$
\begin{aligned}
&\text{数据哈希计算：CA} = H(\text{content}) \quad (\text{CA的长度为}m) \\
&\text{哈希碰撞概率推导：} p \leqslant \frac{n(n-1)}{2} \frac{1}{2^m} \quad (n\text{为数据块总数量})
\end{aligned}
\tag{2.3}
$$

其中，H 为单向哈希函数，content 为任意长度的字符串，CA 为固定长度为 m 的哈希值。安全哈希算法在数据去重领域的主要应用是唯一标识数据块，以便快速判断重复数据块，**将冗余数据识别的范围从全局的数据匹配缩小到数据块的哈希匹配**。

两个不同数据块的 SHA-1 指纹相同（哈希碰撞）的概率可以由生日攻击方法推导得出 [14,22][见式 (2.3)]。在规模为 1 EB 的存储系统中使用平均 8 KB 的块长，SHA-1 哈希碰撞的概率约为 2^{-67}。表 2.1进一步给出了使用平均 8 KB 的块长时，在不同规模的存储系统中使用 SHA-1、SHA-256 和 SHA-512 来计算哈希值会导致的哈希碰撞概率。Venti[14] 认为这种哈希碰撞的概率几乎是可以忽略的。而在计算机系统中，磁盘出现硬件故障的概率为 $10^{-12} \sim 10^{-15}$ [23,24]，所以这种哈希碰撞的概率比硬件故障的概率低了好几个数量级。基于该分析，DDFS[25] 认为数据去重系统中出现数据破坏的情况，更可能是难以检测的内存错误、I/O 总线错误、网络错误、存储设备错误等问题引起的，而不是哈希碰撞导致的。后来，这种说法被学术界和工业界广泛地接受并应用 [26]。

表 2.1　使用平均 8 KB 的块长时，SHA-1、SHA-256 和 SHA-512 在不同规模的存储系统中的哈希碰撞概率

非重复块的总大小	SHA-1 哈希值长度：160 bit	SHA-256 哈希值长度：256 bit	SHA-512 哈希值长度：512 bit
1 GB （2^{30}B）	10^{-38}	10^{-67}	10^{-144}
1 TB （2^{40}B）	10^{-32}	10^{-61}	10^{-138}
1 PB （2^{50}B）	10^{-26}	10^{-55}	10^{-132}
1 EB （2^{60}B）	10^{-20}	10^{-49}	10^{-126}
1 ZB （2^{70}B）	10^{-14}	10^{-43}	10^{-120}
1 YB （2^{80}B）	10^{-8}	10^{-37}	10^{-114}

安全哈希算法难以发生哈希碰撞，主要是因为它使用了单向哈希函数。从计算理论上来说，由信息摘要反推原输入信息是很困难的，因此难以找到两组不同的信息对应相同的信息摘要。

总的来说，任何对输入信息的变动，都有很高的概率导致 SHA-1 产生的信息摘要发生雪崩效应。2005 年，山东大学的王小云教授等人 [27] 提出了一种基于差分攻击、近似碰撞、多区块碰撞的技术来降低哈希碰撞的计算复杂度（能够在 2^{63} 个计算复杂度里面找到碰撞），但这是基于大量的计算来实现碰撞的个例。而在真实的存储系统中，出现数据块哈希碰撞的概率还是接近式 (2.3) 的推导值。随着数据规模的增长，研究人员开始尝试用抗哈希碰撞能力更强的安全哈希函数 SHA-256、SHA-512 来降低哈希碰撞的风险 [26]。

总而言之，Venti 和 LBFS 都提出了块级（重复）数据消冗的理念，其中基于内容分块和安全哈希摘要识别的方法也成为数据去重技术的基本特征，被广泛地应用于后来的数据去重系统。

图 2.2 展示了数据去重技术的基本流程，主要包括 4 个阶段：数据分块、指纹计算、索引查找、存储管理。其中，索引查找是指用数据块的指纹进行匹配，如果有两个数据块的指纹匹配，那么它们所表示的数据块也相等。数据存储管理：若是非重复数据块，直接写入存储系统；若是重复数据块，则将重复的地址信息记录下来，以便后续恢复操作。此外，由于数据去重系统中存储的数据块可能会被多个文件共享，所以数据去重后的恢复与删除也与传统的数据存储有很大的区别。

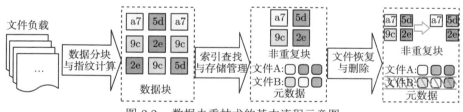

图 2.2　数据去重技术的基本流程示意图

总体而言，数据去重技术包含以下 5 项核心技术。

1. 数据分块算法

数据去重技术与传统压缩技术最大的区别就是其使用了块级数据消冗技术。传统的字典编码技术使用一个按字节滑动的缓冲窗口来不断产生和寻找匹配的字符串，而数据去重技术是将文件分成了多个独立的数据块，可以减少需要查找和匹配的数据量，因此需要利用数据分块算法将数据流切分为数据块。这里，FSC 算法是最简单的实现方式，即根据文件内容的偏移位置决定分块；而 CDC 算法是基于文件的内容来分块，可以有效地解决文件修改导致的分块点偏移（Boundary-shift）问题 [28]。由于 CDC 算法可以实现更高的重复数据识别率，所以后来的数据去重系统普遍采用了这种基于内容的分块策略 [25,28,29]。

2. 指纹计算与识别技术

数据去重技术中的指纹计算与识别以安全哈希算法为核心。数据去重技术通常使用 SHA-1 安全哈希摘要来唯一标识数据块，即给数据块装置了一个独一无二的安全指纹，通过这个安全指纹可以唯一标识数据块，简化了重复数据块的识别和匹配的过程：从全局的字符串匹配缩小到数据块的哈希匹配。这种基于安全指纹的去重算法，使得大规模的、全局的数据压缩成为可能。

3. 数据去重的指纹索引技术

数据块指纹的存储和索引是数据去重的关键环节：通过对数据块指纹的匹配就可以确定数据块的重复关系，从而简化重复数据识别的过程。在小规模的数据去重系统中，所有的指纹索引信息可以存储在内存里，可使用普通的哈希表快速索引。但是随着数据规模的持续增长，这些指纹的数据量会变得非常庞大，所以只能存储在磁盘中。指纹索引技术可以在把索引数据保存在磁盘的同时，保证数据去重流程的高吞吐率。

4. 数据去重的数据恢复技术

用户文件经过数据去重后存在数据块共享，会不可避免地导致文件的数据块分散存储在磁盘的不同位置，从而使数据恢复性能差。目前主流的解决方案是有选择性的去重，即通过牺牲少量的数据压缩率来获得恢复性能的改进。

5. 数据去重后的垃圾回收技术

这项技术同样被用来应对数据去重导致数据块分散存储的问题：它使用户删除文件或者某个版本后系统回收存储空间时需要逐个甄别数据块的可删除性。例如，用户删除了某个早期的版本时，需要避免删除该版本中仍被后续版本引用的数据。通过该项技术，可以有效地提高标记垃圾数据的速度，从而让垃圾回收对系统整体的影响降到最低。

2.3　差量压缩技术

近几年来，研究人员发现去重后的数据还存在大量的相似数据，而且对这些相似数据进行识别和压缩可以进一步节省存储空间，所以差量压缩技术进入研究人员的视野中。

差量压缩技术是 20 世纪 90 年代在字典编码技术的基础上衍生出来的一种压缩技术 [30-35]。该技术能够更加智能化地针对相似文件或数据块进行更高效的数据压缩。传统字典编码技术的开销很大，其使用的滑动窗口总是在不断地滑动和匹配，无论有没有冗余数据，这种滑动窗口技术都在不间断地进行压缩处理，可能存在大量无谓的计算。而差量压缩技术可以针对修改过的相似文件这种冗余数据富集的场合，进行更有效的应对。

差量压缩技术是一项高效的、针对相似文件的压缩技术。随着文件规模的增长，该技术也逐步被应用到相似数据块的处理上。具体而言，差量压缩是根据引用文件（数据块）对另一个相似文件（数据块）进行高度压缩。这两个文件（数据块）的相似度越高，则它们的压缩率也就越高 [36,37]。例如，两个文件 F 和 R 接近完全相似（仅仅有几个字节不同），它能够根据引用文件 R 对其相似文件 F 计算差量（压缩）得出 $\Delta_{F,R}$，将重复和非重复的内容分别使用 Copy 和 Insert 命令记录到差量数据 $\Delta_{F,R}$ 中。其中，Copy 命令的格式为 <C, offset,length>，表示文件 F 与文件 R 的位置 offset 处有长度为 length 的重复内容；Insert 命令的格式为 <I,offset,length,string>，表示文件 F 的位置 offset 处有长度为 length 的字符串 string 没有找到匹配的内容（非重复）。为了方便理解，式 (2.4) 给出了一个差量压缩的实例。

引用文件：$R = \text{ABCDEFGHIJKLMNOPQRST}$

相似文件：$F = \text{ABCDEFGHUVJKLMNXYRST}$

差量编码：$F - R \xrightarrow{\text{差量编码}} \Delta_{F,R}$

$$\begin{aligned} \text{差量数据：} \Delta_{F,R} = &< \text{C}, 0, 8 ><\text{I}, 8, 2, \text{UV}><\text{C}, 9, 5><\text{I}, 15, 2, \text{XY}> \\ &< \text{C}, 17, 3 > \end{aligned} \tag{2.4}$$

差量解码：$\Delta_{F,R} + R \xrightarrow{\text{差量解码}} F$

式 (2.4) 的例子显示文件 R 与 F 的差量仅为 4 个字符的内容，重复和非重复的内容都被编码并记录在 $\Delta_{F,R}$ 中。用户可以通过 $\Delta_{F,R}$ 中的 Copy 和 Insert 命令按图索骥地解码出文件 F。

差量压缩技术的数据压缩率和压缩速率都取决于引用文件和备份文件的相似度，因此，找到对应的相似文件是差量压缩的关键。对同一文件的多个修改版本的备份可以很自然地选取它们中的某个版本作为引用文件，这样的引用文件可以通过比较文件名很简单地找到。然而，有很多文件的内容很相似但文件名并不相同，或者文件名虽然相同但内容差异很大，这样单纯地比较文件名就不可靠了。因此，引用文件的寻找一般建立在文件间的相似性检测上。具体而言，差量压缩技术是从相似文件或数据块中提取出相似性特征值，如果有相似性特征值匹配，则认定它们相似 [38-40]。

通过检测和压缩相似数据，差量压缩技术可以进一步地节省存储空间。而且由于差量压缩技术的粒度更小，数据压缩率更好，所以也被应用到其他对数据压缩率更加敏感的场合，如低带宽网络环境下的数据同步。

事实上，在 LBFS[13] 和 Venti[14] 研究块级数据去重技术同时，仍然有大量的研究聚焦差量压缩技术。这是因为，数据块级的指纹识别技术不能感知相似数据冗余的存在。2004 年，IBM 研究院联合美国马萨诸塞大学提出了一种块级的相似数据检测和差量压缩的技术——超级特征值（Super Feature，SF，又称超级指纹）技术 [40]。这项技术首先通过计算数据块内容的拉宾（Rabin）指纹（一种根据滑动窗口内的数据计算出的弱哈希值），得到一个 Rabin 指纹集合，然后从这个集合中采样一个子集作为数据块的超级特征值。如果有两个数据块的超级特征值匹配，那么就可以认定这两个数据块相似，能够进一步进行差量压缩以节省空间。

2005 年，IBM 研究院联合美国得克萨斯大学奥斯汀分校提出了一个可扩展的、高带宽利用率的、基于相似内容差量压缩的数据同步复制协议 TAPER[41]，它使用布隆过滤器（Bloom Filter，一个具有 m 个 0 元素的向量）来判定两个文件的相似度。TAPER 首先给文件分配一个初始化的布隆过滤器，然后对文件进行分块处理，把文件的数据块内容哈希值映射到各自的布隆过滤器中。如果两个文件的内容相同，则其布隆过滤器也一定相同；内容相似度越高，则两个布隆过滤器中共享的"1"的个数也越多。进行相似度比较时，只需把两个布隆过滤器按位进行逻辑"与"运算即可，运算后得到"1"的比例越高，就可以认为文件的相似度越高。如果这个比例超过了设定的某个阈值（如 70%），则对这两个文件进行差量压缩。

但是，上述两种解决方案的计算开销和索引开销都很大，而且差量压缩后数据的恢复需要两次磁盘读写（Input/Output，I/O）：一次读取引用数据，另一次读取差量数据。这限制了差量压缩技术的推广与发展，所以随着数据规模和冗余数据规模的不断扩大，数据去重技术成为主流技术。但是，由于差量压缩技术能够有效地消除相似数据的冗余，而数据去重技术对这种相似数据无能为力（安全哈希摘要算法的雪崩效应会计算得出截然不同的数据块指纹），所以差量压缩技术在数据消冗领域仍然有着很强的生命力。

此外，美国加利福尼亚大学圣地亚哥分校的 Diwaker Gupta 等人 [42] 于 2008 年提出将差量压缩技术应用到虚拟化环境中来消除内存中相似页的冗余数据。与 VMware 提出的内存去重解决方案 ESX[43] 相比，他们获得了平均 2 倍的数据压缩率的提升，同时仅增加了约为 7% 的系统开销。2011 年，美国罗得岛大学的杨庆等人 [44] 提出将差量压缩技术应用在融合存储设备中（磁盘存储 +SSD 缓存），通过识别和压缩缓存设备中的相似数据来扩大 SSD 的逻辑缓存空间，从而提高缓存的命中率。

2012 年，EMC 数据备份研究团队的 Philip Shilane 等人 [45] 提出了一个应用于数据去重后处理的差量压缩方法 SIDC。SIDC 是一种基于备份数据流的局部性缓存来查找相似数据并进行差量压缩的方法，可以有效地提高广域网环境下的数据灾备迁移速率，也可以应用在数据备份归档领域 [46]。他们的测试结果显示，差量压缩技术可以在数据去重技术的基础上将数据压缩率提高 2~3 倍。

个人在线云存储服务提供商 Dropbox[47,48] 同样也采用差量压缩技术来计算文件修改后的不同之处，以加快客户端数据与云端数据的同步。虽然 Dropbox 使用的差量压缩技术的数据压缩速率平均为 10~30 MB/s，但这仍然远远超过了广域网环境下的几百甚至几十 KB/s 的传输速率。这种快速、有效的数据同步机制极大地节省了 Dropbox 用户的时间，从而改善了 Dropbox 的用户体验。

尽管差量压缩技术可以更有效地压缩数据，但是如前文所述，其计算和索引开销仍然是巨大的。

2.4　本章小结

本章详细介绍了数据消冗技术的发展脉络，分别就传统压缩技术、数据去重技术和相似去重技术出现的时代背景、主要思路、主要实现方式、主要应用场景等进行了讨论。本章内容是本书后续章节介绍的数据消冗前沿技术的基础。

参考文献

[1] SHANNON C E. A Mathematical Theory of Communication[J]. ACM SIGMOBILE Mobile Computing and Communications Review, 2001, 5(1): 3-55.

[2] HUFFMAN D A. A Method for the Construction of Minimum Redundancy Codes [J]. Proceedings of the IRE: Institute of Radio Engineers, 1952, 40(9): 1098-1101.

[3] WITTEN I H, NEAL R M, CLEARY J G. Arithmetic Coding for Data Compression [J]. Communications of the ACM, 1987, 30(6): 520-540.

[4] LANGDON JR G G, MITCHELL J L, PENNEBAKER W B, et al. Arithmetic Coding Encoder and Decoder System: US, 4905297A[P]. (1990-2-27)[2022-11-30].

[5] MITCHELL J L, PENNEBAKER W B. Arithmetic Coding Data Compression/De-Compression by Selectively Employed, Diverse Arithmetic Coding Encoders and De-coders: US, 4891643A[P]. (1990-1-2)[2022-11-30].

[6] PENNEBAKER W B, MITCHELL J L. Probability Adaptation for Arithmetic Coders: EP, 0224753B1[P]. (1994-1-26)[2022-11-30].

[7] LANGDON JR G G, RISSANEN J J. Method and Means for Arithmetic Coding Utilizing a Reduced Number of Operations: US, 4286256A[P]. (1981-8-25) [2022-11-30].

[8] LANGDON JR G G, RISSANEN J J. Method and Means for Arithmetic String Coding: US, 04122440A[P]. (1978-10-24)[2022-11-30].

[9] ZIV J, LEMPEL A. A Universal Algorithm for Sequential Data Compression[J]. IEEE Transactions on Information Theory, 1977, 23(3): 337-343.

[10] ZIV J, LEMPEL A. Compression of Individual Sequences via Variable-rate Coding [J]. IEEE Transactions on Information Theory, 1978, 24(5): 530-536.

[11] DEUTSCH L P. DEFLATE Compressed Data Format Specification Version 1.3 [Z/OL]. RFC Editor. (1996-5-1)[2022-11-30].

[12] NELSON M R. LZW Data Compression[J]. Dr. Dobb's Journal, 1989, 14(10): 29-36.

[13] MUTHITACHAROEN A, CHEN B, MAZIERES D. A Low-bandwidth Network File System[C]//Proceedings of the ACM Symposium on Operating Systems Principles (SOSP'01). Banff: ACM Association, 2001: 1-14.

[14] QUINLAN S, DORWARD S. Venti: A New Approach to Archival Storage[C]// Proceedings of USENIX Conference on File and Storage Technologies (FAST'02). CA: USENIX Association, 2002: 1-13.

[15] 敖莉, 舒继武, 李明强. 重复数据删除技术[J]. 软件学报, 2010, 21(5): 916-929.

[16] HONG B, PLANTENBERG D, LONG D D, et al. Duplicate Data Elimination in a SAN File System[C]//Proceedings of International Conference on Massive Storage Systems and Technology (MSST'04). MA: IEEE Computer Society, 2004: 301-314.

[17] MIN J, YOON D, WON Y. Efficient Deduplication Techniques for Modern Backup Operation[J]. IEEE Transactions on Computers, 2011, 60(6): 824-840.

[18] BOLOSKY W J, CORBIN S, GOEBEL D, et al. Single Instance Storage in Windows 2000[C]//Proceedings of the 4th USENIX Windows Systems Symposium. WA: USENIX Association, 2000: 13-24.

[19] MEYER D, BOLOSKY W. A Study of Practical Deduplication[C]//Proceedings of the USENIX Conference on File and Storage Technologies (FAST'11). CA: USENIX Association, 2011: 229-241.

[20] POLICRONIADES C, PRATT I. Alternatives for Detecting Redundancy in Storage Systems Data[C]//Proceedings of the 2004 USENIX Annual Technical Conference (USENIX ATC'04). MA: USENIX Association, 2004: 73-86.

[21] BOBBARJUNG D R, JAGANNATHAN S, DUBNICKI C. Improving Duplicate Elimination in Storage Systems[J]. ACM Transactions on Storage, 2006, 2(4): 424-448.

[22] FLAJOLET P, GARDY D, THIMONIER L. Birthday Paradox, Coupon Collectors, Caching Algorithms and Self-organizing Search[J]. Discrete Applied Mathematics, 1992, 39(3): 207-229.

[23] RIGGLE C, MCCARTHY S G. Design of Error Correction Systems for Disk Drives [J]. IEEE Transactions on Magnetics, 1998, 34(4): 2362-2371.

[24] SCHROEDER B, GIBSON G A. Disk Failures in the Real World: What does an MTTF of 1,000,000 Hours Mean to You?[C]//Proceedings of the 5th USENIX Conference on File and Storage Technologies (FAST'07). CA: USENIX Association, 2007(7): 1-16.

[25] ZHU B, LI K, PATTERSON R H. Avoiding the Disk Bottleneck in the Data Domain Deduplication File System[C]//Proceedings of the 6th USENIX Conference on File and Storage Technologies (FAST'08). CA: USENIX Association, 2008(8): 1-14.

[26] WALLACE G, DOUGLIS F, QIAN H, et al. Characteristics of Backup Workloads in Production Systems[C]//Proceedings of the 10th USENIX Conference on File and Storage Technologies (FAST'12). CA: USENIX Association, 2012: 1-14.

[27] WANG X Y, YIN Y L, YU H. Finding Collisions in the Full SHA-1[C]//Proceedings of Advances in Cryptology (CRYPTO'05). CA: Springer, 2005: 17-36.

[28] LILLIBRIDGE M, ESHGHI K, BHAGWAT D, et al. Sparse Indexing: Large Scale, Inline Deduplication Using Sampling and Locality[C]//Proceedings of the 7th USENIX Conference on File and Storage Technologies (FAST'09). CA: USENIX Association, 2009(9): 111-123.

[29] BHAGWAT D, ESHGHI K, LONG D D E, et al. Extreme Binning: Scalable, Parallel Deduplication for Chunk-based File Backup[C]//Proceedings of IEEE International Symposium on Modeling, Analysis & Simulation of Computer and Telecommunication Systems (MASCOTS'09). London: IEEE Computer Society, 2009: 1-9.

[30] HUNT J J, VO K P, TICHY W F. Delta Algorithms: An Empirical Analysis[J]. ACM Transactions on Software Engineering and Methodology, 1998, 7(2): 192-214.

[31] MOGUL J C, DOUGLIS F, FELDMANN A, et al. Potential Benefits of Delta Encoding and Data Compression for HTTP[J]. ACM SIGCOMM Computer Communication Review, 1997, 27(4): 181-194.

[32] BURNS R C, LONG D D. Efficient Distributed Backup with Delta Compression [C]//The Fifth Workshop on I/O in Parallel and Distributed Systems. CA: ACM Association, 1997: 27-36.

[33] MACDONALD J. File System Support for Delta Compression[D]. Berkeley: University of California at Berkeley, 2000.

[34] TRENDAFILOV D, MEMON N, SUEL T. Zdelta: An Efficient Delta Compression Tool[R]. NY: Polytechnic University, 2002.

[35] OUYANG Z, MEMON N, SUEL T, et al. Cluster-based Delta Compression of a Collection of Files[C]//Proceedings of the 3rd International Conference on Web Information Systems Engineering (WISE'02). Singapore: IEEE Computer Society, 2002: 257-266.

[36] 杨天明. 网络备份中重复数据删除技术研究[D]. 武汉: 华中科技大学, 2010.

[37] 王灿. 基于在线重复数据消除的海量数据处理关键技术研究[D]. 成都: 电子科技大学, 2012.

[38] BRODER A. Identifying and Filtering Near-duplicate Documents[C]//Combinatorial Pattern Matching. Montreal: Springer, 2000: 1-10.

[39] FETTERLY D, MANASSE M, NAJORK M. On the Evolution of Clusters of Near-duplicate Web Pages[J]. Journal of Web Engineering, 2003, 2(4): 228-246.

[40] KULKARNI P, DOUGLIS F, LAVOIE J D, et al. Redundancy Elimination within Large Collections of Files[C]//Proceedings of the 2004 USENIX Annual Technical Conference (USENIX ATC'12). MA: USENIX Association, 2012: 1-14.

[41] JAIN N, DAHLIN M, TEWARI R. TAPER: Tiered Approach for Eliminating Redundancy in Replica Synchronization[C]//Proceedings of the USENIX Conference on File and Storage Technologies (FAST'05). CA: USENIX Association, 2005: 281-294.

[42] GUPTA D, LEE S, VRABLE M, et al. Difference Engine: Harnessing Memory Redundancy in Virtual Machines[C]//Proceedings of the 5th Symposium on Operating Systems Design and Implementation (OSDI'08). CA: USENIX Association, 2008: 309-322.

[43] WALDSPURGER C A. Memory Resource Management in VMware ESX Server[J]. ACM SIGOPS Operating Systems Review, 2002, 36(SI): 181-194.

[44] YANG Q, REN J. I-CASH: Intelligently Coupled Array of SSD and HDD[C]// Proceedings of the 17th IEEE International Symposium on High Performance Computer Architecture (HPCA'11). TX: IEEE Computer Society, 2011: 278-289.

[45] SHILANE P, HUANG M, WALLACE G, et al. WAN Optimized Replication of Backup Datasets Using Stream-informed Delta Compression[C]//Proceedings of the 10th USENIX Conference on File and Storage Technologies (FAST'12). CA: USENIX Association, 2012a: 1-14.

[46] SHILANE P, WALLACE G, HUANG M, et al. Delta Compressed and Deduplicated Storage Using Stream-informed Locality[C]//Proceedings of the 4th USENIX Conference on Hot Topics in Storage and File Systems (HotStorage'12). MA: USENIX Association, 2012b: 201-214.

[47] DRAGO I, MELLIA M, MUNAFÒ M M, et al. Inside Dropbox: Understanding Personal Cloud Storage Services[C]//Proceedings of the 2012 ACM Conference on Internet Measurement Conference (IMC'12). MA: ACM Association, 2012: 481-494.

[48] SLATMAN H. Opening Up the Sky: A Comparison of Performance-Enhancing Features in SkyDrive and Dropbox[C]//Proceedings of the 18th Twente Student Conference on IT. Enschede: University of Twente, 2013: 1-8.

第 3 章　数据消冗前沿技术概述

本章从数据消冗技术的整体工作流程切入，分门别类地介绍数据消冗的前沿技术研究，并详细地阐述该技术的显著特征。图 3.1 展示了数据消冗工作流及其关键技术，共分为 8 个部分：数据分块、计算加速、指纹索引、数据恢复、垃圾回收、安全性、可靠性、差量压缩。本章分别对它们进行全面的介绍和讨论，并总结相关技术路线的差异及适用的场景。最后，本章还总结了数据消冗技术在开源社区的发展。

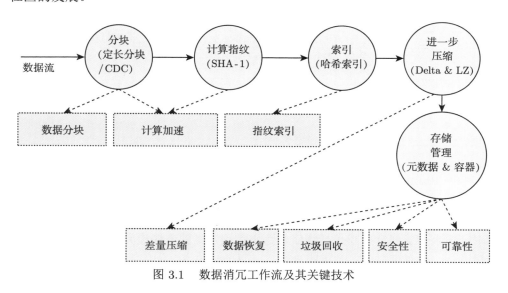

图 3.1　数据消冗工作流及其关键技术

3.1　数据分块

作为数据消冗工作流的第一步，数据分块影响了整个数据去重系统的多个指标，如吞吐率、数据压缩率、索引开销、元数据开销等。数据分块分为 FSC 和 CDC 两种策略。FSC 存在分块点偏移问题，即在分块中增加或删除若干字节，后续所有分块的边界都会发生偏移。这导致 FSC 会使数据压缩率偏低，因此主流的数据去重系统均采用 CDC 策略。然而，与 FSC 相比，CDC 要消耗大量的 CPU 计算资源，因为它需要几乎逐字节地对数据流进行计算，导致分块过程的吞吐率过低，成为整个数据去重工作流的性能瓶颈。为了突破该瓶颈，工业界和学术界都进行了大量的探索。表 3.1 总结了现有的 CDC 算法，下面将逐个进行详细的介绍。

表 3.1　面向块级数据去重的 CDC 算法

名称	主要特征	补充说明
Rabin-CDC[1]	使用滑动窗口计算 Rabin 指纹，最小块长、最大块长、平均块长依次为 2 KB、64 KB、8 KB	使用块长限制以避免产生病态的超短或超长数据块
TTTD[2]	使用双除数分块算法	
Regression Chunking[3]	避免被最大块长强制分块	
Fingerdiff[4]	将连续的重复块或唯一块合并为一个大块	
Leap-based CDC[5]	滑动窗口以跳跃的方式在数据流上检测分块点	提升分块的速度
SampleByte[6]	直接跳过 1/2 期望块长来加速分块	
Gear-CDC[7]	使用一个随机数表减少哈希计算开销	
AE[8]	使用非对称的滑动窗口寻找局部极值	
MAXP[9]	将一个对称区域内的局部极值作为分块点	
FastCDC[10]	利用多项技巧优化了 Gear-CDC 算法，提出了收敛分块方式	
RapidCDC[11]	挖掘备份数据的局部性，基于重复指纹建立索引	
Bimodal Chunking[12]	将连续的唯一块重新分块去重	进一步将唯一块再次分块去重
Subchunk[13]	将所有的唯一块重新分块	

基于 Rabin 指纹的分块（Rabin-based CDC，简称 Rabin-CDC）算法 [1] 是首个在数据去重技术中使用的 CDC 算法，在工业界得到非常广泛的应用 [14,15]。它使用定长滑动窗口在数据流上逐字节地滑动，每滑动一次都先计算窗口内数据的 Rabin 指纹，然后判断该指纹值是否满足预定义的分块边界条件（分块点），若满足条件，则在窗口的右侧声明分块点，两个分块点之间的数据就是一个数据块，分块过程如图 3.2 所示。因此，该算法能够有效地解决 FSC 的分块点偏移问题，例如修改了文件 V_1 中的分块 C_2 而得到了文件 V_2，但是这不会破坏后续的分块结果，可以重新对齐分块边界，因此文件 V_2 中只有 C_5 被当成唯一块。

Rabin 指纹可以滚动地计算，这虽然能够在一定程度上减少计算开销，但依然属于计算密集型操作，导致分块过程成为数据去重工作流的性能瓶颈。而且在极端情况下，Rabin 指纹可能产生大量病态的超短数据块（频繁遇到边界）或超长数据块（遇到低熵字符串，如一长串 0）。因此，研究人员提出了很多 Rabin-CDC 算法的衍生算法。

TTTD 算法 [2] 引入了一个备用除数 d，由于它一般被设置为图 3.2 中主除数 D 的 1/2，因此使用 d 来找到分块点的概率更高。若分块长度（简称块长）达到上限时依然没有通过主除数 D 找到分块点，TTTD 算法就会使用备用除数尝试寻找分块点，只有两个除数都没有找到分块点时，才使用块长的上限作为分块点。因此，TTTD 算法可以降低使用最大块长强制分块的概率，减小块长方差（一般而言，块长方差越大，压缩率越小[2]），但是其增加了一个条件分支，会引入额外的计算开销。在 Regression Chunking 算法[3] 中，为了避免被最大块长限制而强制分块的情况，当分块超过最大块长时，边界的判定条件会逐次放松，进行递归判断，只有边界条件满足其中一个条件时，才设置分块点，否则继续寻找分块点。Fingerdiff[4] 则是通过提高平均块长，即将连续的重复块或唯一块合并成一个大块来避免产生病态的数据块。

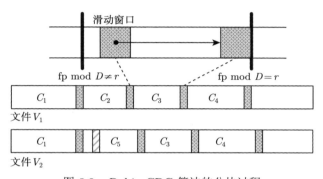

图 3.2　Rabin-CDC 算法的分块过程

华为的研究人员认为 Rabin-CDC 算法的性能缺陷是频繁地计算滑动窗口的 Rabin 指纹造成的，因此提出了一种跳跃式的 CDC 算法——Leap-based CDC 算法[5]。该算法将滑动窗口看成 M 个滑动子窗口，当 M 个滑动子窗口全部满足预定义条件时就设置一个分块点。否则，跳跃到下一个可能成为分块点的位置进行检查，跳跃的距离由不满足条件的子窗口决定。例如，设当前滑动窗口的子窗口为 $W_1, W_2, \cdots, W_M$，从 W_M 回溯检查，当发现 W_i（$1 \leqslant i \leqslant M$）不满足条件时，可以断言所有包含子窗口 W_i 的窗口都不符合要求，因此下一个滑动窗口的开始位置是 W_{i+1} 而不是 W_2。这种算法通过跳跃减少了大量指纹计算和边界条件判断。

作为最经典的 CDC 算法，与 FSC 算法相比，Rabin-CDC 算法的压缩率得到了较大的提升。但是，它依然存在诸多问题，如计算开销大、依赖预定义的全局参数（预设参数 D、最小块长、最大块长等），以及无法有效地处理低熵字符串等。这些问题促使研究人员持续探索性能更优的 CDC 算法。

SampleByte 算法[6] 使用一个字节作为分块指纹，并将最小块长设置成期望块长的 1/2，以减少计算量、加速分块，主要用于在计算资源受限的设备（如移动终端）上减少冗余数据传输。

MAXP 算法是微软于 2006 年提出的 CDC 算法 [9]，最初应用于低带宽环境下的远程文件传输系统。与 Rabin-CDC 算法不同，MAXP 算法利用局部区域内的极值（最大值或最小值）在数据被修改后有很大概率仍然是该区域内极值的原理来避免分块点偏移问题。MAXP 算法同样采用了滑动窗口技术，将滑动窗口内的字符串看成整数而不对其计算 Rabin 指纹。MAXP 算法判断分块点的条件是：若某一个滑动窗口在一个以该滑动窗口为中心的大小为 $2W+1$ 的局部对称区域内拥有最大值，那么这个区域的中心位置（拥有最大值的滑动窗口的位置）就是分块点。其中，W 是中心到边界的距离，可以用来控制期望块长，其分块原理如图 3.3(a) 所示，其中 M 为两个对称窗口的极值。与 Rabin-CDC 算法相比，MAXP 算法并不需要计算哈希值，从而减少了计算开销。此外，MAXP 算法并不是通过求模取余判断分块点，而是利用运算速度更快的比较操作来完成。但是，MAXP 算法的分块点判断机制决定了其在滑动过程中需要回溯，而回溯操作极大地增加了比较操作的次数。另外，MAXP 算法依然无法有效地处理低熵字符串。

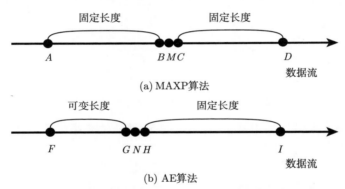

(a) MAXP算法

(b) AE算法

图 3.3　MAXP 算法和 AE 算法的分块原理示意图

非对称极值（Asymmetric Extremum）CDC 算法 [16]（简称 AE 算法）和 MAXP 算法类似，也是通过寻找局部范围内的极值来寻找分块点。AE 算法为了提高性能，做了两项优化：第一，AE 算法在非对称区域内查找局部极值；第二，找到局部极值后，AE 算法并不是将局部极值作为分块点，而是将当前正在处理的位置作为分块点，这就切断了分块点前后内容的关联，避免了回溯。AE 算法的分块原理如图 3.3(b) 所示。假设文件内容从左边开始，到右边结束，算法也是从左向右处理，AE 算法在左侧设置一个长度可变的窗口，在右侧设置一个长度固定为 W 的窗口，则 AE 算法判断分块点的条件为：可变长度窗口的最后一个字节既是该窗口的最大值，也是固定长度窗口的最大值。当上述条件满足时，AE 算法就在固定长度窗口的右侧设置分块点。MAXP 算法需要回溯是因为极值点只能在一个对称区域中心，导致部分以前处理过的数据处于后续的对称区域中，这一部分数据需要被处理两次。而 AE 算法设置分块点后，后续的分块点判断操作与之前处理过的数据无关，因此无须回溯。此外，AE 算法还有两个优化版本，分别针对计算开销和低熵字符串进行了优化 [17]。综合来说，AE 算法取得了与 Rabin-CDC算法相当的压缩率，同时因无须频繁地计算哈希值，极大地缓解了分块所需的计算开销。

　　FastCDC 算法 [18] 是在基于齿轮哈希（Gear Hash）的 CDC 算法（简称 Gear-CDC 算法 [7,19]）的基础上，应用多项优化技巧提出的高性能分块算法。Gear-CDC算法为了简化 Rabin-CDC 算法耗时的指纹计算操作，采用了一种新颖、快速的指纹计算方法，即齿轮哈希。图 3.4 展示了 Gear-CDC 算法的示意图，图中齿轮哈希使用了一个由 256 个随机数组成的数组（GearTable）来映射数据内容的 ASCII码，然后以移位和加法辅助运算。此时，随机数组 GearTable 就像一个齿轮与数据内容的每个字节内容啮合，并传递给 256 个大随机数，大大提高了该算法抗哈希碰撞的能力。而它的计算开销只有一次查表操作、一次右移操作和加法运算，极大地减少了哈希计算的开销，达到了极速滑动进行哈希计算的效果。但是，Gear-CDC 算法的滑动窗口覆盖的有效位比较少，会导致压缩率较低，而边界条件的判断也成为 Gear-CDC 算法新的瓶颈。此外，设置较大的最小块长不仅可以减少小数据块的数量，而且可以极大地提高算法的运算速度，但代价就是压缩率的降低。基于上述观察，FastCDC 算法使用了多项优化技巧，分别为极速齿轮哈希计算指纹、优化分块判断、跳过最小块长及收敛分块（Normalized Chunking，NC）。通过结合上述优化技巧，FastCDC 算法在分块性能指标上的表现非常优秀，其实现细节将在本书第 4 章中详细介绍。

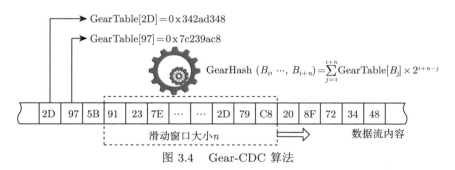

图 3.4　Gear-CDC 算法

　　在备份数据去重场景中，数据流有着较强的局部性。RapidCDC 算法 [11] 利用了这种局部性，采用了一套加速分块的策略，即利用重复指纹建立索引。在冗余度较高的连续备份数据中，RapidCDC 算法可以达到 FSC 算法的速度，且对压缩率的影响微乎其微。Bimodal Chunking 算法 [12] 在不牺牲压缩率的前提下增加了平均块长，减少了指纹查询和元数据管理的开销。具体来说，它首先将数据流切分成一些较大的块，完成去重后，把连续的唯一块重新切分成更小的块后再次去重。Subchunk 算法 [13] 与 Bimodal Chunking 算法比较相似，不同点在于前者会通过将所有的唯一块递归地重新分块来获取更高的压缩率。

3.2　计算加速

数据去重是一项计算密集型的技术。数据分块和指纹计算这两个流程会消耗大量的 CPU 计算资源，因此它们可能会极大地增加数据去重系统的写延迟，特别是在使用高速闪存的存储系统当中。数据分块和指纹计算中主要是哈希值计算会消耗大量计算资源，但是现代计算机配置了多核 CPU 和 GPU，因此为了充分利用硬件的计算能力，研究人员设计了许多数据去重系统计算加速方法，如表 3.2 所示。大体上来讲，这些方法分为两类：一类是挖掘多核 CPU 的计算能力，以多线程的实现方式并行化数据去重工作流；另一类是整合高性能 GPU 的计算能力，将数据分块和指纹计算划分到 GPU 中。

表 3.2　数据去重系统计算加速方法总结

名称	主要特征	分类
THCAS[20]	将 CPU 计算、I/O 任务和网络通信任务流水线化	基于多核计算机的并行优化
HPDS[21]	基于事件驱动的客户端并行化 FSC 的数据去重系统	
APD[22]	自适应地将数据去重、压缩、加密等流程并行化	
P-Dedupe[23]	采用流水线化数据去重工作流并进一步加速分块	
StoreGPU[24]	开发基于共享内存的 GPU 动态库来加速数据去重系统	基于 GPU 的计算优化
Shredder[25]	为数据流处理开发了 GPU 加速框架和内存优化	
GHOST[26]	将数据去重处理转移到 GPU 中进行	

1. 基于多核计算机的并行优化方法

THCAS[20] 提出了一个存储处理的流水线，将去重系统中的 CPU 计算、I/O 任务、网络通信并行化。P-Dedupe[23] 与 THCAS 类似，它进一步将数据分块和指纹计算两项子任务并行化，获得了更高的吞吐率。赛门铁克（Symantec）的 Fanglu Guo 等人 [21] 提出了一个基于事件驱动的客户端-服务器模式（HPDS），使用多线程并行化 FSC 进行数据去重。南开大学的马井玮等人 [22] 提出了一个自适应的流水线计算模型（APD），将数据去重系统的指纹计算、压缩、加密等子任务并行化。

2. 基于 GPU 的计算优化方法

GPU 可以为计算密集型的应用提供更强的计算能力，如数据去重中对应数据分块和指纹计算两个子任务的哈希计算。StoreGPU[24] 和 Shredder[25] 能够充分挖掘 GPU 的计算能力来加速计算数据去重中的计算密集型任务，如数据分块和指纹计算。GHOST[26] 则是将主存数据去重系统的数据分块、指纹计算及索引这 3 个子任务转移到 GPU 中进行，突破了系统的计算瓶颈。

综上所述，基于多核计算机的并行优化方法可以使用多线程在不同的操作系统中实现，而数据去重技术可以通过同步原语拆分成多个子任务，流水线化这些子任务（特别是数据分块和指纹计算）可以显著地提高系统的吞吐率。GPU 计算优化方法可以提供更高吞吐率，但是需要额外的硬件成本。

3.3　指纹索引

数据去重系统通过比对数据块的指纹来识别重复数据块，可以极大地简化重复数据识别过程，因此数据块指纹的存储和索引是数据去重的关键环节。在小规模的数据去重系统中，所有的指纹索引信息可以存储在内存里，通过普通的哈希表快速索引。但是随着数据规模的持续增长，这些指纹的数据量会变得非常庞大，导致内存容量不足，所以只能将索引存储在磁盘上。例如，假设存在这样一个数据去重系统，其采用了平均 8 KB 的数据块大小和 SHA-1 数据块指纹，那么 80 TB 数据将产生 10×2^{30} 个数据块、200 GB 的数据块指纹。这样的指纹规模对于内存而言过于巨大，需要放入磁盘中进行存储。也就是说，每输入一个数据块，数据去重系统都需要访问磁盘指纹索引以判断该数据块是否重复，这严重影响了压缩吞吐率。由于磁盘访问速度远远低于内存访问速度，在磁盘中存储索引会导致数据去重过程中的指纹查找非常缓慢，成为数据去重系统的显著瓶颈。一直以来，吞吐率是存储系统的关键指标，即使对于用来进行数据备份的存储系统，其吞吐率通常也要求超过 100 MB/s。但是，当使用磁盘指纹索引来查找重复数据时，指纹索引的查找带来了大量的随机磁盘访问，由此造成的磁盘访问瓶颈常常使数据去重时磁盘的吞吐率达不到 100 MB/s 这个标准。例如，Venti[27] 采用了磁盘存储指纹索引的方案，其吞吐率只有大约 6.5 MB/s。研究人员针对这一问题开展了大量的研究工作。表 3.3 列出了数据去重系统的主要指纹索引解决方案，它们的主要策略大致有 4 个方向：挖掘备份数据流的局部性、挖掘备份数据流的相似性、利用 SSD 加速指纹查找，以及基于多节点的集群去重。

美国 Data Domain 于 2008 年在 FAST'08 会议上公布了他们的数据去重索引解决方案 DDFS（Data Domain Deduplication File System）[28]。DDFS 使用布隆过滤器 [48] 组织指纹索引，并且挖掘和预取备份数据流的局部，以提高指纹缓存的命中率，最终有效地消除了数据去重过程中指纹查找的磁盘瓶颈，达到了 100 MB/s 以上的系统吞吐率，但是 DDFS 的索引内存开销很大，为了提高指纹索引的判别精度，每 8 TB 的物理备份数据大概需要消耗 1 GB 的内存记录布隆过滤器。这样，要支持 1 PB 的物理备份数据就需要消耗大概 125 GB 的物理内存。为了解决这个问题，2009 年，惠普实验室提出了一种稀疏索引（Sparse Indexing）解决方案[29]，通过指纹采样的方法减少指纹索引的内存开销；2011 年，赛门铁克也提出了一种增强型采样的方法[21]，这种方法进一步减少了去重索引的内存开销。此外，2010 年，华中科技大学也提出了多个解决方案：魏建生等人提出的MAD2[30,49]使用一个动态布隆过滤器数组（Dynamic Bloom Filter Array）来组织指纹索引，并通过挖掘备份数据流的局部性来优化指纹索引性能；谭玉娟等人提出的 SAM[31,50] 是通过挖掘备份文件的多个语义信息，来优化云备份环境下的源端数据去重索引性能。

表 3.3　各数据去重系统的主要指纹索引解决方案

名称	主要策略	去重	具体算法与实现
DDFS[28]	挖掘备份数据流的局部性	精确	布隆过滤器优化索引 + 指纹局部性缓存
Sparse Indexing[29]		近似	稀疏采样建立索引 + 指纹局部性挖掘
HPDS[21]		近似	增强型采样组织索引 + 指纹局部性缓存
MAD2[30]		精确	布隆过滤器数组 + 指纹局部性缓存
SAM[31]		精确	挖掘备份文件大小、类型、局部性等语义
BLC[32]		精确	在内存中缓存最近备份数据流的局部性
NDF[33]		近似	只在上一备份版本中索引
Extreme Binning[34]	挖掘备份数据流的相似性	近似	使用文件代表指纹组织索引
L.Aronovich 等人提出的方案[35,36]		近似	用 Rabin 指纹构建数据块相似性签名
SiLo[37]		近似	结合局部性和相似性
ChunkStash[38]	利用 SSD 加速指纹查找	精确	布谷鸟哈希组织内存索引 +SSD 指纹存储
FlashStore[39]		精确	布谷鸟哈希 + 布隆过滤器 +SSD 指纹存储
DedupeV1[40]		精确	直接把指纹存储在 SSD 设备上加速索引
BloomStore[41]		精确	布隆过滤器内存索引 +SSD 指纹存储
HYDRAstor[42]	基于多节点的集群去重	精确	基于指纹前缀的静态路由技术
DEBAR[43]		精确	后处理的指纹批量去重算法
Wei Dong 等人提出的方案[44]		近似	基于超级块的代表指纹路由技术
$\sum$-Dedupe[45]		近似	相似性和局部性结合路由技术
Jürgen Kaiser 等人提出的方案[46]		精确	联合分布式的共享指纹索引
Produck[47]		近似	轻量级的基于概率路由技术

　　哈尔滨工业大学（深圳）的邹翔宇等人通过分析多个去重数据负载发现，在连续的数据备份场景中，绝大多数数据冗余都来源于上一个备份版本[33]。基于这个发现，他们提出了 NDF，只在前一个备份版本中检测冗余数据块，取得了很高（近似精确）的压缩率，却显著地减少了指纹索引的内存开销。

　　上述解决方案都是依赖备份数据流的局部性特征。对于局部性较差的负载，

DDFS 的缓存命中率会降低,导致系统的吞吐率下降,而稀疏索引方案的数据去重效果也会逐步降低。所以在 2009 年,美国加利福尼亚大学圣鲁克兹分校联合惠普实验室提出了一种轻量级的基于文件相似性的数据去重方案 Extreme Binning[34],解决了 DDFS[28] 和 Sparse Indexing[29] 等方案依赖备份数据流局部性的问题。Extreme Binning 充分挖掘了备份数据流的文件相似性特征:对每个文件提取出前缀值最大的数据块指纹,记录在内存中作为文件的代表指纹。如果两个文件的代表指纹相等,则认定两个文件相似,对它们的具体数据块指纹进行去重匹配。华中科技大学的夏文等人提出的 SiLo[19,37] 能够通过有效地挖掘和利用备份数据流中的相似性和局部性来减少系统内存开销,并且获得很高的(近似精确的)数据压缩率和很高的索引吞吐率。SiLo 的主要思想是通过合并相关的小文件和分割大文件来产生更多的相似性,并充分利用备份数据流的局部性来补充数据去重的相似性检测。SiLo 通过这两种策略的有机结合,有效地提高了数据去重系统的整体性能。

除了使用算法来提高磁盘索引效率以外,研究人员也尝试使用其他存储设备替代磁盘来优化指纹索引性能。2010 年,微软研究院和美国明尼苏达大学提出了 ChunkStash[38] 和 FlashStore[39]。他们的解决方案不再把数据块索引信息存放在磁盘中,而是将其存放于随机 I/O 速度更快的 SSD。此外,他们还使用了一种新型的数据结构——布谷鸟哈希(Cuckoo Hash)[51] 来组织去重的指纹信息,该数据结构的效率比布隆过滤器高很多。实验证明,这种策略使系统的吞吐率得到了数倍的提升。

近几年来,基于多节点的集群去重也引起了越来越多的关注,这是因为该策略可以提高数据去重的并行处理和存储能力。2009 年,NEC 提出了 HYDRAstor 静态路由方案 [42]。HYDRAstor 采用了 64 KB 的平均块长,基于指纹前缀静态路由到各个节点,这样相同的数据块指纹拥有相同的前缀,将被路由到相同的节点进行去重,从而实现全局的精确数据去重。此外,通过细分数据块指纹的前缀空间来实现迁移数据,HYDRAstor 可以友好地支持添加存储节点,便于扩容。2010 年,EMC 的 Wei Dong 等人 [44] 也提出了一种基于超级块的动态路由集群去重方法。该方法将连续的 8 KB 数据块组装成为一个 1MB 的超级块(Super-chunk),并以超级块作为数据路由的基本单元,然后选择所含数据与超级块相似性程度最大的节点进行去重。

此外,华中科技大学的杨天明等人 [43,52] 面向集群去重提出了一种基于后处理的指纹批量处理解决方案;国防科技大学的付印金等人 [45] 提出了一种基于局部性和相似性结合的数据路由索引方案 Σ-Dedupe;德国美因茨大学的 Jürgen Kaiser 等人 [46] 提出了一种基于联合分布式共享指纹索引的全局数据去重方案;Extreme Binning 也包含利用文件的代表指纹将文件静态路由到多个节点的技术方案。

3.4 数据恢复

在消除数据冗余部分之后，数据去重系统还必须能够将原始数据高效地恢复出来。图 3.5 展示了数据去重备份系统基于容器（Container）存储模式的数据去重示意图，容器是磁盘中大小固定的逻辑存储单元。因此，数据去重后会有数据碎片问题，即数据块的逻辑顺序和其在磁盘中的物理顺序是不同的，这使得数据恢复时会有大量的磁盘随机 I/O，极大地影响了数据恢复性能。

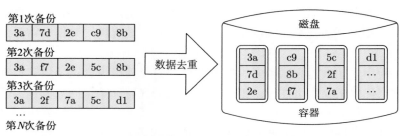

图 3.5　数据去重备份系统基于容器存储模式的数据去重示意图

一般而言，对于上述问题，主流的解决方案是选择性地放弃对碎片程度高的重复块进行去重，以一定程度上牺牲压缩率为代价换取数据恢复性能的改善。表 3.4 列举了数据恢复后数据恢复的方法，分为主存系统、备份存储系统和云存储系统 3 个场景。

表 3.4　数据去重后数据恢复的方法总结

名称	主要特征	场景
iDedup[53]	选择性地只对顺序冗余数据进行去重	主存系统
POD[54]	增加了对性能影响大但是对容量影响小的操作的去重（包括单次写入量较少的操作和对小文件的操作）	
CFL-SD[55]	基于分块数据碎片级别进行碎片整理	备份存储系统
CBR[56]	基于数据流和磁盘的上下文选择性地进行去重	
Capping[57]	基于写缓冲区（约 20 MB）进行碎片整理	
RevDedupe[58]	在旧备份中去重，保证最新备份版本的顺序	
HAR[59]	利用备份系统的历史信息进行碎片整理	
MFdedup[33]	离线多版本感知的紧凑模式，保持最新备份顺序性	
CABdedupe[60]	利用基于时间顺序排列的备份版本识别未修改的数据	云存储系统
SAR[61]	在 SSD 上存储被引用多次的数据块	
NED[62]	基于之前备份数据段引用分析来进行碎片整理	

主存系统对 I/O 的延迟非常敏感，因此引入数据去重技术后，解决数据碎片问题非常重要。iDedup[53] 挖掘了主存数据负载的空间局部性，通过选择性地对顺序冗余数据去重来减少碎片，降低读延迟。POD[54] 首先识别对容量影响小但是对性能影响大的操作（包括单次写入量较少的写操作和对小文件的操作），然后有针对性的对其进行去重，进一步提高了数据去重的读性能。在基于数据去重的备份系统中，最近几个备份版本的数据恢复速度可能会下降几个数量级，这是因为数据碎片问题会随着版本的更迭愈发严重。CFL-SD[55] 提出根据分块数据碎片级别选择性地只消除连续出现的冗余数据块。CBR[56] 和 Capping[57] 首先根据一个写缓冲区（10~20 MB）来识别碎片块，然后选择性地重写碎片块以提升恢复速度。RevDedup[58] 尝试在旧备份中（而非新备份中）消除冗余块，保证了当前备份版本按序存储，但是这种做法的 I/O 代价较大。HAR[59] 通过重复挖掘备份数据的历史信息，将数据碎片分类为稀疏容器和失序容器（4 MB），以重写少量碎片块的方式实现了较好的数据恢复性能。MFdedup[33] 通过离线地重新排列重复块来保持紧凑和顺序性。具体来说，它先通过分块间的引用关系将数据块分组，然后迭代更新最优数据布局。MFdedup 几乎可以消除恢复时的随机 I/O，极大地提高了数据恢复性能。

对于云存储系统，数据恢复速度主要是被带宽相对较低的广域网和用户频繁访问碎片块所制约。CABdedupe[60] 通过备份版本的时间顺序识别未修改的数据集合，来提高数据恢复性能。SAR[61] 通过将被引用次数较高的唯一块存储在读写速度快的 SSD 当中，提高了数据恢复的速度。NED[62] 首先将数据块分段，然后客户端在上传之前根据段的引用率来识别碎片段，该方法与没有使用数据去重的备份系统相比，数据恢复性能相当。

3.5　垃圾回收

数据去重系统一般被实现为日志结构（Log-structure）[63]，与本书第 3.4 节介绍的容器日志结构文件系统（Log-structured File System，LFS）中的段（Segment）数据结构非常相似。采用日志结构的原因有 3 个。

（1）数据块可能被多个文件引用，因此无法支持原地修改操作，写时复制是自然的选择。

（2）日志结构可以减少变长数据块导致的内部碎片，增加空间利用率。

（3）容器保留的空间局部性可以提高备份和恢复的性能。

因此，数据去重系统的垃圾回收也与 LFS 相似。本节的后续讨论将 LFS 的段数据结构统称为容器，因为它们的功能是类似的。

　　垃圾回收操作的目的是将已经被用户删除的文件的存储空间进行回收再利用。LFS 的垃圾回收包括以下 3 步。

　　（1）寻找利用率较低的容器，即容器中有大量不再被任何文件引用的失效数据块（引用计数为 0）。

　　（2）将这些容器读入内存，识别剩余的仍被文件引用的有效数据块。

　　（3）重新组织有效数据块，写入更紧凑的容器中。

　　显然，垃圾回收的效率与被回收容器的利用率有关，利用率越低则被回收的空间越多，垃圾回收越有效。为了实现步骤（1），LFS 维护了一个容器利用率表（Usage Table），该表记录了每个容器的利用率，当文件被删除时降低相关容器的利用率。LFS 根据容器利用率表选择利用率最低的容器进行垃圾回收。LFS 还为每个容器增加了一些元数据信息，称为摘要数据块（Summary Block），用于标识容器内每个数据块所属的文件及文件内偏移。垃圾回收时，LFS 利用这些信息检查每个文件的索引节点是否仍然指向该数据块，从而得知哪些数据块仍被文件引用，最后重新组织有效数据块和新写入的数据块并写入容器。这一步的主要问题是哪些数据块应该被放入同一个容器中。

　　数据去重系统可以使用类似的流程进行垃圾回收，但是问题更加复杂。在传统非数据去重系统中，用户删除文件后可以立刻回收文件的数据块；但是经过数据去重后，一个数据块可能被多个文件引用，如果用户删除文件后立即回收数据块，可能导致其他文件损坏。因此，为了识别失效数据块，数据去重系统必须加入引用管理机制。

　　最简单的引用管理方式是在指纹索引的键值存储模块为每个指纹增加引用计数 [53]。在数据去重作业时，每个新数据块的引用计数被初始化为 1，每出现一次重复引用则将引用计数加 1。当用户删除文件时，系统扫描被删除的文件谱，将指纹的引用计数减 1。在垃圾回收的步骤（2）中，系统查询数据块的引用计数是否为 0，如果为 0 则数据块可以被回收。引用计数的缺点是性能和可靠性很难兼顾。因为所有重复数据块都要更新引用计数，但是索引的键值一般不会存储在内存，实时更新引用计数会极大地增加系统的写负载。如果系统选择把引用计数的更新操作缓存在内存中，定期批量执行，系统断电等故障会导致引用计数等元数据信息不一致。因此，必须使用日志（Journaling）、软更新（Soft Update）等技术保障元数据的一致性，避免造成数据丢失 [64]。

　　另一种方式是为每个数据块维护一个引用列表，用于记录引用该数据块的文件。在 LFS 中，摘要数据块可以被认为是一种引用列表。因为每个数据块必然只被一个文件引用，其引用列表是定长的。然而，在数据去重系统中，引用列表必须是变长的，每次写入文件都要更新重复数据块的引用列表。尽管引用列表可以避免重复计数导致的空间泄露问题，仍然需要额外的日志技术保障可靠性。

标记清扫（Mark-and-sweep）算法是一种经典的垃圾回收策略，其思想被广泛应用在具有自动垃圾回收机制的编程语言中（如 Java）。该算法分为标记和清扫两个阶段，其中清扫阶段的实现方式非常单一，即逐个删除在标记阶段找出的垃圾数据，因此下面主要介绍标记阶段的不同实现方式。标记阶段需要扫描系统中所有未被删除的文件谱，并对指纹索引中的有效指纹进行标记，即得到有效指纹集合。最简单的方法是将指纹索引读入内存。然而正如前文所述，在大型存储系统中，由于数据块的数量巨大，指纹是无法全部放在内存的。例如，1 PB 存储系统有超过一千亿个 8 KB 数据块，20 B 的指纹将至少需要 2.5 TB 内存。因此，指纹标记需要使用一些更紧凑的内存数据结构。Fabiano C. Botelho 等人 [65] 比较了布隆过滤器、位图和完美哈希表等内存数据结构，总结了它们各自的优缺点。布隆过滤器中，每个指纹的内存开销是 1~2 B，因此需要 128~256 GB 内存，缺点是有可能将少量失效数据块判断为有效数据块，该现象被称为"假阳性"（False Positive）。位图是最节约内存的方法，只需为每个指纹分配 1 bit，内存开销只有 16 GB，然而位图的构造十分复杂。为了确定一个指纹在位图中的偏移，需要首先确定所属容器在位图中的偏移，再确定指纹在容器内的偏移。当数据块是变长时，每个容器包含的数据块数量不定，因此每个容器在位图的偏移无法直接计算得到；指纹的容器内偏移则需要访问容器的元数据。完美哈希表为静态指纹集构造无碰撞的哈希函数，每个指纹的内存开销为 2.54~2.87 bit，即总共需要 40.64~45.92 GB 内存。完美哈希函数 $ph(x)$ 的构造公式为

$$
\begin{aligned}
&ph(x) = h_{g(x)}(x) \\
&h_i(x) = \{f_1(x) + d_0 f_2(x) + d_1\} \quad \mod \quad m
\end{aligned}
\tag{3.1}
$$

采用 $ph(x)$ 进行指纹标记时，指纹集合会被函数 $g(x)$ 映射到 r 个哈希桶内；针对每个哈希桶，尝试通过已知哈希函数 $f_1(x)$ 和 $f_2(x)$ 构造哈希函数 $h_i(x)$，将哈希桶内的所有指纹无碰撞地映射到 m bit。d_0 和 d_1 是属于 $[0, m-1]$ 区间的整数，通过遍历 (d_0, d_1) 组合，可找到合适的 $h_i(x)$。完美哈希算法需要为每个桶记录 (d_0, d_1) 及 m bit。m 必须比桶内的指纹数量大，m 越大则构造越快，但内存开销也越大。

2011 年，美国赛门铁克的 Fanglu Guo 等人 [21] 提出了分组扫描标记法（Grouped Mark-and-sweep，GMS）。在 PB 级的存储系统中，扫描全部的文件谱通常需要数小时，这对于用户来说是无法接受的。因此，标记清扫算法的可扩展性是个严重的问题。GMS 将文件分组（Group），每个文件组为其引用的容器生成位图，位图记录了该文件组引用了容器内的哪些数据块。当监控到一个文件组的删除操作时，GMS 会重新扫描文件组内的文件谱，生成新的容器位图。因为失效数据块只可能来自这些容器，将新生成的位图与这些容器的属于其他文件组的

位图合并，就可以找到所有失效数据块。

上述引用管理机制对应着 LFS 垃圾回收的步骤（1）和步骤（2），即确定被回收的数据块和容器。最后，LFS 还需要对容器执行合并操作来释放存储空间，并且删除指纹索引中的相应指纹。容器合并操作需要将容器内的有效数据块迁移到新容器中，是垃圾回收最耗时的阶段。容器合并操作还需要考虑将哪些有效数据块迁移到一个容器内。例如，将属于同一个文件的数据块放在一个容器内，不仅可以改进该文件的读性能，还可以简化该文件的垃圾回收。因此，垃圾回收可以作为辅助手段消除数据块碎片。

数据去重系统垃圾回收的另一个难点是不同业务的并发执行。例如，在垃圾回收时，系统是否允许继续写入数据？如果在垃圾回收过程中，一个新写入的文件引用了将要被回收的失效数据块怎么办？如果处理不当，新写入的文件中可能出现悬挂指针（Dangling Pointer），这被称为复活问题。该问题会发生在垃圾回收确定失效指纹集合后，但还未将失效指纹从指纹索引删除的时间内。一个简单的解决方案是在垃圾回收时，强制让系统进入只读状态或关闭数据去重功能 [42]。EMC 数据备份研究团队的 Fabiano C. Botelho 等人 [65] 设计了检查点和通知机制：当系统正在垃圾回收时，每当写操作写入一个重复数据块，就向垃圾回收进程发送带有指纹和容器 ID 的通知，系统就知道该数据块无须回收。

3.6　安全性

随着数据去重技术在存储系统中（尤其是在云存储环境下）的广泛应用和发展，该技术的安全性引发了越来越多的关注，这里的安全性指的是数据的保密性和隐私性。表 3.5 总结了目前数据去重技术的安全研究工作。总的来说，目前数据去重技术的安全问题主要有：收敛加密及其密钥存储与管理、多用户间数据去重的侧信道攻击、远程文件的用户所有权证明（Proofs of Ownership，PoW）等。收敛加密是微软研究院于 2002 年提出的使用文件内容产生密钥来加密文件的方法 [66,67]，旨在解决多用户加密后文件去重的问题。后来，该方法被广泛地应用到块级数据去重系统 [68,69]，近几年也有改进收敛加密算法、提高密钥存储安全等后续研究工作 [70-72]。

为了防范暴力破解攻击，有研究人员提出了服务器协助加密算法。加利福尼亚大学圣迭戈分校的 Mihir Bellare 等人提出的 DupLESS[70,71] 以数据哈希为输入，在服务器协助下利用了基于 RSA 盲签名的不经意伪随机协议 OPRF 生成随机的安全密钥，以防止针对服务器的拒绝服务攻击（DoS）。DupLESS 限制了每个用户访问密钥服务器的频率。ClouDedup[73] 则是将所有数据块密钥发送到单个密钥服务器进行集中管理（托管的密钥系统），并通过认证和访问控制方式分发密钥。该方法的优点是管理方便且密钥空间开销小，但其仅有单个密钥服务器，容易发生单点故障。广州大学的李进等人提出的 DeKey[72] 通过采用秘密共享方案将非重复块的密钥编码成多个密钥分片，并将密钥分片发送到多个密钥服务器来提升密钥可靠性，但该方案的密钥管理复杂度大且管理开销依然随分片数的增加而增加。

表 3.5　目前数据去重技术的安全研究工作总结

名称	研究阶段和问题	具体算法与实现
Farsite[66, 67]	提出并应用收敛加密（保证加密后数据去重）	提出收敛加密并在文件数据去重中应用
Mark W. Storer 等人的工作 [68]		在块级数据去重系统中应用收敛加密
Paul Anderson 等人的工作 [69]		在云备份系统中应用收敛加密
DupLESS[70, 71]	改进收敛加密的密钥（生成与存储管理）	建立密钥服务器，防范基于字典的暴力破解
DeKey[72]		使用 Ramp 秘密共享方案存储并管理收敛加密的密钥
ClouDedup[73]		在单个密钥服务器中集中管理密钥
Side-Channel[74]	数据去重后用户信息泄露	基于源端和目标端的混合数据去重策略
PoWs[75]	基于默克尔哈希树的 PoW	基于默克尔树（又称哈希树）和纠删码保障用户的拥有性
Xu Jia 等人的工作 [76]		广义化收敛加密，强化 PoW
Wee Keong Ng 等人的工作 [77]		利用公钥加密计算叶子节点的承诺，构建默克尔哈希树
s-PoW[78]	基于抽样检查的 PoW	基于随机选择内容的挑战应答协议
bf-PoW[79, 80]		FSC+令牌计算+布隆过滤器检测
ce-PoW[81]		收敛加密+基于布隆过滤器的 PoW

多用户间数据去重数据的侧信道攻击问题是指用户通过数据去重功能感知某些数据重复而可能跟其他用户共享，从而存在泄露用户信息的安全隐患。针对上述侧信道攻击问题，IBM 研究院的 Danny Harnik 等人 [74] 提出了一种源端和目标端的混合去重策略。远程文件的 PoW 指的是在数据去重技术中，数据块通过数据块的指纹唯一标识，这样非法用户就有机会通过截取数据块的指纹来告知存储服务端其对该数据块的合法拥有性。针对数据去重的用户所有权证明的研究分为两类，分别为基于默克尔树（Merkle Hash Tree, MHT）的 PoW（MHT-PoW）和基于抽样检查的 PoW（Spot Checking PoW）。MHT-PoW 是由存储服务端随机挑选 n 个叶子节点的路径作为挑战，通过验证客户端的应答信息来验证用户的所有权。MHT 是一个二叉树，其中叶子节点是数据块哈希，非叶子节点通过其子节点的哈希来计算。IBM 的 Shai Halevi 等人提出的 PoWs[75] 是利用纠删码、两两独立的哈希和高效的哈希函数分别对文件进行编码，并根据输出构建 MHT，

然而其 PoW 协议中所有数据块都没有加密，因此存在机密泄露问题。为了保证机密性，新加坡南洋理工大学的 Wee Keong Ng 等人 [77] 提出了利用公钥加密计算 MHT 叶子节点的承诺，进而构建 MHT 的方法。

为了突破 MHT-PoW 中计算和 I/O 开销较大的瓶颈，研究人员提出基于抽样检查的 PoW：存储服务端会选择文件 F 的随机位置作为挑战信息发送给客户端；客户端需要将内容返回给存储服务端，并验证内容是否匹配。罗马大学的 Roberto Di Pietro 等人 [78] 提出了 s-POW，利用伪随机产生器 PRG(s) 产生随机的文件内容索引位置，并将其作为挑战信息。伦敦大学的 Jorge Blasco 等人 [79] 提出了基于布隆过滤器的 bf-PoW：存储服务器将文件 F 切分成定长数据块并计算数据块标签或令牌（如哈希值）；bf-PoW 将所有数据块的标签插入布隆过滤器中，通过随机挑选 n 个数据块的标签并在布隆过滤器中进行验证来判断用户对数据的所有权。为保证数据机密性，马德里卡洛斯三世大学的 L. González-Manzano 等人 [81] 提出了 ce-PoW，该方法采用 CE 加密数据，实现了基于密文的 bf-PoW。

3.7 可靠性

存储系统的可靠性是非常重要的研究课题。数据去重作为一种存储技术，其对可靠性的影响仍然是一个开放性问题。伊利诺伊州立大学的 Eric W. Rozier 等人 [82,83] 和得克萨斯大学奥斯汀分校的 Xiaozhou Li 等人 [84] 采用存储系统错误仿真的方法，通过分析指出数据去重技术损害了系统可靠性。实验结果表明，数据去重技术导致数据块共享，一个数据块被损坏或删除可能会影响多个用户的数据，极大增加了数据丢失的严重性。华中科技大学的付忞等人 [85,86] 依据真实负载分析了扇区错误和整盘错误对数据去重的影响，结果指出，数据去重减少了文件内容的冗余，因此减少了扇区出错的概率，但内部存在高引用的数据块会增加整盘错误的风险。

2005 年，加利福尼亚大学圣克鲁兹分校的 Lawrence L. You 等人 [87] 提出根据数据块或文件的重要性保存不同数量的副本，通过降低存储利用率来提高数据可靠性的方法。由于这种方法开销较大，该研究团队于 2006 年又提出了一种优化方案 [88]，针对数据去重后的引用次数来决定副本数量，在可靠性和数据压缩率之间寻找存储开销的平衡点。2009 年，清华大学的刘川意等人提出了 R-ADMAD [89]，它使用基于对象的存储结构，存储服务器从客户端接收数据时，将变长的数据块打包成定长的对象，随后用纠删码（Error Correcting Code，ECC）算法对这些对象进行编码，最后将它们分布到多个存储节点上。R-ADMAD 的思想与独立磁盘冗余阵列设备（Redundant Arrays of Independent Disks，RAID）相似，但是其针对具体数据的重复程度提出了不同的冗余编码机制，更能提高数据去重系统的可靠性。纠删码策略的空间利用率高，但是扩展性较差，若要提升可靠性，就需要读取数据重新编码，会造成额外的 I/O 开销。2011 年，香港中文大学的 Arthur Rahumed 等人 [90] 针对云备份中数据的多版本管理和垃圾回收中共享数据块的安全删除问题，提出了 Fade Version：通过使用标准的版本控制技术来节省云端的存储空间，并使用双层加密算法实现共享数据块的确认删除。

香港中文大学的李明强等人 [91] 和广州大学的李进等人 [92] 将纠删码改进为收敛（Convergent Dispersal）算法，即将传统的纠删码中的随机信息替换为数据哈希值。该算法首先使用收敛加密处理数据，然后将密文编码成 n 个分片并发送到 n 个存储服务端，最后每个存储服务端对接收到的分片进行去重。如果发生故障，从任意存储服务端 k（$k \leqslant n$）获得分片即可恢复原数据。

3.8　差量压缩

近几年来，研究人员发现去重后的数据中还存在大量相似数据，而且识别和压缩这些相似数据可以进一步节省存储空间，所以差量压缩技术又回到了研究人员的视野中。差量压缩技术可以通过检测和压缩相似数据，进一步地节省存储空间。而且由于差量压缩技术的粒度更小，数据压缩率更高，所以也被应用到其他对数据压缩率更加敏感的场合，如低带宽网络环境下的数据同步。表 3.6 总结了现有的相似性检测算法和差量压缩算法。

表 3.6　面向差量压缩技术的相似性检测算法和差量压缩算法总结

名称	主要特征	分类
超级特征值[93]	采样多个哈希值，线性变换成超级特征值	相似性检测
REBL[94]	使用超级特征值和差量编码消除块级别冗余数据	
TAPER[95]	利用布隆过滤器的距离估计文件相似性	
DE[96]	基于子页面的哈希值来识别相似页面	
SIDC[97]	在内存中使用基于局部性的超级特征高速缓存	
DARE[98]	在去重后的冗余块近邻检测相似块	
Finesse[99]	利用相似数据块的局部性减少计算开销	
Odess [100]	利用基于内容抽样和 Gear-CDC 算法生成特征	
DeepSketch[101]	利用学习型哈希产生相似性哈希	
Xdelta[102]	基于 Copy/Insert 指令和克努特–莫里斯–普拉特算法（简称 KMP 算法）优化的差量压缩	差量压缩
Zdelta[103]	将 Zlib 的哈夫曼编码融入差量编码中	
Ddelta[7]	基于齿轮哈希的差量压缩	
Gdelta[104]	优化基于齿轮哈希的差量压缩，快速索引和批量压缩	

事实上，学术界和工业界在研究块级数据去重技术（如 LBFS[1]，Venti[27]）的同时，还有大量的研究聚焦于差量压缩技术。由于块级指纹识别技术不能感知相似数据冗余的存在，因此产生了一些可以检测相似数据的方法。2004 年，IBM 研究院联合美国马萨诸塞大学提出了一种块级别的相似数据检测和差量压缩的算法——超级特征值技术 [94]。这种技术首先会通过计算数据块内容的 Rabin 指纹得到一个 Rabin 指纹集合，将其作为数据块的特征值（Degree），然后使用若干个预设的线性变换来处理该指纹集合中的每一个指纹。最终，每一个线性变换都对应一个新生成的、变换后的指纹集合，而这每一个变换后的指纹集合中的最小值就是数据块的超级特征值。如果两个数据块有某个超级特征值匹配，那么就可以认定这两个数据块相似，可以对其进行差量压缩，从而进一步节省空间。

2005 年，IBM 研究院联合美国得克萨斯大学奥斯汀分校提出了一个可扩展的、高带宽利用率的、基于相似内容差量压缩的数据同步复制协议——TAPER[95]，使用布隆过滤器来判定两个文件的相似度。TAPER 首先给文件分配一个初始化了的布隆过滤器，然后对文件进行分块处理，把文件的数据块内容哈希映射到各自的布隆过滤器中。如果两个文件的内容相同，则其布隆过滤器也一定相同；内容相似度越高，则两个布隆过滤器共享的"1"的个数也越多。进行相似度比较时，只需把两个布隆过滤器按位相与即可，相与后得到"1"的比例越高，就可以认为文件的相似度越高，如果这个比例超过了某个设定的阈值（如 70%），则对这两个文件进行差量压缩。

但是上述两种解决方案的计算和索引开销都很大，而且差量压缩后数据的恢复需要两次 I/O（一次读取引用数据，一次读取差量数据），这样就限制了差量压缩技术的推广与发展，所以随着后来数据规模（尤其是冗余数据规模）的不断增大，数据去重技术成为主流技术。但是，由于差量压缩技术能够有效地消除相似数据的冗余，而数据去重技术对这种相似数据无能为力，因为安全哈希算法的雪崩效应会计算出截然不同的数据块指纹，所以差量压缩技术在冗余数据消除领域仍然有着很强的生命力。

此外，在 2008 年，加利福尼亚大学圣地亚哥分校的 Diwaker Gupta 等人 [96] 也提出了将差量压缩技术应用到虚拟化环境中的方案，用来消除内存中相似页的冗余数据。与 VMware 提出的内存数据去重解决方案 ESX[105] 相比，他们获得了平均 2 倍的数据压缩率的提升，同时仅增加了约为 7% 的系统开销。在 2011 年，美国罗德岛大学的杨庆等人 [106] 提出了将差量压缩技术应用在融合存储设备（磁盘存储 +SSD 缓存）中的方案，通过识别和压缩缓存设备中的相似数据来扩大 SSD 的逻辑缓存空间，从而提高缓存的命中率。

2012 年，EMC 数据备份研究团队的 Phlip Shilane 等人 [97] 提出了一个应用于数据去重后处理的差量压缩算法 SIDC。SIDC 是一种基于备份数据流的局部性缓存查找相似数据，并进行差量压缩的方法，可以有效地提高广域网环境下的数据灾备迁移速率，也可以应用在数据备份归档领域[107]。他们的测试结果显示，差量压缩技术可以将数据去重技术的数据压缩率提高到原来的 2~3 倍。

2014 年，华中科技大学的夏文等人提出了基于数据去重感知的相似性检测和压缩算法 DARE[98]。DARE 是通过充分挖掘备份数据流的局部性特征来开展相似数据检测。具体来说，对于两次邻近备份的数据块序列，可能有部分修改和插入操作导致这两次备份有部分数据块不同。该算法首先采用数据去重技术确定唯一块，然后在对应的重复数据块周围进行相似性检测，避免计算和索引超级特征值，从而降低数据去重后的相似数据检测和差量压缩开销。

2019 年，华中科技大学的张宇成等人通过分析发现，使用超级特征值检测到的相似数据块间也存在局部性。基于该观察，他们提出了一种基于局部性的快速相似性检测算法 Finesse[99]。该算法利用相似数据块之间对应的子区域也相同或相似这一特征，将数据块视为多个子块，并对每个子块提取一个特征值来做简单的相似性检测，从而减少计算开销。实验表明，Finesse 可以获得与超级特征值相当（甚至更高）的相似性检测准确度，并极大地提升了相似性检测环节的性能。

2021 年，哈尔滨工业大学（深圳）的邹翔宇等人提出了基于内容定义的特征抽样的快速相似性检测算法 Odess[100]。该算法使用 Gear-CDC 算法快速产生特征，并利用基于内容的抽样生成更小的特征集合，能够极大地减少线性变换的计算开销。实验结果表明，Odess 生成特征的速度与超级特征法和 Finesse 相比有巨大的提升，这也让整个数据去重系统的吞吐率有明显的提升，同时其与经典的超级特征值法相比，也可以达到相当的相似性检测率和数据压缩率。

2022 年，苏黎世联邦理工大学的 Jisung Park 等人提出了 DeepSketch[101]，即通过学习型的哈希方法自动生成分块近似签名（相似的分块会产生相似的签名），然后基于签名的汉明距离来进行差量压缩的相似性检测。具体来说，它首先使用改进的深度神经网络学习多种数据负载相似性特征，然后用训练好的模型来生成差量压缩感知的数据块签名。实验结果表明，与 Finesse 相比，DeepSketch 可以提高 33% 以上的平均数据压缩率。

3.9　开源社区实践

数据去重技术最早在 2004 年应用于商业备份系统中。磁盘存储取代传统的磁带存储，给数据备份系统带来了巨大的性能提升，也极大地简化了数据去重技术，许多存储供应商推出了基于磁盘数据去重的备份解决方案。而数据去重技术在开源社区也一直是相当热门的话题，开发出了许多开源项目，包括文件同步工具、数据备份工具、去重感知文件系统等，存储厂商也向研究人员提供了许多公开的数据集。表 3.7列出了与数据去重技术相关的开源项目。

表 3.7　与数据去重技术相关的开源项目

名称	开发语言	主要特征
rDedup	Rust	安全可靠、高性能、跨平台、可嵌入、支持增量可扩展垃圾回收等
Opendedup	Java	去重感知文件系统、变长数据块去重、支持本地和云存储
duplicacy	Go	Lock-free 去重备份、两阶段垃圾回收、可扩展、无须第三方数据库存储指纹
restic	Go	跨平台、简单易用、支持多种云存储、安全
attic	Python	变长分块去重、安全、远程备份、可挂载为文件系统
zbackup	C++	可在生产环境下使用、强弱哈希匹配、AES 加密
Destor	C	数据去重算法评测平台，插件式配置数据去重算法
BackupPC	Perl	文件级别去重、无须客户端软件、安全可靠

　　rDedup 是一个用 Rust 语言开发的数据去重引擎和数据备份工具。Rust 是系统级语言，具有内存安全的特性。rDedup 使用了零拷贝方法来处理数据，使贴近系统底层的资源可以 100% 利用 CPU 核心。同时，Rust 语言的特性可以保证去重流水线并发执行时内存的安全性。此外，它还可以编译成动态库嵌入其他应用中作为数据去重引擎。Opendedup 是一个使用 Java 语言开发的去重感知文件系统，使用了变长分块（Varied-Sized Chunking, VSC）的方式，几乎可以与工业界最佳解决方案媲美。它支持本地文件系统和云对象存储，并使用 AES-CBS 加密算法保证安全。duplicacy 和 restic 都是用 Go 语言开发的数据备份工具。其中，duplicacy 是一个跨平台、Lock-free 的数据去重备份工具，采用了两阶段垃圾回收机制，且不依赖第三方数据库来存储指纹。attic 是用 Python 语言开发的数据备份工具，采用了 VSC，所有的数据可以使用 256 位 AES 加密保护。此外，它还可以直接作为用户空间文件系统挂载，便于备份和恢复。zbackup 是一个可在生产环境下使用的去重备份工具，采用 C++ 语言开发。基于 rsync 的实现，zbackup 采用了强弱哈希比对方式，使用 64 bit 滚动哈希，可将弱哈希的碰撞降低到接近 0；最后存储的数据还会使用 LZMA 等无损压缩算法进一步压缩。Destor 是一个用来全方位测评数据去重算法的工具。数据去重系统的参数空间难以权衡，Destor 可以灵活地配置数据去重原型系统，通过实验寻找高效的系统设计方案，许多数据去重的研究工作都采用该工具进行性能评估。BackupPC 是一个用于将 Linux、Windows 和 MacOS 数据或快照备份到服务器的企业级工具，采用了文件级别去重，它并不需要客户端软件，而是通过 SMB 协议或 rsync/tar 来提取数据，并且提供 Web 界面控制备份和恢复作业以及查看日志、配置。

3.10　本章小结

本章对数据消冗的前沿技术研究进行了概述，从数据消冗技术的各个技术点入手，介绍了相关技术点的背景、挑战及具体解决方案，其中包括了近几年发表在顶级会议和期刊上的前沿研究成果。当然，本章仅粗略地介绍了数据消冗技术的研究脉络，读者若要进一步详细地了解相关技术，可以选择继续阅读本书的后续章节或者直接阅读相关文献。

参考文献

[1] MUTHITACHAROEN A, CHEN B, MAZIERES D. A Low-bandwidth Network File System[C]//Proceedings of the ACM Symposium on Operating Systems Principles (SOSP'01). Banff: ACM Association, 2001: 1-14.

[2] ESHGHI K, TANG H K. A Framework for Analyzing and Improving Content-based Chunking Algorithms: HPL-2005-30(R.1)[R]. Palo Alto: Hewlett Packard Laboratories, 2005.

[3] EL-SHIMI A, KALACH R, KUMAR A, et al. Primary Data Deduplication-large Scale Study and System Design[C]//Proceedings of the 2012 Conference on USENIX Annual Technical Conference (USENIX ATC'12). MA: USENIX Association, 2012: 1-12.

[4] BOBBARJUNG D, DUBNICKI C, JAGANNATHAN S. Fingerdiff: Improved Duplicate Elimination in Storage Systems[C]//Proceedings of Mass Storage Systems and Technologies (MSST'06). MD: IEEE Computer Society, 2006: 1-5.

[5] YU C, ZHANG C, MAO Y, et al. Leap-based Content Defined Chunking—Theory and Implementation[C]//Proceedings of 2015 31st Symposium on Mass Storage Systems and Technologies (MSST'15). NJ: IEEE, 2015: 1-12.

[6] AGGARWAL B, AKELLA A, ANAND A, et al. EndRE: An End-system Redundancy Elimination Service for Enterprises[C]//Proceedings of the 7th USENIX Conference on Networked Systems Design and Implementation (NSDI'10). CA: USENIX Association, 2010: 14-28.

[7] XIA W, JIANG H, FENG D, et al. Ddelta: A Deduplication-inspired Fast Delta Compression Approach[J]. Performance Evaluation, 2014, 79: 258-272.

[8] ZHANG Y, JIANG H, FENG D, et al. AE: An Asymmetric Extremum Content Defined Chunking Algorithm for Fast and Bandwidth-efficient Data Deduplication [C]//Proceedings of 2015 IEEE Conference on Computer Communications (INFOCOM'15). NJ: IEEE, 2015: 1337-1345.

[9]   TEODOSIU D, BJØRNER N, GUREVICH Y, et al. Optimizing File Replication over Limited-bandwidth Networks Using Remote Differential Compression: MSR-TR-2006-157[R]. Redmond: Microsoft, 2006: 16.

[10] XIA W, ZHOU Y, JIANG H, et al. FastCDC: A Fast and Efficient Content-defined Chunking Approach for Data Deduplication[C]//Proceedings of 2016 USENIX Annual Technical Conference (USENIX ATC'16). Denver: USENIX Association, 2016: 101-114.

[11] NI F, JIANG S. RapidCDC: Leveraging Duplicate Locality to Accelerate Chunking in CDC-based Deduplication Systems[C]//Proceedings of Proceedings of the ACM Symposium on Cloud Computing (SoCC'19). NY: ACM, 2019: 220-232.

[12] KRUUS E, UNGUREANU C, DUBNICKI C. Bimodal Content Defined Chunking for Backup Streams[C]//Proceedings of the 7th USENIX Conference on File and Storage Technologies (FAST'10). CA: USENIX Association, 2010: 1-14.

[13] ROMAŃSKI B, HELDT Ł, KILIAN W, et al. Anchor-driven Subchunk Deduplication[C]//Proceedings of the 4th Annual International Systems and Storage Conference (SYSTOR'11). Haifa: ACM Association, 2011: 1-13.

[14] MEISTER D, KAISER J, BRINKMANN A, et al. A Study on Data Deduplication in HPC Storage Systems[C]//Proceedings of the International Conference on High Performance Computing, Networking, Storage and Analysis (SC'02). Utah: IEEE Computer Society, 2012: 1-11.

[15] RABIN M O. Fingerprinting by Random Polynomials[R]. Cambridge: Harvard University, 1981.

[16] ZHANG Y, FENG D, JIANG H, et al. A Fast Asymmetric Extremum Content Defined Chunking Algorithm for Data Deduplication in Backup Storage Systems [J]. IEEE Transactions on Computers, 2016, 66(2): 199-211.

[17] 张宇成. 基于冗余数据消除的备份系统性能优化研究[D]. 武汉: 华中科技大学, 2017.

[18] XIA W, ZOU X, JIANG H, et al. The Design of Fast Content-defined Chunking for Data Deduplication based Storage Systems[J]. Proceedings of IEEE Transactions on Parallel and Distributed Systems, 2020, 31(9): 2017-2031.

[19] 夏文. 数据备份系统中冗余数据的高性能消除技术研究[D]. 武汉: 华中科技大学, 2014.

[20] LIU C, XUE Y, JU D, et al. A Novel Optimization Method to Improve Deduplication Storage System Performance[C]//Proceedings of the 15th International Conference on Parallel and Distributed Systems (ICPADS'15). Shenzhen: IEEE Computer Society, 2009: 228-235.

[21] GUO F, EFSTATHOPOULOS P. Building a High-performance Deduplication System[C]//Proceedings of the 2011 USENIX Conference on USENIX Annual Technical Conference(USENIX ATC'11). OR: USENIX Association, 2011: 1-14.

[22] MA J, ZHAO B, WANG G, et al. Adaptive Pipeline for Deduplication[C]// Proceedings of the 28th IEEE Symposium on Mass Storage Systems and Technologies (MSST'12). CA: IEEE Computer Society, 2012: 1-6.

[23] XIA W, JIANG H, FENG D, et al. P-dedupe: Exploiting Parallelism in Data Deduplication System[C]//Proceedings of the 7th International Conference on Networking, Architecture and Storage (NAS'12). Xiamen: IEEE Computer Society, 2012: 338-347.

[24] AL-KISWANY S, GHARAIBEH A, SANTOS-NETO E, et al. StoreGPU: Exploiting Graphics Processing Units to Accelerate Distributed Storage Systems[C]// Proceedings of the 17th International Symposium on High Performance Distributed Computing (HPDC'17). MA: ACM Association, 2008: 165-174.

[25] BHATOTIA P, RODRIGUES R, VERMA A. Shredder: GPU-accelerated Incremental Storage and Computation[C]//Proceedings of the 10th USENIX Conference on File and Storage Technologies (FAST'12). CA: USENIX Association, 2012: 1-15.

[26] KIM C, PARK K W, PARK K H. GHOST: GPGPU-offloaded High Performance Storage I/O Deduplication for Primary Storage System[C]//Proceedings of the 2012 International Workshop on Programming Models and Applications for Multicores and Manycores (PPoPP'12). NY: ACM, 2012: 17-26.

[27] QUINLAN S, DORWARD S. Venti: A New Approach to Archival Storage[C]// Proceedings of USENIX Conference on File and Storage Technologies (FAST'02). CA: USENIX Association, 2002: 1-13.

[28] ZHU B, LI K, PATTERSON R H. Avoiding the Disk Bottleneck in the Data Domain Deduplication File System[C]//Proceedings of the 6th USENIX Conference on File and Storage Technologies (FAST'08). CA: USENIX Association, 2008(8): 1-14.

[29] LILLIBRIDGE M, ESHGHI K, BHAGWAT D, et al. Sparse Indexing: Large Scale, Inline Deduplication Using Sampling and Locality[C]//Proceedings of the 7th USENIX Conference on File and Storage Technologies (FAST'09). CA: USENIX Association, 2009(9): 111-123.

[30] WEI J, JIANG H, ZHOU K, et al. MAD2: A Scalable High-throughput Exact Deduplication Approach for Network Backup Services[C]//Proceedings of 2010 IEEE 26th Symposium on Mass Storage Systems and Technologies (MSST'10). Nevada: IEEE Computer Society, 2010: 1-14.

[31] TAN Y, JIANG H, FENG D, et al. SAM: A Semantic-aware Multi-tiered Source Deduplication Framework for Cloud Backup[C]//Proceedings of the 39th International Conference on Parallel Processing (ICPP'10). CA: IEEE Computer Society, 2010: 614-623.

[32] MEISTER D, KAISER J, BRINKMANN A. Block Locality Caching for Data Deduplication[C]//Proceedings of the 6th International Systems and Storage Conference (Systor'13). Haifa: ACM Association, 2013: 1-12.

[33] ZOU X, YUAN J, SHILANE P, et al. The Dilemma between Deduplication and Locality: Can both be Achieved?[C]//Proceedings of 19th USENIX Conference on File and Storage Technologies (FAST'21). CA: USENIX Association, 2021: 171-185.

[34] BHAGWAT D, ESHGHI K, LONG D D E, et al. Extreme Binning: Scalable, Parallel Deduplication for Chunk-based File Backup[C]//Proceedings of IEEE International Symposium on Modeling, Analysis & Simulation of Computer and Telecommunication Systems (MASCOTS'09). London: IEEE Computer Society, 2009: 1-9.

[35] ARONOVICH L, ASHER R, BACHMAT E, et al. The Design of a Similarity based Deduplication System[C]//Proceedings of the Israeli Experimental Systems Conference (SYSTOR'09). Haifa: ACM Association, 2009: 1-12.

[36] ARONOVICH L, ASHER R, HARNIK D, et al. Similarity based Deduplication with Small Data Chunks[C]//Proceedings of Prague Stringology Conference 2012(PSC'12). Prague: [S.n.], 2012: 3-17.

[37] XIA W, JIANG H, FENG D, et al. Silo: A Similarity-locality based Near-exact Deduplication Scheme with Low Ram Overhead and High Throughput[C]//Proceedings of the 2011 USENIX Conference on USENIX Annual Technical Conference (USENIX ATC'11). OR: USENIX Association, 2011: 285-298.

[38] DEBNATH B, SENGUPTA S, LI J. ChunkStash: Speeding up Inline Storage Deduplication Using Flash Memory[C]//Proceedings of the 2010 USENIX Conference on USENIX Annual Technical Conference (USENIX ATC'10). MA: USENIX Association, 2010: 1-14.

[39] DEBNATH B, SENGUPTA S, LI J. FlashStore: High Throughput Persistent Key-value Store[J]. the VLDB Endowment, 2010, 3(1-2): 1414-1425.

[40] MEISTER D, BRINKMANN A. Dedupv1: Improving Deduplication Throughput Using Solid State Drives (SSD)[C]//Proceedings of IEEE 26th Symposium on Mass Storage Systems and Technologies (MSST'10). Nevada: IEEE Computer Society, 2010: 1-6.

[41] LU G, NAM Y J, DU D H. BloomStore: Bloom-filter based Memory-efficient Key-value Store for Indexing of Data Deduplication on Flash[C]//Proceedings of IEEE 28th Symposium on Mass Storage Systems and Technologies (MSST'12). CA: IEEE Computer Society, 2012: 1-11.

[42] DUBNICKI C, GRYZ L, HELDT L, et al. HYDRAstor: A Scalable Secondary Storage[C]//Proceedings of USENIX Conference on File and Storage Technologies (FAST'09). CA: USENIX Association, 2009(9): 197-210.

[43] YANG T, JIANG H, FENG D, et al. DEBAR: A Scalable High-performance De-duplication Storage System for Backup and Archiving[C]//Proceedings of 2010 IEEE International Symposium on Parallel & Distributed Processing (IPDPS'10). Atlanta: IEEE Computer Society, 2010: 1-12.

[44] DONG W, DOUGLIS F, LI K, et al. Tradeoffs in Scalable Data Routing for Dedupli-cation Clusters[C]//Proceedings of the 9th USENIX Conference on File and Storage Technologies (FAST'11). CA: USENIX Association, 2011: 15-29.

[45] FU Y, JIANG H, XIAO N. A Scalable Inline Cluster Deduplication Framework for Big Data Protection[C]//Proceedings of the ACM/IFIP/USENIX Middleware Conference (MIDDLEWARE'12). Quebec: Springer, 2012: 354-373.

[46] KAISER J, MEISTER D, BRINKMANN A, et al. Design of an Exact Data Dedu-plication Cluster[C]//Proceedings of 2012 IEEE 28th Symposium on Mass Storage Systems and Technologies (MSST'12). CA: IEEE Computer Society, 2012: 1-12.

[47] FREY D, KERMARREC A M, KLOUDAS K. Probabilistic Deduplication for Cluster-based Storage Systems[C]//Proceedings of the Third ACM Symposium on Cloud Computing (SOCC'12). CA: ACM Association, 2012: 1-12.

[48] BLOOM B H. Space/time Trade-offs in Hash Coding with Allowable Errors[J]. Communications of the ACM, 1970, 13(7): 422-426.

[49] 魏建生. 高性能重复数据检测与删除技术研究[D]. 武汉: 华中科技大学, 2012.

[50] 谭玉娟. 数据备份系统中数据去重技术研究[D]. 武汉: 华中科技大学, 2012.

[51] PAGH R, RODLER F F. Cuckoo Hashing[J]. Journal of Algorithms, 2004, 51(2): 122-144.

[52] 杨天明. 网络备份中重复数据删除技术研究[D]. 武汉: 华中科技大学, 2010.

[53] SRINIVASAN K, BISSON T, GOODSON G, et al. iDedup: Latency-aware, In-line Data Deduplication for Primary Storage[C]//Proceedings of the 10th USENIX Conference on File and Storage Technologies (FAST'12). CA: USENIX Association, 2012: 24-37.

[54] MAO B, JIANG H, WU S, et al. POD: Performance Oriented I/O Deduplication for Primary Storage Systems in the Cloud[C]//Proceedings of 2014 IEEE 28th In-ternational Parallel and Distributed Processing Symposium (IPDPS'14). AZ: IEEE, 2014: 767-776.

[55] NAM Y J, PARK D, DU D H. Assuring Demanded Read Performance of Data Deduplication Storage with Backup Datasets[C]//Proceedings of IEEE 20th Inter-national Symposium on Modeling, Analysis & Simulation of Computer and Telecom-munication Systems (MASCOTS'12). Washington: IEEE Computer Society, 2012: 201-208.

[56] KACZMARCZYK M, BARCZYNSKI M, KILIAN W, et al. Reducing Impact of Data Fragmentation Caused by In-line Deduplication[C]//Proceedings of the 5th Annual International Systems and Storage Conference (SYSTOR'12). Haifa: ACM Association, 2012: 1-12.

[57] LILLIBRIDGE M, ESHGHI K, BHAGWAT D. Improving Restore Speed for Backup Systems that Use Inline Chunk-based Deduplication[C]//Proceedings of the 11th

USENIX Conference on File and Storage Technologies (FAST'13). CA: USENIX Association, 2013: 183-197.

[58] NG C H, LEE P P. RevDedup: A Reverse Deduplication Storage System Optimized for Reads to Latest Backups[C]//Proceedings of the 4th Asia-Pacific Workshop on Systems (APSys'13). NY: ACM, 2013: 15.

[59] FU M, FENG D, HUA Y, et al. Accelerating Restore and Garbage Collection in Deduplication-based Backup Systems via Exploiting Historical Information[C]// Proceedings of 2014 USENIX Annual Technical Conference (USENIX ATC'14). Philadelphia: USENIX Association, 2014: 181-192.

[60] TAN Y, JIANG H, FENG D, et al. CABdedupe: A Causality-based Deduplication Performance Booster for Cloud Backup Services[C]//Proceedings of 2011 IEEE International Parallel & Distributed Processing Symposium (IPDPS'11). Alaska: IEEE Computer Society, 2011: 1266-1277.

[61] MAO B, JIANG H, WU S, et al. SAR: SSD Assisted Restore Optimization for Deduplication-based Storage Systems in the Cloud[C]//Proceedings of 2012 IEEE 7th International Conference on Networking, Architecture and Storage (NAS'12). Xiamen: IEEE Computer Society, 2012: 328-337.

[62] LAI R, HUA Y, FENG D, et al. A Near-exact Defragmentation Scheme to Improve Restore Performance for Cloud Backup Systems[M]//Proceedings of the 14th International Conference on Algorithms and Architectures for Parallel Processing (ICA3PP'14). Berlin: Springer, 2014: 457-471.

[63] ROSENBLUM M, OUSTERHOUT J K. The Design and Implementation of a Log-structured File System[J]. ACM Transactions on Computer Systems, 1992, 10(1): 26-52.

[64] CHEN Z, SHEN K. OrderMergeDedup: Efficient,Failure-consistent Deduplication on Flash[C]//Proceedings of 14th USENIX Conference on File and Storage Technologies (FAST'16). [S.l.]: USENIX Association, 2016: 291-299.

[65] BOTELHO F C, SHILANE P, GARG N, et al. Memory Efficient Sanitization of a Deduplicated Storage System[C]//Proceedings of the 11th USENIX Conference on File and Storage Technologies (FAST'13). CA: USENIX Association, 2013: 81-94.

[66] BOLOSKY W J, DOUCEUR J R, ELY D, et al. Feasibility of a Serverless Distributed File System Deployed on an Existing Set of Desktop PCs[J]. ACM SIGMETRICS Performance Evaluation Review, 2000, 28(1): 34-43.

[67] DOUCEUR J R, ADYA A, BOLOSKY W J, et al. Reclaiming Space from Duplicate Files in a Serverless Distributed File System[C]//Proceedings of the 22nd International Conference on Distributed Computing Systems (ICDSC'02). Vienna: IEEE Computer Society, 2002: 617-624.

[68] STORER M W, GREENAN K, LONG D D, et al. Secure Data Deduplication [C]//Proceedings of the 4th ACM International Workshop on Storage Security and Survivability (StorageSS'08). Virginia: ACM Association, 2008: 1-10.

[69] ANDERSON P, ZHANG L. Fast and Secure Laptop Backups with Encrypted Deduplication[C]//Proceedings of the 23th International Conference on Large Installation System Administration: Strategies, Tools, and Techniques (LISA'10). MA: USENIX Association, 2010: 195-206.

[70] BELLARE M, KEELVEEDHI S, RISTENPART T. DupLESS: Server-aided Encryption for Deduplicated Storage[C]//Proceedings of the 22nd USENIX Security Symposium (USENIX Security'13). Washington: USENIX Association, 2013: 1-16.

[71] BELLARE M, KEELVEEDHI S, RISTENPART T. Message-locked Encryption and Secure Deduplication[C]//Proceedings of Annual International Conference on the Theory and Applications of Cryptographic Techniques (EUROCRYPT'13). Berlin: Springer, 2013: 296-312.

[72] LI J, LI J, LEE P P, et al. Secure Deduplication with Efficient and Reliable Convergent Key Management[J]. IEEE Transactions on Parallel and Distributed Systems, 2013: 1-11.

[73] PUZIO P, MOLVA R, ÖNEN M, et al. ClouDedup: Secure Deduplication with Encrypted Data for Cloud Storage[C]//Proceedings of 2013 IEEE 5th International Conference on Cloud Computing Technology and Science (CLOUDCOM'13). NJ: IEEE, 2013(1): 363-370.

[74] HARNIK D, PINKAS B, SHULMAN-PELEG A. Side Channels in Cloud Services: Deduplication in Cloud Storage[J]. IEEE Security & Privacy, 2010, 8(6): 40-47.

[75] HALEVI S, HARNIK D, PINKAS B, et al. Proofs of Ownership in Remote Storage Systems[C]//Proceedings of the 18th ACM conference on computer and Communications Security (CCS'11). Chicago: ACM Association, 2011: 491-500.

[76] XU J, CHANG E C, ZHOU J. Weak Leakage-resilient Client-side Deduplication of Encrypted Data in Cloud Storage[C]//Proceedings of the 8th ACM SIGSAC Symposium on Information, Computer and Communications Security (ASIACSS'13). Hangzhou: ACM Association, 2013: 195-206.

[77] NG W K, WEN Y, ZHU H. Private Data Deduplication Protocols in Cloud Storage[C]//Proceedings of the 27th Annual ACM Symposium on Applied Computing (SAC'12). 2012: 441-446.

[78] PIETRO D R, SORNIOTTI A. Boosting Efficiency and Security in Proof of Ownership for Deduplication[C]//Proceedings of the 7th ACM Symposium on Information, Computer and Communications Security (ASIACSS'12). Seoul: ACM Association, 2012: 81-82.

[79] BLASCO J, PIETRO D R, ORFILA A, et al. A Tunable Proof of Ownership Scheme for Deduplication Using Bloom Filters[C]//Proceedings of 2014 IEEE Conference on Communications and Network Security (CNS'14). NJ: IEEE, 2014: 481-489.

[80] JIANG S, JIANG T, WANG L. Secure and Efficient Cloud Data Deduplication with Ownership Management[J]. IEEE Transactions on Services Computing, 2017, 13(6): 1152-1165.

[81] GONZÁLEZ-MANZANO L, ORFILA A. An Efficient Confidentiality-preserving Proof of Ownership for Deduplication[J]. Journal of Network and Computer Applications, 2015, 50: 49-59.

[82] ROZIER E W, SANDERS W H, ZHOU P, et al. Modeling the Fault Tolerance Consequences of Deduplication[C]//Proceedings of 2011 IEEE 30th International Symposium on Reliable Distributed Systems (SRDS'11). NJ: IEEE, 2011: 75-84.

[83] ROZIER E W, SANDERS W H. A Framework for Efficient Evaluation of the Fault Tolerance of Deduplicated Storage Systems[C]//Proceedings of IEEE/IFIP International Conference on Dependable Systems and Networks (DSN'12). NJ: IEEE, 2012: 1-12.

[84] LI X, LILLIBRIDGE M, UYSAL M. Reliability Analysis of Deduplicated and Erasure-coded Storage[J]. ACM SIGMETRICS Performance Evaluation Review, 2011, 38(3): 4-9.

[85] FU M, HAN S, LEE P P, et al. A Simulation Analysis of Redundancy and Reliability in Primary Storage Deduplication[J]. IEEE Transactions on Computers, 2018, 67 (9): 1259-1272.

[86] 付忞. 面向数据备份的高效数据去重系统构建方法研究[D]. 武汉: 华中科技大学, 2016.

[87] YOU L L, POLLACK K T, LONG D D. Deep Store: An Archival Storage System Architecture[C]//Proceedings of the 21st International Conference on Data Engineering (ICDE'05). Tokyo: IEEE Computer Society, 2005: 804-815.

[88] BHAGWAT D, POLLACK K, LONG D D, et al. Providing High Reliability in a Minimum Redundancy Archival Storage System[C]//Proceedings of the 14th IEEE International Symposium on Modeling, Analysis, and Simulation of Computer and Telecommunication Systems (MASCOTS'06). CA: IEEE Computer Society, 2006: 413-421.

[89] LIU C, GU Y, SUN L, et al. R-ADMAD: High Reliability Provision for Large-scale De-duplication Archival Storage Systems[C]//Proceedings of the 23rd International Conference on Supercomputing (ICS'09). NY: ACM Association, 2009: 370-379.

[90] RAHUMED A, CHEN H C, TANG Y, et al. A Secure Cloud Backup System with Assured Deletion and Version Control[C]//Proceedings of the 40th International Conference on Parallel Processing Workshops (ICPP'11). Taipei: IEEE Computer Society, 2011: 160-167.

[91] LI M, QIN C, LEE P P. CDStore: Toward Reliable, Secure, and Cost-Efficient Cloud Storage via Convergent Dispersal[C]//Proceedings of 2015 USENIX Annual Technical Conference (USENIX ATC'15). [S.l.]: USENIX Association, 2015: 111-124.

[92] LI J, CHEN X, HUANG X, et al. Secure Distributed Deduplication Systems with Improved Reliability[J]. IEEE Transactions on Computers, 2015, 64(12): 3569-3579.

[93] BRODER A Z. Identifying and Filtering Near-duplicate Documents[C]//Proceedings of Annual Symposium on Combinatorial Pattern Matching(CPM'00). Berlin: Springer, 2000: 1-10.

[94] KULKARNI P, DOUGLIS F, LAVOIE J D, et al. Redundancy Elimination within Large Collections of Files[C]//Proceedings of the 2004 USENIX Annual Technical Conference (USENIX ATC'12). MA: USENIX Association, 2012: 1-14.

[95] JAIN N, DAHLIN M, TEWARI R. TAPER: Tiered Approach for Eliminating Redundancy in Replica Synchronization[C]//Proceedings of the USENIX Conference on File and Storage Technologies (FAST'05). CA: USENIX Association, 2005: 281-294.

[96] GUPTA D, LEE S, VRABLE M, et al. Difference Engine: Harnessing Memory Redundancy in Virtual Machines[C]//Proceedings of the 5th Symposium on Operating Systems Design and Implementation (OSDI'08). CA: USENIX Association, 2008: 309-322.

[97] SHILANE P, HUANG M, WALLACE G, et al. WAN Optimized Replication of Backup Datasets Using Stream-informed Delta Compression[C]//Proceedings of the 10th USENIX Conference on File and Storage Technologies (FAST'12). CA: USENIX Association, 2012: 1-14.

[98] XIA W, JIANG H, FENG D, et al. Combining Deduplication and Delta Compression to Achieve Low-overhead Data Reduction on Backup Datasets[C]//Proceedings of IEEE Data Compression Conference 2014 (DCC'14). Utah: IEEE Computer Society, 2014: 203-212.

[99] ZHANG Y, XIA W, FENG D, et al. Finesse: Fine-grained Feature Locality based Fast Resemblance Detection for Post-Deduplication Delta Compression [C]//Proceedings of 17th USENIX Conference on File and Storage Technologies (FAST'19). [S.l.]: USENIX Association, 2019: 121-128.

[100] ZOU X, DENG C, XIA W, et al. Odess: Speeding up Resemblance Detection for Redundancy Elimination by Fast Content-defined Sampling[C]//Proceedings of 2021 IEEE 37th International Conference on Data Engineering (ICDE'21). NJ: IEEE, 2021: 480-491.

[101] PARK J, KIM J, KIM Y, et al. DeepSketch: A New Machine Learning-based Reference Search Technique for Post-deduplication Delta Compression[C]//Proceedings of 20th USENIX Conference on File and Storage Technologies (FAST'22). CA: USENIX Association, 2022: 247-264.

[102] MACDONALD J. File System Support for Delta Compression[D]. Berkeley: University of California at Berkeley, 2000: 1-28.

[103] TRENDAFILOV D, MEMON N, SUEL T. Zdelta: An Efficient Delta Compression Tool[R]. NY: Polytechnic University, 2002.

[104] TAN H, ZHANG Z, ZOU X, et al. Exploring the Potential of Fast Delta Encoding: Marching to a Higher Compression Ratio[C]//Proceedings of 2020 IEEE International Conference on Cluster Computing (CLUSTER'20). NJ: IEEE, 2020: 198-208.

[105] WALDSPURGER C A. Memory Resource Management in Vmware Esx Server[J]. ACM SIGOPS Operating Systems Review, 2002, 36(SI): 181-194.

[106] YANG Q, REN J. I-CASH: Intelligently Coupled Array of SSD and HDD[C]// Proceedings of the 17th IEEE International Symposium on High Performance Computer Architecture (HPCA'11). TX: IEEE Computer Society, 2011: 278-289.

[107] SHILANE P, WALLACE G, HUANG M, et al. Delta Compressed and Deduplicated Storage Using Stream-informed Locality[C]//Proceedings of the 4th USENIX Conference on Hot Topics in Storage and File Systems (HotStorage'12). MA: USENIX Association, 2012: 201-214.

第 4 章　极速基于内容分块算法

数据去重技术能够通过数据消冗节省存储开销，而影响数据去重技术消冗能力的关键因素之一便是数据分块算法。本章主要介绍应用在数据去重技术中的极速基于内容分块（FastCDC）算法，其技术创新点主要包括采用了更加简单的Gear-CDC 算法优化了分块判断的操作，使用了收敛分块策略，以及循环展开优化。这些技术创新点使得 FastCDC 算法在保持与 Rabin-CDC 算法相近甚至更高的去重率的同时，分块速度最高达到了 Rabin-CDC 算法的 12 倍。本章的组织结构如下：首先在第 4.1 节介绍数据分块算法的技术背景，在第 4.2 节介绍一些典型的 CDC 算法；在第 4.3 节详细阐述 FastCDC 算法的技术创新点，并在第4.4 节对 FastCDC 算法使用的相应技术进行了测试；最后，在第 4.5 节对本章进行了总结。

4.1　技术背景

数据去重技术可以按照处理数据的粒度分为文件级数据去重和块级数据去重。与文件级数据去重相比，块级数据去重能够发现更多冗余数据[1-4]，因此被广泛应用在数据去重系统之中[5]。

图 4.1 展示了块级数据去重技术的原理，整个过程可以分为 4 个阶段：数据分块、指纹计算、索引查询和数据写入。索引查询一般都使用复杂度为 $O(1)$ 的键值存储，计算开销少。随着局部性和相似性的提出，指纹缓存的预取命中率大大提高，索引查询环节的磁盘访问开销大幅度减少，因此，索引查询环节不会成为系统的性能瓶颈。数据写入环节的性能和两个因素有关。第一个因素是数据集的冗余度。冗余度越高，需要写入的数据就越少。根据 EMC 和赛门铁克的商用备份系统给出的数据，备份数据集的冗余率超过 88%。此外，系统的数据写入是以容器为基本单位，写入次数有限，并且写入时是顺序写。第二个因素是存储设备。不同的存储介质和存储策略会有不同的写入速度。目前，商用的存储设备可以达到每秒数吉字节的写入速度，因此数据写入环节也不会成为性能瓶颈。剩下的两个环节为数据分块和指纹计算，这两个环节最典型的方法分别为 Rabin-CDC 和SHA-1，通过计算哈希、指纹匹配等技术将内容重复的数据删除。为了分析系统的性能瓶颈，本节在 i7-930 处理器上分别测试数据分块和指纹计算环节的吞吐率，

SHA-1 的吞吐率为 354 MB/s，Rabin-CDC 能够达到 526 MB/s，与 SHA-1 相比提升了 48% 以上。由此可知，数据分块是整个基于数据去重的备份系统的备份性能瓶颈。同时，分块算法影响着重复数据块的检测效果 [6]。现有的分块算法主要包括 FSC 算法[7] 和 CDC 算法 [8,9]，下面分别进行介绍。

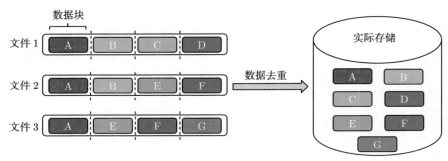

图 4.1　块级数据去重技术的原理

4.1.1　FSC 算法

定长分块（FSC）算法是最基础的分块算法之一，其应用在 Venti 归档存储系统 [6] 等早期的系统中。该算法对输入的数据做固定大小的切分，生成的每个数据块长度大小都一致。如图 4.2 所示，可以将数据块的长度设置为 32 KB，对输入的数据进行定长分块。FSC 算法可以通过设置块长来将数据切分成不同的大小，数据块越小，越容易在后续的去重过程中找到重复的数据块，实现更高的压缩率，但同时也给数据块信息管理、索引带来了更多的开销。

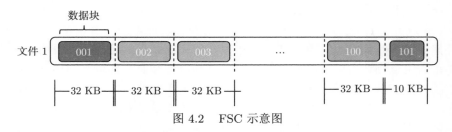

图 4.2　FSC 示意图

FSC 算法的优点是几乎不需要计算，直接按照固定的大小划分文件或数据流，原理简单且速度快。但是，这种算法也有很明显的缺点：它会因为分块点偏移的问题导致压缩率降低 [10,11]。当向原对象中插入或从中删除部分数据时，数据块的分块点就发生了变化，数据块边界无法和之前的对齐，导致压缩率下降严重。特别是对于数据备份这种数据插入、删除比较频繁的应用场景，FSC 算法的缺点会被进一步放大。例如，第一天系统把备份的数据用 FSC 算法切分后，假如第二天系统在第一天数据的基础上插入或删除了部分数据，那么从第一个被修改的字节开始，后续所有数据的分块都和之前不同了，这会大大降低系统找到重复数据块的能力，导致系统整体的压缩率降低。

4.1.2　CDC 算法

由于 FSC 算法不能很好地适应数据修改频繁的应用场景，CDC 算法应运而生。最常见的 CDC 算法思想是首先设定一个固定长度的滑动窗口，利用安全哈希算法计算出该滑动窗口的指纹，然后滑动一定字节数，计算下一个滑动窗口的指纹，直至滑动窗口的指纹满足预先设定的分块条件，那么该滑动窗口末尾的字符就是分块点，两个分块点之间就是一个切分好的数据块。在分块的过程中，有可能一直滑动都没有出现满足分块条件的窗口，或者滑动很少的次数就满足了分块条件，这些都会产生过大或过小的数据块，不利于后续的重复数据块删除过程。为了防止出现这种极端情况，可以通过预先设置最大块长及最小块长，使得所有块长都在这个区间之内。

图 4.3 展示了滑动分块的思想，MinSize 与 MaxSize 分别是最小块长与最大块长。滑动窗口在两者限定的范围之内滑动，对滑动窗口内容计算指纹 fp，如果 fp 不满足事先给定的要求（fp mod $D \neq r$），则滑动窗口向前滑动；如果 fp 满足要求（fp mod $D = r$），则对应的位置就是分块点。若窗口滑动至最大分块点时还未找到符合分块条件的数据位置，那么会在最大分块点处强制分块。

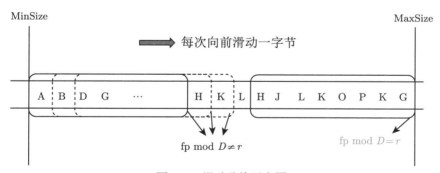

图 4.3　滑动分块示意图

CDC 算法解决了分块点偏移问题，可以更有效地识别重复数据块，消冗效果更好，因此被广泛应用于块级数据去重系统中。如图 4.4 所示，对于一串初始数据 abcdefghijkl，可以通过 FSC 算法得到 abcd、efgh、ijkl 这样的数据分块，也可以通过 CDC 算法得到 abcde、fghi、jkl 这样的数据分块。若在 ef 后插入数据 AB，对于 FSC 算法，从 ef 开始往后的数据块都无法和未修改前的数据块进行数据去重，即只有数据块 A1 和数据块 B1 可以配对进行数据去重。对于 CDC 算法，因为分块点只与最后一个满足分块条件的滑动窗口内容相关，在这个窗口外的内容改变并不会影响分块点的选定，所以仍然有数据块 A2 和数据块 B2、数据块 A3 和数据块 B3 可以配对进行数据去重，因此压缩率比 FSC 更高。

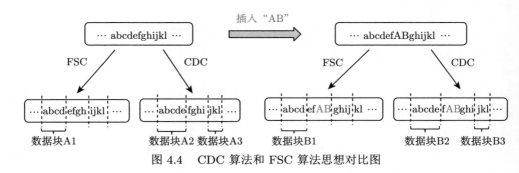

图 4.4　CDC 算法和 FSC 算法思想对比图

综上所述，一个好的 VSC 算法应该具有以下 4 个特点。

（1）基于数据内容进行分块。为了避免压缩率的损失，分块算法必须避免分块点偏移问题，因此必须基于数据内容进行分块。

（2）低计算开销。分块算法几乎要对数据流中的每一个字节进行计算与判断，计算量非常大。为了获得更高的分块吞吐率，分块算法的开销必须尽可能小，通过节省每一步的计算开销来提高分块速度。

（3）小块长方差。分块算法生成的数据块的块长方差对压缩率也有较大影响。块长方差越小，压缩率越高，所以分块算法生成的数据块的块长方差应该尽可能小，以尽量提高压缩率。

（4）较少的块长约束。数据块的长度不宜过短或过长。过短的数据块会导致元数据过多，不仅不便于管理，而且会增加存储开销；而过长的数据块会导致较低的压缩率。因此，分块算法一般会给数据块设定最小块长和最大块长来避免数据块过短或过长。然而，对块长进行限制会导致数据块边界是基于位置而并非于内容，从而影响压缩率。

4.2　典型的 CDC 算法

4.2.1　基于拉宾指纹的 CDC 算法

最早的 CDC 算法是基于拉宾（Rabin）指纹的，简称 Rabin-CDC 算法[5]。如图 4.5 所示，Rabin-CDC 算法的思路和前文介绍的 CDC 技术的思路一样，特别之处在于计算指纹的方式是计算 Rabin 指纹。

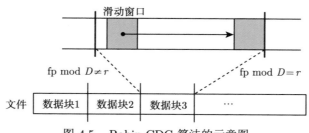

图 4.5　Rabin-CDC 算法的示意图

假设滑动窗口的长度为 L，滑动窗口的内容为 $B_1, B_2, \cdots, B_L$，那么该窗口的指纹 fp 可以由公式 (4.1) 计算得出：

$$\text{fp}\,(B_1, B_2, \cdots, B_L) = \sum_{i=1}^{L} B_i T^{L-i} \tag{4.1}$$

其中，T 是不定元，如果 $\text{fp}(B_1, B_2, \cdots, B_L)$ 满足设定的分块条件，则该窗口的末尾可以视为一个分块点。这种预设的条件通常都是对 $\text{fp}(B_1, B_2, \cdots, B_L)$ 取模，如果它等于某个特定的值，那么它就符合分块条件：

$$\text{fp}\,(B_1, B_2, \cdots, B_L) \bmod D = V \tag{4.2}$$

其中，D 和 V 是预先设定好的值，D 是期望块长，V 是一个小于 D 的值。可以通过修改 D 的大小来控制期望块长的大小。如式 (4.2) 所示，每滑动一次窗口都要进行多次乘法及加法操作。Rabin 指纹还可以通过增量的方式计算下一个滑动窗口的指纹，具体如式 (4.3) 所示。

$$\text{fp}\,(B_2, B_3, \cdots, B_{L+1}) = \left[\text{fp}\,(B_1, B_2, \cdots, B_L) - B_1 T^{L-1}\right] T + B_{L+1} \tag{4.3}$$

当 D 为 2 的整数次方时，取模操作可以通过更简单的与操作完成，大幅减少了计算开销。Rabin-CDC 算法虽然解决了定长分块的分块点偏移问题，实现了较高的压缩率，但是也有计算开销较大、块长方差较大等缺点，后续有更多研究人员提出了更加先进的 CDC 算法。

4.2.2　非对称极值 CDC 算法

非对称极值 CDC 算法（简称 AE 算法）[12] 利用局部范围内的极值在数据被修改后不容易被替换掉的原理来避免分块点偏移问题。图 4.6 展示了 AE 算法的流程，图中 N、M、D、C 和 B' 是相邻字节。AE 算法是在非对称区域内查找局部极值，找到局部极值后，并不是将局部极值作为分块点，而是将当前正在处理的位置作为分块点，这就切断了分块点前后内容的关联。

步骤1：输入数据流

　　B 是数据流的第一个字节，从 B 开始处理

步骤2：找极值点

　　M 满足如下条件则是极值点：
　　（1）区间 $[B, N]$ 为空，或者 M 拥有区间 $[B, M]$ 中的最大值；
　　（2）M 的值不小于区间 $[D, C]$ 中的所有值。

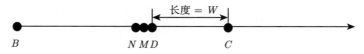

步骤3：输出分块点

　　将正在处理的字节 C 作为数据块分块点输出，B' 是剩下的数据流的第一个字符。

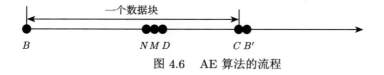

图 4.6　AE 算法的流程

　　为了避免指纹计算开销，AE 算法将连续 S 个字符直接转换成整型数处理。例如，将每 8 个连续的字节数转换为一个 64 位的整型数。文件中除了最后 $S-1$ 个字节外，每一个字节都有值，值的大小为它本身和其后面的 $S-1$ 个字节组成的字符串转换成的整型数。极值可以为最小值和最大值，为了方便讨论，这里使用最大值。假设文件内容从左边开始到右边结束，AE 算法也是从左向右处理。某一个字节右边 W 个位置称为其右窗口，其中 W 为预设值。AE 算法会试图找到第一个满足以下两个条件的字节。

　　（1）在上次分块后剩余的数据中，该字节是第一个字节或者该字节的值比它左边（前面）的所有字节的值都大。

　　（2）该字节的值不小于其右窗口中所有字节中的任意一个值。

　　第一个符合这两个条件的字节被称为极值点。这两个条件可以保证极值点拥有从上次分块后剩余的数据开始到其右窗口最右边的区域内的最大值。这两个条

件中有两个值得注意的地方：第一个是上次分块后剩余的数据中的第一个字节可以是极大值点；第二个是极值点的右窗口内的字节可以拥有和极值点相同的值。如果一个极值点已经找到了，那么其右窗口最右边的字节所在位置即输出为分块点。该分块点正好是 AE 算法正在处理的字节位置。MAXP 算法需要回溯是因为极值点只能在一个对称区域的中心，这就导致部分以前处理过的数据处于后续数据的对称区域中，因此需要被处理两次。而 AE 算法的分块点输出后，后续的分块点判断操作与之前处理过的数据无关，因此无须回溯。虽然 AE 算法的分块速度与 Rabin-CDC 算法相比有所提升，但由于逐字节地比较大小比较耗时，AE 算法的分块速度无法进一步提升。

4.3　FastCDC 算法的技术框架

本章介绍了一种高效且极速的 CDC 算法——FastCDC 算法 [13]，这也是目前最受欢迎的 CDC 算法之一，它维持了和 Rabin-CDC 算法几乎一样高的压缩率，分块速度最高达到了 Rabin-CDC 算法的 12 倍。FastCDC 算法采用的依然是滑动窗口计算哈希的方法，但是通过使用更加高效、快速的哈希计算方式，优化分块判断方式，以及采用收敛分块策略优化和循环展开优化等技术，FastCDC 算法整体的性能表现非常优秀。下面详细介绍 FastCDC 算法的创新设计。

4.3.1　基于齿轮哈希的 CDC 算法

数据去重技术中的 Rabin-CDC 算法是十分耗时的，这将有可能成为数据去重的潜在瓶颈。为了解决这个问题，FastCDC 算法采用了新颖的、快速的 Gear-CDC 算法作为滑动窗口哈希计算方式。Gear-CDC 算法使用了一个包含 256 个随机数的数组（GearTable）来映射数据内容的 ASCII 码，然后辅以左移和加法运算。齿轮随机数组就像一个齿轮可以啮合数据内容的每个字节，并传递给 256 个大随机数，大大提高了 Gear-CDC 算法的抗碰撞性。利用"$\mathrm{fp}_i = (\mathrm{fp}_{i-1} \ll 1) + \mathrm{GearTable}[B_i]$"，Gear-CDC 算法可以快速地通过上一次滑动窗口的内容进行计算。

一个好的哈希算法需要保证良好的哈希值均匀分布特性。CDC 算法使用的哈希算法除了保证哈希值均匀分布特性，还需要实现滑动哈希功能（Rolling Hash）的特性：可以根据上一次移动前的旧哈希值快速计算出此次滑动窗口内容的哈希值。Gear-CDC 算法通过两个关键步骤实现了两个特性。Gear-CDC 算法采用了一个随机数组来映射数据的字节内容，这样就很好地提高了自己的抗碰撞性，满足哈希值均匀分布的要求。此外，Gear-CDC 算法使用了一个加法运算将滑动窗口本次移动新加进来的字节内容计算到齿轮哈希值中，并使用了一个左移运算将滑动窗口移除的那个字节内容剔除出齿轮哈希值，这样就可以达到快速移动哈希的效果。所以，Gear-CDC 算法通过一个数组映射，外加一次加法运算和一次左移运算，就实现了运算速度的提升。算法 4.1 给出了 Gear-CDC 算法的具体实现描述。

算法 4.1 Gear-CDC 算法-8 KB

    输入：
    输入数据流 src; 输入数据流长度 n
    输出：
    分块点 i
1: MinSize ← 2 KB; MaxSize ← 64 KB
2: i ← MinSize; fp ← 0
3: **if** $n \leqslant$ MinSize **then**
4:     **return** n
5: **end if**
6: **while** $i < n$ **do**
7:     fp = (fp ≪ 1) + GearTable[src[i]]
8:     **if** (fp&0x1fff == 0x78)$\|i \geq=$ MaxSize **then**
9:         **return** i
10:     **end if**
11: **end while**
12: **return** i

    Gear-CDC 算法通过检查滑动窗口内容的齿轮哈希值的 x 个最高有效位是否匹配一个预定义值来确定数据块边界，这里 x 是由期望的平均块长 M 决定的，$x = \log_2 M$。而且值得注意的是，Rabin-CDC 算法判断的是 Rabin 指纹的 x 个最低有效位。例如：若期望获得的平均块长为 8 KB（8192 B），那么 Gear-CDC 算法是通过选取滑动窗口哈希值的 13 个最高有效位来决定分块点，而 Rabin-CDC 算法选取的是 13 个最低有效位。

    表 4.1 给出了 Rabin-CDC 算法和 Gear-CDC 算法的实现和计算开销对比，这里 Rabin-CDC 算法伪代码中的 a 和 b 分别表示滑动窗口的最后一个和第一个字节内容，N 表示滑动窗口的大小，U 和 T 分别表示 Rabin-CDC 算法的两个预设数组。Gear-CDC 算法每次计算哈希使用了 3 次运算，实现了有效的滑动哈希功能，而 Rabin-CDC 算法采用了 7 次（约 2 倍）运算。本书后续章节会进一步分析这两种分块算法在实际分块过程中的速度差别，分块后对重复数据识别的影响，以及分块过程中哈希算法分布的均匀性等特征。

表 4.1　**Gear-CDC 算法和 Rabin-CDC 算法的实现和计算开销对比**

算法名称	伪代码实现和计算开销分析
Rabin-CDC 算法	hash = ((hash$^\wedge U[\,a\,]) \ll 8)|\,b\,^\wedge T[\,\text{hash} \ll N\,]$
	一次或运算、两次异或运算、两次位移运算、两次数组查找
Gear-CDC 算法	hash = (hash $\ll 1$)+GearTable[b]
	一次加运算、一次位移运算、一次数组查找

4.3.2　分块判断优化

FastCDC 算法在 Gear-CDC 算法的基础上进一步优化了分块判断的操作，从而加快了分块的速度，主要有以下两项优化。

1. 在滑动窗口中填充"0"以实现更高的压缩率

最初，Gear-CDC 算法采用和 Rabin-CDC 算法一样的分块判断方式，这种传统的分块判断方式主要是利用齿轮哈希的最后几位进行分块判断，导致了整个滑动窗口实际的有效位大大降低。如图 4.7 所示，整个滑动窗口实际上只覆盖最低的 5 位，也就是说，只有滑动窗口对应的哈希值的最低 5 位才能影响分块判断条件是否成立，其他位上的数值并不能影响分块判断。为了解决这个问题，FastCDC 算法使用了多个"0"填充分块掩码（Mask）。如图 4.8 所示，FastCDC 算法使用了 5 个"0"填充分块掩码，并采用了"fp & Mask == r"的分块判断方式（r 为分块判定值），如果 fp & Mask 的结果等于 r，那么这个位置就是一个分块点。由于 Gear-CDC 算法使用的是一个左移操作和一个加法操作，通过填充"0"的操作使得滑动窗口的判断包含了 10 bit 数值而不是原来的 5 bit（对于 Gear-CDC 而言，哈希值中的 1 bit 对应输入数据流中的 1 B），这不仅和 Rabin-CDC 算法滑动窗口的大小相近，同时还大大降低了哈希碰撞的可能。最终，FastCDC 算法通过在滑动窗口中填充"0"的方式实现了与 Rabin-CDC 算法相近的压缩率，在一些情况下的压缩率比 Rabin-CDC 算法还高。

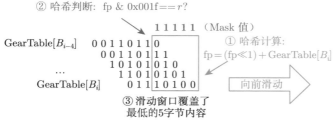

图 4.7　传统 Gear-CDC 算法的分块判断

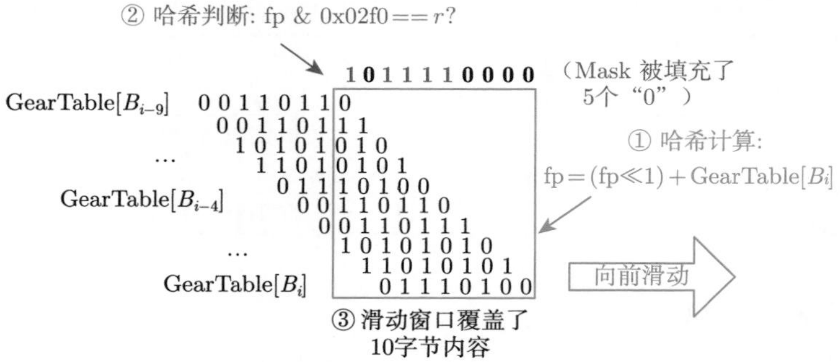

② 哈希判断: fp & 0x02f0 == r?

1011110000　（Mask 被填充了
　　　　　　　5个"0"）

GearTable[B_{i-9}]　0 0 1 1 0 1 1 | 0
　　　　　　0 0 1 1 0 1 1 | 1 1
　　　　　　1 0 1 0 1 0 1 0　① 哈希计算:
　… 　　　　1 1 0 1 0 1 0 1　fp = (fp≪1) + GearTable[B_i]
GearTable[B_{i-4}]　0 0 1 1 0 1 1 0
　　　　　　0 0 1 1 0 1 1 1
　… 　　　　1 0 1 0 1 0 1 0
GearTable[B_i]　0 1 1 1 0 1 0 0　向前滑动

③ 滑动窗口覆盖了
10字节内容

图 4.8　FastCDC 算法的分块判断

2. 优化分块判断方式以实现更快的分块速度

在 Rabin-CDC 算法等传统的分块算法中，常用的分块判定方式是"fp mod $D == r$"。例如在 LBFS 中 [5]，为了使平均块长接近 8 KB，Rabin-CDC 算法中的 D 和 r 经常被设置成 0x02000 和 0x78。在 FastCDC 算法中，结合上文提到的填充"0"方法，分块判断语句可以被优化成"fp & Mask == 0"，也就是"! fp & Mask"。这一优化节省了存储 r 的寄存器空间，也省去了比较 fp mod D 的结果和 r 的操作，进而加速了分块。

4.3.3　收敛分块策略

为了使得生成的块长更加集中在一个特定的区域，FastCDC 算法采用了一种全新的分块策略，即收敛分块策略。如图 4.9 所示，收敛分块策略使得块长的分布集中在平均块长附近的区域，同时也几乎没有比设定的最小块长更小的数据块，这有利于进一步增加设定的最小块长的大小，从而能够跳过更多块长，达到更快的分块速度。

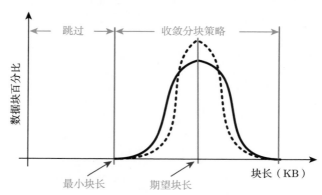

图 4.9　收敛分块策略下的块长分布预估

在 FastCDC 算法的设计中，通过调整分块掩码中含"1"位的数量可以实现收敛分块策略。这里以平均块长为 8 KB 为例，我们通常使用含有 13 个"1"位的分块掩码（如 0x1fff）得到平均块长为 8 KB 的数据块。在进行分块点检索时，对于块长小于 8 KB 的分块点检索区域，会使用含"1"位大于 13 的分块掩码作为分块判定（如 0x7fff），这样就使在该区域生成数据块的难度大于生成 8 KB 数据块的难度，也就是说，这个分块掩码使得小于 8 KB 的数据区域更不容易生成数据块。相反，对于目前滑动长度大于 8 KB 的数据区域，收敛分块策略会使用含"1"位小于 13 的分块掩码作为分块判定（如 0x0fff），这个分块掩码使得大于 8 KB 的数据区域更容易生成数据块，其块长也就更加接近 8 KB。于是，通过在不同数据区域使用含"1"位数不同的分块掩码，我们可以使数据块的块长更加接近于期望平均块长。收敛分块策略有以下 3 个优点。

（1）收敛分块策略减少了块长较小的数据块数量，从而使算法可以进一步增加最小块长的大小，以便在分块的初期跳过更多的区域，以此达到更快的分块吞吐率。

（2）收敛分块策略进一步减少了块长较大的数据块数量，弥补了由减少小数据块数量导致的压缩率降低，使得 FastCDC 算法的压缩率得到了保障。

（3）收敛分块策略并没有增加额外的计算和比较开销，仅仅是在两个不同的数据区域使用不同的分块掩码，就实现了压缩率和吞吐率的双重提升。

如图 4.10 所示，在同一个数据集上使用不同的收敛分块等级（NC-Level），数据块的块长分布不尽相同。

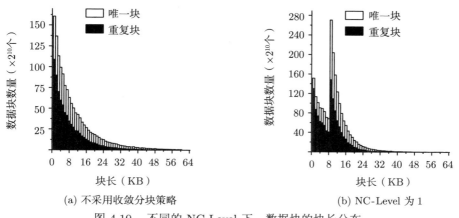

（a）不采用收敛分块策略　　　　　（b）NC-Level 为 1

图 4.10　不同的 NC-Level 下，数据块的块长分布

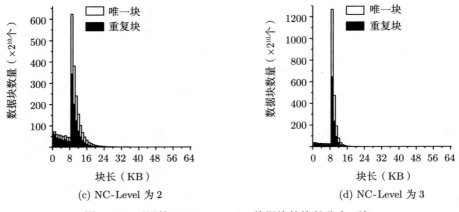

图 4.10 不同的 NC-Level 下，数据块的块长分布 (续)

NC-Level 为 1、2、3 分别代表使用含 (14,12)、(15,11)、(16,10) 个有效 "1" 的分块掩码。括号中的前一个数字代表在平均块长前使用的分块掩码的含 "1" 数量，括号中的后一个数字代表在平均块长后使用的分块掩码的含 "1" 数量。通过图 4.10 可以观察到，随着 NC-Level 不断变大，数据块的块长越来越集中在平均块长附近。同时也可以观察到，块长小于 2 KB 或 4 KB 的数据块数量随着收敛分块机制的增强明显减少，这也允许我们进一步增加最小块长的大小。算法 4.2 展示了采用收敛分块策略的 Gear-CDC 算法过程。

算法 4.2 采用收敛分块策略的 Gear-CDC 算法-8 KB

 输入：
 输入数据流 src; 输入数据流长度 n
 输出：
 分块点 i
1: MaskS ← 0x0000d9f003530000LL   ▷ 15 '1' bit
2: MaskA ← 0x0000d93003530000LL   ▷ 13 '1' bit
3: MaskL ← 0x0000d90003530000LL   ▷ 11 '1' bit
4: MinSize ← 2 KB; MaxSize ← 64 KB
5: i ← MinSize; fp ← 0; NormalSize ← 8 KB
6: **if** $n \leqslant$ MinSize **then**
7: **return** n
8: **end if**
9: **if** $n \geqslant$ MaxSize **then**
10: n ← MaxSize
11: **else if** $n \leqslant$ NormalSize **then**
12: NormalSize ← n
13: **end if**

14: **while** $i <$ NormalSize **do**

15: 　　fp $= $ (fp $\ll 1$) $+$ GearTable[src[i]]

16: 　**if** !(fp&MaskS) **then**

17: 　　　**return** i

18: 　**end if**

19: 　$i + +$

20: **end while**

21: **while** $i < n$ **do**

22: 　　fp $= $ (fp $\ll 1$) $+$ GearTable[src[i]]

23: 　**if** !(fp&MaskL) **then**

24: 　　　**return** i

25: 　**end if**

26: 　$i + +$

27: **end while**

28: **return** i

4.3.4　循环展开优化

　　除了以上提到的创新技术之外，FastCDC 算法还在现有的方案上采用了一项新的独立技术——每次滑动两字节，具体实现如算法 4.3 所示。

算法 4.3 Gear-CDC 每次滑动两字节的算法（不使用收敛分块策略）-8 KB

　输入：

　输入数据流 src; 输入数据流长度 n

　输出：

　分块点 i

1: MaskA $\leftarrow$ 0x0000d93003530000LL　　　　　　　　　　　$\triangleright$ 13 '1' bit

2: MaskA_ls $\leftarrow$ (MaskA $\ll 1$)

3: MinSize $\leftarrow$ 2 KB; MaxSize $\leftarrow$ 64 KB

4: $i \leftarrow$ MinSize; fp $\leftarrow 0$

5: **if** $n \leqslant$ MinSize **then**

6: 　**return** n

7: **end if**

8: **if** $n \geqslant$ MaxSize **then**

9: 　$n \leftarrow$ MaxSize

10: **end if**

11: **while** $i < n/2$ **do**

12: 　　fp $= $ (fp $\ll 2$) $+$ GearTable_ls[src[$i * 2$]]

13: 　**if** !(fp&MaskA_ls) **then**

14: 　　　**return** $i * 2$

15: 　**end if**

```
16:      fp = fp + GearTable[src[i * 2 + 1]]
17:      if !(fp&MaskA) then
18:          return i * 2 + 1
19:      end if
20:      i + +
21: end while
22: return n
```

计算滑动哈希时每次滑动两个字节，可以一定程度上节省滑动一字节的计算开销，从而进一步加快分块过程。采用滑动两字节技术后，分块判断需要对奇数位和偶数位分别进行判断：在偶数位上时，由于偶数位上的 fp 已经向左滑动了两个字节，所以使用 Gear_ls（Gear_ls 是 GearTable 对应成员左移一位后得到的）和 MaskA_ls（MaskA $\ll$ 1）进行判断；在奇数位上，仍然采用一般的 GearTable 和 MaskA 进行判断。虽然滑动两字节额外增加了一次查询和加法（由"$2*i$"变成了"$2*i+1$"）的开销，但是由于这些增加的计算操作的开销是很小的，整体还是加速了分块的过程。由本书第 4.4 节介绍的测试可知，滑动两字节技术与滑动一字节技术相比，在保持数据压缩率不变的情况下，实现了 40% 左右的数据分块速度提升。

4.4　性能分析

4.4.1　实验设置

为了更好地测试 FastCDC 算法的性能，本节在 Ubuntu18.04.1 操作系统上实现了一个采用 FastCDC 算法作为分块算法的数据去重程序原型。整个程序运行在频率为 2.1 GHz 的 Intel Xeon® Gold 6130 处理器上，同时为了更好地得到 FastCDC 算法的性能数据，本节也在频率为 3.2 GHz 的 Intel i7-8700 处理器上运行了程序，从而实现了更加全面、客观的分块速度对比。

1. 参数设置

参与对比的有 3 种常用的 CDC 算法，分别是 Rabin-CDC 算法、Gear-CDC 算法及 AE 算法。其中，Rabin-CDC 算法是在开源项目 LBFS [5] 的基础上实现的，Gear-CDC 算法和 AE 算法则是根据对应的论文 [12,14] 实现的。在所有实验中，最大块长都设为期望平均块长的 8 倍，最小块长为期望平均块长的 1/4，这一配置与著名的 LBFS 保持一致。整个程序原型包含了 3000 行以上的 C 语言代码，同时在 GCC 7.4.0 的基础上使用"-O3"进行编译。

2. 测试指标

分块速度（Chunking Speed）由数据量和分块时间的比值计算得到，取重复 5 次测试的平均值。**压缩率（Deduplication Ratio）**则是由检测到的重复数据大小和最开始的数据大小的比值得到。**平均块长（Average Chunk Size）**是指由数据总量的大小除以数据块数量得到的平均数据块长度。

测试数据集如表 4.2 所示，实验中用于测试评估的数据集有 7 个，总大小约为 6 TB。这些数据集包含了各种类型的数据，包括源代码文件、虚拟机镜像等，压缩率也从最低的 40% 跨越到了最高的 98%。

表 4.2　用于测试的 7 个数据集

名称	大小	描述
TAR	56 GB	215 个开源的程序打包（包括 GCC、GDB、Emacs 等）
LNX	178 GB	390 个不同版本的 Linux 代码文件（没有打包）
WEB	237 GB	102 天新浪网的快照（通过爬行软件 wget 收集，最大检索深度为 3）
VMA	138 GB	90 个发行操作系统的虚拟镜像（包括 CentOS、Fedora 等）
VMB	1.9 TB	125 个 Ubuntu 12.04 版本的虚拟镜像备份
RDB	1.1 TB	198 个键值数据库 Redis 的备份（dump.rdb files）
SYN	2.1 TB	300 个生成的数据备份集，包括插入、删除、修改等操作[15]

4.4.2　分块判断优化评估

本小节主要测试了 FastCDC 算法采用的分块判断优化对整体性能的提升，同时使用了滑动两字节技术。图 4.11 展示了在 RDB 数据集上运行的 4 种 CDC 算法的分块速度，其中最小块长均为平均块长的 1/4。图中，RC 代表 Rabin-CDC 算法，GC 代表最简单的 Gear-CDC 算法，FC 代表使用了齿轮哈希和哈希

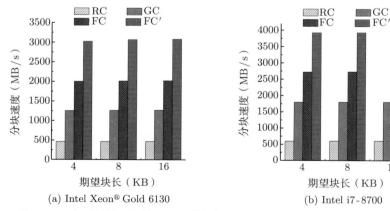

(a) Intel Xeon® Gold 6130　　　　　　(b) Intel i7-8700

图 4.11　在不同处理器的 RDB 数据集上运行 4 种 CDC 算法的分块速度

判断优化的 FastCDC 算法，FC′ 代表使用了齿轮哈希、分块判断优化和滑动两字节技术的 FastCDC 算法。可以看到，RC 的速度在四者之间是最慢的，GC 的速度大约为 RC 的 3 倍，而 FC 的速度大约为 RC 的 5 倍，同时是 GC 的 1.5 倍，并且这种速度的提升与数据集及处理器是无关的。与 FC 相比，FC′ 的分块速度则有 40%~50% 的提升。

表 4.3 展示了不同数据集上使用不同的 CDC 算法得到的平均块长及压缩率对比。通常来说，FastCDC 算法可以实现和 Rabin-CDC 算法相近的压缩率。另外，由于滑动窗口大小有限，Gear-CDC 算法在 TAR 和 WEB 数据集上有着更低的压缩率。FastCDC 算法在 Gear-CDC 算法的基础上进一步优化了分块判断方式，通过使用填充"0"的方式进一步把滑动窗口包含的字节数扩大，实现了和 Rabin-CDC 算法近似的压缩率，同时加速了分块的过程，分块速度达到了 Rabin-CDC 算法的 5 倍。

表 4.3　不同分块算法的平均块长和压缩率对比

数据集	算法代号	期望平均块长为 4 KB		期望平均块长为 8 KB		期望平均块长为 16 KB	
		压缩率	平均块长（B）	压缩率	平均块长（B）	压缩率	平均块长（B）
TAR	RC	55.02%	5770	46.66%	12,449	38.62%	25,168
	GC	51.20%	6786	43.55%	14,120	34.94%	30,919
	FC	54.39%	5759	46.65%	12,334	38.68%	25,388
LNX	RC	96.65%	3847	96.30%	6021	95.94%	8261
	GC	96.72%	3501	96.37%	5684	96.01%	8007
	FC	96.65%	3860	96.31%	6012	95.95%	8246
WEB	RC	87.38%	5029	75.98%	11,301	63.77%	23,221
	GC	74.00%	7264	57.37%	19,460	31.86%	38,888
	FC	90.02%	5426	83.20%	11,552	72.92%	23,402
VMA	RC	41.63%	6535	36.70%	13,071	31.38%	26,191
	GC	41.11%	5894	35.88%	12,419	30.52%	24,960
	FC	41.61%	6468	36.40%	13,150	31.19%	26,334
VMB	RC	96.40%	5958	96.12%	11,937	95.75%	24,100
	GC	96.41%	5622	96.05%	11,477	95.66%	23,260
	FC	96.39%	6021	96.08%	12,138	95.70%	24,384
RDB	RC	95.35%	5473	92.57%	10,964	87.38%	21,946
	GC	95.15%	5830	92.26%	11,666	86.82%	23,307
	FC	95.32%	5479	92.58%	10,970	87.39%	21,909
SYN	RC	98.27%	5828	97.36%	11,663	96.03%	23,349
	GC	98.45%	4922	97.65%	9818	96.44%	19,624
	FC	98.28%	5799	97.37%	11,598	96.04%	23,247

图 4.12 展示了不同数据集上使用 3 种 CDC 算法得到的块长分布情况。可以看出，FastCDC 算法在 TAR、VMA 和 RDB 数据集上有着和 Rabin-CDC 算法几乎一样的块长分布，这种分布也符合通常的指数分布。图 4.12(b) 所示的在 WEB 数据集上得到的结果和在其他数据集上不太一样，整体的块长分布曲线没有明显规律，这是因为在 WEB 数据集上有许多值为 "0" 的字节填充，所以对应的数据块指纹值并不是均匀的，从而也就不符合正常的指数分布。同时，与 Rabin-CDC 算法、Gear-CDC 算法相比，FastCDC 算法在 WEB 数据集上得到的块长分布和在其他数据集上得到的块长分布最相近，这也解释了为什么 FastCDC 算法是这 3 种 CDC 算法中分块速度最快的。

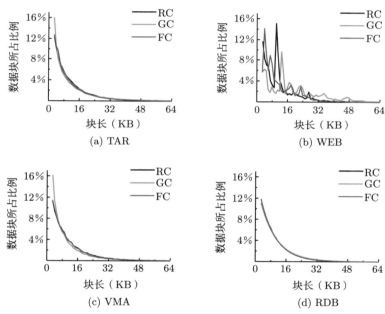

图 4.12　在不同数据集上使用 3 种 CDC 算法得到的块长分布

4.4.3　收敛分块策略评估

本小节主要讨论收敛分块策略在 TAR 数据集上的性能表现。图 4.13 所示为不同 NC-Level 下得到的压缩率、平均块长及分块速度等指标。其中，期望平均块长设置为 8 KB，正则化块长（Normalize Size）设为最小块长加上 4 KB，NC-1、NC-2、NC-3 分别指用含 (14,12)、(15,11)、(16,10) 个有效 "1" 位的分块掩码进行分块判断。

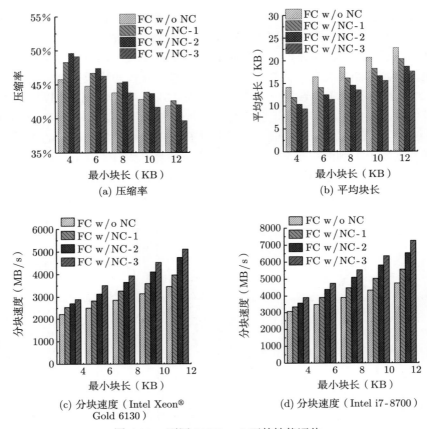

图 4.13　不同 NC-Level 下的性能评估

　　由图可见，当最小块长为 4 KB、6 KB、8 KB 时，收敛分块策略能够检测到更多重复数据，同时也会使得生成数据块的平均块长略微减小。这是因为收敛分块策略减少了较大数据块的数量，从而实现了更高的压缩率。图 4.13 还揭示了当 NC-Level 为 2 时，收敛分块策略会触碰到"甜点"，也就是说，此时再将 NC-Level 提高，收敛分块策略带来的额外收益会越来越小。这是因为当 NC-Level 不断提高时，得到的块长分布将会近似于 FSC 的块长分布。

　　总的来说，考虑常用的性能指标（分块速度、平均块长及压缩率），NC-Level 为 2 时，FastCDC 算法能够在达到高分块吞吐率的同时，实现较高的压缩率。

4.4.4　综合评估

　　本小节介绍对 FastCDC 算法的综合性能测试结果，以及和其他算法的对比。通过组合不同的技术，本小节得到以下 12 种 CDC 算法，并对它们进行了测试对比。

（1）RC-v1（或 RC-MIN-2 KB）指 Rabin-CDC 算法，RC-v2 和 RC-v3 分别指最小块长为 4 KB 和 6 KB 的、使用了收敛分块策略的 Rabin-CDC 算法。

（2）FC-v1 指最小块长为 2 KB、使用了分块判断优化的 FastCDC 算法，FC-v2 和 FC-v3 分别指最小块长为 6 KB 和 8 KB、使用了分块判断优化和收敛分块策略的 FastCDC 算法。

（3）FC'-v1、FC'-v2 和 FC'-v3 分别指在 FC-v1、FC-v2 和 FC-v3 的基础上使用滑动两字节技术对应的版本。

（4）AE-v1 指 AE 算法[12]，AE-v2 则指 AE 算法的优化版本[16]。

（5）FIXC 指平均块长为 10 KB 的 FSC 算法。

如表 4.4 所示，FC-v1、FC-v2、AE-v2 和 RC-v2 在大多数场景下都实现了和 RC-v1 相近的压缩率，这也意味着收敛分块策略在 Rabin-CDC 算法和 FastCDC 算法上都适用。如表 4.5 所示，RC-v1、RC-v2、AE-v1、AE-v2、FC-v1 和 FC-v2 的平均块长相近，但是 RC-v3 和 FC-v3 的平均块长却大得多，意味着这两个版本生成的数据块数量更少，从而可以减少用于数据去重的元数据。图 4.14 展示了在不同处理器上不同算法的分块速度对比，可以看到 FC'-v3 拥有最快的分块速度，大概是 RC-v1 算法的 12 倍，同时也是 FC-v1 的 2.5 倍。这是因为 FC'-v3 是使用了所有优化技术的 FastCDC 算法，这也是最终 FastCDC 算法能达到的分块性能。

表 4.4　9 种 CDC 算法的压缩率对比

数据集	FIXC	RC-v1	RC-v2	RC-v3	AE-v1	AE-v2	FC-v1	FC-v2	FC-v3
TAR	15.77%	46.66%	47.42%	45.37%	43.62%	46.41%	46.65%	47.39%	45.40%
LNX	95.68%	96.30%	96.28%	96.19%	96.25%	96.13%	96.31%	96.28%	96.19%
WEB	59.96%	75.98%	83.16%	80.39%	83.08%	83.18%	83.20%	83.29%	80.92%
VMA	17.63%	36.70%	37.79%	36.52%	38.10%	38.17%	36.40%	37.66%	36.39%
VMB	95.68%	96.12%	96.17%	96.11%	95.82%	96.15%	96.08%	96.17%	96.11%
RDB	16.39%	92.57%	92.96%	92.24%	88.82%	92.83%	92.58%	92.97%	92.23%
SYN	79.46%	97.36%	97.91%	97.67%	97.54%	97.86%	97.37%	97.90%	97.67%

表 4.5　9 种 CDC 算法的平均块长对比（单位：B）

数据集	FIXC	RC-v1	RC-v2	RC-v3	AE-v1	AE-v2	FC-v1	FC-v2	FC-v3
TAR	10,239	12,449	12,664	14,772	12,187	12,200	12,334	12,801	14,918
LNX	6508	6021	7041	7636	6274	6162	6012	7042	7636
WEB	10,240	11,301	12,174	14,148	11,977	11,439	11,552	11,880	13,951
VMA	10,239	13,071	13,505	15,628	13,098	13,559	13,150	13,595	15,746
VMB	10,239	11,937	12,970	15,094	12,303	12,254	12,138	13,034	15,166
RDB	10,239	10,964	12,587	14,728	11,943	12,102	10,970	12,583	14,725
SYN	10,240	11,663	12,221	14,271	11,956	11,997	11,598	12,239	14,289

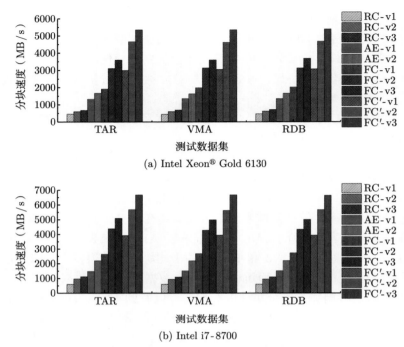

(a) Intel Xeon® Gold 6130

(b) Intel i7-8700

图 4.14　不同处理器上的各算法的分块速度对比

　　与 RC-v1、RC-v2、AE-v1 和 AE-v2 相比，FastCDC（也就是 FC'-v2）使得整个系统的吞吐率提升了 1.2~3 倍（见图 4.15），同时能够实现相近或更高的压缩率（表 4.4 所示）。这是因为当去重系统 Destor 使用流水线技术完成各个任务时，数据分块是整个系统的吞吐率瓶颈，使用更加快速的 CDC 算法能够提升整个系统的吞吐率。

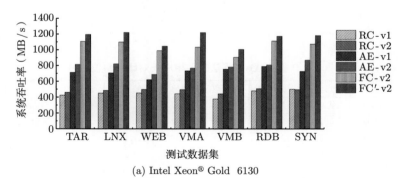

(a) Intel Xeon® Gold 6130

图 4.15　不同处理器上各算法的系统吞吐率对比

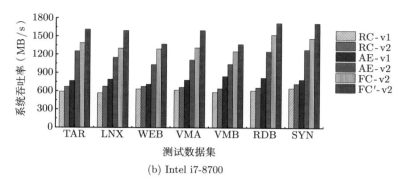

(b) Intel i7-8700

图 4.15　不同处理器上各算法的系统吞吐率对比（续）

4.5　本章小结

本章介绍了一种先进的、极速的 CDC 算法——FastCDC 算法，这也是目前使用最广泛的分块算法之一。FastCDC 算法使用 Gear-CDC 算法作为数据窗口的哈希计算方法，同时引入了分块判断优化、收敛分块策略及循环展开优化等技术，与 Rabin-CDC 算法相比，在实现差不多的压缩率的同时，分块速度最高能够达到 Rabin-CDC 算法的 12 倍。

在未来的工作中，可以尝试减小每字节滑动哈希的计算开销，以此来达到更快的分块速度。同时，可以进一步挖掘数据备份场景下数据的局部性特征，通过存储历史备份版本的分块信息，获取历史块长并进行校验，从而省去在每个字节上的哈希计算开销，实现分块速度的进一步提升。

参考文献

[1]　MEYER D T, BOLOSKY W J. A Study of Practical Deduplication[J]. ACM Transactions on Storage, 2012, 7(4): 1-20.

[2]　EL-SHIMI A, KALACH R, KUMAR A, et al. Primary Data Deduplication—Large Scale Study and System Design[C]//Proceedings of USENIX Annual Technical Conference (USENIX ATC'12). [S.l.]: USENIX Association, 2012: 285-296.

[3]　MEISTER D, KAISER J, BRINKMANN A, et al. A Study on Data Deduplication in HPC Storage Systems[C]//Proceedings of the International Conference on High Performance Computing, Networking, Storage and Analysis (SC'12). NJ: IEEE, 2012: 1-11.

[4] POLICRONIADES C, PRATT I. Alternatives for Detecting Redundancy in Storage Systems Data[C]//Proceedings of USENIX Annual Technical Conference (USENIX ATC'04). [S.l.]: USENIX Association, 2004: 73-86.

[5] MUTHITACHAROEN A, CHEN B, MAZIERES D. A Low-bandwidth Network File System[C]//Proceedings of ACM Symposium on Operating Systems Principles (SOSP'01). NY: ACM, 2001: 174-187.

[6] QUINLAN S, DORWARD S. Venti: A New Approach to Archival Data Storage[C]// Proceedings of USENIX Conference on File and Storage Technologies (FAST'02). [S.l.]: USENIX Association, 2002: 1-14.

[7] LI C, SHILANE P, DOUGLIS F, et al. Nitro: A Capacity-optimized SSD Cache for Primary Storage[C]//Proceedings of USENIX Annual Technical Conference (USENIX ATC'14). [S.l.]: USENIX Association, 2014: 501-512.

[8] KRUUS E, UNGUREANU C, DUBNICKI C. Bimodal Content Defined Chunking for Backup Streams[C]//Proceedings of USENIX Conference on File and Storage Technologies (FAST'10). [S.l.]: USENIX Association, 2010: 239-252.

[9] BRODER A Z. Identifying and Filtering Near-duplicate Documents[C]//Proceedings of Annual Symposium on Combinatorial Pattern Matching (CPM'00). Berlin: Springer, 2000: 1-10.

[10] 魏建生. 高性能重复数据检测与删除技术研究[D]. 武汉: 华中科技大学, 2012.

[11] ANAND A, MUTHUKRISHNAN C, AKELLA A, et al. Redundancy in Network Traffic: Findings and Implications[C]//Proceedings of International Joint Conference on Measurement and Modeling of Computer Systems (SIGMETRICS'09). [S.l.]: [S. n.]2009: 37-48.

[12] ZHANG Y, JIANG H, FENG D, et al. AE: An Asymmetric Extremum Content Defined Chunking Algorithm for Fast and Bandwidth-efficient Data Deduplication[C]// Proceedings of IEEE Conference on Computer Communications (INFOCOM'15). NJ: IEEE, 2015: 1337-1345.

[13] XIA W, ZHOU Y, JIANG H, et al. FastCDC: A Fast and Efficient Content-defined Chunking Approach for Data Deduplication[C]//Proceedings of USENIX Annual Technical Conference (USENIX ATC'16). [S.l.]: USENIX Association, 2016: 101-114.

[14] XIA W, JIANG H, FENG D, et al. Ddelta: A Deduplication-inspired Fast Delta Compression Approach[J]. Performance Evaluation, 2014, 79: 258-272.

[15] TARASOV V, MUDRANKIT A, BUIK W, et al. Generating Realistic Datasets for Deduplication Analysis[C]//Proceedings of USENIX Annual Technical Conference (USENIX ATC'12). [S.l.]: USENIX Association, 2012: 261-272.

[16] ZHANG Y, FENG D, JIANG H, et al. A Fast Asymmetric Extremum Content Defined Chunking Algorithm for Data Deduplication in Backup Storage Systems[J]. IEEE Transactions on Computers, 2016, 66(2): 199-211.

第 5 章　流水线化和并行化数据去重技术

数据去重技术是一种高效的、面向大规模数据的压缩方法，其通过安全哈希算法来快速识别存储系统中的重复数据，具有良好的可扩展性。现有的主流数据去重技术采用了 Rabin-CDC 算法和 SHA-1，这使得其在压缩数据的同时不可避免地带来了很大的计算开销和时延。随着新型存储设备技术的发展，这种计算开销问题在存储系统中显得日益突出。现有的解决方案或是采用额外的 GPU 加速数据去重计算过程，或是利用多核多线程技术并发执行数据去重计算的子任务。前者给数据去重系统增加了额外的设备开销，而后者目前侧重基于 FSC 算法的数据去重系统研究。

针对这个问题，本章介绍一种流水线化和并行化数据去重技术 P-Dedupe。P-Dedupe 的主要思想是通过高效地利用多核计算机系统的闲置计算资源，使数据去重的功能任务（数据分块、指纹计算、指纹索引及存储管理）流水线化，并且集中并行化计算密集型的功能单元，即数据分块和指纹计算，最终达到减少计算开销的效果。本章的组织结构如下：第 5.1 节介绍数据去重技术面临的计算挑战和需要研究的问题；第 5.2 节介绍 P-Dedupe 的算法设计与实现等内容；第 5.3 节对 P-Dedupe 的算法进行性能评估；最后，第 5.4 节对本章进行小结。

5.1　数据去重技术面临的计算挑战

尽管已发展了近十年，数据去重技术仍然存在着诸多挑战，特别是在对吞吐率要求严格的高性能存储系统中。传统的数据去重过程可分为 4 个阶段：数据分块、指纹计算、指纹索引和存储管理。其中，数据分块和指纹计算占用了大量的 CPU 资源，成为数据去重系统中潜在的瓶颈。本节具体分析数据去重技术计算瓶颈的研究现况和实验观察，并提出新的并行化数据去重研究思路和设计目标。

5.1.1　数据去重技术的计算瓶颈与研究背景

数据去重技术是一种智能、高效的数据无损压缩技术，已经被广泛地应用于数据备份和归档产品。随着这项技术不断地发展和完善，研究人员尝试着将其推广到其他应用场合中去，如主存储系统[1,2]、SSD[3,4]、虚拟机共享存储[5,6]、虚拟机迁移[7,8]等。这是因为，数据去重不仅提高了存储设备的有效利用率，而且减少了在网络或存储带宽有限的情况下的重复数据的传输或存储。2020年至今，有两个著名的开源主存储文件系统数据去重项目发布，即 ZFS 和 Opendedup，这代表了数据去重技术在主存储系统中受到越来越多的关注。但是，ZFS 和 Opendedup[9]的测试报告也明确指出数据去重功能的计算开销大，提醒用户谨慎选择数据去重功能。2012年，美国 NetApp 提出了主存储系统解决方案 iDedup[2]，并指出数据去重的哈希计算增加了输入/输出（Input/Output，I/O）延迟。同年，微软在 USENIX ATC'12 会议公布了他们的主存储数据去重研究成果[1]，显示其数据去重文件系统的写吞吐率为 30~40 MB/s。

许多存储系统把数据去重技术作为一个额外的存储空间优化工具，并期望数据去重不会影响存储系统本身的写性能。正因如此，整个数据去重过程不能消耗存储系统太多的系统资源，特别是计算延迟和内存开销。但是，数据去重是一种计算密集型的技术，其基本的原理和特征包括：利用 CDC 算法有效地把数据流切割成独立的数据块，保证了有效的块级重复识别；利用基于安全哈希的指纹算法唯一标识和识别这些数据块，避免了逐个字节的比较。但是，上述 CDC 算法和指纹算法都需要大量的计算，这不可避免地增加了存储系统的写延迟，会导致应用了数据去重技术的存储系统在节省了存储空间的同时，其系统吞吐率受到数据去重计算开销的制约。

由于现代计算机系统的单核计算能力已经停滞不前，同时存储设备的吞吐率继续稳步增长，数据去重的开销问题也将变得日益突出。图 5.1 展示了在基于真实实验（Linux 操作系统，7200 rad/min 硬盘，16 GB 内存和 2.8 GHz 的 Intel 四核处理器）观察的数据去重过程中的子任务吞吐率对比，其中数据分块测试了 Rabin-CDC 算法，指纹计算测试了 MD5 算法、SHA-1 和 SHA-256，存储过程测试的是 8 KB 数据块的连续写操作（Write-8 KB）。此外，"R+S+W"（Rabin-CDC+SHA-1+ 数据写操作）测试的是基于 VSC 算法的数据去重流程，"S+W"（SHA-1+ 数据写操作）测试的是基于 FSC 算法的数据去重流程。

图 5.1 的结果基于 Rabin-CDC 算法和基于 SHA-1 的指纹计算，连续 8 KB 写入操作的速率分别为 198 MB/s、345 MB/s 和 432 MB/s。这里的连续 8 KB 写入操作是与现有的文件系统缓存技术结合的，所以略高于现有的硬盘性能。在这样的情况下，数据分块成为潜在的瓶颈，如果使用其他更快的存储设备 [如 SSD 或相变存储器（Phase Change Memory，PCM）] 来评估，这个问题会更突出。图 5.1 中的 "R+S+W" 测试结果也说明，CDC 算法的数据去重子任务吞吐率下降到 102 MB/s。如果采用更加安全的指纹计算策略，如 ZFS 提倡的 SHA-256，计算瓶颈会更加突出。因此，指纹计算和数据分块计算将继续成为数据去重系统的瓶颈，引起了越来越多的关注。

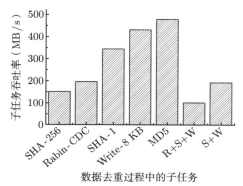

图 5.1 数据去重过程中的子任务吞吐率对比

目前,加快数据去重计算一般有两种方法,即基于硬件的加速方法和基于软件的加速方法。前者指使用专门的硬件加快哈希函数的计算,以尽量减少数据去重带来的写性能降低。基于硬件的加速方法有一个很好的例子——StoreGPU [10,11],其利用通用图形处理器(General Purpose Graphic Processing Unit,GPGPU)的计算能力,以满足数据去重计算的数据密集型存储系统的计算需求。SSD 的最新研究 CAFTL [3]、CA-SSD [4] 提出利用数据去重技术节省 SSD 存储空间、减少 SSD 重复写次数、延长 SSD 寿命。针对数据去重的计算开销问题,他们提出采用专用协处理器以尽量减少哈希计算造成的延迟。

基于软件的加速方法,就是利用数据去重的可并行性实现加速,而不是添加额外的计算设备。其中,清华大学 [12]、美国赛门铁克 [13] 及南开大学 [14] 的研究试图通过流水线化和并行化处理来提高数据去重性能。然而,他们的方法重点关注基于 FSC 算法的数据去重方法的性能。由于数据去重过程存在内容依赖性,所以数据去重系统的充分并行化计算仍然是一个挑战,尤其是对基于 CDC 算法的数据去重计算的并行化。

清华大学的基于内容存储系统(THCAS [12])是较早提出使用流水线化技术来优化数据去重性能的研究工作。THCAS 假设在正常操作系统提供 I/O 缓冲区和去掉异步 I/O 两种情况下,使用流水线化和多线程技术来降低计算延迟。具体而言,THCAS 提出了多线程哈希优化技术:先把一个数据块平均分为多个数据段(Segment),利用多线程技术在不同的处理器核心上计算每一个数据段的安全哈希值,再把计算出的各个数据段的安全哈希值拼接成新的安全哈希值。这种优化方法可以有效地提升 THCAS 的指纹计算速度,改善 THCAS 的数据写入性能。THCAS 还提出了流水线化数据去重技术,将一个重复的数据去重时序过程,分解为多个子过程(分块、哈希计算、查找、更新元数据、写磁盘),而每一个子过程都可有效地在其专用功能段上与其他子过程同时执行。每一个子过程的输入都是上一个子过程的输出，且每个子过程由一个线程执行。THCAS 采用线程池的方法，事先创建好线程并将这些子过程流水线化，每次通过调度处理不同的数据，最终实现并行计算的效果。

测试结果显示，THCAS 优化后的系统数据去重吞吐率（Deduplication Throughput）提高了 150%，其中的存储流水线化技术使数据去重吞吐率提高了 25%。但是这些优化方法有两个问题：第一，THCAS 的先分解数据块再计算哈希的指纹算法与传统的数据去重指纹算法不兼容，存在指纹安全隐患；第二，THCAS 还是没有很好地解决数据分块开销大的问题，容易使 CDC 算法成为系统瓶颈。

5.1.2 数据去重流程的独立性与依赖性

如第 5.1.1 小节分析，数据去重流程通常包括数据分块、指纹计算、指纹查找和存储管理 4 个阶段。存储管理可以进一步分为两个子阶段：写数据块信息和写文件元数据信息。在 THCAS 中，每个数据块的去重过程是一个可流水线化的时序过程：只要保障每个子过程的输入是上一个子过程的输出即可。换言之，每个数据块的数据去重流程都可以视为一个独立的过程，而流水线化技术可以缓解数据去重过程中的计算延迟。

将数据去重过程流水线化后，CDC 算法极有可能成为潜在的瓶颈。本小节详细分析 CDC 算法，并进一步分析该任务并行化计算的独立性和依赖性。CDC 算法 [15] 解决了众所周知的边界移动问题：插删文件中的数据被会改变后续数据文件的偏移，导致和文件偏移位置相关的分块算法失效（如 8 KB 的 FSC 算法）。

如图 3.2 所示，CDC 算法采用了一种滑动窗口技术：如果这个滑动窗口内容的哈希值满足其预定义的要求，则认为这是一个数据块的边界。这样，如果文件的下一个版本出现了修改，文件的分块位置仍然依赖数据内容而不是内容的偏移位置。图 5.2 展示了 FSC 算法和 CDC 算法两种分块算法在多个真实数据集

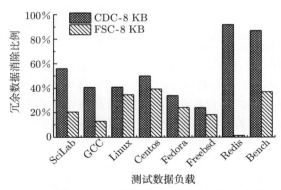

图 5.2　两种分块算法在不同数据集上的去重效果

上的去重效果。测试数据集包括 77 个虚拟机镜像集（237 GB）和 560 个 Linux 版本镜像集（Tar 打包格式 [16]，74 GB）等。测试结果表明，CDC 算法可以比 FSC 算法多识别出 10%~20% 的冗余数据。

因为能够更好地识别并消除重复数据，所以 CDC 算法被广泛地应用于商用数据去重系统中。但是，由于 Rabin-CDC 算法是计算密集型应用，会降低数据去重系统的写入性能（见图 5.1），所以在数据去重系统中减少数据分块的开销也变得越来越迫切和重要。如果使用流水线化数据去重技术，数据分块仍然是一个潜在的瓶颈，因为数据分块计算是基于内容的，但是直接进行并行分块看起来不大可能。这是因为下一个数据块的起始位置由上一个数据分块的结束位置决定。为了更好地说明问题，式 (5.1) 给出了滑动窗口（内容为字节序列 $B_1, B_2, \cdots, B_\alpha$）的 Rabin 指纹的具体计算过程 [15,17-19]。

$$\text{Rabin}(B_1, B_2, \cdots, B_\alpha) = \left\{ \sum_{x=1}^{\alpha} B_x p^{\alpha-x} \right\} \bmod D \tag{5.1}$$

其中，D 是预设的平均块长；α 是滑动窗口的大小；p 为超参数，与 Rabin 指纹的长度有关，一般设置为 2。Rabin 指纹的最大优势是避免了滑动时的重复计算，即能够在滑动过程中快速增量地计算指纹。具体如式 (5.2) 所示，Rabin 指纹可以通过上一个滑动窗口的 Rabin 指纹计算得到：

$$\begin{aligned}
&\text{Rabin}(B_i, B_{i+1}, \cdots, B_{i+\alpha-1}) \\
&= \{[\text{Rabin}(B_{i-1}, \cdots, B_{i+\alpha-2}) - B_{i-1} p^{\alpha-1}] p + B_{i+\alpha-1}\} \bmod D
\end{aligned} \tag{5.2}$$

数据的分块过程是一个前后内容依赖的过程，只有在上一个数据块分块结束之后，下一个数据块的分块操作才开始。虽然式 (5.1) 和式 (5.2) 说明了基于内容的数据分块的过程是依赖的，但从宏观上来看，数据去重可以首先通过流水线化来缓解计算的压力，然后通过进一步并行地进行指纹计算和分块计算，最终提高数据去重系统的吞吐率。具体地，分块计算可以采取分而治之的思想来并行化处理。

5.2　流水线化和并行化数据去重技术的设计与实现

本节首先介绍流水线化和并行化数据去重技术 P-Dedupe 的设计原理，然后介绍 P-Dedupe 的功能模块及基本的数据备份恢复流程，最后针对 P-Dedupe 具体讨论流水线化和并行化数据去重技术的设计和实现细节。

5.2.1　设计原理

在给定了数据去重过程中的数据单元（数据块）和数据去重功能单元（分块计算和指纹计算等）的情况下，P-Dedupe 可以有效地利用现在计算机系统中富余的多核计算资源来流水线化和并行化数据去重计算，即通过流水线化处理数据去重过程中单个数据块的子任务，以及进一步并行化处理分块计算和指纹计算，达到降低数据去重计算延迟的目的。

接下来，分析 P-Dedupe 的流水线化和并行化技术对数据去重系统吞吐率的影响。如果给定单位数据的去重过程中的分块时间（T_c）、指纹计算时间（T_f）、索引时间（T_i）和存储管理时间（写延迟 T_w），同时令 D 代表压缩率，那么 T_w/D 代表了写入去重后剩下的数据所需要的时间。这样，没有数据去重功能的存储系统的写吞吐率可以由式 (5.3) 计算：

$$X_{\text{normal}} = \frac{1}{T_w} \tag{5.3}$$

而传统的线性数据去重系统的写吞吐率可以由式 (5.4) 计算：

$$X_{\text{dedupe}} = \frac{1}{T_w} = \frac{1}{T_c + T_f + T_i + \dfrac{T_w}{D}} \tag{5.4}$$

流水线化的数据去重系统的写吞吐率可以由式 (5.5) 计算：

$$X_{\text{dedupe+pipeline}} = \frac{1}{\max\left(T_c, T_f, T_i, \dfrac{T_w}{D}\right)} \tag{5.5}$$

当数据去重系统进一步用 N 个线程来并行化哈希计算时，数据去重系统的写吞吐率可以由式 (5.6) 计算：

$$X_{\text{P-Dedupe}} = \frac{1}{\max\left(\dfrac{T_c}{N}, \dfrac{T_f}{N}, T_i, \dfrac{T_w}{D}\right)} \tag{5.6}$$

在本章中，去重的数据块指纹索引可以全部都存放在内存中操作（如主存系统），也可以利用备份系统中的数据访问特性来优化操作（如利用备份数据流的局部性和相似性等），所以式 (5.3) ～ 式 (5.6) 中的 T_i 都远远小于 T_w、T_c 和 T_f。因此，式 (5.6) 表明：P-Dedupe 充分并行化分块计算和指纹计算等任务时，可以使时间片 T_c/N 和 T_f/N 小于等于 T_w/D，这样 P-Dedupe 可以将存储系统的写吞吐率提升 D 倍。换言之，P-Dedupe 中有效的流水线化和并行化分块计算和指纹计算，不仅没有降低存储系统的写性能，还能通过减少重复写操作，改进存储系统的 I/O 性能。这就是 P-Dedupe 的研究动机和设计原理。

5.2.2 主要功能模块

图 5.3 展示了 P-Dedupe 的系统架构及其关键模块，本小节在这个框架下介绍流水线化和并行化数据去重的解决方案。P-Dedupe 中的流水线化与并行化技术是通用的，可以很容易地应用到其他数据去重系统。具体而言，P-Dedupe 由以下 5 个关键模块构成。

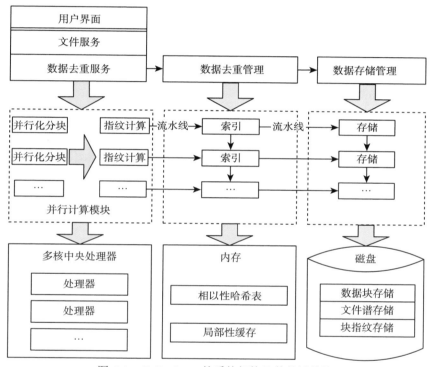

图 5.3 P-Dedupe 的系统架构及其关键模块

（1）用户界面，提供统一的存储系统文件访问接口。

（2）文件服务，管理文件命名空间和文件元数据。

（3）数据去重服务，负责数据去重的并行化分块和指纹计算等前序工作。该模块充分利用空闲的多核或众核处理器的计算资源来流水线化和并行化数据去重计算任务。具体的并行化分块和指纹计算方法见本书第 5.2.4 小节 ～ 第 5.2.6 小节。

（4）数据去重管理，负责存储和索引数据块指纹。它利用文件类型、文件大小、备份数据流的相似性和局部性等来优化重复数据识别的指纹索引性能。

（5）数据存储管理，负责数据的存储与组织。它主要由 3 部分组成：文件存储、文件谱存储和数据块存储。数据块存储负责去重后的数据块的存储与组织，文件谱存储负责建立文件与去重后的数据块的映射关系，文件存储负责建立文件系统与文件谱信息的映射关系。

当用户需要写入一个文件时，P-Dedupe 所在的数据去重系统会响应用户界面和文件服务模块的请求，记录写入文件的元数据信息。数据去重服务将该文件分解成多个数据块，并计算这些数据块的指纹。数据去重管理检测每个数据块的指纹，以确定是否为新数据块。如果是新数据块，则将其存储到磁盘（数据块存储），并返回存储位置信息；如果是重复数据块，则直接返回重复数据块的存储位置信息。最后，每个文件的数据块的返回地址信息会被整理并记录在文件谱信息中，以便将来的数据读操作（恢复）处理，如图 5.4 所示。数据去重系统通过文件存储、文件谱存储和数据块存储这 3 个存储管理子模块，有效地建立了数据去重后的文件与数据块的映射关系。

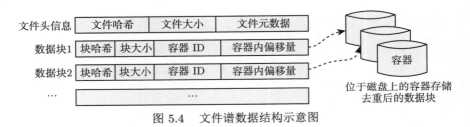

图 5.4　文件谱数据结构示意图

用户需要读取一个文件时，P-Dedupe 所在的数据去重系统通过用户界面和文件服务模块发起读操作。首先，系统根据文件存储相关的文件元数据，获取文件谱信息。然后，系统根据文件谱信息获取对应数据块的映射信息，从相应的存储位置读取出数据块，并重组成一个文件。通过文件存储、文件谱存储和数据块存储 3 个模块，P-Dedupe 可以有效地构建去重后的文件和数据块之间的映射关系。例如，当文件 2 的数据块 2 被检测到与文件 1 的数据块 1 重复，数据去重系统不需要重新存储数据块 2 而只需要在文件 2 的文件谱信息中记录数据块 1 的物理地址信息。当需要读取文件 2 的数据块 2 时，数据去重系统也只需要根据文件谱信息读出文件 1 的数据块 1 即可。

5.2.3　数据去重子任务的流水线化

传统的数据去重过程包括：数据分块、指纹计算、指纹索引和存储管理（写入数据块和元数据信息）。鉴于现在的多核或众核处理器架构提供了丰富的并行计算资源，采用 P-Dedupe 的数据去重系统可以通过有效的流水线化和并行化算法来加速数据去重计算。本小节具体讨论 P-Dedupe 的数据去重流水线化算法。

流水线化的数据去重技术是将数据去重过程分为 4 个阶段：数据分块、指纹计算、指纹索引、存储管理。根据第 5.2.2 小节的分析，由于数据去重过程中的独立性和连续性，P-Dedupe 可以流水线化地运行数据去重过程中的数据单元——数据块。如图 5.5 所示，P-Dedupe 流水线化了数据去重过程中的计算密集型任务（数据分块与指纹计算阶段）和 I/O 密集型任务（指纹索引与存储管理阶段），这种流水线化的数据去重方式避免了费时的数据分块和指纹计算的等待时间，大大提高了数据去重系统的吞吐率。

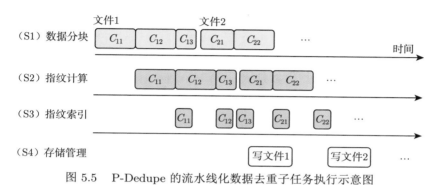

图 5.5　P-Dedupe 的流水线化数据去重子任务执行示意图

文件作为另一种类型的数据去重单元，也可以使用这种流水线化数据去重方式，尤其是一个数据流由大量小文件组成的情况。文件的流水线化可以进一步缩短更新文件元数据的等待时间，从而最大限度地提高数据去重的效率。如图 5.5 所示，多个文件都可以通过这种有效的文件级流水线化技术来优化数据去重的吞吐率。虽然这里的流水线化数据去重是针对 CDC 算法设计的，但这种方法也可以很容易地推广到基于 FSC 算法或文件级粒度的数据去重系统中，只需要屏蔽或替换图 5.5 中的部分步骤即可。

5.2.4　指纹计算的并行化

虽然 P-Dedupe 分化了 I/O 密集型任务和计算密集型任务，允许多线程并行化地执行数据分块和指纹计算，但数据分块和指纹计算仍然是数据去重系统中的一个潜在瓶颈。如第 5.1.2 小节所述，数据去重的计算开销可以通过并行化指纹计算来进一步降低。例如，对于图 5.5 中的文件 1，P-Dedupe 可以并行计算数据块的指纹 C_{11} C_{12} C_{13}。并行化指纹计算可以最大化地降低指纹计算的时间开销，尤其适用于 FSC 算法；针对 VSC 算法，并行化指纹计算后的系统瓶颈就变成了 CDC 计算，这一内容将在第 5.2.5 小节具体讨论。

但是，并行化指纹计算存在一个问题：指纹计算完成后，数据块的输出顺序可能与数据块在文件中的顺序不一致，这样会影响流水线化数据去重过程的下一阶段的运行（指纹索引和存储管理操作等）。例如，数据流在并行化指纹计算阶段按 ABC 的顺序输入，即这 3 个数据块的指纹计算由 3 个独立的线程并行化地完成。由于线程调度和数据块大小的不同，并行化指纹计算可能会导致一个乱序的完成序列（如 ACB 或 BAC）。因此，数据去重的流水线化和并行化计算中必须引入指纹计算线程的同步中来，具体的实现方式参照第 5.2.6 小节。

5.2.5　分块的并行化

数据去重并行化研究中最具挑战性的问题，就是 CDC 算法的并行化。CDC 算法使用基于数据内容的滑动窗口（见图 3.2），而由于分块过程中的内容依赖性，相邻数据块之间不能并行地计算分块，所以 P-Dedupe 提出了一种分而治之的方法：首先，将数据流分成多个数据段后，并行化地对各个数据段进行分块计算。每个数据段可能包含大量数据块，而且数据段长度远远大于 CDC 算法的平均块长（如 128 KB 的数据段）；然后，每个数据段单独运行 Rabin-CDC 算法，两个不同数据段的边界需要一些细微的边界修订。

图 5.6 展示了 P-Dedupe 中并行化分块算法的一个示例，P-Dedupe 首先将数据流分成两个数据段 A 和 B，然后分别利用 CDC 算法从中得到数据块 $A_1 \sim A_n$ 和 $B_1 \sim B_m$。最后，P-Dedupe 衔接数据段 A 和 B 的边界位置，重新确定数据块 A_n 和 B_1 的分块点。这是因为数据块 A_n 分块点的判断依据是数据段 A 到达了分块点，而可能不是其滑动窗口的 Rabin 哈希值达到了分块的要求。所以，数据块 A_n 和 B_1 的分块点可以在它们所属数据段的分块点进行查找和处理。图 5.6 中衔接的内容仅为 2 个滑动窗口大小。

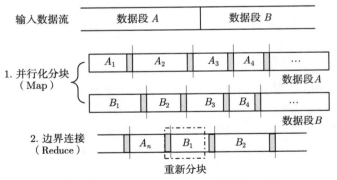

图 5.6　P-Dedupe 并行化分块算法示例

具体而言，如果 CDC 算法的滑动窗口大小为 α，只有数据块 A_n 的最后 $\alpha - 1$ 个字节（字节序列为 $\{X_1, \cdots, X_{\alpha-1}\}$）和数据块 B_1 的前 $\alpha - 1$ 个字节

（字节序列为 $\{Y_1,\cdots,Y_{\alpha-1}\}$）需要重新计算 Rabin 指纹值。如果 CDC 算法在 $(X_1,\cdots,X_{\alpha-1},Y_1,\cdots,Y_{\alpha-1})$ 中找到了新的分块点，则标记这个分块点，将原来的数据流 $\{A_n,B_1\}$ 分成新的数据块 A'_n 和 B'_1。图 5.6 所示的这种并行化的"分段、分块，然后衔接"的方法同样适用于两个以上的数据段。总之，P-Dedupe 通过衔接处理后的并行化分块获得了与顺序执行 CDC 算法相同的效果，与此同时，P-Dedupe 线性地减少了 CDC 算法的时间开销。

上述的 P-Dedupe 并行化分块算法没有设定最小块长和最大块长，所以基于各个数据段的分块后衔接的方法仅仅需要考虑数据段边界上两个滑动窗口的内容。然而，大多数 CDC 算法都使用最大块长和最小块长来避免产生许多极大或极小的数据块 [15,19-23]，所以本小节接下来重点讨论如何根据 CDC 算法的最大块长和最小块长对数据段边界中的两个块进行重新分块。

图 5.7 所示为根据 LBFS[15] 的配置，平均块长、最小块长和最大块长分别为 8 KB、2 KB 和 64 KB 时数据段 A、B 并行化分块后边界连接（重新分块）方法的示意图。假设块 A_n 和 B_1 之间重新分块的位置为 O，块 XO 之后的下一个分块位置为 O^1。如果 P-Dedupe 获得与顺序 CDC 算法相同的分块位置，那意味着 P-Dedupe 在没有损失压缩率的情况下有效地并行化了 CDC 算法。但是根据对实验的观察，P-Dedupe 对数据块 A_n 和 B_1 重新分块后，O 和 O^1 的位置会出现下面 5 种情况。

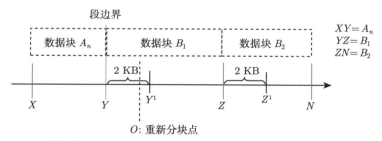

图 5.7　数据段 A 和 B 并行化分块后边界连接（重新分块）方法示意图

（1）情况 1：$O \in [Y,Y^1]$，$O^1 = Z$，即数据块 A_n 与 B_1（图 5.7 中的 XY 与 YZ）会被重新分块为 XO 与 OZ。这种情况下，P-Dedupe 会得到与顺序 CDC 算法相同的分块结果。

（2）情况 2：$O \in [Y,Y^1]$，$O^1 \in (Z,N)$。这种情况是新的分块位置 O 位于 $[Y,Y^1]$ 之间，但是数据块 OZ 小于最小块长（2 KB），即重新分块后位置 Z 会是一个无效的分块点。

（3）情况 3：$O \in (Y^1,Z)$，$O^1 = Z$。当 $[Y,Y^1]$ 之间不存在分块点时，数据块 XZ 大于最大块长（64 KB），这意味着 $O \neq Z$，并且 OZ 大于最小块长（2 KB）。

（4）情况 4：$O \in (Y^1, Z)$，$O^1 = (Z, N]$。当 $[Y, Y^1]$ 之间不存在分块点时，数据块 XZ 大于最大块长（64 KB），但 OZ 小于最小块长（2 KB）。因此，Z 在重新分块后会是一个无效的分块点。

（5）情况 5：$O = Z$。这是最理想的情况，只需要合并数据块 A_n 与 B_1（XZ）。

在情况 1、情况 3、情况 5 中，P-Dedupe 对数据段边界的块 A_n 与 B_1 重新分块即可获得与顺序 CDC 算法相同的分块效果。进一步分析情况 2、情况 4，如图 5.8 所示，通过数学分析发现，Rabin-CDC 算法（平均块长为 8 KB，没有最大块长和最小块长限制）中数据块 X 的块长符合式 (5.7) 所示的指数分布。

$$P(X \leqslant x) = F(x) = 1 - \mathrm{e}^{-\frac{x}{8192}}, x \geqslant 0 \qquad (5.7)$$

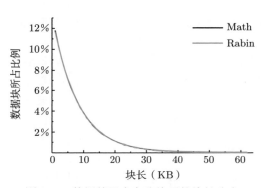

图 5.8　数据基于内容分块后的块长分布

需要注意的是，式 (5.7) 所示的这种理论指数分布是基于数据内容及其计算的内容哈希值（用于分块）都遵循均匀分布的假设。图 5.8 所示的块大小分布表明，基于式 (5.7) 的预测结果与实验的观察结果完全一致，这为进一步分析情况 2、情况 4 提供了数学基础。

式 (5.7) 与图 5.8 表明块长 $x \geqslant 64$ KB 的概率等于 $\mathrm{e}^{-8} \approx 0.000335$，这意味着情况 3 出现的概率极小。同时，块长 $x \leqslant 2$ KB 的概率等于 $1 - \mathrm{e}^{-0.25} \approx 0.2212$，等同于情况 1、情况 2（$O \in [Y, Y^1]$）发生的概率。情况 2、情况 4 发生的概率如下。

（1）情况 2 等同于两个相邻块的块长均小于 2 KB，其发生的概率为 0.049。

（2）情况 4 等同于两个相邻的数据块，第一个的块长大于 64 KB，第二个的块长小于 2 KB，其发生的概率为 0.000074。

（3）情况 1、情况 3、情况 5 发生的概率为 0.950926（$1 - 0.049 - 0.000074$）。

情况 2、情况 4 会直接导致分块点 O^1 需要被重新计算，最差的结果是所有后续的分块点 $O^2 \sim O^n$ 都需要被重新计算。所以接下来考虑在情况 2、情况 4 中简单地使用并行化分块的分块点 Y 作为 O^1 来减少数据段边界连接操作带来的开销，这样即使情况 2、情况 4 发生，后续的分块点 $O^2 \sim O^n$ 也仍然与顺序 CDC 算法的分块结果一致。

本章把 P-Dedupe 中数据段边界并行化 CDC 算法与顺序 CDC 算法结果不一致的数据块称为"脏块"，由对上面 5 种情况的讨论可知，"脏块"仅以很小的概率出现在情况 2 与情况 4 中。每个数据段中因情况 2 导致"脏块"出现的概率可以由式 (5.8) 计算：

$$E_{\text{case2}} = \sum_{n=1}^{\infty} 0.2211^{n+1} \times 0.7789 \times \frac{10 + n \times 2}{\text{SegmentSize}} \approx \frac{0.6258}{\text{SegmentSize}} \tag{5.8}$$

因为情况 4 大致以情况 2 的 1/1000 概率出现，所以情况 2 与情况 4 共同导致"脏块"出现的概率约等于式 (5.8) 的计算结果，这意味着在采用长度为 1 MB 的数据段并行化分块的情况下，只有少于 0.1% 的数据块是"脏块"。

综上所述，P-Dedupe 通过对并行化分块后数据段边界的重新分块与连接实现了与顺序 CDC 算法几乎相同的分块效果，并且根据第 5.3 节的实验结果，P-Dedupe 的并行化分块技术可以线性地加速数据去重的吞吐率。需要注意的是，因为不同文件的分块过程互相独立，所以对于小于数据段长度（如 1 MB）的文件，可以简单地为每个文件分配一个线程来并行化分块。本节重点关注数据去重系统中更常见的场景，即大文件的 CDC 并行化算法 [21,24]。

5.2.6　并行化过程中的同步和异步问题

在第 5.2.4 小节和第 5.2.5 小节的论述中，P-Dedupe 通过并行化分块计算和指纹计算来进一步突破数据去重系统的计算瓶颈。但是另外一个问题也随之而来，就是分块计算和指纹计算的同步、异步执行的问题。具体而言，由于 CDC 产生了变长的数据块，所以这些变长的数据块的指纹计算时间会长短不一，导致经过分块计算和指纹计算阶段的数据块序列不是这些数据块在文件中的逻辑顺序。所以，异步执行完分块计算与指纹计算阶段的任务后，系统会产生随机的数据块序列，而同步执行这些任务可能导致 P-Dedupe 在最慢的任务所在的线程空等，降低流水线化效率。

P-Dedupe 采用了一种折中的方法来解决这一难题，即同步分块计算、异步指纹计算。这种混合的设计维护了备份过程中的数据段的顺序执行，但没有完全同步数据段内部的指纹计算。这是因为数据段内部的乱序可以有效地利用现有的文件系统缓存策略来延迟数据块的写操作。

5.3　性能分析

5.3.1　实验设置

1. 实验平台

P-Dedupe 的性能评估使用了标准的服务器配置来搭建测试环境。操作系统环境为 Ubuntu 12.04.2，硬件配置包括 Intel 四核八线程 i7 处理器（运行频率为 2.8 GHz）、64 GB 内存、1 TB 的 7200 rad/min 硬盘。

2. 数据去重配置

P-Dedupe 采用 Rabin-CDC 与 SHA-1 来分别进行 CDC 运算及指纹计算。Rabin-CDC 算法采用了与 LBFS [15] 相同的配置：最大块长、平均块长、最小块长分别为 64 KB、8 KB、2 KB。P-Dedupe 采用线程池技术 [25] 来管理并行的线程，为数据分块与指纹计算各分配 4 个线程并行执行。除此之外，本节也对其他 CDC 算法 [Gear-CDC 算法 [26] 与基于 Adler 的 CDC（Adler-CDC）算法[27]] 进行了测试，进一步验证 P-Dedupe 并行化分块算法的效果。指纹索引全部存放在 RAM 中，最大限度地测试 P-Dedupe 通过数据分块和指纹计算并行化提高的数据去重吞吐率。

3. 测试性能指标

压缩率通过去重过程中消除的重复数据百分比来衡量。去重吞吐率通过数据去重过程中处理输入文件/数据的吞吐率来衡量。每个实验运行多次，以获得稳定且平均的去重吞吐率。由于高带宽光纤通道适配器和存储设备（如 PCM）非常昂贵，所以本实验与 Shredder [28]、StoreGPU [10,11] 相同，使用 RAMdisk 驱动仿真（确保数据传输和存储阶段不会成为性能瓶颈）来测试 P-Dedupe 的去重吞吐率。为了更好地评估 P-Dedupe 的性能，本节采用传统的串行数据去重系统作为基线方法（Baseline，即没有采用流水线化与并行化数据去重技术的方法）来进行对比。表 5.1 展示了 8 个测试数据集的具体情况。

（1）**SciLab、GCC、Linux** 是 3 个开源项目，代表大规模代码数据集工作负载。这些项目的每个版本被打包在一起，以简化和加速备份过程 [29]。

（2）**Centos、Fedora、Freebsd** 是来自同一网站的 3 个知名操作系统发布版本的虚拟机（Virtual Machine，VM）镜像。这 3 个数据集代表虚拟机镜像的工作负载。

（3）**RDB** 数据集是从正在运行的 Redis 数据库中收集的，dump.rdb 是 Redis 数据库的快照备份文件。本实验中共备份了 20 个版本作为典型的数据库工作负载。

（4）**Bench** 是一个从个人云存储 [30] 收集到的基准数据集。本实验在这个数据集上模拟常用的文件系统操作（如创建、删除和修改）[31]，并获得 20 个备份。

表 5.1　测试数据集描述

名称	版本数	大小	重复率
SciLab	15	5.92 GB	56.04%
GCC	43	15.9 GB	40.75%
Linux	39	16.4 GB	40.92%
Centos	23	40.8 GB	50.02%
Fedora	18	46.9 GB	33.97%
Freebsd	24	27.1 GB	24.05%
RDB	20	162 GB	91.74%
Bench	20	107 GB	86.92%

5.3.2　关键参数测试

本小节介绍对 P-Dedupe 的效果评估，其中包含几个重要的设计因素，如数据段（并行化数据分块基本单元）长度和平均块长。由于段边界连接对于 P-Dedupe 系统的压缩率也很重要，如第 5.2 节所述，本小节分别测试了使用和不使用段边界连接的 P-Dedupe 方法（简称 P-Dedupe w/joint 和 P-Dedupe w/o joint）。P-Dedupe w/o joint 更简单且容易实现，与 Shredder [28] 提出的并行化 CDC 算法相似。图 5.9 ～ 图 5.11 所示的结果均在平均块长为 8 KB 的情况下测试得到。

1. 并行化分块数据段长度

图 5.9 展示了 P-Dedupe 在数据段长度不同时的压缩率，结果已经被归一化到基线方法（传统的串行数据去重方法，不会产生漏检）。如图 5.9 所示，P-Dedupe w/o joint 的压缩率随着数据段长度的增大而增加，这是因为第 5.2.5 小节中情况

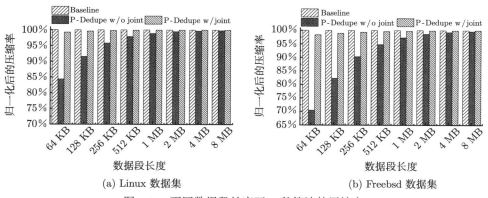

图 5.9　不同数据段长度下 3 种算法的压缩率

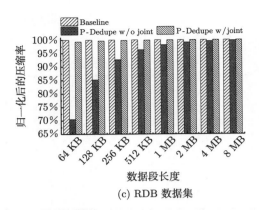

(c) RDB 数据集

图 5.9　不同数据段长度下 3 种算法的压缩率（续）

2 和情况 4 出现的概率随着数据段长度的增加而减小。图 5.9 还显示，段边界连接算法显著地提高了 P-Dedupe 的压缩率，达到了与基线方法几乎相同的压缩率。数据段长度的选取需要仔细考虑线程数、文件大小、数据容器大小（存储单元）[32]、重写方案（为了更好地恢复性能）[33] 等诸多因素，可以由用户根据实际情况自行决定。

　　图 5.10 展示了基线方法和 P-Dedupe 在不同数据段长度下的去重吞吐率。基线方法的去重吞吐率保持不变（平均约为 130 MB/s），而 P-Dedupe 的去重吞吐率与数据段长度的增加成正比。这是因为数据段长度越大，就可以更充分地进行并行化的分块计算和指纹计算。该图还显示，使用段边界连接的 P-Dedupe 与没有段边界连接的 P-Dedupe 具有几乎相同的去重吞吐率。

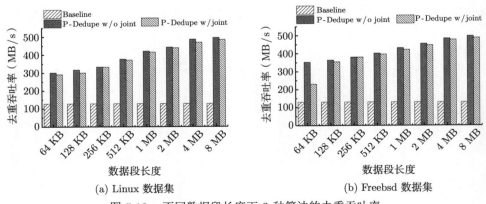

(a) Linux 数据集　　　　　　　　　　　(b) Freebsd 数据集

图 5.10　不同数据段长度下 3 种算法的去重吞吐率

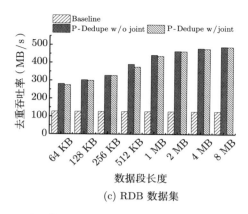

(c) RDB 数据集

图 5.10　不同数据段长度下 3 种算法的去重吞吐率（续）

图 5.11 进一步展示了压缩率与数据段长度之间的关系。这里的曲线"Math"表示根据式 (5.8) 求得的没有被 P-Dedupe 消除的重复数据比例。该图显示, Linux 和 RDB 数据集的压缩率曲线与曲线"Math"几乎相同, 但是 Freebsd 数据集检测到的重复数据更少。这是因为式 (5.8) 假设 CDC 算法的数据内容是随机的（遵循均匀分布）, 而虚拟机镜像包含大量未初始化的内容（如零块 [34]）, 导致生成了很多 CDC 算法配置中的最大块。

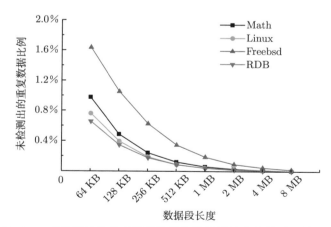

图 5.11　P-Dedupe 未检测出的重复数据比例与数据段长度的关系（使用段边界连接）

可以看到, 图 5.11 中展示的 3 个真实数据集的趋势与式 (5.8) 的分析结果一致。P-Dedupe 实现了与基线方法几乎相同的压缩率, 同时极大地并行化了分块计算和指纹计算。

2. 平均块长

图 5.12 和图 5.13 展示了数据段长度为 1 MB 时，基线方法、P-Dedupe w/o joint 和 P-Dedupe w/joint 的去重性能与平均块长的关系。由图可知，无论平均块长如何，P-Dedupe 都实现了与基线方法几乎相同的压缩率和 3~4 倍的去重吞吐率。此外，压缩率随着平均块长的增加而降低，这与之前的研究基本一致[21,29]。平均块长越大，基线方法和 P-Dedupe 的去重吞吐率越高。这是因为较小的平均块长会产生更多的数据块，因此分块计算、指纹计算、索引等操作会花费更多时间。

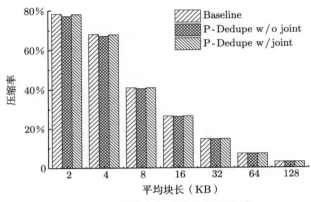

图 5.12　压缩率与平均块长的关系

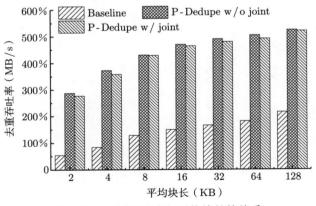

图 5.13　去重吞吐率与平均块长的关系

5.3.3　整体性能测试

本小节针对 8 个数据集测试 P-Dedupe 的整体性能。测试过程中，P-Dedupe 的平均块长设为 8 KB，数据段长度设为 4 MB，以获得更高的压缩率。

表 5.2 展示了基线方法、P-Dedupe w/joint 和 P-Dedupe w/o joint 在不同数据集上的压缩率表现。其中，P-Dedupe 没有检测到的重复数据百分比（漏检率）仅比基线方法高 0.05%，这意味着 P-Dedupe 实现了与基线方法几乎相同的压缩率。同时如图 5.14 所示，P-Dedupe 的去重吞吐率比基线方法高约 4 倍，比仅使用流水线化技术（图中的 Pipeline）高约 2 倍。Pipeline 方法获得了与基线方法相同的分块效果，因此表 5.2 中省略了前者的压缩率结果。总的来说，P-Dedupe 在 8 个数据集上的压缩率约为基线方法的 99.98%，同时最大限度地并行化了用于重复数据删除的分块计算和指纹计算。

表 5.2　P-Dedupe 在 8 个数据集中的压缩率

数据集	Baseline	P-Dedupe w/o joint	P-Dedupe w/ joint	P-Dedupe 漏检率
SciLab	56.04%	55.67%	56.01%	0.0365%
GCC	40.75%	40.54%	40.74%	0.0083%
Linux	40.92%	40.80%	40.92%	0.0054%
Centos	50.02%	49.64%	49.97%	0.0481%
Fedora	33.97%	33.70%	33.95%	0.0187%
Freebsd	24.05%	23.89%	24.04%	0.0123%
RDB	91.75%	91.33%	91.74%	0.0102%
Bench	86.92%	86.53%	86.90%	0.0136%

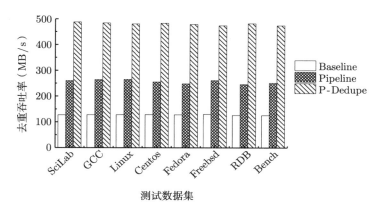

图 5.14　8 个数据集下的去重吞吐率对比

5.3.4　其他 CDC 算法的适配性测试

本小节测试了 P-Dedupe 与 Adler-CDC 算法和 Gear-CDC 算法相结合的重复数据删除性能。作为已知的两种滚动哈希算法，Adler-CDC 算法 [27] 和 Gear-CDC 算法 [26] 在基于 CDC 算法的数据去重系统中也提供了较高的分块效率，可以作为 Rabin-CDC 算法的替代方案。为了更好地说明它们的区别，表 5.3 列出了 3 种 CDC 算法的伪代码实现，即 Rabin-CDC、Adler-CDC 和 Gear-CDC。它们都以增量方式计算滚动哈希值，但使用不同的哈希方案。表中，a 和 b 分别代表滑动窗口中的第一个与最后一个字节，N 代表 CDC 算法中滑动窗口的大小，U、T、A、G 分别代表每种 CDC 算法中的预设数组 [15,26-27]。

表 5.3　3 种 CDC 算法的伪代码实现

算法名称	伪代码
Rabin-CDC	$\text{hash} = ((\text{hash}^\wedge U(a)) \ll 8)|b^\wedge T[\text{hash} \gg N]$
Adler-CDC	$S_1 + = A(b); S_2 + = S_1; \text{hash} = (S_2 \ll 16)|S_1$
Gear-CDC	$\text{hash} = (\text{hash} \ll 1) + G(b)$

为了综合地评估 P-Dedupe 中流水线化和并行化方案的效率，本实验还使用 Adler-CDC 算法和 Gear-CDC 算法替换 P-Dedupe 中采用的 Rabin-CDC 算法并进行了测试。同样设置 P-Dedupe 和基线方法的平均块长为 8 KB，数据段长度为 4 MB。由于 Gear-CDC 算法的运行速度比基于 SHA-1 的指纹计算要快得多，因此本实验在基于 Gear-CDC 算法的 P-Dedupe 中分别配置了 3 个和 5 个线程用于分块计算和指纹计算。对于基于 Adler-CDC 算法的 P-Dedupe，本实验仍然使用 4 个线程并行化分块计算和指纹计算（与上述基于 Rabin-CDC 算法的 P-Dedupe 相同）。

表 5.4 和表 5.5 分别展示了基于 Adler-CDC 算法和 Gear-CDC 算法的 P-Dedupe 的压缩率和去重吞吐率。由表 5.2、表 5.4 和表 5.5 可见，使用基于 Adler-

表 5.4　基于 Adler-CDC 算法的 P-Dedupe 去重性能

数据集	压缩率		去重吞吐率（MB/s）	
	Baseline	P-Dedupe	Baseline	P-Dedupe
SciLab	56.67%	56.63%	133	459
GCC	42.81%	42.80%	129	500
Linux	41.39%	41.38%	131	491
Centos	50.28%	50.24%	134	506
Fedora	34.16%	34.13%	133	504
Freebsd	24.45%	24.44%	135	503
RDB	91.76%	91.75%	130	497
Bench	86.93%	86.93%	130	496

表 5.5　基于 Gear-CDC 算法的 P-Dedupe 去重性能

数据集	压缩率		去重吞吐率（MB/s）	
	Baseline	P-Dedupe	Baseline	P-Dedupe
SciLab	56.32%	56.25%	172	586
GCC	43.21%	43.15%	162	590
Linux	41.67%	41.67%	168	585
Centos	50.40%	50.29%	172	588
Fedora	34.34%	34.27%	167	603
Freebsd	26.75%	26.72%	172	583
RDB	91.79%	91.76%	168	612
Bench	86.92%	86.89%	169	594

CDC 算法和 Gear-CDC 算法的基线方法与 Rabin-CDC 算法具有相似的压缩率，而 P-Dedupe 方法也实现了与基线方法相似的压缩率。同时，P-Dedupe 通过其流水线化和并行化方案实现了比基线方法高 3~4 倍的去重吞吐率。因此，表 5.4 和表 5.5 表明，无论使用哪种 CDC 算法，P-Dedupe 都可以很好地并行化计算基于内容的分块以进行重复数据删除，而不会牺牲压缩率。

5.4　本章小结

为了突破数据去重系统中的哈希计算瓶颈，本章提出了 P-Dedupe，它充分利用了基于内容分块的数据去重任务中的并行性：首先将数据去重任务的 4 个阶段以块和文件作为处理单元进行流水线化，然后进一步并行化 CDC 算法和基于安全哈希的指纹计算。为了保证基于内容的并行化分块效果，P-Dedupe 首先将数据流拆分成若干段，每个段将在不同的线程中并行运行 CDC 算法，然后使用段边界连接的方式将段边界处的两个数据块重新分块。此外，本章还深入地分析和演示了基于内容分块的 P-Dedupe 在最大块长和最小块长限制下数据去重的效率。实验结果表明，P-Dedupe 以略微降低压缩率的代价有效地并行化了分块计算，使去重吞吐率几乎可以随着 CPU 内核数量的增加线性地提高。

P-Dedupe 仍有很大的改进空间，如重复数据删除可以结合加密算法使用[35]，以确保文件的原始真实性。此外，P-Dedupe 的工作为机器学习和大数据分析科学提供了重要的方向，因为去重后的系统只需要处理、研究和分析同一个文件一次，避免了重复性的操作，能够大幅提高系统效率。由于 P-Dedupe 将数据去重任务流水线化，然后进一步并行化分块计算和指纹计算的思想同样适用于使用 GPGPU 设备的数据去重系统，并且 GPGPU 可以提供更高的去重吞吐率，所以在 GPGPU 设备上研究具有更多线程级并行化的 P-Dedupe，并解决 P-Dedupe 中更多的潜在挑战，是未来非常值得探索的方向之一。

参考文献

[1] EL-SHIMI A, KALACH R, KUMAR A, et al. Primary Data Deduplication-Large Scale Study and System Design[C]//Proceedings of the 2012 Conference on USENIX Annual Technical Conference (USENIX ATC'12). MA: USENIX Association, 2012: 1-12.

[2] SRINIVASAN K, BISSON T, GOODSON G, et al. IDedup: Latency-aware, Inline Data Deduplication for Primary Storage[C]//Proceedings of the 10th USENIX Conference on File and Storage Technologies (FAST'12). CA: USENIX Association, 2012: 24-37.

[3] CHEN F, LUO T, ZHANG X. CAFTL: A Content-aware Flash Translation Layer Enhancing the Lifespan of Flash Memory based Solid State Drives[C]//Proceedings of the 9th USENIX Conference on File and Storage Technologies (FAST'11). CA: USENIX Association, 2011: 1-14.

[4] GUPTA A, PISOLKAR R, URGAONKAR B, et al. Leveraging Value Locality in Optimizing NAND Flash-based SSDs[C]//Proceedings of the 9th USENIX Conference on File and Storage Technologies (FAST'11). CA: USENIX Association, 2011: 91-103.

[5] GUPTA D, LEE S, VRABLE M, et al. Difference Engine: Harnessing Memory Redundancy in Virtual Machines[C]//Proceedings of the 8th USENIX Conference on Operating Systems Design and Implementation (OSDI'08). CA: USENIX Association, 2008: 309-322.

[6] CLEMENTS A T, AHMAD I, VILAYANNUR M, et al. Decentralized Deduplication in SAN Cluster File Systems[C]//Proceedings of the 2009 USENIX Annual Technical Conference (USENIX ATC'09). CA: USENIX Association, 2009: 1-14.

[7] ZHANG X, HUO Z, MA J, et al. Exploiting Data Deduplication to Accelerate Live Virtual Machine Migration[C]//Proceedings of the 2010 IEEE International Conference on Cluster Computing (CLUSTER'10). Crete: IEEE Computer Society, 2010: 88-96.

[8] AL-KISWANY S, SUBHRAVETI D, SARKAR P, et al. VMFlock: Virtual Machine Co-migration for the Cloud[C]//Proceedings of the 20th International Symposium on High Performance Distributed Computing (HPDC'11). CA: ACM Association, 2011: 159-170.

[9] BOWLING J. Opendedup: Open-source Deduplication Put to the Test[J]. Linux Journal, 2013(228): 2.

[10] AL-KISWANY S, GHARAIBEH A, SANTOS-NETO E, et al. StoreGPU: Exploiting Graphics Processing Units to Accelerate Distributed Storage Systems[C]//

Proceedings of the 17th International Symposium on High Performance Distributed Computing (HPDC'08). MA: ACM Association, 2008: 165-174.

[11] GHARAIBEH A, AL-KISWANY S, GOPALAKRISHNAN S, et al. A GPU Accelerated Storage System[C]//Proceedings of the 19th ACM International Symposium on High Performance Distributed Computing (HPDC'10). Illinois: ACM Association, 2010: 167-178.

[12] LIU C, XUE Y, JU D, et al. A Novel Optimization Method to Improve De-duplication Storage System Performance[C]//Proceedings of the 15th International Conference on Parallel and Distributed Systems (ICPADS'09). Shenzhen: IEEE Computer Society, 2009: 228-235.

[13] GUO F, EFSTATHOPOULOS P. Building a High-performance Deduplication System[C]//Proceedings of the 2011 USENIX Conference on USENIX Annual Technical Conference (USENIX ATC'11). OR: USENIX Association, 2011: 1-14.

[14] MA J, ZHAO B, WANG G, et al. Adaptive Pipeline for Deduplication[C]// Proceedings of the 28th IEEE Symposium on Mass Storage Systems and Technologies (MSST'12). CA: IEEE Computer Society, 2012: 1-6.

[15] MUTHITACHAROEN A, CHEN B, MAZIERES D. A Low-bandwidth Network File System[C]//Proceedings of the ACM Symposium on Operating Systems Principles (SOSP'01). Banff: ACM Association, 2001: 1-14.

[16] SHILANE P, HUANG M, WALLACE G, et al. WAN-optimized Replication of Backup Datasets Using Stream-informed Delta Compression[C]// Proceedings of the Tenth USENIX Conference on File and Storage Technologies (FAST'12). CA: USENIX Association, 2012: 1-14.

[17] RABIN M O. Fingerprinting by Random Polynomials[R]. Combridge: Harvard University, 1981.

[18] BRODER A. Some Applications of Rabin's Fingerprinting Method[J]. Sequences II: Methods in Communications, Security, and Computer Science, 1993: 1-10.

[19] MIN J, YOON D, WON Y. Efficient Deduplication Techniques for Modern Backup Operation[J]. IEEE Transactions on Computers, 2011, 60(6): 824-840.

[20] LILLIBRIDGE M, ESHGHI K, BHAGWAT D, et al. Sparse Indexing: Large Scale, Inline Deduplication Using Sampling and Locality[C]//Proceedings of the 7th USENIX Conference on File and Storage Technologies (FAST'09). CA: USENIX Association, 2009: 111-123.

[21] MEYER D T, BOLOSKY W J. A Study of Practical Deduplication[C]//Proceedings of the USENIX Conference on File and Storage Technologies (FAST'11). CA: USENIX Association, 2011: 229-241.

[22] ROMAŃSKI B, HELDT Ł, KILIAN W, et al. Anchor-driven Subchunk Deduplication [C]//Proceedings of the 4th Annual International Systems and Storage Conference (SYSTOR'11). Haifa: ACM Association, 2011: 1-13.

[23] KRUUS E, UNGUREANU C, DUBNICKI C. Bimodal Content Defined Chunking for Backup Streams[C]//Proceedings of the 7th USENIX Conference on File and Storage Technologies (FAST'10). CA: USENIX Association, 2010: 1-14.

[24] XIA W, JIANG H, FENG D, et al. SiLo: A Similarity-locality based Near-Exact Deduplication Scheme with Low RAM Overhead and High Throughput[C]// Proceedings of the 2011 USENIX Conference on USENIX Annual Technical Conference (USENIX ATC'11). OR: USENIX Association, 2011: 285-298.

[25] LING Y, MULLEN T, LIN X. Analysis of Optimal Thread Pool Size[J]. ACM SIGOPS Operating Systems Review, 2000, 34(2): 42-55.

[26] XIA W, JIANG H, FENG D, et al. Ddelta: A Deduplication-inspired Fast Delta Compression Approach[J]. Performance Evaluation, 2014, 79: 258-272.

[27] DUBNICKI C, KRUUS E, LICHOTA K, et al. Methods and Systems for Data Management Using Multiple Selection Criteria: US, 7844581B2[P]. (2006-12-1)[2022-11-30].

[28] BHATOTIA P, RODRIGUES R, VERMA A. Shredder: GPU-accelerated Incremental Storage and Computation[C]//Proceedings of the 10th USENIX Conference on File and Storage Technologies (FAST'12). CA: USENIX Association, 2012: 1-15.

[29] WALLACE G, DOUGLIS F, QIAN H, et al. Characteristics of Backup Workloads in Production Systems[C]//Proceedings of the Tenth USENIX Conference on File and Storage Technologies (FAST'12). CA: USENIX Association, 2012: 33-48.

[30] DRAGO I, BOCCHI E, MELLIA M, et al. Benchmarking Personal Cloud Storage[C]//Proceedings of the 2013 Conference on Internet Measurement Conference (IMC'13). Barcelona: ACM Association, 2013: 205-212.

[31] TARASOV V, MUDRANKIT A, BUIK W, et al. Generating Realistic Datasets for Deduplication Analysis[C]//Proceedings of the 2012 USENIX Conference on Annual Technical Conference (USENIX ATC'12). MA: USENIX Association, 2012: 261-272.

[32] ZHU B, LI K, PATTERSON R H. Avoiding the Disk Bottleneck in the Data Domain Deduplication File System[C]//Proceedings of the 6th USENIX Conference on File and Storage Technologies (FAST'08). CA: USENIX Association, 2008(8): 1-14.

[33] XIA W, JIANG H, FENG D, et al. A Comprehensive Study of the Past, Present, and Future of Data Deduplication[J]. Proceedings of the IEEE, 2016, 104(9): 1681-1710.

[34] JIN K, MILLER E L. The Effectiveness of Deduplication on Virtual Machine Disk Images[C]//Proceedings of SYSTOR'09: The Israeli Experimental Systems Conference. Haifa: ACM Association, 2009: 1-14.

[35] CHANG V, RAMACHANDRAN M. Towards Achieving Data Security with the Cloud Computing Adoption Framework[J]. IEEE Transactions on Services Computing, 2016, 9(1): 138-151.

第 6 章　高效的数据去重指纹索引技术

目前，数据去重技术的主要挑战之一是数据块指纹查找的可扩展性，即随着数据去重的规模从 TB 级向 PB 级扩展，数据指纹集合会变得很大，以至于只能放入磁盘中进行存储与管理。而频繁地访问磁盘索引对数据去重系统的性能而言是不可容忍的，这个问题成为数据去重系统的主要性能瓶颈和研究热点。现有的大多数数据去重索引方案，或者是基于局部性的算法，或者是基于相似性的算法，它们通过提高有限内存空间的使用率来优化数据去重索引性能。而根据对实际数据去重系统的观察，这些算法在真实的数据去重环境中存在内存开销大或数据压缩率低等问题。针对这一问题，本章介绍一种近似精确的数据去重指纹索引技术 SiLo，它能够通过有效地挖掘和利用备份数据流中的相似性和局部性来降低系统内存开销，并且获得很高的（近似精确的）压缩率和索引吞吐率。SiLo 的主要思想是：一方面通过合并相关的小文件和分割大文件来产生更多的相似性，另一方面充分利用备份数据流的局部性来补充相似性检测的广度。SiLo 通过这两种策略的有机结合来提高数据去重系统的整体性能。本章的组织结构如下：第 6.1 节介绍数据去重指纹索引的规模与挑战；第 6.2 节和第 6.3 节分析现有方案的优缺点；第 6.4 节介绍基于局部性和相似性的指纹索引技术 SiLo 的设计与实现等；第 6.5 节使用多个数据集对 SiLo 进行综合性能评估。最后，第 6.6 节对本章进行了总结。

6.1　数据去重指纹索引的规模与挑战

随着如今存储系统中的数据爆炸式增长，数据去重作为一种节省存储空间和网络带宽的有效方式，引起了越来越多的重视。数据去重技术首先将存储的文件划分成多个数据块，并且用唯一的安全哈希摘要（指纹）来标识这些数据块，然后通过匹配数据块指纹确定重复数据块，从而避免逐个字节比较重复的数据块。数据去重技术不仅降低了存储空间的开销，还减少了网络存储系统中冗余数据的网络传输。与传统的字节级和字符串级的数据压缩技术 [1-3] 相比，块级的数据去重技术具有可扩展性强和去重吞吐率高等特点，所以在近几年被广泛地应用于商用的数据备份存储系统 [4]。

在小规模的数据去重系统中，所有的指纹索引信息可以在内存中使用普通的哈希表存储。但是随着数据规模的增长，这些指纹的数据量会变得异常庞大，所以磁盘存储后的指纹索引就成为数据去重系统的潜在瓶颈。假设存在这样一个数据去重系统，它采用了 8 KB 的平均块长和 SHA-1（长度为 160 bit），则 80 TB 的数据就会产生 200 GB 的数据指纹。内存很难维护这 200 GB 的指纹，需要将其放入磁盘中存储以供索引。但是，磁盘的访问速度远远低于内存的访问速度，尤其是磁盘随机访问速度[5]。在这种情况下，数据去重系统每输入一个数据块，都需要遍历查找磁盘中的指纹索引，而这种通过频繁地访问磁盘索引查找指纹的方式带来的随机磁盘 I/O，严重地影响了去重吞吐率。例如，肖恩·昆兰等人[6] 使用的磁盘指纹索引方案，其系统吞吐率仅为 6.5 MB/s。

6.2 基于局部性的数据去重指纹索引策略相关研究

6.2.1 备份数据流的局部性

数据去重中的局部性是指备份数据具有很强的空间局部性，或者说两次备份之间的数据具有很强的连续性。通过挖掘这种备份数据的局部性，数据去重系统可以把将要访问的指纹预取并缓存到内存中，这样可以有效地提高内存中的指纹缓存的访问命中率，从而减少磁盘访问的次数，优化系统的指纹索引性能。

图 6.1 展示了一个通过挖掘备份数据流的局部性来优化指纹索引性能的案例。例如在数据去重系统中第一次备份了 4 个数据块（指纹序列为 {4a, c7, 9e, 3d}），第二次备份的指纹序列为 {4a, c7, 9e, 5e}。当第二次备份查找数据块指纹 "4a" 的时候，数据去重系统从磁盘中找到 "4a" 并且把后面相邻的几个数据块指纹也预取出来，一并缓存在内存中；那么当接下来查找指纹 "c7" 和 "9e" 的时候，系统就可以快速地在内存中查找到重复记录，从而减少了在磁盘中查找指纹索引的开销。

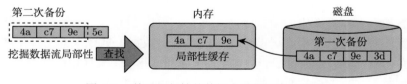

图 6.1　基于局部性的数据去重指纹索引策略

6.2.2 典型相关系统介绍

本小节以数据去重系统 DDFS[5]、Sparse Indexing[7]、ChunkStash[8] 为例，介绍基于局部性的数据去重指纹索引技术。

1. DDFS

DDFS [5] 是美国 Data Domain（现隶属于戴尔）开发的数据去重文件系统，主要应用于基于磁盘的备份存储系统中。DDFS 利用数据去重技术节省数据备份需要的存储空间，并且关注如何提高去重吞吐率。

DDFS 采用的是平均块长为 8 KB 的 CDC 算法和 SHA-1。为了解决前文介绍的磁盘指纹索引问题并达到快速保护企业数据的目的，DDFS 挖掘了备份数据流的局部性特点，同时采用了布隆过滤器 [9] 组织指纹的内存索引。具体而言，DDFS 主要采用了以下 3 种技术。

（1）概要矢量（Summary Vector）：一种用于辨识新数据块的紧凑的内存数据结构，采用布隆过滤器工具实现。将每个数据块经过安全哈希算法映射到整个概要矢量中，就能以较少的内存开销实现对每个数据块的预判断处理。

（2）基于数据流的数据段布局（Stream-Informed Segment Layout，SISL）：一种顺序存取数据块的数据布局方法。具体而言，DDFS 将备份数据流生成的数据块按照其原有的顺序组装成一个个存储容器并存放在磁盘上，为数据块和数据块元数据的存储创建空间局部性，有利于将来数据缓存局部性的实现。DDFS 的相关文献中推荐的容器大小为 2 MB 或 4 MB。

（3）局部保留缓存（Locality Preserved Caching，LPC）：DDFS 利用基于数据流的数据段布局所创建的局部性，将下次即将访问的数据块预取并存放在局部保留缓存中，以避免访问磁盘索引表带来的昂贵的磁盘访问操作。局部保留缓存技术能起效的主要原因是备份数据流的局部性：假设系统中已经连续写入文件 A、B，如果新输入的数据与文件 A 有重复数据，那么接下来输入的数据很有可能与文件 B 有重复数据，通过将文件 B 预取到 LPC 中，就可以不需要去磁盘中访问文件 B，这样就可以减少磁盘访问的次数。

通过以上 3 种技术的结合，DDFS 实现了：绝大部分新数据块能够避免访问磁盘指纹索引表（通过使用概要矢量）；具有局部性的重复数据块也能避免访问磁盘指纹索引表（通过命中指纹缓存，基于数据流的数据段布局和局部保留缓存）。所以，DDFS 最终显著地降低了访问磁盘指纹索引表的次数，突破了磁盘指纹索引带来的性能瓶颈，提高了系统的去重吞吐率。在 FAST'08 会议上公布的 DDFS 数据显示，通过概要矢量和局部性挖掘算法的结合，DDFS 减少了约 99% 的指纹查找所引起的磁盘访问次数，最终达到了 100 MB/s 的备份性能指标。而且，DDFS 的挖掘备份数据流局部性的策略也得到了后续数据去重系统研究的广泛采纳 [7,8,10]。

2. Sparse Indexing

稀疏索引（Sparse Indexing）[7] 是美国惠普实验室在 2009 年提出的数据去

重索引优化方案。惠普实验室是数据去重研究的先驱之一，惠普实验室认为 Data Domain 的 DDFS 虽然在提高去重吞吐率方面做得很好，但是对内存的需求仍然很大。针对这个问题，惠普实验室提出了 Sparse Indexing，其采用基于指纹采样的方法减少对系统内存的需求。与 DDFS 类似，Sparse Indexing 系统也是利用备份数据流局部性的特点，采取基于内容的分段、采样和稀疏索引的手段，避免了在磁盘上查找完整的数据块指纹索引表，很好地实现了高压缩率和高去重吞吐率的目标。

（1）数据分块与分段。Sparse Indexing 系统采用两级数据存储方法，即数据块和数据段。数据块是基本单元，数据段包含一定数量的数据块。该系统首先采用 TTTD（Two-Threshold Two-Divisor [11]）算法将新输入的数据流基于内容划分为变长的数据块，然后基于数据块的 SHA-1 指纹的模数来分段。该系统的文章中提供的参考数据为：平均块长为 4 KB，平均数据段长度为 10 MB。

（2）局部性与稀疏索引。Sparse Indexing 系统在数据段级别挖掘数据流的局部性。每个数据段中所有数据块的指纹值按照顺序组织并存储在磁盘中。每个数据段里基于指纹哈希值前缀来采样，所以仅需将部分数据块指纹值作为稀疏索引存放在内存中。如果输入的数据段的采样指纹在稀疏索引中找到了最佳的匹配数据段，就匹配这两个数据段的具体指纹。

可见，Sparse Indexing 系统是通过分段处理来挖掘数据流的局部性，通过采样来寻找匹配的相似数据段，能够避免对全局数据块指纹值进行查找和匹配，减少了磁盘 I/O，最终其以较小的内存开销获得较高的压缩率和去重吞吐率。

3. ChunkStash

ChunkStash [8] 是微软在 2010 年提出的利用 SSD 技术联合挖掘数据流的局部性来优化数据去重索引的解决方案。他们认为，虽然 DDFS 的方案可以减少多达 99% 的磁盘访问次数，但鉴于其访问磁盘索引花费的时间是访问内存的1000 倍，DDFS 剩下的 1% 的磁盘访问次数仍然会大大影响系统的性能。于是，ChunkStash 提出利用 SSD 随机读性能好的特性，直接将所有指纹存放在闪存上，彻底地消除了到磁盘上查找指纹的可能性，从而减少了指纹查找在内存中不命中时的访问磁盘的开销。具体而言，ChunkStash 通过以下 3 层存储结构来构建数据去重索引。

（1）磁盘：用于存储管理去重后的数据块，其采用了类似 DDFS 的容器存储策略，这样也可以有效地存取数据块的局部性特征。

（2）SSD：用于存放所有数据块的指纹信息，建立对磁盘数据块的索引。在SSD 中，以每个数据块指纹需要消耗 64 B 的指纹元数据信息量计算，一个容量为 256 GB 的闪存可以存储约 4,000,000,000 个数据块。同时，若每个数据块的平均大小为 8 KB，则可以支持磁盘上存储约 32 TB 的数据。同时，为了能够最大化 SSD 顺序写的性能，ChunkStash 先将需要写入闪存的指纹元数据信息缓存到内存的写缓冲（Write Buffer）中，等写缓冲满时，再将写缓冲中的所有指纹元数据信息顺序地写入 SSD。

（3）内存：用于建立对 SSD 指纹关键值信息的索引。ChunkStash 使用了一种高效的索引数据结构——布谷鸟哈希（Cuckoo Hash）[12] 来解决索引哈希表的地址碰撞问题。通过对布谷鸟哈希的有效使用，ChunkStash 中每个数据块的指纹只使用 6 B 的开销就能达到高效的指纹索引性能。此外，为了提高数据块指纹查找的内存命中率，ChunkStash 还利用备份数据流的局部性特点来优化指纹索引性能，将需要访问的数据块指纹信息预取入内存的指纹缓存中，用来加快重复数据块指纹的查找，此方法与 DDFS 所采用的缓存策略类似。

ChunkStash 中数据去重过程的基本流程如下：数据块进入系统后，Chunk-Stash 首先在对应的内存指纹缓存中查找是否有对应的数据块指纹信息。若有，则表明此数据块为重复数据块；若没有，则需要查找内存中的布谷鸟哈希索引，寻找 SSD 中是否存有对应的数据块指纹信息。若 SSD 中存在，则表明此数据块为重复数据块，并且将此数据块所在的指纹元数据信息集合（容器）全部预取入内存的指纹缓存中，以提高下次指纹查找的内存命中率。若 SSD 中不存在此数据块的指纹信息，则表明此数据块是一个新数据块，将此新数据块及其指纹信息分别写入磁盘和 SSD 中。总之，ChunkStash 通过利用现有的 SSD 设备的高速读性能特性，以及有效的指纹索引组织能力，获得了很高的指纹索引吞吐率。

6.3　基于相似性的数据去重指纹索引策略相关研究

6.3.1　备份数据流的相似性

数据去重中的相似性是指可以从备份数据集合中提取出某种相似性特征值来代表这个备份数据集合。通过挖掘这种备份数据的相似性，数据去重系统只需要组织索引相似性特征值来建立指纹索引，就可以使索引的规模小很多，从而避免将数据块指纹的全局索引存储在内存中。

图 6.2 展示了一个通过挖掘备份数据流相似性来优化数据去重指纹索引性能的案例。例如，在数据去重系统中有两个文件 V_1 和 V_2（分块后的数据块指纹集合分别为 {3b, a7, 2f, 5c} 和 {3b, a7, 2f, 9d}），如果系统选取最小的指纹作为文件的相似性特征值，那么文件 V_1 和 V_2 的相似性特征值都是 "2f"。当系统备份文件 V_1 的时候，基于相似性的数据去重系统会为该文件在内存中建立相似性索引 "2f"（指向文件 V_1）。这样，当系统备份文件 V_2 的时候，系统可以通过其相

似性特征值 "2f" 找到文件 V_1，然后在这两个文件之间做去重处理，从而避免了去重的全局索引查找，缩小了去重查找的范围，提高了去重索引的效率。

图 6.2　基于相似性的数据去重指纹索引策略

6.3.2　典型相关系统介绍

本小节以数据去重系统 Extreme Binning [13] 和 SDS（Similarity-based Deduplication System）[14] 为例，介绍基于相似性的数据去重指纹索引技术。

1. Extreme Binning

Extreme Binning [13] 是美国加利福尼亚大学圣克鲁兹分校和惠普于 2009 年联合提出的一种基于文件相似性的数据去重技术。他们指出，DDFS [5] 与 Sparse Indexing [7] 都依赖备份数据流的局部性特点来提高去重吞吐率，于是他们提出了 Extreme Binning，尝试在备份数据流具有弱局部性或没有局部性时提高去重吞吐率，同时该方案支持可扩展的并行分布式数据去重。

Extreme Binning 主要应用在文件级增量备份的备份系统中。在这种备份场合，由多个文件组成的备份数据流之间并不具备很强的空间局部性。若将 DDFS 和 Sparse Indexing 技术应用在此场合中，系统的吞吐率会明显降低。为了解决这一问题，Extreme Binning 避开了使用备份数据流的局部性特点，着重挖掘多个备份文件之间的相似性特征，以此来降低磁盘索引的访问次数，提高吞吐率。

Extreme Binning 根据相似性理论来挖掘备份文件之间的相似性特征，即 Broder 定理 [15]：S_1 和 S_2 是两个数据集，$\min(H(S_1))$ 和 $\min(H(S_2))$ 为从这两个数据集选出来的代表特征值，$(S_1 \cap S_2)/(S_1 \cup S_2)$ 为数据集 S_1 和 S_2 的相似程度。如式 (6.1) 所示，$\min(H(S_1))$ 和 $\min(H(S_2))$ 相等的概率就是数据集 S_1 和 S_2 相似的概率：

$$\Pr[\min(H(S_1)) = \min(H(S_2))] = \frac{|S_1 \cap S_2|}{|S_1 \cup S_2|} \tag{6.1}$$

在式 (6.1) 提供的相似性理论的基础上，Extreme Binning 对每个文件提取一个数据块指纹作为代表指纹，若两个文件的代表指纹相同，则表明两个文件高度相似。利用这个原理，Extreme Binning 使用一个两层索引的机制：它将所有文件的代表指纹作为关键值索引，放入内存中；而各个相似性指纹相同的文件的所有数据块指纹则被打包成一个指纹容器（Bin）存放在磁盘中，作为第二层索引。当某个文件需要判断其是否具有重复数据块时，Extreme Binning 首先查看内存的关键值索引，查找是否已存有与此文件相同的代表指纹：若有，则表明此文件和已存储的对应文件高度相似，于是从磁盘中取出对应文件的指纹容器，逐步比对其数据块指纹，查找出重复数据块；若没有，则表明此文件不存在对应的相似性文件，此文件的所有数据块都将作为新数据块存入系统中。通过使用文件相似性算法，Extreme Binning 对每个输入文件至多需要一次磁盘访问，即访问对应相似文件的指纹容器，避免了全局的数据块指纹匹配，大大地减少了磁盘索引的访问次数。

Extreme Binning 有效地释放了数据去重的内存开销，而且避免了数据去重过程中的全局查找。这使得该方案引起了研究人员的广泛关注，尤其是其中采用文件代表指纹的方法，被广泛应用于后来的数据去重系统中[16,17]。

2. SDS

SDS 是 IBM 在 2009 年提出的基于相似性的数据去重解决方案[14]。这篇文章提出的数据去重方案与基于指纹识别的数据去重系统不同：首先，该方案不使用传统的 SHA-1 作为数据块指纹，而是用 Rabin-Karp 哈希算法构造数据块的相似性签名；其次，该方案不再使用传统的 CDC 算法，而是先将数据流分成大数据块（如 16 MB），用其提出的相似性查找算法匹配大数据块，再对大数据块进行差量压缩。

由于 SDS 是采用基于相似性数据块的比较，而不是对数据块进行精确匹配，所以数据可以被分成很大的块，这样可以减少数据块的元数据信息量，从而减少数据块索引对内存空间的需求。他们公布的产品 IBM TS7650G ProtecTier 系统中采用的块长是 16 MB（FSC 算法），同时由于每个数据块的相关信息只需要 64 B 内存，因此 100 TB 的数据只需要 400 MB 内存空间来存放相关信息。不过，由于该系统进行的是数据相似性判断，因此需要额外的步骤对相似的数据进行字节级的比较。这种加入了逐字节比较的去重方法，比存在哈希碰撞的经典数据去重方法更安全。该系统中算法的具体流程如下。

（1）数据分块与滑动窗口。首先将输入数据流分成定长的 16 MB（2^{24} B）大数据块，然后选择长度为 512 B 的滑动窗口（小数据块）作为构建数据块签名的基本单元。大数据块中每个小数据块的第 i 位用 b_i 表示，记第 i 个小数据块为 J_i。J_i 由 $b_i, b_{i+1}, \cdots, b_{i+511}$ 组成（其中 $i = 0, \cdots, 2^{24} - 512$），而每个滑动窗口的签名 $R(J_i)$ 由 Rabin-Karp[18] 的滑动哈希函数计算得到。如果两个大数据块拥有一定数量的相同的小数据块，那么这两个大数据块大概率拥有更多相同的小数

据块签名 [相似性特征值，参考式 (6.1) [15]]。

（2）数据块相似性签名。大数据块的相似性签名是先选择 h 个最大的小数据块签名（$J_{i1}, J_{i2}, \cdots, J_{ih}$），再选择与这些小数据块相邻的后 m 位小数据块，得到（$R(J_{m+i1}), R(J_{m+i2}), \cdots, R(J_{m+ih})$）。这里不直接选择签名值最大的小数据块，主要是因为考虑到最大值分布的不均匀性，这种不均匀性可能会导致小数据块签名值碰撞。选择与最大值相邻的小数据块签名，则不存在此类问题。

（3）相似性匹配与压缩。该系统的相似性匹配算法为：如果在相似性签名库中找到与输入大数据块相似的大数据块，那么首先找到最相似的数据块，再将最相似数据块的数据从磁盘载入内存并进行逐字节的比较，以确定相同的数据区域。当然，在进行精确比较的时候，也可以不采用逐字节的方法，而采用基于小数据块的哈希值和数据内容的比较，通过这种方法得出两个数据块的差量。

总之，该系统通过大数据块的相似性判断及相似数据块的逐字节比较，可以很好地确定查找重复数据的范围。由于该系统没有采纳基于安全哈希算法的重复数据判断（所以需要逐字节地进行内容比较），并且采用基于超级大数据块级别的冗余数据识别，其整体的去重吞吐率和压缩率都有很强的局限性。但是，该系统通过挖掘数据流的相似性信息来降低索引查找的内存开销，还是给后续数据去重研究带来了很大的启发。

6.4 基于局部性和相似性的数据去重指纹索引策略设计与实现

基于前文介绍的数据去重指纹索引的研究背景，本章总结归纳了两种数据去重指纹索引解决思路：一种是基于局部性的方案，另一种是基于相似性的方案。本节首先介绍实际数据去重场景中，针对文件系统中不同大小的文件去重的一些实验观察与分析，然后分析两种数据去重指纹索引方案的优缺点，并提出一种新的索引设计方案。

6.4.1 小文件与大文件的去重策略问题

根据对实际数据去重实验的观察可知，小文件的去重是很消耗内存和时间的（频繁访问文件元数据，并且产生偏小的数据块）。而在典型的文件系统中 [19,20]，小文件（$\leqslant$ 64 KB）经常占用不到 20% 的存储空间，却占文件总数量的 80% 以上。这样，如果采用文件级去重策略，或 Extreme Binning 提出的基于文件相似性的去重策略，小文件的去重效果与内存开销是不成比例的。因此，可以尝试将顺序存储的小文件（如同一个文件夹下面的小文件）聚合成一个大的相似性单元，通过对一个相似性单元提取相似性特征值来减少文件去重的内存开销。这种方案能够以比较少的开销开展小文件去重，同时保证小文件去重的效果。

由上述实验还可知，大文件的去重是非常重要的，这主要是因为大文件在文件系统中的空间占比。由于在典型的文件系统中 [19, 20]，大文件（$\geqslant 2$ MB）仅占文件总数量的不足 20%，却占用了大于 80% 的存储空间，所以这些大文件是数据去重的主要对象。传统的基于文件的相似性数据去重算法往往忽略了数据去重中大文件的价值，导致基于概率的相似性算法会漏掉大量的重复数据。式 (6.1)（Broder 定理 [15]）明确地表示文件与文件被检测出相似的概率是等于其相似性程度的。这意味着文件的相似性程度越低，它们被判断是相似文件的概率越小，这会导致数据去重系统不能识别这种低相似性的文件。例如，两个大小为 200 MB 的文件，它们之间的重复数据有 100 MB，那么它们的相似程度为 1/3，这意味着它们不会被判断为相似文件并去重的概率高达 2/3。也就是说，基于文件相似性的数据去重系统有 2/3 的概率不能识别这 100 MB 的重复数据。

为了解决上述问题，本节提出一种能够从大文件中提取出更多相似性特征值的方案，利用更多的相似性特征值进行数据去重处理，可以提升整体的压缩率。例如，把文件 S_1 和 S_2 分成 n 个数据段 $S_{11} \sim S_{1n}$ 和 $S_{21} \sim S_{2n}$，每个数据提取出一个相似性特征值。这样，文件 S_1 和 S_2 的相似性检测可以优化为 $S_{11} \sim S_{1n}$ 和 $S_{21} \sim S_{2n}$ 的相似性检测的并集。该方案能够有效地提高这两个文件被检测出相似的概率，因为两个文件只要有一个子集合相似，就可以认定这两个文件相似。式 (6.2) 计算了在这种情况下被检测出相似的概率，其中 n 越大，其产生的相似性特征值也越多，被检测出相似的概率越大，但同时也会带来更多的开销。开销与压缩率的具体关系将在第 6.4.3 小节详细介绍。

$$
\begin{aligned}
\Pr[\min(H(S_1)) = \min(H(S_2))] &= \frac{|S_1 \cap S_2|}{|S_1 \cup S_2|} \\
&\ll \Pr[\min(H(S_{11})) = \min(H(S_{21})) \cup \cdots \cup \min(H(S_{1n})) = \min(H(S_{2n}))] \\
&= \bigcup_{i=1}^{n} \Pr[\min(H(S_{1i})) = \min(H(S_{2i}))] \\
&= 1 - \bigcap_{i=1}^{n} \Pr[\min(H(S_{1i})) \neq \min(H(S_{2i}))] \\
&= 1 - \prod_{i=1}^{n} \left(1 - \frac{|S_{1i} \cap S_{2i}|}{|S_{1i} \cup S_{2i}|} \right)
\end{aligned}
\tag{6.2}
$$

总而言之，针对不同大小的文件分别应用各自基于相似性的数据去重指纹索引解决方案，能够在保证数据去重效果的同时，减少数据去重的内存开销。

6.4.2 局部性与相似性的互补设计

第 6.4.1 小节介绍的通过从大文件中提取更多相似性特征值来提高相似性判断准确度的方案，也许可以推广到整个备份系统中：若先将备份数据流划分为多个相似性单元并提取其相似性特征值，再将多个（备份过程中）连续的相似性单元组成一个较大的局部性单元（与第 6.4.1 小节中提到的大文件相比），也许就可以通过对局部性单元中的相似性单元做相似性判断的并集 [见式 (6.2)] 来提高相似性检测的准确度，充分利用备份数据流中的相似性和局部性特征，从而整体地提高数据去重系统的指纹索引性能。

接下来，本小节重新总结基于相似性和局部性的数据去重指纹索引解决方案的优点和缺点，并进一步分析联合挖掘相似性和局部性的可能性。

（1）基于相似性的索引技术。优点：内存开销小，避免了全局查找指纹。缺点：去重效果依赖数据负载的相似程度，尤其是在数据集频繁被修改的情况下。

（2）基于局部性的索引技术。优点：充分利用了备份数据流的局部性特点，提高了内存使用率。缺点：内存开销大，去重效果也依赖负载的局部性特征。

实际上，真实的备份系统中备份数据流的负载是复杂多变的。对于备份数据的局部性特征而言，随着备份次数的增加，尤其是用户频繁修改或用户做增量备份的情况下，后续备份数据流的局部性会逐步弱化。而对现有工作的分析表明，在局部性弱的数据负载上，去重索引的代价是非常高昂的，这也就意味着后续备份会变得越来越慢。对备份数据的相似性特征而言，相似性文件越多，修改越频繁，其被判断为相似文件的概率会越小。式 (6.3) 分析了在相似文件数量增加的情况下，Extreme Binning 的相似性算法的有效性，多个相似性文件 $S_1 \sim S_n$ 的指纹集合被打包到同一个相似性容器的概率是逐步减小的。这就意味着随着备份次数的增加，相似性索引技术的去重效果会逐步降低。

$$\Pr[\min(H(S_1)) = \min(H(S_2)) = \cdots = \min(H(S_n))]$$

$$= \frac{|S_1 \cap S_2 \cap \cdots \cap S_n|}{|S_1 \cup S_2 \cup \cdots \cap S_n|} = \frac{\left|\bigcap\limits_{i=1}^{n} S_i\right|}{\left|\bigcup\limits_{i=1}^{n} S_i\right|} \leqslant \frac{|S_1 \cap S_2|}{|S_1 \cup S_2|} \tag{6.3}$$

第 6.4.1小节提出的方案可以很好地解决这种相似性去重索引算法导致的数据压缩率下降的问题。具体而言，当大文件被分割成多个数据段之后，只要两个文件有一对数据段相似，则认为两个文件相似，式 (6.2) 的结论证明了这种方法大大地提高了被检测出相似的概率。将这种大文件的概念推广到整个数据流，就可以增大被检测出的相似数据数量，而这种大文件中的数据段连续出现的理念也符合前文提到的备份数据流局部性特性。总而言之，这种备份数据流的局部性可以帮助相似性算法找到更多的相似数据。

6.4.3　基于互补设计的指纹索引技术原理与理论剖析

基于第 6.4.2 小节的分析，本小节介绍一种新颖的联合挖掘备份数据流相似性和局部性的数据去重指纹索引算法（SiLo）。具体而言，SiLo 首先对备份系统中的小文件打包、对大文件分段，得到多个独立的相似性单元（数据段），并从每个相似性单元中提取出一个相似性特征值，然后把多个备份过程中连续的相似性单元组装成为局部性单元（Block）。这样，SiLo 就能够对相似性单元挖掘备份数据流的相似性特征，减少去重索引开销，缩小去重查找范围；对局部性单元挖掘备份数据流的局部性特征，提高内存使用率，加强相似检测效果。在两个局部性单元中，只要有一个数据段的特征值匹配，SiLo 就可以认为这两个局部性单元的所有数据段相似，从而进一步做去重处理。

式 (6.4) 进一步分析了两个局部性单元被判断为相似的概率，这个概率会明显地随着相似性单元的数量 N 的增加而增加。当 $N = 1$ 时，相似性判断的概率就等价于式 (6.1) 中的相似性算法。

$$
\begin{aligned}
&\mathrm{DeDup}_{\mathrm{SiLo}}(B_1, B_2) \\
&= \Pr\left[\bigcup_{i=1}^{n} \min(H(S_{1i})) = \min(H(S_{2i}))\right] \\
&= 1 - \Pr\left[\bigcap_{i=1}^{n} \min(H(S_{1i})) \neq \min(H(S_{2i}))\right] \\
&= 1 - \prod_{i=1}^{n}\left(1 - \frac{|S_{1i} \cap S_{2i}|}{|S_{1i} \cup S_{2i}|}\right) \\
&= 1 - (1-a)^N \left(\text{assume all the } \frac{|S_{1i} \cap S_{2i}|}{|S_{1i} \cup S_{2i}|} = a\right)
\end{aligned}
\tag{6.4}
$$

接下来，假设式 (6.4) 的相似性程度 a 服从概率空间 $[0,1]$ 的均匀分布，那么数据去重的期望值可以按式 (6.5) 计算：

$$
\begin{aligned}
E_{\mathrm{Simi}} &= \int_0^1 (a)\mathrm{d}a = \frac{1}{2} \\
E_{\mathrm{SiLo}} &= \int_0^1 [1 - (1-a)^N]\mathrm{d}a = \frac{N}{N+1} \\
&= \frac{\dfrac{\mathrm{BlockSize}}{\mathrm{SegSize}}}{\dfrac{\mathrm{BlockSize}}{\mathrm{SegSize}} + 1} = \frac{\mathrm{BlockSize}}{\mathrm{BlockSize} + \mathrm{SegSize}}
\end{aligned}
\tag{6.5}
$$

其中，BlockSize 和 SegSize 分别表示系统局部性单元和相似性单元的大小。可以看出，一个局部性单元的数据段数量 N 越大，挖掘的局部性信息越多，数据去重的效果越好，但索引的相似性特征值也越多。当 $N > 99$ 时，SiLo 的压缩率可以高达 99%。

图 6.3 展示了相似性单元和局部性单元大小不同时，SiLo 的压缩率和相似性索引开销。由图 6.3(a) 可见，SiLo 的压缩率与相似性单元（数据段）的大小成反比，与局部性单元的大小成正比；图 6.3(b) 则显示，索引的内存开销和相似性单元的大小成反比（每个相似性单元通过其代表指纹存储在内存索引中），相似性单元越大，内存开销越少，但是相似性检测的重复数据识别率也就越低，而数据段的局部性缓存可以有效地帮助相似性算法检测到遗漏掉的相似数据。可以看出，通过联合挖掘相似性和局部性，SiLo 可以在极大地减少去重内存索引开销的前提下保证数据去重效果，并且提高内存使用率，从而提高数据去重系统的整体性能。

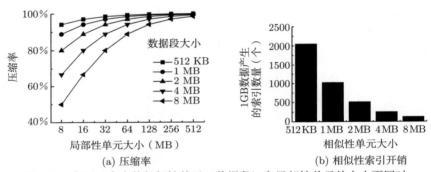

图 6.3 　在不同大小的相似性单元（数据段）和局部性单元的大小不同时，
SiLo 的压缩率和相似性索引开销

6.4.4　基于互补设计的指纹索引技术设计与实现

1. 主要功能组件及数据结构

本章介绍的研究工作是基于华中科技大学的 HUSTBackup 备份系统开展的。因为该备份系统采用的是基于局部性和相似性的数据去重指纹索引技术，所以本书后续章节也将该备份系统统称为 SiLo。本小节首先详细介绍 SiLo 的组成，以及与数据去重相关的一些重要功能组件。如图 6.4 所示，SiLo 主要包括 4 个功能组件，即客户代理、备份服务器、存储服务器和数据去重服务器。

（1）客户代理安装在系统客户端，提供用户备份与恢复的接口，同时也执行数据去重在客户端的预处理过程：基于内容的分块、计算 SHA-1 指纹、数据分组和构建相似性单元（数据段）等。此外，客户代理还包括一个文件代理组件，主要负责客户端与备份服务器和存储服务器的命令交互及数据传输等操作。

（2）备份服务器负责协调全局的数据备份和恢复操作，集中管理和指挥客户代理和存储服务器。备份服务器维护了一个备份文件元数据的数据库，以便单个文件的检索与恢复。

（3）存储服务器主要负责存储和管理备份数据，它可以部署在多个存储节点上，并提供快速、可靠和安全的数据备份与恢复服务。

（4）数据去重服务器主要负责存储和查找所有的数据块指纹，本章介绍的 SiLo 就是部署在数据去重服务器端。

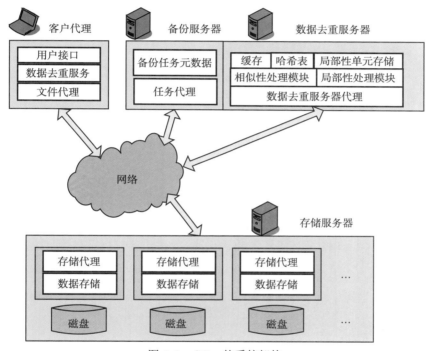

图 6.4　SiLo 的系统架构

由于数据去重是备份系统中的主要性能瓶颈，也是本章关注的重点，所以接下来重点讨论和分析数据去重服务器的设计与实现。如图 6.5 所示，数据去重服务器主要包括相似性处理模块、局部性处理模块、相似性哈希表、局部性缓存和局部性哈希表等模块。

（1）相似性处理模块：将数据块指纹分成大小相等且独立的相似性单元，并且从每个数据块指纹中提取相似性特征，即选取最小的指纹作为代表指纹。

（2）局部性处理模块：将多个连续的相似性单元保存到一个局部性单元中，以便用局部性判断方法读取数据流局部信息并将其缓存到内存的读缓存中。

（3）相似性哈希表：将所有相似性单元的关键值信息存储到内存的哈希表中。

111

相似性单元的关键值信息一般包括相似性单元 ID、局部性单元 ID、相似性单元代表指纹和相似性单元哈希摘要值等。

（4）局部性缓存：当输入数据流的相似性单元 S_1 通过哈希表查找到与之相似的相似性单元 S_2 时，系统会缓存相似性单元 S_2 所在的局部性单元到内存读缓存中，这样内存就缓存了相似性单元 S_2 的局部性信息。局部性缓存包括读缓存和写缓存。相似性算法执行结束后，对于那些没有找到匹配的相似性单元，局部性算法会补充检测可能被漏掉的重复数据。

（5）局部性哈希表：为读入缓存的局部性单元的数据块指纹建立索引，以便快速查询具体的数据块指纹是否重复。

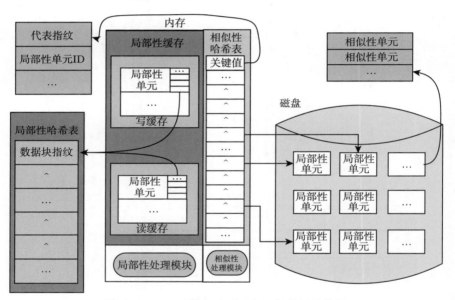

图 6.5   SiLo 中数据去重服务器的数据结构图

对于输入的数据流，数据去重服务器会首先采用相应的相似性算法进行小文件打包、大文件分段、相似性检测等操作，详见第 6.4.4 小节；然后，数据去重服务器会采用对应的局部性算法来加强相似性检测，以检测到更多的重复数据，详见第 6.4.4 小节。值得注意的是，本章主要讨论指纹索引性能，所以相似性单元和局部性单元的读写操作都是针对数据块指纹开展的。

2. 相似性的数据组织模式与实现

如第 6.4.3 小节所述，SiLo 的相似性算法是指打包多个小文件到一个相似性单元（数据段）、划分大文件到多个数据段，从而更好地挖掘它们的相似性特征；

局部性算法是指保存多个连续的相似性数据段单元到一个较大的局部性单元。相似性单元通过相似性特征值（代表指纹）来唯一索引查找，而局部性单元会被分配一个全局唯一的 ID 来进行索引和读写操作。图 6.6 展示了 SiLo 数据去重索引的相似性单元和局部性单元的数据结构。

SiLo 的相似性算法主要在客户代理中实现，每个数据段由多个数据块组成，具体的分段算法遵循了以下 3 个规则。

规则一：相关、连续的（如在同一个目录下的）小文件的数据块指纹集合会被打包为一个相似性单元。

规则二：备份数据流的一个大文件的指纹集合会被分成多个独立、连续的相似性单元。

规则三：每个相似性单元都会采用大致相等的大小（如 2 MB），以方便存储管理。

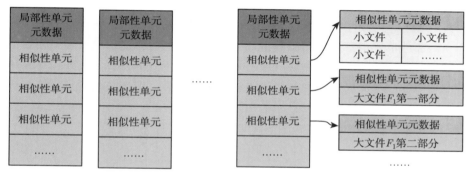

图 6.6　SiLo 数据去重索引的相似性单元和局部性单元的数据结构

其中，规则一旨在减少小文件去重索引查找的内存开销；规则二旨在挖掘更多大文件的相似性，从而消除更多的重复数据；规则三旨在简化相似性单元的管理工作。SiLo 采用了 Extreme Binning 中代表指纹的方法来计算相似性单元的相似性特征，即选取相似性单元指纹集合中的最小指纹作为特征值来进行相似性查找与匹配。这种相似性算法避免了把备份数据块的所有指纹都放入内存中，而仅仅只需要保存代表指纹到内存即可。这种算法能够针对大小文件的处理产生大小均匀的相似性单元，可以极大地减少查找重复数据带来的内存开销。例如，假设每个相似性单元的大小平均约为 2 MB，平均块长为 8 KB，并且采用 SHA-1，一个相似性关键索引的大小为 60 B，SiLo 只需要 30 MB 的内存相似性索引就可以处理 1 TB 的备份数据，而且全局索引方案大约需要 2.5 GB 的内存开销。由于相似性算法只在内存中保存代表指纹，会导致其数据去重效果在数据流相似性程度低的情况下失效，即可能存在遗漏的重复数据，所以需要使用局部性算法进行补充查找。

3. 局部性的工作原理与实现

如上所述，SiLo 的局部性算法是将多个连续的相似性单元打包成一个局部性单元，从而可以在磁盘中保存备份数据流的局部性特征。因为局部性单元是 SiLo 的读写缓存的最小读写单元，所以 SiLo 可以通过缓存局部性单元减少对磁盘中索引的访问。此外，通过对相似性算法的补充查找，SiLo 可以消除更多的重复数据。

广义来说，备份系统中的数据流的局部性是指：若文件 A、B、C 序列地出现，那么下次出现文件 A 时，文件 B 和 C 很有可能会紧随其后。SiLo 利用这种局部性来解决相似性检测带来的压缩率下降的问题。例如，对于前后备份的文件序列 A_1、B_1、C_1 和 A_2、B_2、C_2，前面的相似性检测算法判定文件 B_1 和 B_2 相似，SiLo 就可以通过局部性算法判定 A_1 和 A_2 也相似（即使相似性检测算法判定这两个文件不相似），C_1 和 C_2 也相似，这样就有可能发现更多潜在的重复数据。

图 6.7 展示了 SiLo 局部性算法的工作原理。该算法把备份数据流的多个（如128 个）连续的相似性单元打包为局部性单元，并保存在磁盘中。这样的话，只要两个局部性单元中有一对相似性单元（数据段）是相似的，就可以认为这两个局部性单元是相似的，即对数据段检测到的相似性进行放大，避免相似性算法因为数据相似性程度低而大量地漏检重复数据。如图 6.7 所示，在磁盘中保存数据

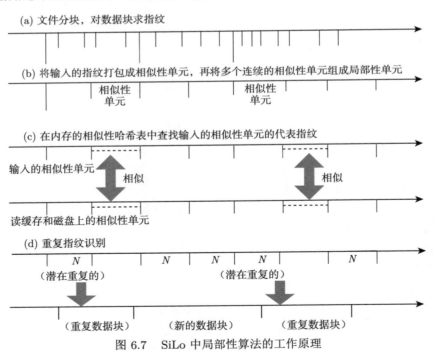

图 6.7　SiLo 中局部性算法的工作原理

流的局部性后，一旦有输入的相似性单元被发现与磁盘中局部性单元 B_k 中的某个相似性单元 S_{kn} 相似，那么 SiLo 会预取并缓存整个 B_k 到内存中，这样内存就保留了备份数据的空间局部性，最终能够尽可能多地发现重复数据。此外，通过有效地预存和预取备份数据流的局部性，这种局部性算法能够提高指纹缓存的命中率，从而减少数据去重指纹索引过程中的磁盘访问次数。在这种局部性算法中，SiLo 仅仅使用很小的内存作为读写缓存。在目前的实现中，读写缓存只保存了数量很少的局部性单元。由于 SiLo 设计的局部性单元是针对指纹的，所以 1 MB 的局部性单元指纹可以索引 200 MB 的数据内容。因为文件系统的同一目录下经常存在重复的文件或子目录，所以在写缓存内部也能检测出一定数量的重复数据。例如，多个版本的源代码归档目录就是一个很好的数据去重对象。相对局部性读写缓存的内存开销而言，SiLo 的内存开销主要源于相似性哈希表。假定平均的相似性单元（数据段）大小为 2 MB，相似性单元的关键索引信息需要 60 B，SiLo 最多只需要 3 GB 的内存索引来处理 100 TB 的数据，而相对而言，兆字节级别的局部性读写缓存的内存开销就变得可以忽略不计了。

4. SiLo 的数据去重工作流程

图 6.8 展示了 SiLo 的数据去重工作流程。对于输入的备份数据流，SiLo 主要实现了以下 5 个关键步骤。

（1）在客户端，SiLo 首先使用 CDC 算法将备份数据流的文件分割成多个数据块，并计算每个数据块的指纹；然后，根据前文介绍的相似性算法将这些数据块打包成相似性单元，并计算每个相似性单元的代表指纹；最后，将这些相似性单元发送到数据去重服务器，进行重复数据的查找索引。

（2）对于输入的相似性单元 S_{new} 的代表指纹，数据去重服务器会在相似性哈希表 SHTable 中进行匹配，如果命中了，SiLo 将与 S_{new} 相似的数据段所在的局部性单元读取到内存的读缓存中：如果该局部性单元已经在读缓存中，则不必处理；如果读缓存已经满了，则使用 LRU 算法淘汰最久未访问的局部性单元。

（3）接下来，SiLo 在内存的局部性哈希表 LHTable 中进行 S_{new} 中数据块指纹的匹配。如果有匹配的指纹值，则说明该数据块是重复数据块，记录相关重复地址信息；如果没有匹配的指纹值，则说明该数据块是新数据块，需要把数据从客户代理端存储到存储服务器。

（4）如果 S_{new} 没有在相似性哈希表 SHTable 命中，SiLo 也会在最近访问的读缓存中局部性单元的局部性哈希表 LHTable 中对 S_{new} 的数据块指纹进行重复指纹匹配。SiLo 通过这种局部性算法，可以尝试找到更多的重复数据块。

（5）当 S_{new} 的数据块经过 SiLo 的重复指纹检测后，S_{new} 会被组装成新的局部性单元，如果局部性单元已满，则写入写缓存，如果写缓存也满了，则使用先进先出算法淘汰写缓存中的局部性单元并将其写入磁盘。

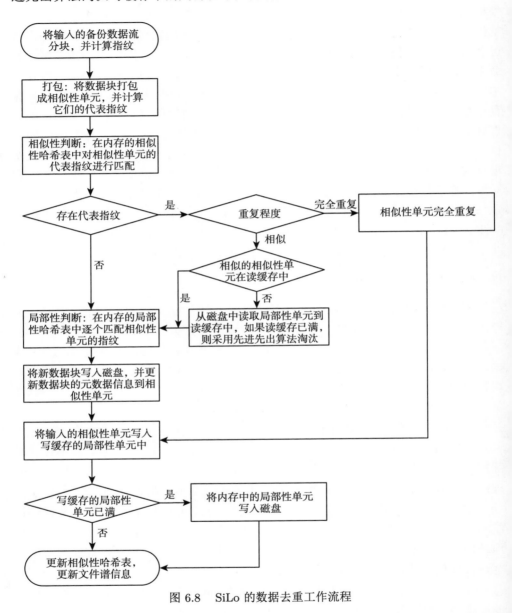

图 6.8　SiLo 的数据去重工作流程

　　当重复数据的查找过程结束后，SiLo 把非重复数据块存储到存储服务器，并记录相应的存储地址信息。这样，每个文件都有一个文件谱信息：无论是否重复，每个数据块都有对应的地址信息。最后，SiLo 将每个备份文件的文件谱信息（文件到数据块的映射关系 [21]）记录在存储服务器。当用户需要恢复该文件时，SiLo 就可以先通过该文件谱信息找到对应的数据块，再组装成文件返给用户。

6.5　性能分析

6.5.1　测试环境

SiLo 的数据去重性能是在 Linux 操作系统环境下使用标准的服务器配置来进行评估和测试的。硬件配置主要包括 Intel 四核八线程 CPU（2.4 GHz）、4 GB 内存和两个 500 GB 硬盘（7200 rad/min）。

本节实现了一个基于 SiLo 的数据去重原型系统，并将 SiLo 与两种新的数据去重索引算法进行性能比较，分别是基于相似性的 Extreme Binning [13] 和基于局部性的 ChunkStash [8]。主要测试的性能指标有压缩率、内存开销和去重吞吐率等。其中，内存开销是指指纹索引用到的内存开销，压缩率是指系统中的重复数据块（指纹）被识别并消除的比例 [见式 (6.6)]，去重吞吐率是指系统处理指纹索引的速率。

$$压缩率 = \frac{数据集总大小}{数据集总大小 - 重复数据大小} \tag{6.6}$$

表 6.1 展示了测试时使用的 4 个数据集。另外，SiLo 的测试配置都使用 SHA-1 安全哈希摘要作为数据块的指纹，使用 CDC 算法来分块。

表 6.1　SiLo 性能测试中使用的 4 个数据集

数据集名称	One-set	Inc-set	Linux	Full-set
数据总大小	530 GB	251 GB	101 GB	2.51 TB
文件总数量（个）	3.50×10^6	0.59×10^6	8.80×10^6	11.30×10^6
数据块总数量（个）	51.7×10^6	29.4×10^6	16.9×10^6	417.6×10^6
分块后平均块长（KB）	10	8	5.9	6.5
压缩比	1.7	2.7	19.0	25.0
局部性特征	弱	弱	强	强
相似性特征	弱	强	强	强

（1）One-set 数据集是收集自华中科技大学备份存储系统研究团队的 15 位研究生的工作计算机的数据。因为只收集了每个用户一次备份的数据，所以这个数据集的压缩比很低，而且具有很弱的局部性和相似性。

（2）Inc-set 数据集由华中科技大学收集 [22]，包括了 8 个用户的一次全量备份和多次增量备份的数据。该数据集有 391 次备份的数据，总大小达到了 251 GB。

因为增量备份仅仅备份了修改和新增加的文件，所以这个数据集有很强的相似性，但局部性很弱。

（3）Linux 数据集是从 Linux 官方网站下载得到的源代码数据集，包括了从 Linux-1.1.13 到 Linux-2.6.33 的 900 个版本。这个数据集代表了小文件负载，同时也具有很高的压缩比。

（4）Full-set 数据集由清华大学收集 [23]，包括了 19 位研究生的 20 次全量备份的数据（共计 380 次全量备份）。这个数据集代表了相似性和局部性都很强的负载。

接下来，我们使用这 4 个数据集来验证通过 SiLo 优化数据去重指纹索引性能的可行性，并比较 SiLo 与其他数据去重索引算法的性能差异。

6.5.2 相似性与局部性测试分析

本小节首先以相似性单元和局部性单元的大小作为主要参数，对 SiLo 的各项主要性能指标（如压缩率和索引时间开销）进行测试，以便更好地理解 SiLo 的核心思想。这里，测试配置的读缓存大小为 10 个局部性单元，写缓存大小为 2 个局部性单元。然后，本小节进一步验证了 SiLo 中局部性算法对相似性算法的补充作用。

1. 相似性单元和局部性单元

图 6.9 展示了在不同大小的相似性单元（数据段）和局部性单元下，SiLo 的压缩率变化曲线。在 4 个数据集上的测试结果一致显示：SiLo 的压缩率与相似性单元的大小成反比，与局部性单元的大小成正比。具体而言，相似性单元越小，数据去重效果越好，这是因为挖掘的相似性越多，相似性检测的粒度越小，所以检测的相似数据段就越多；局部性单元越大，数据去重效果也越好，这是因为挖掘的局部性越多，局部性对相似性的补充效果越好，所以检测的数据就越多。这个测试结果与第 6.4 节中对 SiLo 的预测分析是一致的 [参考图 6.3 与式 (6.5)]。

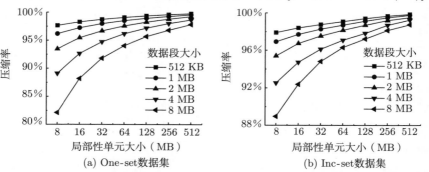

图 6.9　在不同大小的相似性单元（数据段）和局部性单元下，SiLo 的压缩率变化曲线

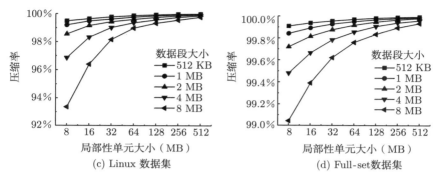

(c) Linux 数据集   (d) Full-set数据集

图 6.9 在不同大小的相似性单元（数据段）和局部性单元下，SiLo 的压缩率变化曲线（续）

图 6.10 展示了在不同大小的相似单元（数据段）和局部性单元下，SiLo 的索引时间开销变化曲线。在 4 个数据集上的测试结果表明，SiLo 系统的索引时间开销与相似性单元的大小成反比，这是因为相似性单元越小，挖掘的相似性越多，这会导致更频繁的相似性检测与匹配操作，所以索引时间开销也就会越多。

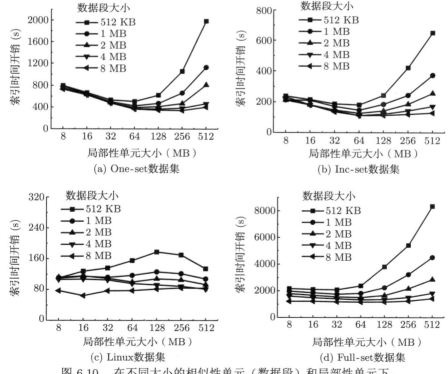

(a) One-set数据集   (b) Inc-set数据集

(c) Linux数据集   (d) Full-set数据集

图 6.10 在不同大小的相似性单元（数据段）和局部性单元下，
SiLo 的索引时间开销变化曲线

值得注意的是，以局部性单元大小为参数的索引时间开销出现了拐点 [见图 6.10(c)]。这是因为当局部性单元很小时，内存的利用率很低，SiLo 需要频繁地访问磁盘索引，所以索引时间开销增加；随着局部性单元继续增大，内存的命中率会逐步提高，SiLo 访问磁盘索引的次数也会逐步减少。但是，当局部性单元很大时，SiLo 会读取很多不相关的数据块，也会大大地增加索引时间开销。此外，Linux 数据集的测试结果与其他数据集有所不同，这是因为 Linux 的版本大小约为 110 MB，所以当局部性单元大小超过 128 MB 时，下一个版本的局部性单元会被提前预取到内存的读缓存中，这就提高了指纹缓存的访问命中率，使索引时间开销逐步减少。综合图 6.9 和图 6.10 可知，联合相似性和局部性可以很好地优化数据去重的指纹索引性能。具体的测试结果也给出了建议：当局部性单元大小为 128 MB 或 256 MB，相似性单元大小为 2 MB 时，SiLo 可以取得较高的压缩率和较低的索引时间开销。

2. 局部性算法对相似性算法的补充

图 6.11 进一步验证了本章的研究动机：联合挖掘数据流的局部性特征和相似性特征可以消除更多的重复数据。图中的"Similarity""Locality""Missed"分别表示 SiLo 中由相似性算法找到的、由局部性算法补充找到的，以及没有检测到的重复数据块的比例。图 6.11(a) 展示了在 Linux 数据集上，不同相似性程度下的数据去重分析：基于统计的相似性算法在不同的数据相似性程度下的压缩率。结果表明，相似性算法的压缩率基本上与式 (6.1) 一致，尤其是数据相似程度低的情况下，这些相似性数据被相似性算法检测到的概率也就越低。但是 SiLo 的局部性算法可以很好地补充检测相似性算法遗漏的重复数据，从而达到很高的（近似精确的）压缩率。

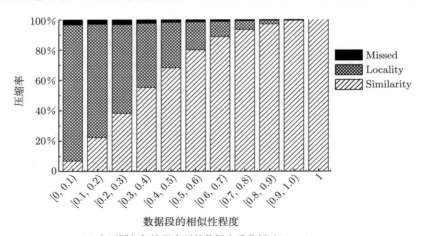

(a) 在不同相似性程度下的数据去重分析（Linux）

图 6.11　局部性算法对相似性算法的补充效果分析

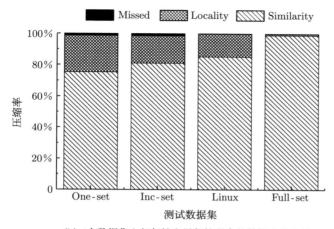

(b) 4 个数据集上相似性和局部性联合的数据去重分析

图 6.11　局部性算法对相似性算法的补充效果分析（续）

图 6.11(b) 展示了 4 个数据集上相似性和局部性联合的数据去重分析。虽然相似性算法会漏检部分重复数据，但是局部性算法能够很好地补充检测到这些重复数据。测试结果显示：只有极少数的重复数据块被 SiLo 漏检。所以，SiLo 通过联合挖掘相似性和局部性，解决了数据相似性检测依赖相似性程度的问题，从而在降低内存索引开销的前提下，获得了近似精确的重复数据识别和消除的效果。

6.5.3　与其他数据去重指纹索引算法性能比较

本小节将 SiLo 与其他基于相似性和基于局部性的算法（Extreme Binning 和 ChunkStash）进行比较，并主要比较了压缩率、内存开销和去重吞吐率等性能。其中，具体测试配置为：SiLo 使用的局部性单元大小是 256 MB，SiLo-2 MB 和 SiLo-4 MB 分别表示 SiLo 的相似性单元大小分别为 2 MB 和 4 MB 的情况。本小节主要讨论 SiLo-2 MB 的情况。

1. 压缩率比较

图 6.12 展示了各算法的压缩率性能对比。ChunkStash 是一个精确的数据去重指纹索引算法，所以消除了 100% 的重复数据。Extreme Binning 仅消除了 71%~99% 的重复数据，这是由相似性算法本身的缺陷决定的：相似性检测的效果依赖数据的相似性程度。相较而言，SiLo 消除了 98.5%~99.9% 的重复数据。可见，通过有效地联合挖掘数据流的局部性和相似性，SiLo 可以得到近似精确的（99%）数据去重效果。

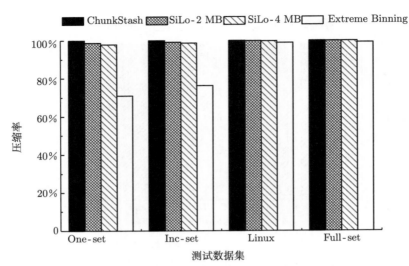

图 6.12　ChunkStash、SiLo、Extreme Binning 的压缩率比较

2. 内存开销比较

图 6.13 展示了在 4 个测试数据集下各算法的内存开销性能对比。由于 ChunkStash 采取了精确去重（Exact Deduplication）的策略，所以每个非重复数据块的指纹都会有 6 B 存储在内存中建立索引，再加上其布谷鸟哈希表本身的内存开销 [12]，这就导致 ChunkStash 的内存开销在参与对比的各算法中是最大的。由于只有文件的代表指纹需要存储在内存中，Extreme Binning 消耗的内存空间仅为 ChunkStash 的 1/15 ~ 1/9（除了 Linux 数据集）。SiLo 通过联合局部

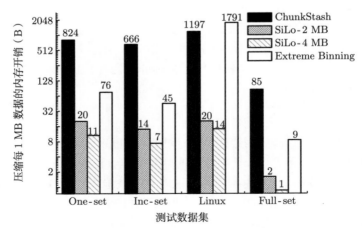

图 6.13　ChunkStash、SiLo、Extreme Binning 的内存开销比较

性和相似性，又进一步减少了数据去重的内存开销，仅仅为 Extreme Binning 所需内存空间的 1/4 ~ 1/3。这源于 SiLo 的相似性算法，其大大地改进了索引开销问题，尤其是小文件多的负载下的索引开销问题。同时，SiLo 的局部性算法很好地补充解决了相似性算法导致的数据压缩率下降的问题。此外，测试结果还显示，由于 Linux 数据集中有很多小文件，Extreme Binning 在该数据集上的内存开销反而是最大的；而 SiLo 通过其相似性算法对小文件做了打包处理，极大地减少了小文件去重的内存开销，因此其内存开销会比较小且不受文件大小的影响。这项测试中有一个明显的特征就是数据去重的内存开销和压缩率是相关的，压缩率越高，其内存开销也就越少。所以无论使用哪种算法，One-set 数据集的平均内存开销都是最大的。

表 6.2 分析了 SiLo 在 PB 级数据去重系统的内存开销，假定使用大小为 20 B 的 SHA-1 指纹，相似性单元（数据段）的平均大小为 2 MB，相似性关键索引开销为 60 B，平均文件大小为 200 KB，平均块长为 8 KB，SiLo-2 MB 最多消耗 30 GB 的内存，用于 1 PB 数据的去重索引。同时，表 6.2 还列出了其他主流算法的内存开销，以便与 SiLo 的内存开销进行对比。为了确保对比的公平性，这里假设不考虑去重后的数据压缩，而且同时列出的相关系统设定的平均块长。

表 6.2 主流数据去重指纹索引算法与 SiLo 的内存开销对比

名称	去重效果	平均块长	内存开销（每 PB 数据）
DDFS [5]	精确	8 KB	125 GB
Sparse Indexing [7]	近似	4 KB	85 GB
Extreme Binning [13]	近似	—	300 GB
ChunkStash [8]	精确	8 KB	750 GB
MAD2 [24]	精确	4 KB	1 TB
HPDS [10]	近似	4 KB	50 GB
SiLo-2 MB [25]	近似	—	30 GB
SiLo-4 MB [25]	近似	—	15 GB

由表 6.2 可见，DDFS[5] 使用了布隆过滤器联合数据局部性挖掘技术，以识别非重复数据块，其处理 1 个数据块的内存开销大致为 1 B；Sparse Indexing[7] 使用了稀疏索引，加上组织稀疏索引的开销，处理 1 PB 数据的内存开销大致为 85 GB；Extreme Binning[13] 处理 1 PB 数据的内存开销大致为 300 GB（这里假设平均文件大小为 200 KB，文件相似性关键索引为 60 B）；ChunkStash[8] 使用了布谷鸟哈希联合 SSD 设备优化索引性能，其处理 1 个数据块的内存开销大致为 6 B；MAD2[24] 使用布隆过滤器数组组织索引数据块，其处理 1 个数据块的内存开销大致为 8 B；HPDS[10] 改进了 Sparse Indexing 的稀疏索引策略，处理

1 PB 数据的内存开销大致为 50 GB。值得一提的是，虽然 DDFS 的内存开销少，但是仅能过滤非重复数据块的指纹，而 ChunkStash 和 MAD2 使用了更为精准的数据结构，可以有效地识别重复数据块和非重复数据块的指纹，但是内存开销更多。

3. 去重吞吐率比较

图 6.14 展示了 4 个测试数据集下各算法的去重吞吐率对比。其中，ChunkStash 的平均去重吞吐率是 335 MB/s（24～654 MB/s），它虽然使用了布谷鸟哈希数据结构，但在数据集负载局部性缺失的情况下仍然需要频繁访问磁盘索引。Extreme Binning 的平均去重吞吐率为 904 MB/s（158～1571 MB/s），它是为文件建立相似性索引和指纹索引。所以对于相似文件，Extreme Binning 最多需要访问一次磁盘索引，而对于重复数据只需要在内存中匹配文件指纹即可。SiLo-2 MB 的平均去重吞吐率为 1167 MB/s（581～1486 MB/s），它主要通过建立相似性索引来避免全局查找重复数据指纹，并通过挖掘备份数据流的局部性来提高内存使用率，减少磁盘索引访问次数。

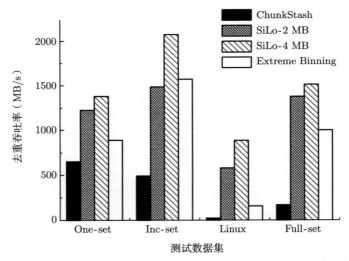

图 6.14　ChunkStash、SiLo、Extreme Binning 的去重吞吐率比较

综合上述测试结果可以看出，SiLo 通过其相似性算法减少了内存开销；通过挖掘备份数据流的局部性提高了内存使用率，并对相似数据检测效果形成了有效地补充。因此，SiLo 在内存开销、去重吞吐率和压缩率等性能指标上都取得了预期的效果。

6.6　本章小结

随着用户需要备份的数据规模的增大，数据块指纹索引的内存开销问题成为数据去重系统的主要挑战。现有的数据去重系统的指纹索引方案旨在充分提高内存的使用率，以尽量减少访问磁盘索引的次数，提高数据去重指纹索引的性能。这些解决方案可以分为基于局部性的数据去重指纹索引算法和基于相似性的数据去重指纹索引算法两类。但是，局部性算法经常在数据流局部性欠缺的情况下性能很差，相似性算法经常在相似性很弱的情况下漏检大量的重复数据。

而实验观察和分析表明，充分挖掘备份数据流的局部性可以弥补数据集缺乏相似性的问题，而挖掘备份数据流的相似性可以在局部性欠缺的情况下快速查找到重复数据。换言之，局部性和相似性可以相互补充、共同生效，从而进一步提高数据去重系统的整体性能。基于此，本章介绍了一种可扩展、低开销的近似精确的数据去重指纹索引算法 SiLo，通过联合挖掘备份数据流的相似性和局部性来优化数据去重指纹索引性能。具体而言，本章主要介绍了以下内容。

（1）本章介绍了一种有效的相似性算法。该算法能够通过打包多个小文件到一个相似性单元，或者划分大文件到多个相似性单元，更好地挖掘它们的相似性特征。该算法通过对小文件的处理减少了数据去重带来的内存开销，通过对大文件挖掘更多的相似性特征，从而查找更多重复数据。

（2）本章介绍了一种有效的局部性算法。该算法能够通过组合多个备份过程中连续的相似性单元到一个局部性单元中，有效地保存备份数据流的局部性。通过预存和预取备份数据流的局部性，该算法能够捕捉相似性检测算法漏检的重复数据，而且提高了指纹缓存的命中率，进一步减少了数据去重过程中的磁盘索引访问次数。

（3）基于多个真实数据集的实验评估显示，SiLo 在各种负载条件下的数据去重指纹索引性能都优于目前主流的数据去重指纹索引算法。SiLo 的指纹索引内存开销仅为 Extreme Binning 的 1/10，为 ChunkStash 的 1/25，且获得了近似精确的数据去重效果和较高的去重吞吐率。

参考文献

[1] HUFFMAN D A. A Method for the Construction of Minimum-redundancy Codes [J]. Proceedings of the IRE: Institute of Radio Engineers, 1952, 40(9): 1098-1101.

[2] ZIV J, LEMPEL A. A Universal Algorithm for Sequential Data Compression[J]. IEEE Transactions on Information Theory, 1977, 23(3): 337-343.

[3] ZIV J, LEMPEL A. Compression of Individual Sequences via Variable-rate Coding [J]. IEEE Transactions on Information Theory, 1978, 24(5): 530-536.

[4] WALLACE G, DOUGLIS F, QIAN H, et al. Characteristics of Backup Workloads in Production Systems[C]//Proceedings of the USENIX Conference on File and Storage Technologies (FAST'12). CA: USENIX Association, 2012: 1-14.

[5] ZHU B, LI K, PATTERSON H. Avoiding the Disk Bottleneck in the Data Domain Deduplication File System[C]//Proceedings of the USENIX Conference on File and Storage Technologies (FAST'08). CA: USENIX Association, 2008(4): 1-14.

[6] QUINLAN S, DORWARD S. Venti: A New Approach to Archival Storage[C]// Proceedings of the USENIX Conference on File and Storage Technologies (FAST'02). CA: USENIX Association, 2002: 1-13.

[7] LILLIBRIDGE M, ESHGHI K, BHAGWAT D, et al. Sparse Indexing: Large Scale, Inline Deduplication Using Sampling and Locality[C]//Proceedings of the USENIX Conference on File and Storage Technologies (FAST'09). CA: USENIX Association, 2009(9): 111-123.

[8] DEBNATH B, SENGUPTA S, LI J. ChunkStash: Speeding up Inline Storage Deduplication Using Flash Memory[C]//Proceedings of 2010 USENIX Annual Technical Conference (USENIX ATC'10). MA: USENIX Association, 2010: 1-14.

[9] BLOOM B H. Space/Time Trade-offs in Hash Coding with Allowable Errors[J]. Communications of the ACM, 1970, 13(7): 422-426.

[10] GUO F, EFSTATHOPOULOS P. Building a High-performance Deduplication System[C]// Proceedings of 2011 USENIX Annual Technical Conference (USENIX ATC'11). OR: USENIX Association, 2011: 1-14.

[11] ESHGHI K, TANG H K. A Framework for Analyzing and Improving Content-based Chunking Algorithms: HPL-2005-30(R.1)[R]. Palo Alto: Hewlett Packard Laboratories, 2005.

[12] PAGH R, RODLER F F. Cuckoo Hashing[J]. Journal of Algorithms, 2004, 51(2): 122-144.

[13] BHAGWAT D, ESHGHI K, LONG D D E, et al. Extreme Binning: Scalable, Parallel Deduplication for Chunk-based File Backup[C]//Proceedings of 2009 IEEE International Symposium on Modeling, Analysis & Simulation of Computer and Telecommunication Systems (MASCOTS'09). London: IEEE, 2009: 1-9.

[14] ARONOVICH L, BACHMAT E, BITNER H, et al. The Design of a Similarity based Deduplication System[C]//Proceedings of SYSTOR 2009: The Israeli Experimental Systems Conference (SYSTOR'09). Haifa: ACM Association, 2009: 1-12.

[15] BRODER A Z. On the Resemblance and Containment of Documents[C]// Proceedings of Compression and Complexity of SEQUENCES 1997 (Cat. No.97TB100171). Washington: IEEE, 1997: 21-29.

[16] DONG W, DOUGLIS F, LI K, et al. Tradeoffs in Scalable Data Routing for Dedu-plication Clusters[C]//Proceedings of the USENIX Conference on File and Storage Technologies (FAST'11). CA: USENIX Association, 2011: 15-29.

[17] FU Y, JIANG H, XIAO N. A Scalable Inline Cluster Deduplication Framework for Big Data Protection[C]//Proceedings of the 13th International Middleware Confer-ence (Middleware'12). Quebec: Springer, 2012: 354-373.

[18] KARP R M, RABIN M O. Efficient Randomized Pattern-matching Algorithms[J]. IBM Journal of Research and Development, 1987, 31(2): 249-260.

[19] AGRAWAL N, BOLOSKY W J, DOUCEUR J R, et al. A Five-year Study of File-system Metadata[J]. ACM Transactions on Storage, 2007, 3(3): 9.

[20] MEISTER D, KAISER J, BRINKMANN A, et al. A Study on Data Deduplication in HPC Storage Systems[C]//Proceedings of the International Conference on High Performance Computing, Networking, Storage and Analysis (SC'02). Utah: IEEE Computer Society, 2012: 1-11.

[21] MEISTER D, BRINKMANN A, SÜSS T. File Recipe Compression in Data Dedu-plication Systems[C]//Proceedings of the USENIX Conference on File and Storage Technologies (FAST'13). CA: USENIX Association, 2013: 175-182.

[22] TAN Y, JIANG H, FENG D, et al. SAM: A Semantic-aware Multi-tiered Source De-duplication Framework for Cloud Backup[C]//Proceedings of the 39th International Conference on Parallel Processing (ICPP'10). CA: IEEE Computer Society, 2010: 614-623.

[23] XING Y, LI Z, DAI Y. PeerDedupe: Insights into the Peer-assisted Sampling Dedu-plication[C]//Proceedings of 2010 IEEE Tenth International Conference on Peer-to-Peer Computing (P2P'10). Delft: IEEE Computer Society, 2010: 1-10.

[24] WEI J, JIANG H, ZHOU K, et al. MAD2: A Scalable High-throughput Exact Deduplication Approach for Network Backup Services[C]//Proceedings of 2010 IEEE 26th Symposium on Mass Storage Systems and Technologies (MSST'10). Nevada: IEEE Computer Society, 2010: 1-14.

[25] XIA W, JIANG H, FENG D, et al. SiLo: A Similarity-locality based Near-exact Deduplication Scheme with Low RAM Overhead and High Throughput[C]// Pro-ceedings of the 2011 USENIX Annual Technical Conference (USENIX ATC'11). OR: USENIX Association, 2011: 285-298.

第 7 章　面向相似去重的快速差量压缩技术

差量压缩技术在最近几年得到了越来越多的关注，这是因为差量压缩技术能够有效地识别和压缩相似数据，而目前备份系统中主流的数据去重技术对相似数据是无能为力的。数据去重技术可以有效地消除备份系统中的重复数据，但是备份系统中仍然存在大量的相似数据，对这些相似数据进行查找和差量压缩，可以进一步压缩和节省存储空间，而相似数据和重复数据的压缩技术有着极大的区别。传统的差量压缩方法速度较慢，在处理大规模数据时会成为存储系统的性能瓶颈。因此，针对差量压缩的性能问题，本章介绍一种面向相似去重的快速差量压缩技术——Ddelta。

本章的组织结构如下：第 7.1 节介绍差量压缩技术的研究背景；第 7.2 节介绍受数据去重启发的 Ddelta 的算法设计原理；第 7.3 节介绍 Ddelta 的实现细节；第 7.4 节介绍 Ddelta 的实验测试（与经典的差量压缩技术 Xdelta[1] 和 Zdelta[2] 相比，Ddelta 获得了 2.5~8 倍的差量编码加速比和 2~20 倍的差量解码加速比），并给出了 Ddelta 数据的相关应用案例。最后，第 7.5 节对本章进行了小结。

7.1　相似数据差量压缩的技术背景

本节介绍 3 类典型的无损压缩技术（见表 7.1）的发展历程，以便分析差量压缩技术研究的问题与背景。

表 7.1　存储系统中 3 类典型的无损压缩技术

名称	传统的无损压缩技术	差量压缩技术	数据去重技术
压缩对象	通用数据	相似数据	重复数据
处理粒度	字节级/字符串级	字节级/字符串级	数据块级/文件级
代表技术	哈夫曼编码/ 字典编码	基于 KMP 的字符串匹配 复制/插入编码	基于内容分块/ 安全指纹技术
可扩展性	弱	适中	强
算法复杂度	高	适中	低
代表系统/工具	GZIP，Zlib	Xdelta[1]，Zdelta[2]	LBFS[3]，Venti[4]

从发展历程来看，最早的数据削减（压缩）技术是字节编码技术和字典编码技术，其分别出现在 20 世纪 60 年代和 20 世纪七八十年代，这类技术的典型

代表是哈夫曼编码 [5] 和 LZ77[6]、LZ78[7] 字典编码等。而 20 世纪 90 年代开源的 GZIP、Zlib 等传统的无损压缩技术是现在通用的数据压缩算法。这类算法的计算开销大、可扩展性差，一般都推荐将压缩区域局限在 128~512 KB 的窗口内 [8,9]，以达到比较合理的压缩性价比（数据压缩率与压缩速率）。

随着数据规模的增长，数据冗余存在的范围逐步脱离了 128~512 KB，向着 MB、GB、TB 级别的数据规模增长。而传统的无损压缩技术往往计算开销太大，不能适应日益增长的数据压缩需求。于是，在 20 世纪 90 年代，美国加利福尼亚大学伯克利分校的 Joshua MacDonald 针对相似的文件提出了专门的压缩算法 Xdelta[1]，它首先有效地利用字符串匹配算法（类似字典编码技术）来快速识别相似文件的重复内容，然后记录其位置和长度信息，并保存非重复的内容，最后将这些内容整合为差量数据并保存。这种算法对于文件级的冗余数据识别和压缩非常有效，而且压缩速率也有了很大提升。尤其是针对冗余数据富集的相似文件场景，各种优化算法也被应用进来提升差量压缩速率和效率 [2,10]。

但是差量压缩也面临着挑战：随着数据规模的增长，快速检测相似数据成为差量压缩技术潜在的瓶颈 [11]，而且差量压缩后的数据管理也变得越来越烦琐，这样导致了差量压缩难以适应日益增长的存储系统的数据规模。此外，缓慢的相似数据差量编码速率也是其推广和应用的另外一个潜在瓶颈 [12]。

于是，研究人员在 21 世纪初提出了一种针对更大冗余粒度的智能压缩算法，这就是数据去重技术 [3]。具体而言，数据去重技术的处理粒度不再是字节级和字符串级，而是基于更大粒度的块级或整个数据文件 [4]；数据去重不再像以往的压缩技术那样逐字节地识别重复数据块或者文件，而是通过计算数据块或文件的安全哈希摘要来唯一标识和识别该数据块或文件，从而简化重复数据匹配查找的过程。

由于现在的安全哈希算法具有良好的抗碰撞性，比对两个数据块的安全哈希摘要即可判断它们是否重复，极大地简化了重复数据识别和比对的过程。因此，大规模存储系统的数据压缩的空间复杂性也通过这种安全哈希摘要标识技术得到了降低。此外，基于块级的数据去重技术也不再使用传统的逐个字节滑动窗口技术来产生最小的数据冗余识别单元，而是采用一种基于内容分块的方法来产生多个独立的、不重叠的数据块，这也极大地降低了数据去重过程中的空间复杂度和时间复杂度。

但是随着数据去重技术的推广和发展，研究人员发现总有相当一部分冗余数据是数据去重技术难以发掘的，也就是相似数据。针对这一类不重复但非常相似的数据，数据去重技术总会产生截然不同的安全哈希摘要，这样大家的目光又回到了差量压缩技术上来。差量压缩技术主要包括了两个技术细节：一个是相似数据检测，即需要差量压缩的数据对象，这部分内容将在本书第 8 章详细介绍；另一个是针对相似数据的差量编码和解码计算，这是本章讨论的内容。

7.2 快速差量压缩技术的设计原理

差量压缩是一种有效地识别和消除相似文件和相似数据块之间冗余数据的方法。但是随着存储的数据规模和网络带宽的增长，差量压缩技术的编码速率慢和计算开销大的缺点也逐渐成为其应用与发展的瓶颈。

本节主要介绍如何加速相似数据块的差量压缩过程：首先介绍传统的差量压缩技术，然后介绍一种受数据去重启发的差量压缩技术（简称 Ddelta）的设计原理。

图 7.1(a) 展示了经典差量压缩技术 Xdelta 的基于字节滑动窗口技术的一个实例。Xdelta 采用了这种滑动窗口技术来产生字符串，这些字符串被用作相似数据块之间冗余数据识别的最小单位。为了最大限度地寻找重复字符串，Xdelta 采用了逐个字节滑动字符串窗口的方法。这样，即使两个相似数据块之间的内容频繁地存在内容差异，这种滑动窗口技术还是能足够精细地发现细粒度的重复字符串 [如图 7.1(a) 中 4 个字节长度的字符串]。因为这种滑动窗口技术需要反复计算和查找重叠的内容，其计算和索引开销非常大也是显而易见的。

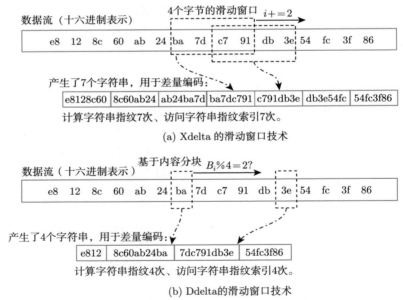

(a) Xdelta 的滑动窗口技术

(b) Ddelta的滑动窗口技术

图 7.1　Xdelta 的滑动窗口技术和本章提出的 Ddelta 的基于内容滑动窗口技术比较

如本书第 2 章所述，数据去重技术的一大典型特征就是基于内容分块（CDC）。一方面，与 FSC 相比，CDC 更有效地避免了数据内容经过修改后的偏移问题；另一方面，CDC 产生了相互独立的、没有重叠内容的数据块，降低了冗余数据识别的计算复杂度。所以，CDC 在保障数据压缩率的同时，降低了重复数据识别的空间复杂度，成为数据去重技术的标志性特征之一。

图 7.1(b) 展示了 Ddelta 中基于内容滑动窗口技术的一个简单实例。其中，数据分块的边界由数据块的具体内容决定，如果数据块的单个字节的内容对 4 取模等于 2 的时候，系统就确定这是一个字符串边界，并开始对下一个字符串进行判定；如果不等于 2，则滑动窗口继续向前推进。如图 7.1(b) 所示，最终 Ddelta 只产生了 4 个字符串，这样就减少了指纹计算开销和索引查找次数，从而加速了差量压缩的编码进程。

这种 CDC 算法也存在潜在的问题，那就是其产生的字符串的边界位置是随机的（可能不是数据块修改的位置）。所以，CDC 算法的差量压缩会导致数据压缩率（重复字符串识别率）下降。例如：两个字符串可能 99% 相似，只有少数几个字节不同，数据去重技术的指纹计算没有办法识别这类冗余数据。换言之，数据去重技术的分块计算和指纹计算也只能识别完全重复的、非相似的字符串，而不能识别非常相似的字符串。本书第 8 章提出的相似数据检测算法 DupAdj 也将被应用到这里，Ddelta 则可以通过挖掘这种冗余数据的局部性来查找更多的冗余数据。

具体而言，Ddelta 首先从存储系统中检测到相似数据块（或相似文件），并有效地利用 CDC 算法将相似数据块分成多个独立的字符串，然后利用指纹技术来识别重复字符串。对于无法利用指纹识别的不重复但相似的字符串，Ddelta 可以通过挖掘数据内容的局部性来查找重复字符串相邻的区域。此外，本章还会介绍一种新颖的 CDC 算法——Gear-CDC 算法。该算法使用一个包含 256 个随机数的数组，每次计算滑动哈希仅需要两次内存访问（一次读取输入内容，另一次读取随机数组的内容）、一次右移运算和一次加法运算，实现了有效的滑动哈希计算，计算开销仅需要传统的 Rabin-CDC 算法的一半。

7.3　受数据去重启发的快速差量压缩技术

针对差量压缩计算开销大的问题，本节介绍一种受数据去重启发的快速差量压缩技术，称为 Ddelta。该技术通过有效地利用数据去重技术中 CDC 和指纹计算的思想来简化和加速相似数据的差量计算和编码过程。

7.3.1　主要设计思路与模块介绍

Ddelta 的主要设计思路如下。

（1）采用了数据去重技术中 CDC 和指纹计算的思想来简化和加速差量编码的差量计算比较过程，能够避免传统的差量压缩技术生成多个重叠字符串导致的重复计算和比较问题。同时，CDC 算法友好地解决了两个相似数据块分块过程中的内容偏移位置不等的问题，详见本书第 7.3.2 小节。

（2）Ddelta 通过挖掘冗余数据的局部性来补充查找更多的冗余数据，解决了 CDC 算法中数据分块位置的随机性带来的差量压缩率下降的问题，详见本书第 7.3.3 小节。

算法 7.1 给出了 Ddelta 的主要流程。总的来说，Ddelta 的差量压缩过程包括以下 3 个关键模块。

算法 7.1 Ddelta 的主要流程

  输入：
  src   ▷ 引用数据块
  tgt   ▷ 待处理数据块
  输出：
  dlt   ▷ 差量数据块

1: **procedure** COMPUTDELTA(src,tgt)
2: dlt ← empty
3: Slink ← GEARCHUNKING(src)   ▷ 基于齿轮哈希的 CDC 处理
4: Tlink ← GEARCHUNKING(tgt)   ▷ 基于齿轮哈希的 CDC 处理
5: Sindex ← INITMATCH(Slink)   ▷ 初始化引用数据块字符串索引表
6: str ← Tlink
7: len ← size(str)
8: **while** str!=NULL **do**
9:    pos ← FINDMATCH(src,Sindex, str,len)
10:    **if** pos<0 **then**   ▷ 没有找到匹配的字符串
11:      dlt += Insturction(Insert (str,len)) ▷ 复制该字符串的内容到差量数据块中
12:    **else**   ▷ 查找到一个匹配的字符串
13:      dlt += Insturction(Copy (pos,len)) ▷ 记录重复字符串相关信息到差量数据块中
14:    **end if**
15:    str ← (str → next)
16:    len ← size(str)
17: **end while**
18: **return** dlt
19: **end procedure**
20:
21: **procedure** INITMATCH(Slink)
22: str ← Slink; pos ← 0
23: Sindex ← empty

```
24:     while str!=empty do
25:         f ← SPOOKY(str,size(str))            ▷ 计算字符串的 Spooky 指纹
26:         Sindex[hash[f]] ← pos                ▷ 建立字符串的 Spooky 指纹索引表
27:         pos += size(str)
28:         str ← (str → next)
29:     end while
30:     return Sindex
31: end procedure
32:
33: procedure FINDMATCH(src, Sindex, str, len)
34:     f ← SPOOKY(str, len)                     ▷ 计算字符串的 Spooky 指纹
35:     if Sindex[hash[f]] = empty  then
36:         return −1                            ▷ 没有匹配的 Spooky 指纹
37:     end if
38:     pos ← Sindex[hash[f]]
39:     if memcmp(src+pos,str,len) = 0  then
40:         return pos                           ▷ 查找到一个匹配的字符串
41:     else
42:         return −1                            ▷ 字符串的 Spooky 指纹碰撞
43:     end if
44: end procedure
```

1. Gear-CDC 算法

Ddelta 首先利用 Gear-CDC 算法把检测到的相似数据块基于内容划分成多个独立的字符串，然后利用 Spooky 算法（一种非常快速的非安全哈希算法）计算字符串的 Spooky 哈希，以建立字符串索引。如果索引到匹配的 Spooky 指纹，则检测它们的内容是否全等。Gear-CDC 算法详见本书第 7.3.2 小节和算法 7.2。

2. 基于重复数据相邻区域的贪心检测

Ddelta 利用冗余数据的局部性，对重复数据的相邻的非重复区域进行逐字节匹配，以期望找到更多冗余数据。为了简化算法描述，算法 7.1 没有描述这一实现细节。这种贪心检测算法的具体实现细节详见本书第 7.3.3 小节。

3. 差量编码和解码

Ddelta 将检测到的连续的重复区域和非重复区域分别编码为"Copy"和"Insert"操作，具体实现详见本书第 7.3.4 小节。当用户需要恢复差量编码后的数据时，Ddelta 依次解读差量数据块中的 Copy 和 Insert 指令即可。

如算法 7.1 所示，为了简化和加快重复字符串匹配过程，Ddelta 采用 Spooky 算法来建立字符串的索引和查找机制。Spooky 是一种非常快速的非安全哈希算

法，具有良好的抗碰撞性。同时，该算法的计算速度可以达到 2 GB/s（在 3 GHz 处理器测试环境下）。这里，Ddelta 采用 64 bit 的 Spooky 指纹来进行前缀匹配，以确定重复内容。

因为待差量编码的相似数据都只是块级或文件级，所以差量压缩技术在内存中实现，与数据去重技术采用的 SHA-1 相比，差量编码可以逐字节地比较数据块的具体内容，从而可以从根本上解决数据块/字符串指纹碰撞的问题。在对 Ddelta 的测试和实验观察中，64 bit 的 Spooky 指纹碰撞的概率几乎为 0，即便这样，Ddelta 还是增加了逐字节比较确认的模块 [如算法 7.1 中函数 FINDMATCH() 所描述的那样]。此外，与分块计算和指纹计算相比，内存的字符比较开销也几乎为 0。所以，Ddelta 提出的这种基于 Spooky 指纹＋字节确认的策略能够进一步地减少差量编码的计算开销。

7.3.2　Gear-CDC 算法

Ddelta 中基于齿轮哈希的 CDC 采用了本书第 4 章介绍的 Gear-CDC 算法，其具体实现描述见算法 7.2。该算法通过检查滑动窗口内容的齿轮哈希值的 x 个最高有效位是否匹配预定义值来确定数据块的分块点。这里，x 是由 CDC 算法的期望平均块长 M 决定的，具体关系为 $x = \log_2(M)$。例如：如果 CDC 算法的期望平均块长为 8 KB，那么 Gear-CDC 算法会用滑动窗口内容哈希值的 13 个 $[\log_2(8 \times 2^{10})]$ 最高有效位来决定分块点。

算法 7.2 Gear-CDC 算法

> **输入：**
> src ▷ 待处理数据块
> **输出：**
> Slink ▷ 字符串列表
> 1: Predefined values: mask bits for the average string size, mask; matched value, xxx
> 2: **procedure** GEARCHUNKING(src)
> 3:　　fp ← 0; pos ← 0; last ← 0
> 4:　　SLink ← empty
> 5:　　**while** pos < size(src) **do**
> 6:　　　　fp = (fp ≪ 1) + GearTable[src[pos]]
> 7:　　　　**if** fp & mask = xxx **then** ▷ 获得指纹 fp 的最高有效位
> 8:　　　　　　str = src[last → pos]
> 9:　　　　　　InsertLinkList(str, Slink)
> 10:　　　　　　last ← pos
> 11:　　　　**end if**
> 12:　　　　pos ← pos + 1
> 13:　　**end while**

14:　　　**return** SLink
15: **end procedure**

7.3.3　基于重复数据相邻区域的贪心检测算法

Gear-CDC 算法和 Spooky 算法可以快速、有效地识别相似数据块中的重复字符串，实现差量编码速率的提升，但是这种 CDC 算法也面临着差量压缩率下降的挑战。这主要是因为 CDC 算法不能快速、有效地定位数据修改的位置，而是根据滑动窗口的哈希值（如 Rabin、Gear）是否匹配一个预定义的哈希值来确定分块的位置，具有一定的随机性。而这种分块方法会产生一些非重复但是非常相似的字符串，这些字符串往往会计算得出完全不同的 Spooky 指纹值，导致 Ddelta 不能识别这些相似字符串的冗余内容。

为了解决这一问题，Ddelta 利用了本书第 6 章和第 8 章介绍的冗余数据的局部性这一特征，可以在重复数据的相邻区域查找到更多可能的冗余数据。具体而言，Ddelta 通过以下两个关键步骤查找更多的冗余数据。

（1）块级贪心检测。对于检测到的相似数据块，Ddelta 直接检测这些数据块的头部和尾部的重复内容：从两个相似数据块的头部开始（或从尾部逆向判断）逐字节匹配，直到同步匹配的字节不相等为止。例如，给定两个逻辑上连续的数据块集合 $\{A, B, C\}$ 和 $\{A', B', C'\}$，且数据块 A' 和 C' 被检测到分别与数据块 A 和 C 重复，数据块 B' 被检测到与数据块 B 相似。根据冗余数据的局部性，Ddelta 可以直接在重复数据的相邻区域，即数据块 B 和 B' 的开始部分和结尾部分进行逐字节匹配，从而找到更多的重复数据内容。

（2）字符串级贪心检测。同样，Ddelta 也能挖掘重复字符串级别的冗余数据的局部性，在重复字符串的相邻区域检测到更多的重复数据内容。

本书第 7.3.5 小节给出了这种重复数据相邻区域的贪心检测算法实例，以及 CDC 算法的差量编码的工作流程。

7.3.4　差量编码与解码操作

当上述基于数据去重启发的差量编码和基于重复数据相邻区域的贪心检测完成后，Ddelta 将查找到的匹配的和非匹配的内容分别采用 Copy 和 Insert 操作编码成一个差量数据。如算法 7.1 描述的那样，对于匹配的内容（字符串），Ddelta 使用 Copy 操作来记录匹配内容在引用数据块中的位置和偏移；对于不匹配的内容，Ddelta 使用 Insert 操作将没有找到匹配的内容复制到差量数据块中。这里，Ddelta 将多个连续的匹配/不匹配的字符串合并成单个 Copy 和 Insert 操作，进一步精简了差量编码的数据内容，同时也加快了差量解码的过程。

当用户需要恢复差量编码后的数据时，Ddelta 依次解读差量数据块中的 Copy 和 Insert 指令即可。对于 Copy 操作，Ddelta 根据对应的位置和大小读出重复字符串的内容，写入恢复数据块；对于 Insert 操作，Ddelta 则直接从差量数据块中读出非重复的数据内容，然后组装到恢复数据块中。

7.3.5　差量编码的总体流程

图 7.2 展示了 Ddelta 差量编码的总体流程。具体而言，Ddelta 的差量编码包括 4 个关键步骤，其中步骤 1 ～ 步骤 3 是检测相似数据块内的重复内容区域，步骤 4 是进行差量编码。

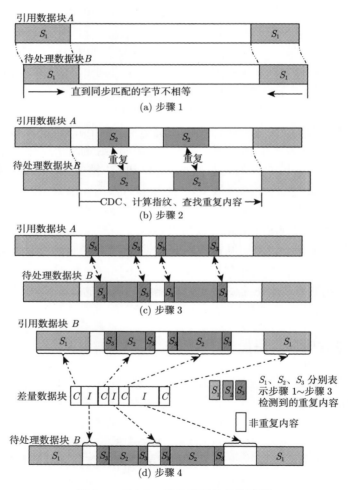

图 7.2　Ddelta 差量编码的总体流程

1. 步骤 1

对重复数据的相邻区域进行块级贪心检测 [见图 7.2(a)]：扫描相似数据块 A 和 B 的开始和结尾部分，直到同步匹配的字节不相等，这是最简单、快捷的检测重复数据的方法。

2. 步骤 2

基于 CDC 和快速指纹识别的重复字符串识别 [见图 7.2(b)]：使用 Gear-CDC 算法将相似数据块 A 和 B 经步骤 1 检测后剩下的区域分成多个独立的字符串，然后计算和识别这些字符串的 Spooky 指纹和内容，从而检测出重复的字符串。

3. 步骤 3

对重复数据的相邻区域进行字符串级贪心检测 [见图 7.2(c)]：扫描与步骤 2 识别出的重复字符串相邻的那些非重复数据区域，贪心检测出更多的重复内容。

4. 步骤 4

对从相似数据块中检测到的重复/非重复区域进行差量编码 [见图 7.2(d)]：将前面 3 个步骤中检测到的数据块中的重复和非重复内容，相应地编码成 Copy 和 Insert 指令格式的数据，组装成差量数据块。

7.4　性能分析

本节首先从压缩率、编码速率和解码速率等维度，对 Ddelta 和经典的 Xdelta 和 Zdelta 进行实验测试和分析；然后，介绍 Ddelta 在数据去重场景中的应用案例。

7.4.1　测试环境

Ddelta 的测试硬件配置主要包括 16 GB 内存、Intel i7 处理器（主频为 2.8 GHz）、两个 1 TB 的磁盘（7200 rad/min），以及 120 GB 的金士顿闪存（SVP200S37A120G）；测试程序在操作系统 Ubuntu 12.04 上运行。

CDC 算法采用了与 LBFS[3] 相同的配置：最大块长、平均块长、最小块长分别为 64 KB、8 KB、2 KB。本测试选择两个开源的差量压缩工具（Xdelta[1] 和 Zdelta[13]）与 Ddelta 进行差量压缩性能比较。此外，采用 GZIP 实现差量压缩后的数据处理。

测试性能指标：压缩率（CR），指数据被各种压缩算法削减的比例；压缩比（CF），指数据压缩前和数据压缩后大小的比值，所以数据压缩率可通过 CR =

$\dfrac{CF-1}{CF}$ 得到。差量编码和解码的速率由编码和解码的数据总大小除以给定的差量压缩算法的相应时间得出。

表 7.2 给出了 6 个测试数据集及它们的负载特征。其中，"数据去重的压缩比"是用 Rabin-CDC 算法进行数据去重后得出的结果，代表了对应数据集中重复数据的冗余程度。

表 7.2　Ddelta 性能测试使用的 6 个数据集

数据集名称	版本/镜像数量	总大小	数据去重的压缩比
GCC	43	14.1 GB	6.71
Linux	258	104 GB	44.70
VM-A	76	114 GB	1.65
VM-B	117	1.78 TB	25.80
RDB	211	1.15 TB	7.22
Bench	200	1.54 TB	35.00

（1）GCC 数据集和 Linux 数据集是两个著名的开源代码集。这两个数据集代表了数据备份归档中的源代码负载。

（2）VM-A 数据集包括了 76 个不同操作系统的不同版本的虚拟机镜像：23 个不同版本的 Centos 镜像，18 个不同版本的 Fedora 镜像，17 个不同版本的 Ubuntu 镜像，12 个不同版本的 FreeBSD 镜像，以及 6 个不同版本的 Debian 镜像。由于各个版本之间缺少数据冗余，所以这个数据集代表了低压缩比的负载。

（3）VM-B 数据集包括本测试使用的 Ubuntu 12.04 虚拟机镜像的 117 个全量备份版本，这也是数据备份和数据去重的典型应用。

（4）RDB 数据集包括来源于 Redis 数据库的 200 个全量备份版本。Redis 是一个著名的开源键值数据库，可以生成 dump.rdb 镜像文件，用来备份和保护数据。

（5）Bench 数据集是用户云存储的 benchmark 数据集 [14]。该数据集是在一个 benchmark 的快照上，仿真了文件系统的创建、删除、修改等操作，其中仿真操作参考了文献 [15, 16] 提出的文件系统演变进化策略。这个数据集代表了数据冗余（重复数据）程度很高的负载。

7.4.2　Gear-CDC 算法性能测试

本小节主要评测 Gear-CDC 算法的性能，该算法主要应用在数据去重过程中。本测试使用的平均块长为 8 KB，通过对多个指标进行测试来比较 Gear-CDC 算法和 Rabin-CDC 算法的性能。这些测试性能指标包括哈希值均匀分布性、分块后数据块大小分布、分块速率等。

图 7.3 展示了 3 个典型数据集下 Gear-CDC 算法的哈希值（简称 Gear 哈希值）和 Rabin-CDC 算法的哈希值（简称 Rabin 哈希值）的分布对比。其中，横轴为 Gear 哈希值和 Rabin 哈希值的有效屏蔽位（Gear 哈希值取 13 个最高有效位，Rabin 哈希值取 13 个最低有效位）；纵轴为每个哈希值的累计出现次数。哈希值的分布越均匀，则表明该哈希函数越好。为了消除重复数据负载对结果的影响，这里仅使用了 3 个数据集（Linux、VM-A 和 RDB）的一个镜像（或版本）来测试哈希值的分布特性。表 7.2 中其他 3 个数据集的结果与上述结果基本一致。

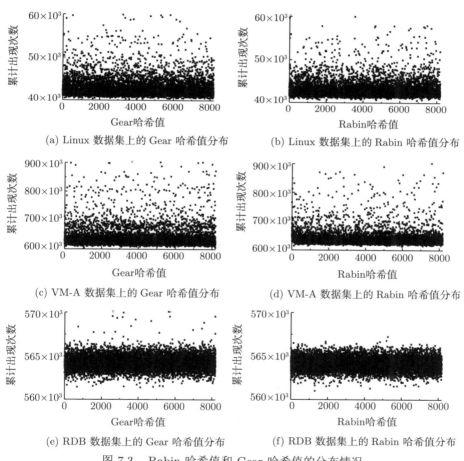

(a) Linux 数据集上的 Gear 哈希值分布　　(b) Linux 数据集上的 Rabin 哈希值分布

(c) VM-A 数据集上的 Gear 哈希值分布　　(d) VM-A 数据集上的 Rabin 哈希值分布

(e) RDB 数据集上的 Gear 哈希值分布　　(f) RDB 数据集上的 Rabin 哈希值分布

图 7.3　Rabin 哈希值和 Gear 哈希值的分布情况

图 7.3 表明，Gear 哈希值的分布均匀性与 Rabin 哈希值基本保持一致，只出现了极少数的离散结果。而且根据具体的数值分析，Rabin 哈希值在 Linux 数据集和 VM-A 数据集上出现了大量的零值，零值的出现次数数百倍于图 7.3(b) 和

图 7.3(d) 所示 Rabin 哈希值的平均值（没有显示在图中），而 Gear 哈希值通过一个随机数表有效地避免了这种情况。这样，图 7.3 的结果证明 Gear-CDC 算法能够在大幅减少计算开销的同时，有效地保证滑动窗口哈希值的均匀分布性。

图 7.4 展示了用 Gear-CDC 算法和 Rabin-CDC 算法分块后的数据块大小的分布情况。这里采用的平均块长同样是 8 KB，最小块长和最大块长设定为 2 KB 和 64 KB（沿用了 LBFS 的配置 [3]）。其中，X 轴为数据块大小；Y 轴表示不同大小的数据块的累计占比；曲线"Math"表示理论上的数据块大小分布曲线（服从指数分布）。图 7.4 中，两种算法达到了几乎相同的数据块大小分布，并服从理论上预计的指数分布：$F(x) = 1 - \mathrm{e}^{-\frac{x-2048}{8192}}$。其中，$x$ 表示数据块大小。从图 7.4 中放大的子图可以看出，即使在 0.01% 这个粒度，两种算法的数据块大小的分布差异依然非常小。值得注意的是，用 Rabin-CDC 算法分块后的数据块大小分布曲线存在个别的抖动情况，而用 Gear-CDC 算法分块后的数据块大小分布更加接近理论曲线（图中的曲线"Math"）。

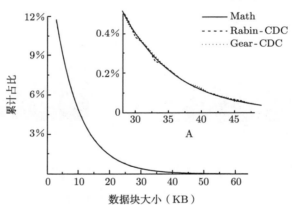

图 7.4　用 Rabin-CDC 算法和 Gear-CDC 算法分块后的数据块大小的分布情况（RDB 数据集）

图 7.5 展示了这两种算法在实际数据镜像上的分块速率。这里的分块速率也是基于数据集的一个版本（或镜像）来测试的，同时 Linux 数据集和 GCC 数据集测试的是打包处理的文件（屏蔽了文件系统频繁处理小文件对分块速率的影响）。实验结果表明，与 Rabin-CDC 算法相比，Gear-CDC 算法在 Intel i7 和 Intel Xeon® E5605 处理器上分别获得了 2.04 倍和 2.28 倍的分块加速比。这个结果也是与第 7.3.2 小节的计算开销分析基本一致：Gear-CDC 算法仅仅使用了 Rabin-CDC 算法不到一半的计算开销，就获得了与 Rabin-CDC 算法非常接近的分块效果。

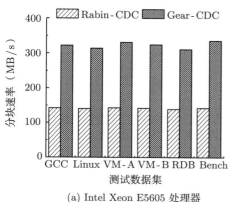

(a) Intel Xeon E5605 处理器

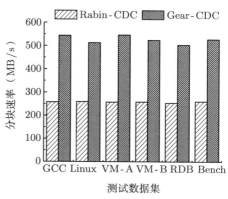

(b) Intel i7 处理器

图 7.5　Rabin-CDC 算法和 Gear-CDC 算法的分块速率

表 7.3 展示了这两种分块算法的压缩率、压缩比、真实平均块长等指标。由表可见，这两种算法在 6 个数据集上的压缩率和压缩比的平均差异分别小于 0.5% 和 0.2，说明这两种算法达到了几乎一致的数据分块效率。同时，数据分块后的平均块长的差异（除 VM-A 数据集外）都小于 0.5 KB。仔细观察还可以看出，Gear-CDC 算法的真实平均块长更接近 8 KB 这个理论值，这也说明 Gear-CDC 算法在提速的同时没有降低数据分块效率（压缩率与块长）。

表 7.3　两种算法的测试性能指标对比

数据集	压缩率			压缩比			真实平均块长（KB）		
	Rabin-CDC	Gear-CDC	差别	Rabin-CDC	Gear-CDC	差别	Rabin-CDC	Gear-CDC	差别
GCC	85.09%	85.09%	0.003%	6.71	6.71	0.001	4.19	4.20	0.011
Linux	97.76%	97.76%	0.001%	44.69	44.71	0.015	5.80	5.83	0.033
VM-A	39.50%	39.83%	0.329%	1.65	1.66	0.009	12.4	11.3	1.144
VM-B	96.13%	96.15%	0.035%	25.84	25.99	0.156	10.9	10.5	0.395
RDB	86.15%	86.18%	0.023%	7.22	7.24	0.018	9.55	9.54	0.008
Bench	97.14%	97.15%	0.009%	35.03	35.13	0.106	9.95	9.93	0.019

由表 7.3 还可看出，这两种算法分块后的数据块大小与期望平均块长（8 KB）差异很大，主要原因有两点。第一，分块过程中配置的最小块长和最大块长是 2 KB 和 64 KB，这样计算得出的期望块长约为 10 KB。当然，这个结果会随着文件内容的负载略有浮动，这也是表 7.3 中后 4 个数据集的真实平均块长约为 10 KB 的原因。第二，小文件的分块往往会产生很多小数据块，这主要是因为滑动窗口到达小文件的结尾时会自动认定这也是一个数据块的分块点。这种小文件的频繁出现破坏了数据块块长的随机性，所以表 7.3 中 Linux 数据集和 GCC 数据集的真实平均块长均远远小于 8 KB，约为 5.8 KB 和 4.2 KB。

基于上面的分析，Ddelta 中的 Gear-CDC 算法取得了与 Rabin-CDC 算法一致的数据块大小分布和数据压缩率等性能，并获得了两倍于 Rabin-CDC 算法的分块加速比。

7.4.3 应用案例一测试：数据去重后的相似数据差量压缩

本小节测试了 Ddelta 算法在数据去重后的相似数据差量压缩性能。图 7.6 展示了数据去重后差量压缩的大致流程：首先进行相似性检测（详见本书第 8 章）；然后根据相似性检测的结果，从磁盘读取引用数据块；最后对引用数据块和待处理数据块做差量编码。简单和公平起见，本小节仅采用了本书第 4 章介绍的基于超级特征值的相似性检测方法，采用 3 个超级特征值进行相似性检测，每个超级特征值由两个特征值组成。此外，本小节还采用 GZIP 算法对差量压缩处理后的数据进行通用数据压缩（GZIP）处理，这里采用了与文献 [9] 相同的数据压缩配置：GZIP 窗口大小为 128 KB，以获得较好的压缩率和压缩速率等，提高综合性能。

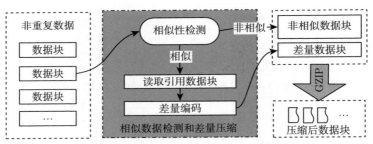

图 7.6 数据去重后的差量压缩处理流程（差量压缩 +GZIP）

表 7.4 给出了 6 个测试数据集下 3 种压缩策略的压缩比。其中，差量压缩测试采用的是基于 Xdelta 的差量压缩结果，总压缩比 $CF_总 = CF_{数据去重} \times CF_{差量压缩} \times CF_{GZIP}$。由表可见，差量压缩在 Linux 数据集和 RDB 数据集已经去重的基础上可以再获得大于 3 倍的压缩比，在其他 4 个数据集上也可以获得多达 1.55~2.58 倍的压缩比。GZIP 在表 7.4 中的前 4 个数据集上获得了大于 2 倍的压缩比，但是在后两个数据集上的压缩比很小，这是因为后两个数据集存在大量已哈希化或随机的数据内容。根据本书第 2 章介绍的香农定理，这种信息熵值很高的数据流是没有多少冗余可以压缩的 [17]。但是，联合上述 3 种数据压缩策略，就可以在备份与归档系统中获得非常可观的压缩比。

表 7.4　3 种压缩策略在 6 个数据集上分别获得的压缩比

测试数据集	压缩比				压缩处理完成后的数据总大小
	数据去重	差量压缩	GZIP	总压缩比	
GCC	6.71	2.58	2.90	50.20	287.0 MB
Linux	44.70	3.14	3.09	434.50	245.0 MB
VM-A	1.65	1.60	2.51	6.63	17.2 GB
VM-B	25.80	1.55	2.35	93.70	19.0 GB
RDB	7.22	5.29	1.47	56.30	20.4 GB
Bench	35.50	2.23	1.00	78.40	19.6 GB

下面，基于表 7.4 和图 7.6 分析 Gear-CDC 算法 Spooky 算法，以及在重复数据相邻区域贪心检测相似数据的有效性，并比较 Ddelta 与 Xdelta、Zdelta 的差量压缩性能。

图 7.7 展示了差量压缩中重复数据检测的 3 个关键步骤：步骤一，块级的贪心检测重复区域；步骤二，基于 CDC 和快速指纹识别的重复字符串识别；步

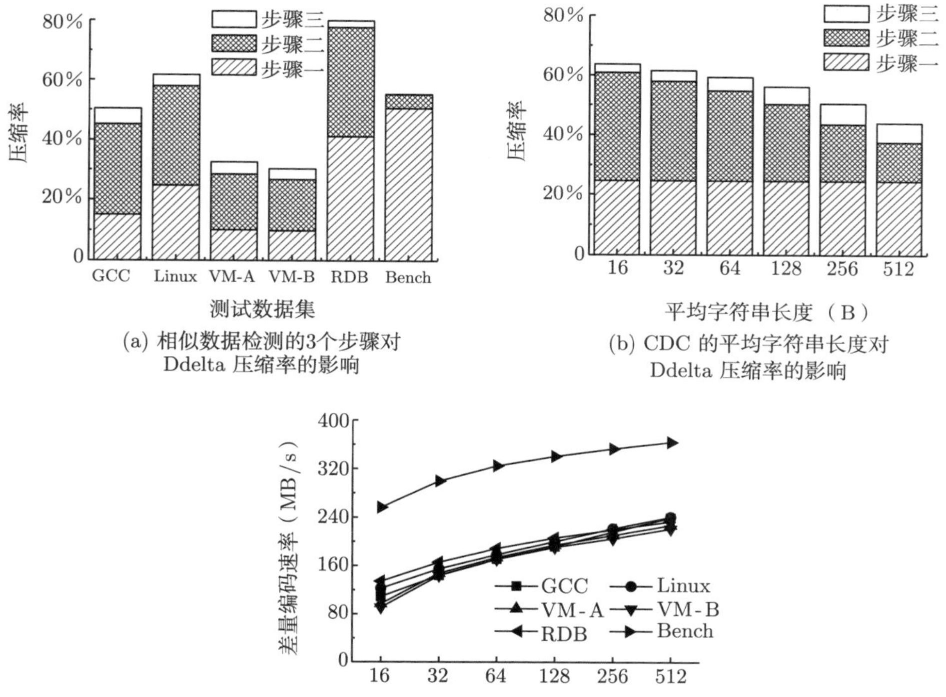

(a) 相似数据检测的3个步骤对
Ddelta 压缩率的影响

(b) CDC 的平均字符串长度对
Ddelta 压缩率的影响

(c) Gear-CDC 的平均字符串长度
对 Ddelta 差量编码速率的影响

图 7.7　3 个相似数据检测步骤、CDC 的参数，以及基于齿轮哈希分块的参数对 Ddelta 压缩性能的影响

骤三，字符串级的贪心检测重复区域（具体参考图 7.2 和第 7.3.5 小节）。图中，步骤一检测到了近 1/3 的重复数据，而步骤三则进一步帮助基于 Gear-CDC 算法的字符串去重技术找到了更多冗余数据。

由图 7.7(b) 可见，Linux 数据集上 Ddelta 的压缩率与 CDC 的平均字符串长度成反比，但是步骤三很好地辅助了步骤二，找到了更多冗余数据。由图 7.7(c) 可见，Ddelta 的差量编码速率与 Gear-CDC 的平均字符串长度成正比，这是因为分块的粒度越小，产生的字符串越多，Ddelta 的指纹计算次数和索引查找次数也就越多。这里，Ddelta 在 Bench 数据集上取得了最高的编码速率，主要是因为步骤一检测到了近 80% 的冗余数据，所以大幅减少了后面的数据分块和指纹计算等开销。

图 7.8 所示为 Ddelta 与数据去重算法、Xdelta、Zdelta 的差量压缩性能对比。图 7.8(a) 所示为 Ddelta（图中的 Gear+Spooky）与数据去重算法的差量编码速率对比，虽然两种算法都采用了 CDC 的策略，但是与经典的数据去重算法

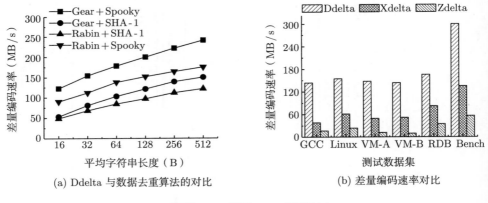

(a) Ddelta 与数据去重算法的对比　　　　(b) 差量编码速率对比

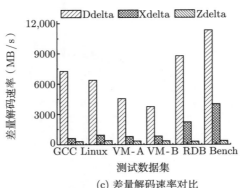

(c) 差量解码速率对比

图 7.8　Ddelta 与数据去重算法、Xdelta、Zdelta 的差量压缩性能对比

（Rabin+SHA-1）相比，Ddelta 通过 Gear-CDC 算法取得了 1.4 倍的提速，通过 Spooky 算法取得了 1.7 倍的提速。这说明 Gear-CDC 算法和 Spooky 算法极大地帮助 Ddelta 减少了差量编码带来的计算开销。图 7.8(b) 和图 7.8(c) 比较了 Ddelta、Xdelta、Zdelta 的差量编码速率和差量解码速率（这里 Ddelta 分块的平均字符串长度为 32 B）。可以看出，Ddelta 的差量编码速率是 Xdelta 的 2.5 倍、Zdelta 的 8 倍；差量解码速率则是 Xdelta 的 4.5 倍、Zdelta 的 20 倍。这都归结于 Ddelta 有效地使用 Gear-CDC 算法将数据内容分成多个独立的字符串，简化了差量计算中的字符串匹配过程。这里 Zdelta 的性能最差，是因为其采用了哈夫曼编码技术进一步提升压缩率[2]，带来了更多的压缩计算开销。

图 7.9(a) 所示为不同压缩策略的压缩率对比。可以看出，Ddelta（分块的平均字符串长度为 32 B）的压缩率约为 Zdelta 和 Xdelta 的 95%，而 Ddelta+GZIP、Zdelta+GZIP、Xdelta+GZIP 的压缩率几乎一致。此外，在 GCC 数据集和 Linux 数据集上，GZIP 本身就已取得了良好的压缩率，将其分别与 Ddelta、Zdelta、Xdelta 结合后，压缩率均能获得进一步的提升；GZIP 在其他 4 个数据集上的压缩率偏低，而 Ddelta+GZIP、Zdelta+GZIP、Xdelta+GZIP 由于能够有效地消除相似数据冗余，所以获得了很好的数据压缩效果。

图 7.9(b) 所示为不同压缩策略的吞吐率对比。总的来说，无论是 Ddelta 与 GZIP 联合还是仅用 Ddelta 进行差量压缩，Ddelta 都获得了最优的吞吐率。这里的吞吐率远远小于仅进行编码或解码的速率，这是因为差量压缩的过程中需要进行相似数据检测，以及从外存设备读取引用数据块（参考图 7.6）。

图 7.9(c) 展示了不同压缩策略的解码速率对比。结果表明，无论 Ddelta 是否联合了 GZIP，都能获得最优的数据恢复性能。这里，Ddelta 的解码速率与图 7.8(c) 中差量解码速率的差异很大，主要是因为 Ddelta 需要频繁地读取引用数据块。虽然差量数据块和引用数据块都已经存储在 SSD 设备上，但是读取引用数据块的速率仍然远远小于图 7.8(c) 所示的差量解码速率。这也是 Ddelta 在 Linux 数据集和 GCC 数据集上获得了超过 2 GB/s 的解码速率的原因：这两个数据集足够小，可以被文件系统直接缓存到内存中，而不需要频繁访问外存设备。GZIP 不需要读取引用数据块，所以取得了比较稳定的解码速率（大于 200 MB/s，除了 Bench 数据集，因为 GZIP 在该数据集上几乎没有任何压缩效果，所以其解码计算开销也很小）。

由图 7.8 和图 7.9 所示测试结果可以看出，Ddelta 以损失一些压缩率为代价，获得了更好的差量编码和解码性能，而其压缩率不足的问题也可以由 GZIP 有效地解决。同时，联合了 GZIP 后，Ddelta 与 Xdelta 和 Zdelta 相比也有非常明显的性能优势。

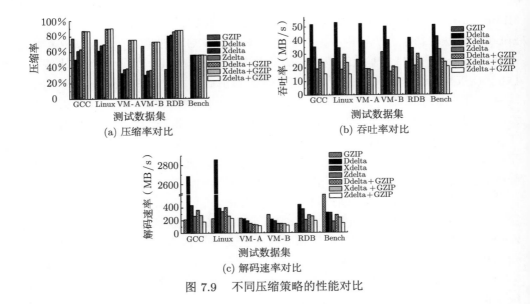

图 7.9 不同压缩策略的性能对比

7.4.4 应用案例二测试：文件更新后的差量压缩

本小节测试了 Ddelta、Xdelta、Dedupe（数据去重）应用于文件更新操作后的两个相近版本文件的差量压缩性能。表 7.5 给出了该测试使用的 6 个开源数据集的引用文件和更新文件。该测试中的 Dedupe 是指经典的联合了 Rabin-CDC 算法和 SHA-1 的数据去重技术。因为块长的变化对 Ddelta 和 Dedupe 的压缩率影响很小，所以该测试中 Ddelta 和 Dedupe 的 CDC 平均块长都取 128 B。

表 7.5 应用案例二中使用的 6 个开源数据集的引用文件和更新文件

引用文件	大小	更新文件	大小
emacs-22.1.tar	133 MB	emacs-22.2.tar	134 MB
gdb-6.5a.tar	106 MB	gdb-6.6a.tar	106 MB
glibc-2.10.1.tar	99 MB	glibc-2.11.1.tar	101 MB
gcc-4.3.4.tar	387 MB	gcc-4.3.5.tar	387 MB
linux-3.0.10.tar	431 MB	linux-3.0.11.tar	431 MB
scilab-5.0.1.tar	333 MB	scilab-5.0.2.tar	334 MB

如图 7.10(a) 所示，Ddelta 的压缩率大约是 Xdelta 的 95%，另外 Ddelta 的压缩率比 Dedupe 更高。这主要是因为 Ddelta 的步骤三帮助查找到了更多冗余数据（见第 7.3.5 小节）。Ddelta 通过有效地使用 Gear-CDC 算法和 Spooky 算法，在差量编码速率上超过了 Dedupe。如图 7.10(b) 和图 7.10(c) 所示，Ddelta 的差量编码速率和差量解码速率分别是 Xdelta 的 3 倍和 2.5 倍。因为在这个案

例中，相似文件信息是已知的（不需要进行相似数据检测），而且差量编码的两个相似文件足够放入内存中进行编码，所以 Ddelta 的差量编码速率和差量解码速率比较稳定，而且等价于编码速率和解码速率。

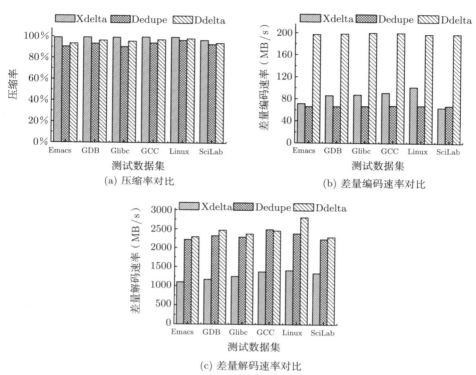

(a) 压缩率对比　　　　　　　　　　　(b) 差量编码速率对比

(c) 差量解码速率对比

图 7.10　Xdelta、Ddelta、Dedupe 在文件更新过程中的差量压缩性能对比

7.5　本章小结

差量压缩是一项能够有效消除相似数据冗余的经典压缩技术，但是其编码计算也正在成为其应用和推广的潜在瓶颈。本章介绍了一种新的受数据去重启发的差量压缩技术（Ddelta），能够通过有效地结合数据去重技术中的 CDC 算法来简化和加速相似数据的差量计算（重复内容匹配），针对 CDC 算法导致压缩率下降的问题，Ddelta 挖掘了冗余数据的局部性，在重复数据的相邻区域贪心检测更多可能的重复字节内容，从而获得与传统差量压缩算法接近的差量压缩效果。具体而言，本章的主要内容如下。

（1）介绍了 Gear-CDC 算法及其在 Ddelta 中的应用。齿轮哈希首先对数据块的字节内容进行随机数映射，然后采用一个加运算和位移运算实现滑动哈希功能。Gear-CDC 算法减少了传统 Rabin-CDC 算法接近一半的计算开销，同时获得了相近的分块效果。Ddelta 采用了 Gear-CDC 算法，能够快速地将相似数据分成多个独立的基于内容划分的字符串，用于进一步的重复字符串匹配，从而得出两个相似数据块的差量。

（2）将一个快速的弱哈希算法（Spooky 算法）应用到差量编码中，以快速标识 Ddelta 分块后的重复字符串。如果两个字符串的 Spooky 指纹匹配，Ddelta 会进一步检测它们的内容是否匹配，从根本上消除了哈希碰撞的可能。

（3）介绍了一种基于重复数据相邻区域贪心检测的方法，即在现有的已经检测到的重复数据块或重复字符串附近尝试查找到更多的匹配的重复内容。由于重复数据的出现往往是连续的，通过挖掘这种冗余数据的局部性特征，Ddelta 有效地补充检测了 CDC 算法不能找到的那部分冗余数据。

Ddelta 这种结合数据去重思想来简化和加速差量编码过程，以及利用冗余数据的局部性查找到更多冗余数据的算法，具有相似数据压缩效果好、差量编码和解码速率快、计算开销少等优点。该算法可以有效地应用在数据去重系统后的相似数据差量压缩场景，也可以应用于文件系统中大文件更新后的差量计算、云环境下的用户数据同步等场景。

参考文献

[1] MACDONALD J P. File System Support For Delta Compression[D]. Berkeley: University of California at Berkeley, 2000.

[2] TRENDAFILOV D, MEMON N, SUEL T. Zdelta: An Efficient Delta Compression Tool[R]. NY: Polytechnic University, 2002.

[3] MUTHITACHAROEN A, CHEN B, MAZIERES D. A Low-bandwidth Network File System[C]//Proceedings of International Conference on Symposium on Operating Systems Principles (SOSP'01). Banff: ACM Association, 2001: 1-14.

[4] QUINLAN S, DORWARD S. Venti: A New Approach to Archival Storage[C]//Proceedings of International Conference on File and Storage Technologies (FAST'02). CA: USENIX Association, 2002: 1-13.

[5] HUFFMAN D A. A Method for the Construction of Minimum Redundancy Codes [J]. Journal of the IRE: Institute of Radio Engineers, 1952, 40(9): 1098-1101.

[6] ZIV J, LEMPEL A. A Universal Algorithm for Sequential Data Compression[J]. Journal of IEEE Transactions on Information Theory, 1977, 23(3): 337-343.

[7] ZIV J, LEMPEL A. Compression of Individual Sequences via Variable-rate Coding [J]. Journal of IEEE Transactions on Information Theory, 1978, 24(5): 530-536.

[8] LIN X, LU G, DOUGLIS F, et al. Migratory Compression: Coarse-grained Data Reordering to Improve Compressibility[C]//Proceedings of International Conference on File and Storage Technologies (FAST'14). CA: USENIX Association, 2014: 257-271.

[9] WALLACE G, DOUGLIS F, QIAN H, et al. Characteristics of Backup Workloads in Production Systems[C]//Proceedings of International Conference on File and Storage Technologies (FAST'12). CA: USENIX Association, 2012: 1-14.

[10] KNUTH D E, MORRIS J H, PRATT V R. Fast Pattern Matching in Strings[J]. Journal of Computing, 1977, 6(2): 323-350.

[11] KULKARNI P, DOUGLIS F, LAVOIE J D, et al. Redundancy Elimination within Large Collections of Files[C]//Proceedings of International Conference on Annual Technical Conference (USENIX ATC'12). MA: USENIX Association, 2012: 1-14.

[12] SHILANE P, WALLACE G, HUANG M, et al. Delta Compressed and Deduplicated Storage Using Stream-informed Locality[C]//Proceedings of International Conference on Hot Topics in Storage and File Systems (HotStorage'12). MA: USENIX Association, 2012: 201-214.

[13] DEUTSCH P, GAILLY J L. Zlib Compressed Data Format Specification Version 3.3 [Z/OL]. RFC Editor, 1996.

[14] DRAGO I, BOCCHI E, MELLIA M, et al. Benchmarking Personal Cloud Storage [C]//Proceedings of International Conference on Internet Measurement Conference (IMC'13). Barcelona: ACM Association, 2013: 205-212.

[15] LILLIBRIDGE M, ESHGHI K, BHAGWAT D. Improving Restore Speed for Backup Systems that Use Inline Chunk-based Deduplication[C]//Proceedings of International Conference on File and Storage Technologies (FAST'13). CA: USENIX Association, 2013: 183-197.

[16] TARASOV V, MUDRANKIT A, BUIK W, et al. Generating Realistic Datasets for Deduplication Analysis[C]//Proceedings of International Conference on Annual Technical Conference (USENIX ATC'12). MA: USENIX Association, 2012: 24-34.

[17] SHANNON C E. A Mathematical Theory of Communication[J]. Journal of ACM SIGMOBILE Mobile Computing and Communications Review, 2001, 5(1): 3-55.

第 8 章 基于数据去重感知的相似数据检测和差量压缩技术

尽管数据去重技术已发展了近十年，其仍然面临着诸多挑战。传统的数据去重技术是基于数据块的指纹来进行重复数据判断，这导致数据去重技术只能识别完全重复的数据块，不能识别相似数据块。而传统的差量压缩算法很好地解决了相似数据的消冗问题，但也随之带来了相似数据查找的计算和索引开销，而且这个问题随着数据规模的增长变得日益严重。针对这个问题，本章介绍一种基于数据去重感知的相似数据检测和差量压缩（Deduplication-aware Resemblance Detection and Elimination Scheme，DARE）技术。对于去重处理后的数据，DARE 首先通过挖掘重复数据流的相邻信息来查找相似性数据，即利用冗余数据的局部性在重复数据的相邻区域查找相似数据来进行差量压缩；然后，采用改进的基于特征值的相似数据查找算法，找到更多的相似数据并进一步压缩数据存储开销。本章的组织结构如下：第 8.1 节介绍相似数据消冗的背景和需要研究解决的问题；第 8.2 节介绍 DARE 的设计与实现等；第 8.3 节通过测试验证 DARE 的有效性和数据压缩性能；第 8.4 节对本章进行了小结。

8.1 相似数据消冗技术概述

尽管数据去重在系统级数据消冗方面取得了巨大的成功，但是在消除冗余数据的彻底性方面还有较大的提升空间。有些残余的冗余数据存在于相似但不完全相同的数据块之间，对这些相似数据进行查找和差量压缩可以进一步节省存储空间。然而，相似数据和重复数据的识别与压缩技术有着极大的区别。本节就相似数据消冗技术与数据去重技术进行比较分析，并且就相似数据检测和压缩技术面临的挑战展开进一步分析和讨论。

8.1.1 相似数据消冗技术的原理与发展趋势

近年来，数据去重技术作为一种面向大规模数据的数据消冗技术，成为存储系统研究的热点。数据去重使用安全哈希摘要来唯一标识数据块，这样大大地简化了重复数据的查找与管理操作，所以被广泛地应用于数据备份和归档系统中，以实现提高数据存储效率、节省数据存储成本的目的。

　　但是随着数据存储需求的增长，数据去重技术也面临诸多的挑战。传统的数据去重是基于数据块的指纹来进行重复数据判断，这导致数据去重技术只能识别完全重复的数据块，而不能识别那些很相似的数据块。例如，两个数据块 A_1 和 A_2 接近完全相同（仅仅有几个字节不同），但是由于安全哈希摘要的雪崩效应，它们的数据块指纹截然不同，因此数据去重技术无法识别这一类冗余数据。而差量压缩技术可以很好地识别并且消除这一类冗余数据，所以获得越来越多的关注。具体而言，差量压缩是一项高效的数据压缩技术，它能够根据引用数据块 A_r 对其相似数据块 A_i 进行高度压缩。数据块的相似度越高，则压缩率越高。如式 (8.1) 所示，对 A_i 和 A_r 进行差量编码可得到差量数据 $\Delta_{r,i}$。如需要解压数据 A_i，则如式 (8.2) 所示读取差量数据 $\Delta_{r,i}$ 和引用数据块 A_r 并进行计算即可。

$$A_i - A_r \xrightarrow{\text{差量编码}} \Delta_{r,i} \tag{8.1}$$

$$\Delta_{r,i} + A_r \xrightarrow{\text{差量解码}} A_i \tag{8.2}$$

　　表 8.1 比较了重复数据与相似数据的冗余检测与消除技术。重复数据的冗余检测和消除技术主要关注数据块级的冗余识别，其代表技术就是数据去重技术；而相似数据的冗余检测和消除技术能够识别相似数据块，可以作为数据去重后的一种补充压缩技术。从这两项技术的发展来看，它们的共性都是在传统压缩技术上衍生出来的一种智能的、基于字典的无损压缩技术，主要应用于备份系统。这两项技术的提出是针对时代背景和需求而提出的，接下来本节具体介绍差量压缩和数据去重的研究背景。

表 8.1　重复数据和相似数据的冗余检测和消除技术比较

类别	重复数据的检测与消除	相似数据的检测与消除
处理对象	重复数据	相似数据
压缩粒度	块级	字节级
代表技术	基于安全指纹识别的数据去重技术	基于超级特征值识别的差量压缩技术
可扩展性	好	差
代表系统	LBFS[1]、Venti[2]、DDFS[3]	REBL[4]、DERD[5]、SIDC[6]

　　在 20 世纪 90 年代，差量压缩技术最早出现在与相似文件压缩和文件版本控制相关的研究中 [7-9]。在这种情况下，相似数据的信息是已知的，但是随着数据规模的增加，维护和记录相似数据信息越来越难，存储系统需要先对大规模的文件集进行相似数据查找和匹配，再通过差量压缩来节省存储空间。IBM 的实验室就这个问题开展了大量的研究工作，如基于数据块/文件的超级特征值的方案 REBL[4] 和 DERD[5]，以及使用布隆过滤器来记录文件的相似性特征的解决方案 TAPER[10]。

　　然而，随着数据存储规模的不断增大，研究人员还在不断尝试寻找其他可替换的备份系统冗余数据的压缩方法。这是因为在差量压缩中，这些相似数据查找的计算和索引开销越来越大，而且相似数据差量编码后的恢复需要两次 I/O 操作（读取差量数据和引用数据），才能对它们进行差量解码 [见式 (8.2)]，这样增加了存储系统的管理开销，并且增加了数据恢复的难度。在 21 世纪初，麻省理工学院和贝尔实验室几乎同时分别提出了 LBFS[1] 和 Venti[2]，它们都实现了块级的重复数据识别（数据去重），即通过数据块的安全哈希摘要来唯一识别数据块，避免了数据的逐个字符的匹配，而且数据去重系统只需要简单地维护安全哈希摘要的索引表，就可以快速、方便地识别重复数据，具有良好的可扩展性。

　　2008 年，美国 Data Domain 在发表于 FAST'08 的一篇文章[3] 中阐述了他们成功商用的基于数据去重的备份系统 DDFS。Data Domain 利用数据去重技术节省数据备份所需要的存储空间，从而使基于数据去重的磁盘备份取代了缓慢、笨重的磁带备份。也就是那个时候，惠普[11, 12]、IBM[13]、赛门铁克[14] 等存储巨头都关注到使用数据去重技术可以提升数据备份的性能，减少用户备份开销。

　　但是近几年来，研究人员发现去重后的数据还存在大量的相似数据冗余，而且通过对这些相似数据的识别和压缩可以进一步节省存储空间。所以，相似数据的识别和压缩研究又回到了研究人员的视野中，人们开始尝试同时识别和压缩重复数据与相似数据，以最大化地节省存储空间。其中，加利福尼亚大学圣地亚哥分校的 Diwaker Gupta 提出的 Difference Engine[15] 在虚拟化环境下联合数据去重、相似数据识别和差量压缩、传统字节级压缩等技术，能够有效地节省内存空间。EMC[6] 提出对数据去重后的相似数据进行差量压缩，从而加快备份数据在广域网环境下的灾备复制。Dropbox[16-18] 提出利用差量压缩技术来加快数据在云端和客户端之间的同步操作。罗得岛大学的杨庆等人提出的 I-CASH[19] 通过对 SSD 缓存中的相似数据进行检测和压缩来提高缓存设备利用率，扩大缓存设备的逻辑空间，能够提高 SSD 缓存的整体性能。

8.1.2　基于超级特征值的相似数据检测技术分析

　　如前所述，相似数据的检测和差量压缩技术能够有效地消除非重复但很相似的数据冗余。如何从大规模数据中找到相似的数据对象成为这项技术的关键。目前广泛使用的相似性数据消冗技术是通过对数据块或文件计算其超级特征值来开展相似性检测和差量压缩的[4,6]。

　　超级特征值是指首先对数据内容提取多个特征指纹，然后将这些指纹组合起来代表数据内容的特征。如果两个数据块拥有相同的超级特征值，则可以确定两个数据块很相似。针对给定的数据块（长度为 len），超级特征值的具体计算方法

如式 (8.3) 和式 (8.4) 所示。

$$\text{Feature}_i = \max_{j=1}^{\text{len}}\{(\text{m}_i\text{Rabin}_j + \text{a}_i)\bmod 2^{32}\} \tag{8.3}$$

$$\text{SuperFeature}_x = \text{Rabin}(\text{Feature}_{xk},\cdots,\text{Feature}_{xk+k-1}) \tag{8.4}$$

首先，系统提取出数据块的 n 个特征值，其中 m_i 和 a_i 是预定义好的 n 对随机数。该方法使用 Rabin 滑动哈希算法对数据块进行扫描，在每个滑动窗口上都产生一个哈希值，并经过 m_i 和 a_i 再哈希处理，提取出每一组 m_i 和 a_i 的最大值。这样，可以计算得出 n 组最大值 [见式 (8.3)]。然后，系统将多个特征值组合成一个超级特征值。两个数据块相同的超级特征值越多，那么它们的相似程度越高。这是因为：根据 Broder 定理 [20]，两个数据块拥有相同超级特征值的概率等于它们的相似性程度。值得注意的是，这里的相似性检测可以产生多个超级特征值，只要有一个超级特征值相等，那么就认定它们相似。同时，一个超级特征值中包含的特征值越多，就表示它们被正确判断相似的概率越大。

然而，这种基于超级特征值的相似性检测存在计算速度慢、索引开销大、可扩展性差等问题。如果需要处理 256 TB 的数据，平均块长为 8 KB，每个特征值为 16 B，特征值的索引将多达 500 GB。由于这些特征值都是哈希后的随机化数值，所以它们的索引存储没有局部性可言。由于数据流太大，这些特征值只能放入磁盘索引管理，这就带来索引速度慢的瓶颈 [6]。因此，元数据的管理和索引严重限制了相似数据检测和差量压缩技术的推广和发展。

8.1.3　基于数据去重感知的相似数据检测技术的提出

备份数据或冗余数据存在空间局部性特征（或称备份数据流的局部性）：若数据块曾经以序列 A、B、C 出现，下次出现数据块 A 时，数据块 B 和 C 很有可能会紧随其后。这种内容局部性可以用来开展相似数据检测。因为本章关注的是数据去重后仍然存在大量相似数据的问题，所以数据去重系统中存在大量的重复数据信息，可以被用来辅助相似数据检测，这就是基于数据去重感知的相似数据检测和差量压缩（简称 DARE）技术的核心。

DARE 通过利用现有的数据去重系统中基于重复数据块相邻区域的相似性检测（Duplicate-Adjacency based Resemblance Detection，DupAdj）方法来检测那些非重复但相似的数据块，如图 8.1 所示。图中，前后两次备份的数据块序列为 $\{B_1, B_2, B_3, B_4, B_5, \cdots\}$ 和 $\{E_1, E_2, E_3, E_4, E_5, \cdots\}$，DARE 采用数据去重技术确定数据块 B_3 和 E_3 重复、B_4 和 E_4 重复，则 E_3 和 E_4 旁边的数据块极有可能是相似数据，即 B_1 和 E_1、B_2 和 E_2、B_5 和 E_5 是基于空间局部性对应的数据块，它们相似的概率很大。这是因为，如果数据块 B_3 和 E_3、B_4 和 E_4 完全重复，则文件 E 和文件 B 有局部性关联，只是部分修改和插入操作导致这两个文件有部分数据块内容不同。根据局部性原理，这些和重复数据相邻的数据块就是有部分的字节被修改或删除，导致产生了截然不同的数据块指纹。这些可能相似的数据块可以进一步通过差量计算来确定是否相似。据实践测试和观察，这种 DupAdj 方法检测出 9% 的非重复数据块的相似程度大于 0.8。

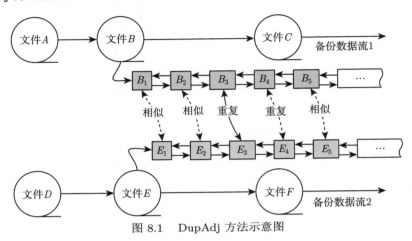

图 8.1 DupAdj 方法示意图

如果 DARE 可以充分利用现有的重复数据块相邻区域的信息开展相似数据检测，就可以避免计算和索引超级特征值，从而减少数据去重后进行相似数据检测和差量压缩的开销。这种方法的具体实现细节在第 8.2.2 小节中讨论。

8.2 基于数据去重感知的相似数据检测和差量压缩技术的设计与实现

8.2.1 设计原理与结构

DARE 的设计初衷是提升数据去重后相似数据检测和差量压缩的性能，它包括以下 2 个关键步骤。

步骤 1：通过挖掘数据流中重复数据块的相邻信息来检测相似数据，即利用冗余数据的局部性在重复数据的相邻区域查找相似数据，并进行差量压缩。

步骤 2：学习并改进传统的基于超级特征值的相似数据查找算法，从而找到更多的相似数据，并进一步压缩存储空间。

其中，步骤 1 充分地利用了数据去重系统中已有的信息，避免了传统方法（繁复地计算数据块的超级特征值）所带来的计算开销和索引开销；步骤 2 保证了数据去重系统遇到缺乏重复数据块信息的情况时，仍然可以通过超级特征值方法找到相似数据并进行差量压缩，而且步骤 2 采用了一种低开销的相似数据查找策略，在相似数据压缩率和检测开销方面获得了很高的性价比。具体的 DARE 技术描述见第 8.2.2 小节和第 8.2.3 小节。

如图 8.2 所示，DARE 主要包括 5 个关键的数据结构：数据块、去重哈希表、局部性缓存、超级特征值哈希表和容器。

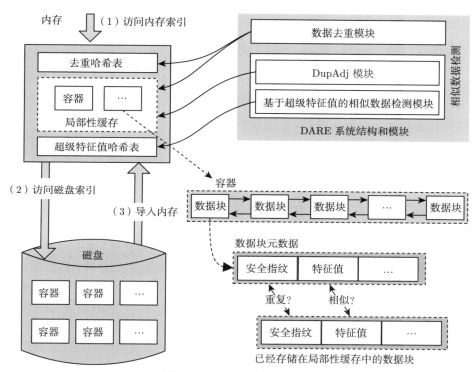

图 8.2　DARE 结构示意图

（1）数据块是重复数据和相似数据检测的原子单元。系统首先对这些数据块进行重复数据检测和消除处理，然后对非重复的数据块采用 DARE 进行相似数据检测和差量压缩。

（2）容器包括多个逻辑上连续的数据块。这种连续存储保存了备份数据流的内容局部性。DARE 使用了一种双向链表的结构来记录数据块的相邻信息，从而实现第 8.1 节提到的 DupAdj。

（3）去重哈希表用来检索数据块的安全指纹摘要（如 SHA-1），从而实现数据块的去重操作。

（4）局部性缓存包含了最近访问的容器，同时保存了备份数据流的局部性，这样可以避免数据块的重复数据检测（指纹检测）和减少相似数据检测带来的磁盘索引访问次数。

（5）超级特征值哈希表用来检索非重复数据块的超级特征值，从而实现进一步的数据块相似性检测和差量压缩工作。

此外，DARE 在重复数据和相似数据检测中主要包括 3 个主要功能组件：数据去重模块、DupAdj 模块、基于超级特征值的相似数据检测模块。对于输入的数据流，DARE 通过数据去重模块检查出重复数据块；对于去重处理后留下的非重复数据块，DARE 进一步通过 DupAdj 模块快速地检测出其中的相似数据块并进行差量压缩，具体实现可参考第 8.2.2 小节; 对于剩下的非重复、非相似数据块，DARE 通过计算它们的超级特征值来进一步检测相似数据块并进行差量压缩，具体实现可参考第 8.2.3 小节。具体的差量压缩细节，以及对数据块去重和差量压缩后的存储管理细节将在第 8.2.4 小节详细介绍。

8.2.2　基于数据去重感知的相似数据检测

如第 8.1.3 小节所述，DARE 的一个显著特征就是提出了基于数据去重感知的相似数据检测方法（DupAdj），通过认定与重复数据块相邻的非重复数据块来识别相似数据块，这样可以减少传统的相似数据检测方法带来的计算和索引开销。

具体而言，DARE 通过一种双向链表的数据结构（见图 8.1 和图 8.2）来记录数据块的相邻信息，以便遍历重复数据块前后的数据块信息。当 DARE 的 DupAdj 模块处理一段输入的数据段时，DARE 会首先检测其中的重复数据块。如果数据块 A_m 已经被检测出与数据块 B_n 重复，那么 DARE 会读取它们各自所在的容器 A 和容器 B，然后沿同一个方向遍历它们各自所属的双向链表，寻找可能存在的相似数据块，如 A_{m+1} 和 B_{n+1}、A_{m-1} 和 B_{n-1}。这里遍历的条件是：如果它们相似，则继续向前或向后遍历；如果不相似，就停止遍历。具体相似判定的方法是：通过差量计算得出这些数据块的相似性程度（差量数据大小/原始数据大小），如果相似性程度小于 0.5，则认定它们相似，否则认定它们不相似。在真实的实验观察中，这种相似性程度往往远高于 0.8，这将在后续章节中具体讨论。

DupAdj 的优点在于，不需要繁复地计算数据块的超级特征值，而只需要利用数据去重系统中已有的重复数据块信息（加一个双向链表）就可以实现数据块的相似性检测。这种方法的缺点也是显而易见的，它的相似性检测结果依赖重复数据块信息的存在，同时也依赖备份数据流的局部性。所以，对于经 DupAdj 检测后剩下的非相似数据块，DARE 仍会计算它们的超级特征值，并进一步地进行相似性检测和差量压缩。

8.2.3　基于超级特征值的相似数据检测

如第 8.1.2 小节所述，基于超级特征值的相似数据检测技术可以有效地检测出相似数据作为差量压缩对象。本小节从理论上分析该技术在数据去重后对剩余数据块进行相似性检测的有效性，并对基于超级特征值的相似数据检测过程中的具体设计参数加以讨论和分析。

如式 (8.3) 和式 (8.4) 所示，一个超级特征值是由多个特征值计算得出，而一个特征值是通过计算数据块内容的 Rabin 指纹得出。下面分析数据块的基于 Rabin 指纹的超级特征值的抗碰撞性（或称假阳性），以及超级特征值数量 M 和每个超级特征值包含的特征值数量 N 对相似数据检测和差量压缩结果的影响。

基于内容的 Rabin 指纹计算是指在一个滑动窗口大小为 32 B 或 48 B 的数据内容上计算 64 bit 的 Rabin 指纹。由于 Rabin 指纹具有良好的随机性和抗碰撞性 [1,21]，所以如果两个滑动窗口内容的 Rabin 指纹相同，那么它们的内容不同的概率为 $(1/2)^{64}$。此外，根据 Broder 定理 [20]，两个数据块拥有相同的相似性特征值的概率依赖它们彼此的相似性程度 γ，即它们的相似性程度越高，就越有可能拥有相同的相似性特征值。所以，两个数据块 S_1 和 S_2 拥有 n 个相同特征值的概率为

$$\Pr\left[\bigcap_{i=1}^{n}\max_i(H(S_1)) = \max_i(H(S_2))\right] = \left\{\frac{|S_1 \cap S_2|}{|S_1 \cup S_2|}\right\}^n = \gamma^n \qquad (8.5)$$

由于 γ 的取值小于 1，所以显然这个概率是随着特征值数量的增加而下降的。当基于这 N 个特征值计算得出超级特征值后，REBL[4]、SIDC[6] 推荐计算多个超级特征值来提高相似性检测的效果：如果两个数据块有一个超级特征值匹配，这两个数据块将被认定相似。所以被检测出相似的概率可以通过增加超级特征值数量 M 来提高到 $1 - (1 - \gamma^N)^M$。

为了简化结果分析，假设数据块内容的相似性程度 γ 服从区间 $[0,1]$ 的均匀分布，那么相似性检测消除的数据冗余（差量压缩）的（归一化的）期望值，可以通过每个超级特征值的特征值数量 N 和超级特征值数量 M 计算得出：

$$\int_0^1 x(1 - (1 - x^N)^M)\mathrm{d}x = \sum_{i=1}^{M} C_M^i(-1)^{i+1}\frac{1}{Ni+2} \qquad (8.6)$$

式 (8.6) 表明，每个超级特征值的特征值越多，相似性检测并差量压缩后得到的数据越少；使用的超级特征值越多，则被检测出来并进行差量压缩的相似数据越多。图 8.3(a) 展示了特征值数量 N 和超级特征值数量 M 对相似数据检测和差量压缩期望的影响。这个结果与现有文献 [6] 中公布的研究结果一致，而且

本书后续章节的测试结果也验证了这个推断的有效性。图 8.3(b) 展示了超级特征值的计算速率与每个超级特征值中特征值数量 N 的关系：超级特征值越多，计算量越大，因此计算速率也越慢；每个超级特征值中的特征值越少，计算量也就越小，因此计算速率也就越快。值得注意的是，超级特征值的计算开销是基于总的特征值数量（$N \times M$）计算的。

受上述理论分析启发，DARE 使用更少的特征值来组建超级特征值，而且可以使用更多的超级特征值来提高相似数据检测效率。当然，上述结果需要结合具体的实验负载和数据分析加以验证，从而找到最佳的特征值数量和超级特征值数量的组合。具体的实验验证与分析见第 8.3.2 小节。

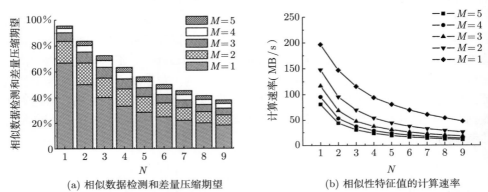

(a) 相似数据检测和差量压缩期望　　　　　(b) 相似性特征值的计算速率

图 8.3　每个超级特征值中的特征值数量 N 和超级特征值数量 M 对相似数据检测和差量压缩性能的影响，以及计算速度分析

8.2.4　差量压缩与存储管理

DARE 采用了典型的开源差量压缩工具 Xdelta[9] 来差量压缩其检测到的相似数据块。DARE 采用了一层差量压缩的原则，可以避免恢复一个相似数据导致的多次读引用数据块操作。在这里，相似数据块的相似性程度也是通过差量计算得出：$\dfrac{1 - \text{差量数据大小}}{\text{原始数据大小}}$。例如，一个数据块通过相似性检测和差量压缩移除了 4/5 的数据内容，就说明该数据块的相似性程度是 80%。对这种相似数据进行检测和差量压缩，可以非常有效地消除去重后的冗余数据。

因为差量压缩需要读取 DARE 检测出的相似数据块（引用数据块），为了减少频繁的磁盘读引用数据块操作，DARE 使用了一个引用数据块缓存。该缓存使用最近最久未使用（Least Recently Used，LRU）替换策略。DARE 在从磁盘读取引用数据块时，将引用数据块所在的数据容器读入内存，在内存中缓存备份数据流的内容局部性，以期望下一次读取引用数据块的访问命中缓存，从而减少磁盘读次数。尽管如此，磁盘读引用数据块还是会不可避免地触发大量随机磁盘读操作，这将在后续章节具体讨论。

图 8.4 展示了重复数据和相似数据检测与差量压缩的数据存储结构。数据去重后为文件建立一个文件谱的数据结构，可以有效地建立原始文件与去重后的数据块的物理地址映射（容器编号和容器内偏移等）。在本章中，由于增加了相似数据差量压缩的环节，所以相应的数据块存储也增加了差量数据的存储内容。具体而言，在容器中，除了传统的非重复数据块这一种格式，还增加了差量数据的格式。差量数据（标识是相似数据）的格式包括差量数据内容、差量数据长度、引用数据块长度等信息。在进行恢复操作时，用户若遇到相似数据块，则需要读取差量数据内容和引用数据块长度来进行差量解码。

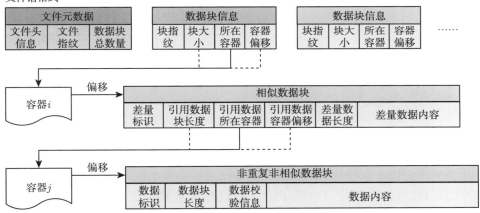

图 8.4　重复数据和相似数据检测与差量压缩后的数据存储结构

8.2.5　整体流程

图 8.5 展示了 DARE 的整体流程。对于输入的备份数据流，DARE 的处理流程如下。

1. 重复数据检测

输入的数据流首先进行数据分块、指纹计算和指纹重复检测，然后将备份过程中连续的数据块信息打包成容器。

2. 相似数据检测

DARE 首先使用其 DupAdj 模块检测相似数据块，然后使用基于超级特征值的相似检测模块进一步检测相似数据块。

3. 差量编码

对于每个被检测到的相似数据块，DARE 首先读取对应的引用数据块，然后使用 Xdelta 对这两个数据块进行差量编码。

4. 存储管理

对于去重和差量编码后的非重复非相似数据块和差量数据块，DARE 将它们存储在容器中管理。相应地，DARE 为每个文件建立文件谱信息，以便进行去重和差量编码后的文件恢复操作。

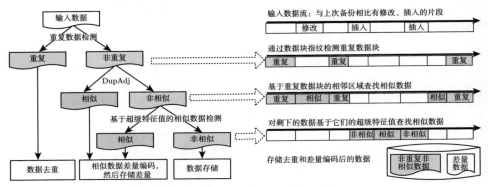

图 8.5　DARE 的整体流程示意图

当用户需要恢复数据时，DARE 首先读取相关的文件谱信息，然后逐个读取各个数据块的内容。对于相似数据块，DARE 需要读取引用数据块和差量数据，然后进行差量解码；对于非重复非相似数据块，DARE 只需要读取指定位置的数据内容即可。

8.3　性能分析

8.3.1　测试环境

DARE 性能测试的硬件配置主要包括：16 GB 内存、Intel Xeon® E5606 处理器（主频为 2.13 GHz）、14 TB 的 RAID6 磁盘阵列（16 个 1 TB 磁盘，其中 2 个为校验盘），以及 120 GB 的金士顿闪存（SVP200S37A120G）；配置的操作系统是 Ubuntu 12.04。

重复数据检测与识别模块配置：采用 Rabin 指纹[21] 来进行 CDC 和计算数据块的超级特征值，采用 SHA-1 来计算数据块的指纹，平均块长为 8 KB。

相似数据检测和差量压缩配置包括：采用 Rabin 指纹计算特征值并设滑动窗口大小为 48 B，使用 Xdelta[9] 对相似数据块进行差量编码。

测试的主要性能指标包括：压缩率，指数据削减掉的大小除以数据的原始大小；数据块的相似性程度（Similarity Degree），指检测到的数据块的差量压缩比；数据相似性检测的计算开销，指计算的特征值数量；数据相似性检测的索引开销，指索引的超级特征值数量；备份吞吐率，指数据集总大小除以其重复检测、相似检测和差量压缩的总时间；恢复吞吐率，指整个数据集恢复的大小除以其相似数据和重复数据恢复的总时间。

DARE 性能测试使用了 6 个著名的开源数据集和 2 个合成数据集（见表 8.2）。开源数据集（Emacs、GDB、Glibc、GCC、SciLab 及 Linux）可以从相应的开源社区网站下载得到，这些数据集在测试过程中使用了两种格式：一种是打包的，另一种是解包的。其中，打包的数据集是用 TAR 打包软件将一个版本的源代码合成为一个大的归档文件，这种方法在商用备份系统中经常使用 [22]，因为这样可以简化数据备份和恢复操作 [6]。

表 8.2　DARE 性能测试所使用的 8 个测试数据集

数据集名称	版本数量	容量（GB）
Emacs-21.4～Emacs-23.4	8	1.15
GDB-6.7～GDB-7.4.1	10	1.37
Glibc-2.1.1～Glibc-2.15	35	3.18
SciLab-5.0.1～SciLab-5.3.2	10	4.94
GCC-4.3.4～GCC-4.7.0	20	8.91
Linux-3.0.10～Linux-3.1.9	40	18.10
Freq（每个新版本 20% 的增量）	20	857.00
Less（每个新版本 10% 的增量）	30	1372.00

表 8.2 中的两个合成数据集是根据最新文献的备份数据集合成原则生成的：对原始版本数据集的文件模拟删除、修改和添加等操作 [23,24]。其中，"Freq"为 20 个版本的高修改频率数据集；"Less"为 30 个版本的低修改频率数据集。这两个合成数据集主要用来测试 DARE 在大规模数据集下相似数据检测的可扩展性。

8.3.2　基于超级特征值的相似数据检测的验证学习

本小节测试在真实数据集环境下的基于超级特征值的相似数据检测效果，具体测试了超级特征值数量和特征值数量对相似性检测和差量压缩结果的影响，从而给后面的系统设计和实现提供合理的参数。本小节除了图 8.6（测试了多个超级特征值的参数对压缩率的影响），其余图都默认使用 3 个超级特征值进行相似数据检测和差量压缩效果分析。

图 8.6 展示了超级特征值数量 M 和每个超级特征值中的特征值数量 N 对相似数据检测和差量压缩效果的影响。总的来说，压缩率与 N 成反比，而与 M 成正比，这与式 (8.6) 及图 8.3 的分析结果基本一致。一方面，使用更多的超级特征值可以挖掘出待检测数据更多的相似性特征，从而找到更多的相似数据，避免单个相似性特征不匹配而被误判为非相似数据；另一方面，使用更多的特征值来组成一个超级特征值可以提高相似数据检测的抗碰撞性，但同时也降低了相似数据被判定相似并差量压缩的概率，这与式 (8.5) 的分析结果是一致的。

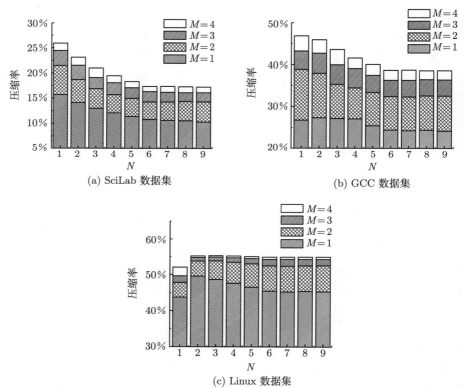

图 8.6　每个超级特征值中的特征值数量 N 和超级特征值数量 M 对相似数据检测和差量压缩效果的影响

由图 8.6(c) 可见，在 Linux 数据集上使用一个特征值来组建超级特征值的压缩率小于用两个特征值组建超级特征值，这是因为在该数据集下，一个特征值发生哈希碰撞的概率很大。根据 Linux 的数据集特征分析及文献讨论 [6]，这主要是因为 Linux 源代码文件的开始部分经常有相同的文件描述信息。尽管如此，图 8.6 的结果总体趋势还是表明，在一个超级特征值中使用更少的特征值可以检测到更多可能的相似数据。

图 8.7 展示了使用更少的特征值可以检测到更多相似数据的原因。图中将基于超级特征值检测的相似数据块根据相似性程度分成了 10 组 {(0,0.1), $\cdots$,(0.9, 1.0]}，并统计了检测到的相似数据分组后的总数量分析。该图主要传递了两个信息：第一，单个超级特征值使用更少的特征值数量有助于检测到相似性程度低的数据；第二，单个超级特征值中使用两个特征值在相似性数据检测数量上和检测到的数据相似性程度上都获得了比较好的结果。

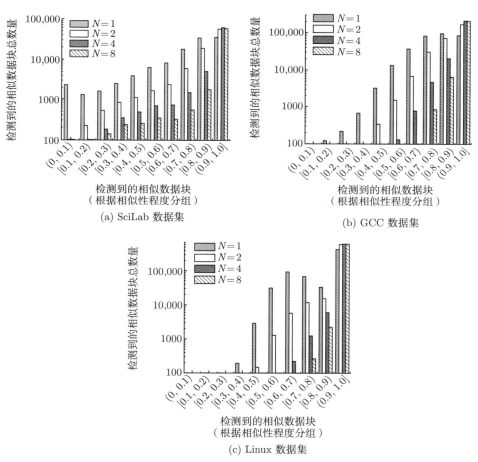

图 8.7　单个超级特征值中的特征值数量 N 对相似数据检测相似性程度的影响

图 8.7(c) 也很好地解释了图 8.7(a) 的结果，单个超级特征值中使用一个特征值能够检测到更多的相似性程度低的数据。所以，综合图 8.6 和图 8.7 可知，在

一个超级特征值中使用两个特征值，以及使用 3 个超级特征值可以在数据相似检测效率（差量压缩率和检测到的数据相似性程度）方面达到良好的整体性能。

图 8.8 表明了数据块的平均块长对数据去重与相似数据压缩效果的影响，其中"Dedupe"表示数据去重，"SF-2F"和"SF-4F"分别表示相似数据检测和差量压缩采用每个超级特征值由 2 个和 4 个特征值组成的策略，其中"Total-2F"和"Total-4F"分别表示"Dedupe + SF-2F"和"Dedupe + SF-4F"。

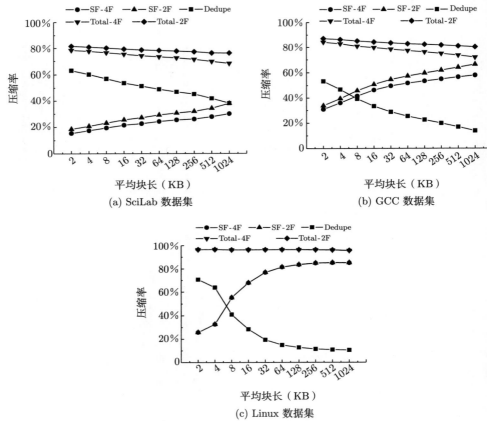

图 8.8　数据块的平均块长对数据去重与相似数据压缩效果的影响

由图 8.8 可知：第一，块长越大，数据去重效果越差，数据去重效果与块长成反比；第二，随着块长的增大，数据去重效果逐渐弱化，而相似数据检测和差量压缩则很好地补充了整体数据消冗的效果，所以数据去重和相似数据差量压缩的整体结果（"Total-2F"和"Total-4F"）受块长的影响很小；第三，单个超级特征值中使用 2 个特征值时的相似数据检测和差量压缩效果比使用 4 个特征值时要好，而且随着块长的增加，这个优势变得越来越明显。但是一般而言，数据去重系统中的块长推荐使用 4 KB 或 8 KB[22]；过于依赖相似数据检测和差量压缩的效果，会增加数据管理的开销和数据恢复的难度。

最后，图 8.9 展示了单个超级特征值中的特征值数量对系统吞吐率的影响。由图可见，单个超级特征值中的特征值数量为 2 或 3 时，系统吞吐率达到了峰值；当单个超级特征值中的特征值数量大于 2 或 3 时，系统的特征值计算开销会逐渐增加，所以系统吞吐率逐渐下降；当单个超级特征值中的特征值数量为 1 时，系统需要更加频繁地读取引用数据块，所以系统吞吐率也较低。综合图 8.6 ～ 图 8.9 可知，单个超级特征值中使用两个特征值，在各项性能测试中都能达到比较合理的相似数据检测和差量压缩性能。

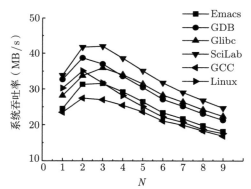

图 8.9 单个超级特征值中的特征值数量 N 对系统吞吐率（联合了数据去重和差量压缩）的影响

8.3.3 基于数据去重感知的相似数据检测和差量压缩性能

本小节主要测试 DupAdj，并在这个基础上进一步测试联合使用基于超级特征值的相似数据检测技术的情况（DARE）。此外，单独的基于超级特征值的相似数据检测也将和 DARE 中的相似数据检测方法进行比较。本小节中的 SF-2F 和 SF-4F 表示使用了 3 个超级特征值且每个超级特征值分别包含 2 个和 4 个特征值，DARE 中基于超级特征值的相似数据检测方法采用了 SF-2F 方案。

表 8.3 展示了在两种数据格式下的 6 个真实数据集的数据去重，以及 4 种相似数据检测和差量压缩方法的性能对比。4 种相似数据检测和差量压缩方法为：DupAdj、基于 SF-2F 的相似性检测、基于 SF-4F 的相似性检测、DARE 相似性检测（DupAdj+SF-2F）。表 8-3 中的加号表示该数值是对应的相似数据检测和差量压缩方法在数据去重基础上获得的额外数据压缩效果，块长为 8 KB。可以看

出，DupAdj 几乎达到了与 SF-4F 相当的相似数据检测效果；与 SF-2F 和 SF-4F 相比，DARE 分别多检测（并差量压缩）了 2%～6% 和 3%～10% 的冗余数据。这里，DupAdj、SF-2F、SF-4F 检测到的相似数据的平均相似性程度为 0.895、0.892、0.934。这样就验证了 DupAdj 能够有效地检测到相似数据，并将其作为差量压缩对象。

表 8.3　数据去重及 4 种相似数据检测和差量压缩方法性能对比

方法名称	数据集（打包格式，Tarred）/版本数					
	Emacs/8	GDB/10	Glibc/35	SciLab/10	GCC/20	Linux/40
Dedupe	37.1%	48.7%	52.2%	56.9%	39.1%	40.9%
DupAdj	+32.1%	+33.5%	+29.2%	+19.5%	+38.2%	+53.6%
DARE	+41.0%	+40.8%	+36.9%	+25.2%	+46.7%	+55.1%
SF-2F	+33.7%	+36.4%	+35.3%	+22.6%	+45.2%	+55.3%
SF-4F	+28.2%	+33.4%	+30.4%	+18.8%	+40.6%	+55.1%
方法名称	数据集（解包格式，UnTarred）/版本数					
	Emacs/8	GDB/10	Glibc/35	SciLab/10	GCC/20	Linux/40
Dedupe	43.5%	70.6%	87.9%	77.5%	83.5%	96.7%
DupAdj	+29.6%	+10.9%	+2.9%	+5.2%	+7.2%	+0.7%
DARE	+37.7%	+18.2%	+7.3%	+10.4%	+9.9%	+1.0%
SF-2F	+31.7%	+16.5%	+6.6%	+9.6%	+9.1%	+0.9%
SF-4F	+28.0%	+14.2%	+5.7%	+8.1%	+7.3%	+0.6%

图 8.10 展示了 DARE、SF-2F、SF-4F 在这 6 个数据集（打包格式）上进行相似数据检测的计算和索引开销。因为 DupAdj 仅通过挖掘重复数据的相邻信息来检测相似数据（仅在导入重复数据块所在容器的时候增加一个双向链表），所以其计算和索引开销几乎可以忽略不计。

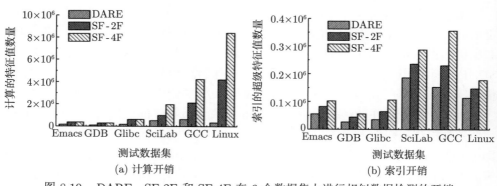

图 8.10　DARE、SF-2F 和 SF-4F 在 6 个数据集上进行相似数据检测的开销

图 8.10 仅展示了 DARE 和 SF-2F、SF-4F 的相似数据检测开销。可以看出，DARE 中的相似数据检测方法的计算开销和索引开销仅约为 SF-2F 的一半。这是因为 DARE 首先利用数据去重系统中现有的重复数据信息来查找相似数据，减少了传统方法的超级特征值计算开销和索引开销；然后对那些缺乏重复数据相邻信息的非重复数据块计算超级特征值，来进一步补充相似数据检测效果。相对而言，SF-4F 消耗了最多的计算开销和索引开销。

8.3.4　可扩展性测试

为了更好地测试与评估 DARE 的可扩展性，本小节在 SiLo[25,26] 的基础上实现了 SIDC[6]（一种基于数据流局部性感知的差量压缩方法，简称基于缓存索引）。该方法仅检测缓存于内存容器中的数据块超级特征值，从而避免了存储系统维护一张庞大的全局特征值索引表，在基于超级特征值的相似性数据检测方面有着很好的可扩展性。所以，本小节采用该方法来测试 DARE、SF-2F、SF-4F 的压缩率和备份速率等性能指标。

表 8.4 展示了 4 种相似数据检测和差量压缩方法在数据去重后的压缩效果对比，其中加号和星号分别表示相似数据检测方法在数据去重基础上获得的额外压缩率和压缩比。这里首先对两个大数据集采用完全去重和基于 SiLo 的近似精确去重（简称 SiLo 去重）。可以看到，SiLo 去重达到了完全去重的 99% 的压缩率，所以该表中 4 种方法对应的数值是在 SiLo 去重基础上进行相似数据检测和差量压缩的结果，各数据集下左侧一列是压缩率，右侧一列是压缩比。

表 8.4　4 种相似数据检测和差量压缩方法在数据去重后的压缩效果对比

方法名称	Freq 数据集		Less 数据集	
完全去重	84.60%	6.5X	91.20%	11.4X
SiLo 去重	84.40%	6.4X	91.20%	11.4X
基于缓存索引的 DARE	+9.28%	*2.5X	+5.01%	*2.3X
基于缓存索引的 SF-2F	+7.01%	*1.8X	+4.31%	*2.0X
基于缓存索引的 SF-4F	+5.32%	*1.5X	+3.27%	*1.6X
基于完整索引的 SF-2F	+9.61%	*2.6X	+5.04%	*2.3X

由表 8.4 可知，相似数据检测和差量压缩的压缩比可以在数据去重基础上提高 1.5～2.6，这意味着可以进一步节省约 60% 的存储空间。该表中的 4 种相似数据检测和差量压缩方法中，DARE 取得了比较完美的相似数据检测性能，而 SF-2F 和 SF-4F 的测试结果与表 8.3 的结果基本一致。此外，基于缓存索引的策略漏检了大量的相似数据块，这是由某些情况下数据局部性的弱化导致的。这个问题

在 SIDC[6] 中有深入的讨论，虽然基于缓存索引的策略可以避免维护庞大的超级特征值索引表，但是会在数据局部性差的情况下漏检一些可能的相似数据块。虽然 DARE 也采用了基于缓存索引的超级特征值查找算法，但是其 DupAdj 已经合理地检测并处理了足够多的相似数据块。

图 8.11 展示了基于缓存索引的 DARE、SF-2F、SF-4F 在相似数据检测后的压缩率。这里基于超级特征值的相似数据检测策略，通过 3 个超级特征值逐步检测到了更多的相似数据。DARE 中的 DupAdj 非常有效地检测到了可能的相似数据。这也是因为这两个数据集提供了丰富且大量的重复数据信息（重复数据压缩比达到了 5 倍之多），这样 DARE 的基于超级特征值的相似数据检测仅检测了约 0.2% 的额外相似数据。所以，与传统的基于超级特征值的相似数据检测相比，DARE 的计算开销和索引开销都是非常小的。

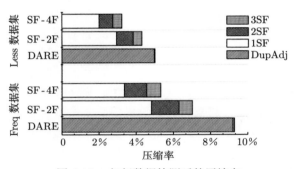

图 8.11 相似数据检测后的压缩率

图 8.12 展示了 4 种相似数据检测和差量压缩方法的系统吞吐率对比。这里的备份过程包括重复数据检测、相似数据检测和差量压缩操作，其中"Ful."表示基于完整索引，"Cac."表示基于缓存索引。由图可见，Cac. DARE 取得了最优的系统吞吐率性能；Cac. SF-4F 的吞吐率最低，这是因为其计算开销最大。而 Cac. DARE 通过挖掘现有的重复数据信息来优化相似数据检测性能，所以获得了比较一致的、良好的系统吞吐率。DARE 在 RAID 上的吞吐率大约为 50 MB/s，而在闪存上的吞吐率平均为 85 MB/s。这主要是相似数据检测过程中的读引用数据块（带来的随机 I/O 操作）引起的。总的来说，DARE 取得了比较一致的相似数据检测和差量压缩性能。实际上，对图 8.12 中相似数据检测的时间开销结果进行量化统计分析可得，DARE、SF-2F、SF-4F 的相似数据检测速率分别为 154 MB/s、60 MB/s、30 MB/s。DARE 的性能优势主要源于其挖掘了数据去重系统中现有的重复数据块信息来直接检测可能的相似数据。

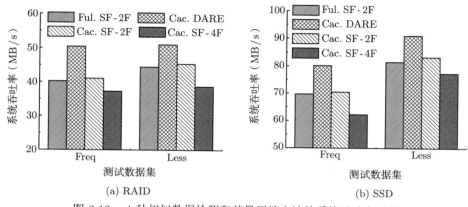

图 8.12　4 种相似数据检测和差量压缩方法的系统吞吐率对比

8.3.5　恢复性能测试

本小节具体分析相似数据差量压缩后的数据恢复性能。由于差量压缩后的数据恢复需要先进行两次读操作（一次读取差量数据块，另一次读取引用数据块），再对这两个数据块进行差量解码计算，所以直观上感觉相似数据差量压缩降低了数据去重系统的恢复性能。而实际测试结果则推翻了这一猜测：第一，差量解码的速度非常快，基于上述 8 个测试数据集的相似数据差量压缩观察表明，真实的平均差量解码速率约为 1 GB/s，这个速度与外存储系统的读操作相比是极快的；第二，对于给定大小的恢复缓存，DARE 能够通过相似数据检测和差量压缩缓存更多的逻辑数据内容。例如，缓存中有 4 个差量数据块（总大小为 8 KB）、4 个引用数据块（大小都为 8 KB），所以缓存实际上存储了 8 个数据块（其中 4 个数据块可以经过差量解码得出），从而在逻辑上将缓存空间扩大了一倍。这一思想也被有效地应用到了 Difference Engine[15] 和 I-CASH[19] 中，它们利用差量压缩技术增加了内存和 SSD 缓存的逻辑空间。

从图 8.13(a) 和图 8.14(a) 可以看出，DARE 添加的相似数据检测和差量压缩在数据去重系统的恢复性能上实现了两倍提升。这里 DARE 展现的数据恢复性能是在 RAID 中运行的结果。从图 8.13(b) 和图 8.14(b) 可以看出，DARE 与数据去重系统相比，DARE 只读取约一半的容器就可以完成数据恢复操作。SF-4F 和 SF-2F 的数据恢复结果与他们的压缩率直接相关，略低于 DARE。其他 6 个数据集的恢复结果与图 8.13 和图 8.14 中的结果一致。其中，图 8.14(a) 所示的结果出现了凸点，这是因为第 17 个版本开始的数据恢复源逐步变成了最近的和当前的备份版本，所以出现了较少的随机读操作（不需要频繁在第一个版本和后续版本之间频繁地切换）。总的来说，数据去重后和相似数据差量压缩后的数据恢复性能会随着备份版本数的增加而降低，而相似数据差量压缩在某种程度上优化了数据去重后的恢复性能。总之，差量压缩策略在逻辑上增大了恢复缓存的空间，提高了缓存命中率。

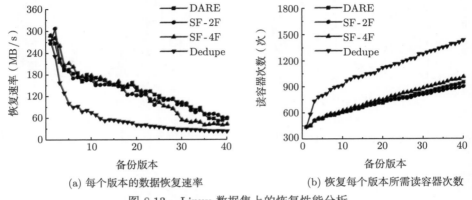

(a) 每个版本的数据恢复速率　　　　　　　(b) 恢复每个版本所需读容器次数

图 8.13　Linux 数据集上的恢复性能分析

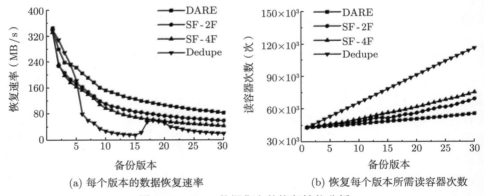

(a) 每个版本的数据恢复速率　　　　　　　(b) 恢复每个版本所需读容器次数

图 8.14　Less 数据集上的恢复性能分析

8.4　本章小结

如何在存储系统中高效地检测和消除数据冗余，一直是数据压缩和去重研究的热点话题。本章介绍了利用数据去重系统中现有的重复数据块信息来进行相似数据检测和差量压缩的工作。这项工作能够进一步消除存储系统中的数据冗余，提高数据压缩率，同时有效地减少在存储系统中进行相似数据检测的计算开销和索引开销。具体而言，本章的主要内容如下。

（1）提出了一种基于超级特征值的相似数据检测技术——DupAdj。DARE 利用数据去重系统中现有的重复数据块信息进行相似数据块判断，即基于备份数据流的内容局部性特征来判断两个重复数据块相邻的非重复数据块是否为相似数据块，并直接通过差量压缩来计算它们的相似性程度，从而进一步确认它们的相似性。

（2）从理论和实验角度分析了传统的基于超级特征值的相似数据查找算法，从而得出了合理的参数来进行相似数据查找。该策略在数据流局部性特征缺失的情况下也能有效地提高相似数据检测效率和压缩率。

（3）分析了数据去重和相似数据差量压缩后的数据恢复性能。实验结果表明，相似数据检测和差量压缩功能并没有恶化数据去重后的恢复性能。相反地，通过在恢复缓存中存储少量的差量数据块能够有效地增大恢复缓存的逻辑空间，从而提高恢复缓存的命中率，减少磁盘访问次数，最终加快数据恢复过程。

DARE 结合了基于数据去重感知和基于超级特征值的相似数据检测，并使用差量压缩模块在数据去重后进一步消除冗余数据，具有相似数据检测开销少、数据压缩率高且吞吐率高等优点，可以应用在数据备份系统、数据归档系统、数据远程复制、数据迁移等场合，能够节省数据存储空间，提高数据传输效率。

参考文献

[1] MUTHITACHAROEN A, CHEN B, MAZIERES D. A Low-bandwidth Network File System[C]//Proceedings of ACM Symposium on Operating System Principles (SOSP'01). Banff Alberta: ACM, 2001: 174-187.

[2] QUINLAN S , DORWARD S. Venti: A New Approach to Archival Data Storage[C]// Proceedings of USENIX Conference on File and Storage Technologies (FAST'02). CA: USENIX Association, 2002: 1-13.

[3] ZHU B, LI K, PATTERSON H. Avoiding the Disk Bottleneck in the Data Domain Deduplication File System[C]//Proceedings of USENIX Conference on File and Storage Technologies (FAST'08). CA: USENIX Association, 2008(8): 1-14.

[4] KULKARNI P, DOUGLIS F, LAVOIE J D, et al. Redundancy Elimination Within Large Collections of Files[C]//Proceedings of USENIX Annual Technical Conference (USENIX ATC'12). MA: USENIX Association, 2012: 1-14.

[5] DOUGLIS F, IYENGAR A. Application-specific Delta-encoding via Resemblance Detection[C]//Proceedings of USENIX Annual Technical Conference (USENIX ATC'03). TX: USENIX Association, 2003: 113-126.

[6] SHILANE P, HUANG M, WALLACE G, et al. WAN Optimized Replication of Backup Datasets Using Stream-informed Delta Compression[J]. ACM Transactions on Storage, 2012, 8(4): 1-26.

[7] MOGUL J C, DOUGLIS F, FELDMANN A, et al. Potential Benefits of Delta Encoding and Data Compression for HTTP[J]. ACM SIGCOMM Computer Communication Review, 1997(27): 181-194.

[8] BURNS R C, LONG D D. Efficient Distributed Backup with Delta Compression [C]//Proceedings of the Fifth Workshop on I/O in Parallel and Distributed Systems (IOPADS'97). CA: ACM Association, 1997: 27-36.

[9] MACDONALD J. File System Support for Delta Compression[D]. Berkely: University of California, 2000: 1-28.

[10] JAIN N, DAHLIN M, TEWARI R. TAPER: Tiered Approach for Eliminating Redundancy in Replica Synchronization[C]//Proceedings of USENIX Conference on File and Storage Technologies (FAST'05). CA: USENIX Association, 2005: 281-294.

[11] LILLIBRIDGE M, ESHGHI K, BHAGWAT D, et al. Sparse Indexing: Large Scale, Inline Deduplication Using Sampling and Locality[C]//Proceedings of USENIX Conference on File and Storage Technologies (FAST'09). CA: USENIX Association, 2009(9): 111-123.

[12] BHAGWAT D, ESHGHI K, LONG D D, et al. Extreme Binning: Scalable, Parallel Deduplication for Chunk-based File Backup[C]//Proceedings of IEEE International Symposium on Modeling, Analysis & Simulation of Computer and Telecommunication Systems (MASCOTS'09). London: IEEE Computer Society, 2009: 1-9.

[13] ARONOVICH L, ASHER R, BACHMAT E, et al. The Design of A Similarity based Deduplication System[C]//Proceedings of the 2009 Israeli Experimental Systems Conference (SYSTOR'09). Haifa: ACM Association, 2009: 1-12.

[14] GUO F, EFSTATHOPOULOS P. Building a High-performance Deduplication System[C]//Proceedings of USENIX Annual Technical Conference (USENIX ATC'11). OR: USENIX Association, 2011: 1-14.

[15] GUPTA D, LEE S, VRABLE M, et al. Difference Engine: Harnessing Memory Redundancy in Virtual Machines[J]. Communications of the ACM, 2010, 53(10): 85-93.

[16] DRAGO I, MELLIA M, M MUNAFO M, et al. Inside Dropbox: Understanding Personal Cloud Storage Services[C]//Proceedings of International Conference on Internet Measurement Conference (IMC'12). MA: ACM Association, 2012: 481-494.

[17] SLATMAN H. Opening Up the Sky: A Comparison of Performance-Enhancing Features in SkyDrive and Dropbox[C]//Proceedings of the 18th Twente Student Conference on IT (TSIT). Enschede: University of Twente, Faculty of Electrical Engineering, Mathematics and Computer Science, 2013: 1-8.

[18] DRAGO I, BOCCHI E, MELLIA M, et al. Benchmarking Personal Cloud Storage [C]//Proceedings of International Conference on Internet Measurement Conference (IMC'13). Barcelona: ACM Association, 2013: 205-212.

[19] YANG Q, REN J. I-CASH: Intelligently Coupled Array of SSD and HDD[C]//
Proceedings of IEEE International Symposium on High Performance Computer Ar-
chitecture (HPCA'11). TX: IEEE Computer Society, 2011: 278-289.

[20] BRODER A Z. On the Resemblance and Containment of Documents[C]//
Proceedings of Compression and Complexity of SEQUENCES (SEQUENCES'97).
Washington: IEEE, 1997: 21-29.

[21] BRODER A Z. Some Applications of Rabin's Fingerprinting Method[M]//Sequences
II. Berlin: Springer, 1993: 143-152.

[22] WALLACE G, DOUGLIS F, QIAN H, et al. Characteristics of Backup Workloads
in Production Systems[C]//Proceedings of USENIX Conference on File and Storage
Technologies (FAST'12). CA: USENIX Association, 2012: 1-14.

[23] LILLIBRIDGE M, ESHGHI K, BHAGWAT D. Improving Restore Speed for Backup
Systems that Use Inline Chunk-based Deduplication[C]//Proceedings of USENIX
Conference on File and Storage Technologies (FAST'13). CA: USENIX Association,
2013: 183-197.

[24] TARASOV V, MUDRANKIT A, BUIK W, et al. Generating Realistic Datasets for
Deduplication Analysis[C]//Proceedings of USENIX Annual Technical Conference
(USENIX ATC'12). MA: USENIX Association, 2012: 24-34.

[25] XIA W, JIANG H, FENG D, et al. SiLo: A Similarity-locality based Near-
exact Deduplication Scheme with Low RAM Overhead and High Throughput[C]//
Proceedings of USENIX Annual Technical Conference (USENIX ATC'11). OR:
USENIX Association, 2011: 285-298.

[26] XIA W, JIANG H, FENG D, et al. Similarity and Locality based Indexing for High
Performance Data Deduplication [J]. IEEE Transactions on Computers, 2014, 64(4):
1162-1176.

第 9 章 受数据去重启发的轻量级差量同步技术

近年来，全球数据量爆炸式增长，云存储中同步的文件规模也日益增大。差量同步作为只传输差量数据的同步方法，有效地减小了网络通信量的规模，缓解了文件同步网络开销越来越大的压力。但是随着手机和物联网设备的普及，经典的差量同步方法 Rsync 已逐渐无法满足这种计算资源受限的轻量级同步场景的需求。主要原因在于，Rsync 协议都需要通过逐字节计算弱指纹这一耗时的操作来解决 FSC 带来的分块点偏移现象，从而给计算资源受限的设备带来了计算开销。受数据去重技术的启发，本章首先介绍一种计算资源需求更小的轻量级差量同步技术——CDCsync。然后，为了进一步减少计算开销和元数据开销，本章基于强指纹、弱指纹的属性和文件编辑的局部性提出了强弱指纹比较过程分离和合并连续匹配块两个同步协议优化策略，形成 CDCsync 的最终版本——Dsync。在基准数据集和真实数据集上的测试表明，与轻量级差量同步算法 WebR2sync+ 相比，Dsync 的整体速度提高了 2~8 倍，服务端并发性能提高了 30%~50%。

本章的组织结构如下：第 9.1 节介绍差量同步与数据去重技术，着重介绍 WebR2 sync+ 和 Dedupe 这两种具有代表性的差量同步算法；第 9.2 节介绍 CDCsync；第 9.3 节介绍 Dsync；第 9.4 节介绍对 Dsync 进行系统测试的结果，以验证 Dsync 的优越性；第 9.5 节对本章进行了小结。

9.1 差量同步与数据去重技术

本节主要介绍差量同步与数据去重技术，并概述本章的主要内容。其中，第 9.1.1 小节主要介绍差量同步与数据去重技术的研究现状，并将差量同步按照分块方法和有无先验知识这两个维度进行分类，着重介绍 WebR2sync+ 和 Dedupe 这两种具有代表性的差量同步算法；第 9.1.2 小节介绍本章的主要研究内容。

9.1.1 差量同步与数据去重技术简介

目前，Dropbox、Google Drive、Microsoft OneDrive 等云存储服务日益流行，它们支持数据的访问、备份和共享，为人们带来了极大的便利。与此同时，访问、备份和共享操作也带来了极大的网络开销和服务器与客户端上的计算开销 [1]。据统计，仅 Dropbox 的通信量就达到了整体网络通信量的 4%，这已经超过了 Youtube 通信量的 1/3[2]。

数据冗余现象不仅存在于大规模存储系统中，云存储服务平台同步的过程中也同样传送了大量的冗余数据。例如，一个文件有多个版本迭代，客户端同步这个文件到服务器，且服务器上已有这个文件的上一个版本，这是十分常见的文件同步场景。一般来说，两个相邻的版本会比较相似（两个版本之间存在相同的部分），如果直接传送整个文件，必然会传送冗余数据，浪费网络资源。合理的解决思路是只传送两个文件之间不同的地方，也就是差量。差量同步遵循了类似的思想以减少开销——找出并只传递差量。这种思想基于这样一个事实：CPU 的计算速度远远大于网络传输速度，从而能够用较快的差量计算过程取代较慢的网络传输过程。

差量同步 [3] 作为文件同步的方法之一，可以有效地减少文件同步的网络通信量，节省网络资源。对差量同步方法进行加速和改进，能降低服务器和客户端的 CPU 开销，有效地提升用户体验。

1. Rsync 的整体流程

差量技术很早就受到诸多学者的关注，包括 Unix diff[4]、Vcdiff[5]、WebExpress[6]、数据分块 [7,8]、差量编码 [9-11]、网站镜像 [12] 和差量同步 [3]。其中，差量同步作为有效解决文件同步过程中传送冗余数据问题的方法，近来受到诸多研究人员的关注 [13-15]。经典的 Rsync[3] 有效地解决了客户端在无先验知识的情况下进行文件同步的问题，适用于计算资源受限的场景。Rsync 是 Linux 平台上标准的轻量级差量同步工具，在整个同步协议中是以块级别来进行差量查找，可以加快整体同步的过程。分块方法采用的是 FSC，即将文件分为长度固定的块（如 8 KB）。如图 9.1所示，在同步过程中，客户端与服务端进行多轮通信来交换所有数据块的元数据，元数据主要包括强指纹、弱指纹。强指纹作为数据块的唯一标识，弱指纹则是为了避免不必要的强指纹计算。Rsync 就是通过对比客户端与服务端的强指纹、弱指纹来确定相同的数据块，从而找到所有的差量数据块。具体来说，Rsync 的整体流程可分为以下 3 个阶段。

（1）预处理阶段：客户端向服务端发送同步请求；服务端接收到同步请求后，对本地的同名文件进行 FSC 并计算强指纹（如 MD5）和弱指纹 (如 Adler32)。强指纹计算复杂但碰撞率低，弱指纹计算较简单但碰撞率高。计算完成后，服务端将所有数据块的强指纹、弱指纹形成校验和列表并发送给客户端。

（2）匹配阶段：客户端接收到校验和列表后，对自己本地的文件边分块边进行指纹比较。首先计算当前数据块的弱指纹，并与校验和列表中的所有弱指纹进行比较。如果找到弱指纹相同的数据块，则计算对应数据块的强指纹并比较是否相同，若强指纹也相同，则说明找到相同数据块，直接跳过一个数据块的长度计算下一块。强指纹、弱指纹中的任意一个不相同，则说明不匹配，此时只向后滑动一个字节，重复比较指纹操作，直到找到所有相同数据块为止。遍历完整个文件后，客户端得到差量数据块的数据，并将之发送给服务端。

（3）重构阶段：服务端接收到差量数据块后，利用本地相同数据块和接收到的差量数据块重新构建新文件，最后返回确认消息。

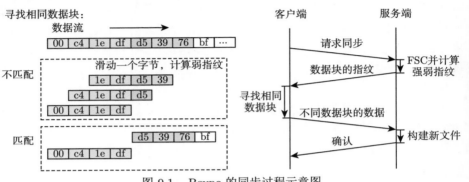

图 9.1　Rsync 的同步过程示意图

2. 差量同步和全文件同步

文件同步有两种主流的方式（见图 9.2）：一种是全文件同步，也就是直接传输整个文件；另一种是差量同步。具体而言，服务端有文件 V_1，客户端有文件 V_2，文件 V_2 是文件 V_1 的迭代版本，同步时先比较文件 V_1 和文件 V_2，通过

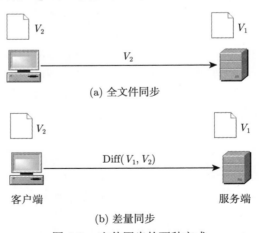

图 9.2　文件同步的两种方式

计算找出差量，然后客户端仅传送差量给服务端，这就是差量同步。前者实现简

单，但会传送大量的冗余数据，适用于小文件同步 [16]；后者可以大幅减少网络通信量，但需要通过复杂的计算来找到文件间的差量。在网络受限的情况下，寻找差量的计算时间与漫长的网络通信时间相比可以忽略不计。由此，差量同步的优势得以体现：不仅可以减少同步时间，还可以减少网络通信量。

3. 客户端有先验知识和客户端无先验知识

按照客户端是否有上一版文件的相关信息，差量同步又分为客户端有先验知识和客户端无先验知识两类。图 9.3 展示了客户端有先验知识和客户端无先验知识的区别。图中，文件 V_2 是文件 V_1 的下一个版本。图 9.3(a) 是客户端有先验知识的同步示意图，客户端不仅有当前文件版本 V_2，还存储着上一个文件版本 V_1。由于进行同步的两个版本都在客户端本地，只需要先在本地直接计算出两个文件的差量，然后将其传输给服务端，仅需一轮网络通信就可以完成文件同步。图 9.3(b) 则是客户端无先验知识的同步示意图，客户端只有当前文件版本 V_2，没有上一个文件版本 V_1 的相关信息。这时，客户端则需要与服务端进行多轮通信，从而得到上一个版本的有关信息并计算出两个版本之间的差量，最后将差量发送给服务端，过程较复杂。

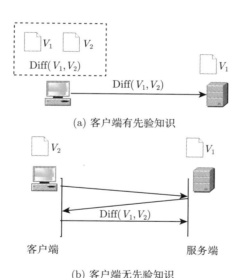

(a) 客户端有先验知识

(b) 客户端无先验知识

图 9.3　客户端有无先验知识的差量同步示意图

客户端有先验知识相当于以空间换时间，消除交换元数据的过程，直接先在本地计算差量，然后传输差量。但是维护上一个版本的先验知识需要额外的开销，甚至可能会带来版本冲突 [17]。客户端无先验知识则是一种更轻量级的同步方式，它适用于一些计算资源不足的同步场景，如手机、物联网设备等。所以，客户端无先验知识能更便捷地满足人们日常的同步需求。

4. FSC 和 CDC

FSC 就是将块长设为一个定值（如 8 KB），这种分块方式非常简单，但是有很大的缺点。如图 9.4 所示，当对文件做插入或删除操作时，修改位置之后的分块点会整体向后或向前偏移，导致后面的块不匹配，出现分块点偏移现象。Rsync 通过逐字节地计算弱指纹避免了分块点偏移现象。当数据块不匹配时，Rsync 便向后移动一个字节并计算数据块的弱指纹，再进行指纹比较操作，直至找到相同数据块为止。Rsync 采取的策略确实有效地解决了分块点偏移的问题，但是增加了弱指纹计算。在最坏的情况下，两文件完全不同，Rsync 在寻找相同数据块阶段就需要逐字节地计算数据块的弱指纹，这是十分耗时的操作。

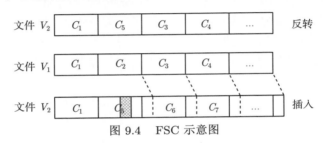

图 9.4　FSC 示意图

源于 LBFS[18] 的 CDC 是目前数据去重的核心分块方式。如图 9.5 所示，它的核心思想是在文件数据流上使用滑动窗口机制，窗口大小约为 32 B。CDC 的分块过程：首先从头开始计算滑动窗口内容的哈希值 f，然后判断 f 是否满足预设的条件。如果满足，则说明找到分块点，不满足则继续向后滑动，直到找到分块点为止。与 FSC 基于位置的分块点相比，CDC 的分块点与附近的文件内容有关，只要文件修改不发生在分块点附近，分块点就不会改变。因此，CDC 完全没有分块点偏移问题，也就不需要逐字节地计算弱指纹，但是会增加额外的分块时间开销。

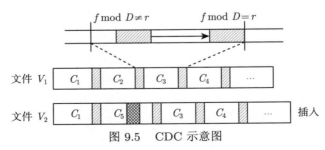

图 9.5　CDC 示意图

5. 差量同步方法汇总

目前的差量同步研究主要分为两种：一种是商用的云服务平台，如 Dropbox、Seafile、GoogleDrive、OneDrive 等；另一种是学术研究的差量同步算法，如 Rsync[3]、WebSync[19]、QuickSync[20] 和 LBFS[18] 等。表 9.1 是当前主要云服务平台和主要同步方法的技术支持汇总。从表中可以看出，各种云服务平台和学术研究的同步方法多种多样，各有不同。

表 9.1　主要云服务平台和主要同步方法的技术支持汇总

来源	全文件同步①	差量同步	
		先验知识	分块方式
Dropbox（W/A）②	×	√	FSC
Seafile（W）	×	√	CDC
Seafile（A）	√	×	×
GoogleDrive（W/A）	√	×	×
OneDrive（W/A）	√	×	×
DeltaCFS	×	√	FSC
QuickSync	×	√	CDC
PandaSync	√*	√	FSC
WebSync	×	×	FSC

注：① √* 是有选择地传输整个文件，× 是传输差量，√ 是始终传输整个文件。
②　W 指 Windows 客户端，A 指安卓（Android）客户端。

Dropbox 和 Seafile 的 Windows 客户端都支持差量同步，其中 Dropbox 采用的分块方式是 FSC，Seafile 采用的是 CDC。但是，由于手机的算力不足，Seafile 为了缓解安卓客户端的计算压力，采用全文件同步代替差量同步。这也从侧面说明，当前的差量同步方法满足不了算力不足的同步场景的需求。此外，其他的商用云服务（如 GoogleDrive、OneDrive）也都选择最简单的全文件同步方法来满足用户的同步需求。

大多数学术研究的同步算法为了节省带宽和加速网络传输而选择差量同步，以追求更高效的性能。经典差量同步算法 Rsync 就是用来在有限带宽的环境下搭建高效的基于客户端/服务器（Client-Server，简称 C/S）架构的文件同步构架。目前，Rsync 已经被 GNU/Linux 作为标准同步协议内置在系统中。近几年来，一些学术研究也在不断改进 Rsync 的性能，或者将其搭建到新的同步平台上。DeltaCFS[21] 注意到当前存在差量同步滥用的问题，因此它学习传统的网络文件系统（NFS），提出了一种用于云存储服务的新型文件同步方案。具体来说，它以自适应的方式将差量同步与类似 NFS 的文件传输结合在一起，从而在保持效率的同时，显著地减少了客户端和服务端的计算开销。DeltaCFS 还可以进行一些细节设计，以确保文件一致性和细粒度版本控制。PandaSync[16] 认为小文件不值

179

得进行差量同步，直接使用全文件同步还可以缩短客户端和服务端之间的往返时间（Round-Trip Time，RTT），于是它根据文件大小决定什么时候用全文件同步，什么时候用差量同步。该方案还将同步请求与文件发送请求合并，以减少客户端与服务端之间的网络通信往返次数。QuickSync[20] 认为当前云存储服务的同步效率低下，即使这些云服务采用了差量同步，也无法充分利用可用带宽，在某些情况下会产生大量不必要的网络流量。它将此现象的原因归结于同步协议和分布式体系结构的固有限制。此外，它采用了 CDC 来代替 FSC，并根据带宽动态选择分块的大小来消除更多的冗余。UDS[22] 作为用户文件存储系统和云存储应用程序之间的中间件，在频繁同步时使用批同步策略来避免带宽的滥用。此外，UDS 还通过修改 Linux 内核来提升可扩展性，从而进一步减少 CPU 开销。

WebR2sync+ 是由清华大学的肖贺等人 [19] 于 2018 年提出的一种部署在 Web 上的轻量级差量同步方案。Rsync 将计算开销最大的指纹计算放在客户端，以减少服务端的压力，提高并发性。而 Web 场景下，差量同步的客户端是 Web 浏览器，使用的语言是比较低效的 JavaScript。因此，计算差量将是一个十分繁重的任务，容易使浏览器停滞和挂起，影响用户体验。为此，WebR2Sync+ 创造性地重新制定了差量同步协议，将计算指纹的步骤放在服务端。它还基于文件编辑的局部性进行优化，加快了计算速度。除此之外，WebR2sync+ 的原理与 Rsync 基本相同：通过客户端与服务端的多次通信来交换强指纹、弱指纹，以寻找相同数据块，从而确定差量，并由客户端传输给服务端。如图 9.6 所示，WebR2Sync+ 的同步过程可分为以下 3 个阶段。

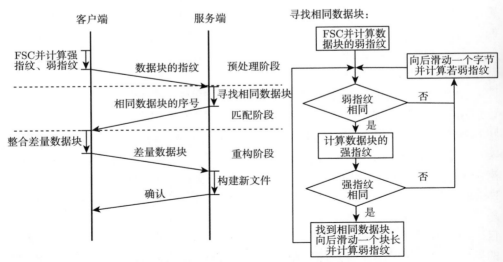

图 9.6　WebR2sync+ 的同步过程示意图

第一，预处理阶段。客户端对本地文件进行 FSC，并计算弱指纹（Adler32）和强指纹（MD5），将所有数据块的指纹整合成校验和列表，并发给服务端。强指纹作为数据块的唯一标识；弱指纹则是为了避免差量数据块的强指纹计算。

第二，匹配阶段。服务端接收到校验和列表后寻找相同数据块。

（1）服务端对本地文件进行 FSC，分出数据块后计算该数据块的弱指纹。

（2）将该数据块的弱指纹与校验和列表中所有的弱指纹进行比较。若匹配成功，则计算该数据块的强指纹；反之跳到步骤（4）。

（3）将该数据块的强指纹与所有对应数据块的强指纹进行比较。若匹配成功，则找到相同数据块，记录对应数据块的序号，并向后滑动一个块长，计算下一个数据块的弱指纹，跳到步骤（2）；反之跳到步骤（4）。

（4）滑动窗口向后滑动一个字节，计算数据块的弱指纹，跳到步骤（2）。

（5）遍历到文件末端。找到所有的相同数据块，并将相同数据块的索引发送给客户端。

第三，重构阶段。客户端接收到相同数据块的索引后，将差量数据块发送给服务端。服务端将接收到的差量数据块和本地的相同数据块构建成新文件。

可以看出，当匹配情况不理想时，也就是弱指纹总是不匹配的情况下，WebR2-sync+ 依然需要逐字节地计算弱指纹，这是相当耗时的。这是类 Rsync 差量同步方法的通病，归根到底是因为采用了 FSC，从而带来了分块点偏移现象。

算法细节一：如图 9.7 所示，WebR2sync+ 采用三层搜索策略来寻找相同数据块，Adler32 是弱指纹，MD5 是强指纹。服务端收到来自客户端的元数据时，它将所有元数据根据 Adler32 哈希到对应的哈希桶里，这是第一层搜索。Adler32 是第二层搜索，MD5 是第三层搜索。弱指纹计算比强指纹计算简单很多，而一个数据块的弱指纹不同，强指纹必不相同。因此，可以首先计算较简单的弱指纹来筛选掉所有差量数据块，然后只计算所有弱指纹相同的数据块的强指纹，最后校验这些数据块是否真正相同。这样就可以避免计算所有差量数据块的强指纹，但是相同数据块则增加了弱指纹的计算时间。总而言之，第一层搜索是为了加速 Adler32 的查找，第二层搜索是为了减少第三层搜索的次数，第三层搜索是为了确认相同数据块。三层搜索相辅相成，以达到寻找相同数据块的最佳性能。

算法细节二：基于真实世界中文件编辑的局部性，也就是某阶段的文件编辑总是发生在少数的几个位置，WebR2sync+ 在找到相同数据块时，会将本地的下一个数据块与校验和列表中的下一个数据块直接进行强指纹对比，跳过弱指纹的计算。在两文件极其相似的情况下，整个差量计算过程只有强指纹的计算和比较，节省了弱指纹的计算时间。

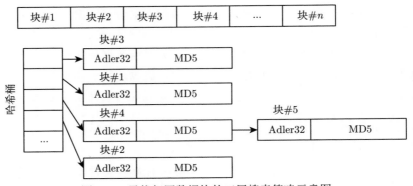

图 9.7　寻找相同数据块的三层搜索策略示意图

　　LBFS[18] 用数据去重的思想来实现差量数据块的传输，形成 Dedupe 版本。如图 9.8 所示，Dedupe 首先将服务端和客户端的文件进行分块并计算强指纹，然后将服务端的所有强指纹发送给客户端。客户端将本地文件的强指纹与从服务端收到的强指纹进行比较，找到相同数据块，从而传输差量数据块。Dedupe 将数据去重的思想原封不动地照搬到差量同步场景下，它没有采用强指纹、弱指纹交替计算来减少强指纹计算的策略，而是直接计算强指纹。由于采用了 CDC，没有分块点偏移现象，所以在差量较大时，Dedupe 的性能必然比类 Rsync 好。

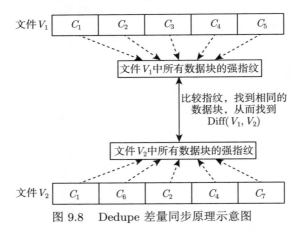

图 9.8　Dedupe 差量同步原理示意图

　　综上所述，目前主流云服务平台和学术研究采用的差量同步算法中，分块方式采用 CDC 的都是客户端有先验知识的，而客户端无先验知识的采用的都是 FSC。在两同步文件较多不匹配的情况下，与 FSC 相比，CDC 没有分块点偏移现象，在寻找相同数据块的阶段不需要逐字节地计算指纹，同步的计算开销远远少于 FSC。因此，本章的主要研究内容是以类 Rsync 差量同步协议为框架，在客户端无先验知识的情况下（也就是轻量级场景下），采用 CDC 取代原来的 FSC；同时，着手减少同步时间和通信量，进一步优化协议，实现一种低 CPU 开销且同步速度快的轻量级差量同步。该差量同步方法适用于计算资源受限的同步场景，如手机、浏览器等。

9.1.2　本章的主要内容

为了实现基于数据去重技术的轻量级差量同步，本章的基准版本选择 Web 端的轻量级差量同步算法 WebR2sync+。本章先选择一个合适的 CDC 算法融入 WebR2sync+，取代原来的 FSC 算法，再对其进行性能优化，使之尽可能地提升用户体验，并满足计算资源受限场景的同步需求。

1. CDC 算法的选择

目前，Rabin-CDC 算法[23-25]是数据去重技术中广泛使用的 CDC 算法。为了追求更好的 CDC 算法，有多篇文章从块长的浮动、计算开销和查重的准确度等方面对 Rabin-CDC 算法进行改进。评价 CDC 算法的好坏有两个指标，即分块时间和压缩率。对于差量同步的 CDC 算法来说，分块时间固然重要（因为分块时间是 CDC 算法带来的额外开销），但最重要的还是压缩率，也就是要分块均匀。小数据块会导致更多的元数据开销，大数据块会有更大的概率失配，从而降低压缩率。所以，本章会尽可能地寻找分块均匀且速度快的 CDC 算法。

2. 优化计算冗余

原版的 WebR2sync+ 融入 CDC 之后，可能会存在一些计算冗余，也就是不必要的计算步骤。例如，若采用 CDC，在服务器计算校验和阶段除了有强指纹、弱指纹的计算时间，还要加上 CDC 的分块时间，无疑会增加整体同步时间。考虑到 CDC 的过程也产生了一个关于分块点附近内容的哈希值 f，且每一个数据块都有这样的哈希值。这样就可以考虑使用这个哈希值 f 取代 Adler32 产生的哈希值作为一个数据块的弱指纹，从而节省计算校验和阶段，跳过 Adler32 哈希值的计算过程。本章着力消除诸如此类的潜在计算冗余，以进一步优化同步协议，提高整体同步性能。

3. 减少元数据开销

差量同步是一种以元数据交换来完成差量计算的算法，较好的元数据管理策略可以有效提高整个系统的性能[26]。元数据规模在差量较多时，部分决定着通信量的规模，而在差量较少时，完全决定着通信量的规模。所以，减少元数据的开销能够直接减少通信量。减少元数据开销可以从两个方面着手：一方面是减少单个数据块的元数据开销；另一方面则是从块长考虑。设置较大的块长，使数据块的数量更少，元数据整体开销也就相应减少。但较大的块长可能导致较低的探重率，从而传输更多的差量，得不偿失。因此，如何减少元数据开销也是值得探究的方向。

9.2 基于内容分块的差量同步算法

本节首先介绍适用于轻量级差量同步的 CDC 算法，并将其融入 WebR2sync+[19]，从而形成 CDCsync；然后揭示 CDCsync 的缺陷，提出相应的解决方案，并由此引出一个新的弱指纹算法——FastFP。

9.2.1 CDC 算法回顾与选择

1. CDC 算法要点

一般而言，CDC 算法采用滑动窗口机制，每次计算滑动窗口内容的哈希值，并判断该哈希值是否满足预设的条件。如果满足则找到分块点，不满足则向后滑动一个字节继续计算，直至找到分块点为止。

其中，有两点值得探索。第一，滑动窗口内容哈希值的计算方法必须保证哈希值足够随机且计算速度足够快。多数 CDC 算法是通过滚动计算来实现快速计算，即当前滑动窗口内容的哈希值计算依赖上一个滑动窗口的哈希值，消除滑出字节的影响，增添滑入字节的影响。滚动计算往往只需要几个简单的运算就可以完成一次哈希计算。第二，需要合理地设置预设条件。目前，预设条件主要是判断哈希值对一个常数 D 取余的结果是否等于 0。在哈希值随机的前提下，平均每隔 D 次哈希计算就能满足预设条件，也就是常数 D 是分块的期望块长。为了使分块更加均匀，一些学术研究对预设条件做了更加复杂的设置[27-29]。

2. Rabin-CDC 算法的基本原理

目前，Rabin-CDC 算法[23-25,30] 是数据去重技术中广泛使用的 CDC 算法，其基本原理如下。

设一个二进制串 $S = (b_1, b_2, \cdots, b_m)$，其中 $b_1 = 1$，则 S 在有限域 $Z_2 : \{0, 1\}$ 上定义的 $m-1$ 阶多项式为

$$S(t) = b_1 t^{m-1} + b_2 t^{m-2} + \cdots + b_m \tag{9.1}$$

$P(t)$ 是 Z_2 上自定义的 k 阶不可约多项式，则 Rabin(S) 的计算方法如式 (9.2)：

$$\mathrm{Rabin}(S) = S(t) \mod P(t) \tag{9.2}$$

在有限域上,多项式的加法可以按位异或实现,乘法则相当于左移一位。Rabin-CDC 算法有以下 6 个性质。

性质 9.1　如果两个二进制串 S_1 和 S_2 的 Rabin 指纹不同,则说明 S_1 和 S_2 不同:

$$\text{Rabin}(S_1) \neq \text{Rabin}(S_2) \implies S_1 \neq S_2 \tag{9.3}$$

性质 9.2　如果两个二进制串 S_1 和 S_2 不同,则有较低的概率发生碰撞:

$$P(\text{Rabin}(S_1) = \text{Rabin}(S_2)|S_1 \neq S_2) \ll 1 \tag{9.4}$$

性质 9.3　Rabin-CDC 算法满足加法分配律:

$$\text{Rabin}(S_1 + S_2) = \text{Rabin}(S_1) + \text{Rabin}(S_2) \tag{9.5}$$

性质 9.4　设二进制串 $S = (b_1, b_2, \cdots, b_m)$,且 $b_1 = 1$,若

$$\begin{aligned}
\text{Rabin}(S) &= \text{Rabin}(b_1, b_2, \cdots, b_m) \\
&= b_1 t^{m-1} + b_2 t^{m-2} + \cdots + b_m \mod P(t) \\
&= r_1 t^{n-1} + r_2 t^{n-2} + \cdots + r_n
\end{aligned} \tag{9.6}$$

则有

$$\begin{aligned}
\text{Rabin}(S) &= \text{Rabin}(b_1, b_2, \cdots, b_m, b_{m+1}) \\
&= \text{Rabin}(b_1, b_2, \cdots, b_m)t + b_{m+1} \mod P(t) \\
&= r_2 t^{n-1} + r_3 t^{n-2} + \cdots + r_n t + b_{m+1} + r_1 \left(P(t) - t^k \right)
\end{aligned} \tag{9.7}$$

式 (9.7) 的最后一个等式中有 $P(t) - t^k$,是 t^k 对 $P(t)$ 取余的结果。其中,二进制串 S 扩展一位后的 Rabin 指纹可以由扩展前的 Rabin 指纹通过移位和异或操作得到。

性质 9.5　二进制串 S_1 和 S_2 级联后的 Rabin 指纹满足:

$$\text{Rabin}(\text{concat}(S_1, S_2)) = \text{Rabin}(\text{concat}(\text{Rabin}(S_1), S_2)) \tag{9.8}$$

性质 9.6　若 $\text{Rabin}(S_1)$、$\text{Rabin}(S_2)$ 已知,S_2 的长度为 l,则有

$$\begin{aligned}
\text{Rabin}(\text{concat}(S_1, S_2)) &= S_1(t)t^l + S_2 t \mod P(t) \\
&= \text{Rabin}(\text{Rabin}(S_1)\text{Rabin}(t^l)) + \text{Rabin}(S_2)
\end{aligned} \tag{9.9}$$

其中,$\text{Rabin}(t^l)$ 可以预先计算,以加快计算速度。

性质 9.1 是哈希的固有性质。性质 9.2 说明 Rabin 指纹具有较低的碰撞概率，降低了分块出错的可能性。性质 9.3 是 Rabin 指纹运算的加法分配律。性质 9.4 表明 Rabin 指纹具备滚动计算的可能性。上述 Rabin-CDC 算法是针对位进行计算的，而一般的 CDC 计算中滑动窗口的最小单位是字节，所以接下来本章根据性质 9.5 和性质 9.6 将 Rabin-CDC 算法拓展到字节粒度。设字节流 $S = \{B_1, B_2, \cdots, B_n\}$，$B_i$ 的位排列为 $\{b_{i(1)}, b_{i(2)}, \cdots, b_{i(8)}\}$，滑动窗口长度为 32 B，则根据性质 9.6 可以得出窗口 C_1 的 Rabin 指纹：

$$
\begin{aligned}
\mathrm{Rabin}(C_1) = {} & b_{1(1)}t^{32\times8-1} + b_{1(2)}t^{32\times8-2} + \cdots + b_{1(8)}t^{31\times8} \\
& + b_{2(1)}t^{31\times8-1} + b_{2(2)}t^{31\times8-2} + \cdots + b_{2(8)}t^{30\times8} \\
& + \cdots + b_{32(1)}t^7 + b_{32(2)}t^6 + \cdots + b_{32(8)}
\end{aligned}
\tag{9.10}
$$

设 $p = t^8$，且 $B_i = b_{i(1)}t^7 + b_{i(2)}t^6 + \cdots + b_{i(8)}$，则有

$$
\mathrm{Rabin}(C_1) = B_1 p^{31} + B_2 p^{30} + \cdots + B_{32} \mod P(t)
\tag{9.11}
$$

此时，窗口 C_1 向后滑动一个字节，得到窗口 C_2，则有

$$
\begin{aligned}
\mathrm{Rabin}(C_2) &= B_2 p^{31} + B_3 p^{30} + \cdots + B_{33} \mod P(t) \\
&= \mathrm{Rabin}(C_1)p - B_1 p^{32} + B_{33} \mod P(t)
\end{aligned}
\tag{9.12}
$$

新的 Rabin 指纹可以通过上一个 Rabin 指纹进行异或、左移和读数组操作获得 [11]。尽管 Rabin-CDC 算法已经满足差量同步中的功能性要求，但还是需要改进。QuickSync[20] 的研究表明，Rabin-CDC 算法的计算开销对于一些计算资源受限的场景来说还是很多。

3. Rabin-CDC 算法的变种

目前，有很多研究都对 Rabin-CDC 算法进行了改进。总的来说，这些改进主要从 3 个方面进行：块长浮动、计算开销和压缩率。

（1）减小块长浮动

这方面的改进主要是限制最大块长和最小块长。在 Rabin-CDC 算法中，假设期望块长为 8 KB，那么块长为 X 的数据块的概率分布应该满足指数分布 [11]：

$$
P(X \leqslant x) = F(x) = 1 - \mathrm{e}^{-\frac{x}{8192}}, x \geqslant 0
\tag{9.13}
$$

式 (9.13) 表明，采用 Rabin-CDC 算法分块会存在一些极大和极小的数据块（如 <1 KB 或 >64 KB）。极小数据块会导致更多元数据开销，极大数据块会降低压缩率 [31]。因此，LBFS[18] 提出要限制最小块长和最大块长（如 2 KB 和

64 KB）。TTTD[27] 为分块做了额外的限制来提高找到分块点的可能性，从而减小块长浮动。Regression[28] 与 TTTD 相似，但是它使用多个限制来减少最大块长的强制分块点。MAXP[32,33] 将固定尺寸范围的极值作为分块点来减小块长浮动。FastCDC[29] 使用归一化使块长大概率处于期望块长附近，从而降低块长浮动。Fingerdiff[34,35] 先使用更小的期望块长来探查更多的重复数据块，然后将连续匹配的数据块组合成一个大数据块，单独匹配的数据块也组合成一个大数据块，从而弥补期望块长小导致的元数据开销。

（2）通过减少计算开销来加速分块过程

滑动窗口中 Rabin 指纹的频繁计算是 CDC 中主要的时间开销，因此有很多关于改进 Rabin 指纹计算的研究。SampleByte[36] 使用一个字节来计算指纹（Rabin-CDC 算法使用一个滑动窗口来计算指纹），并且将最小块长变为期望块长的一半，这样在寻找分块点之前可以直接跳过前半块直接计算后半块。Gear-CDC[11] 使用一个随机的整数表来映射滑动窗口中每一个字节的 ASCII 码，从而使用更少的操作来产生滚动哈希，因此有更高的分块吞吐率。AE[37] 使用一个非对称的滑动窗口来确定分块点，进一步提高了吞吐率，且减小了块长浮动。Leap[38] 采用一个函数来寻找分块点，如果弱条件不满足，滑动窗口直接向前滑动，节省了不必要的计算步骤。

（3）通过再分块来提高压缩率

这方面的改进主要是通过将不相同的数据块再分成更小的数据块来提高压缩率。Bimodal-Chunking[31] 首先将文件划分成非常大的数据块，然后将那些本身不相同但是邻块相同的数据块进行再分块，来探查更多的重复内容。Subchunk[39] 与 Bimodal Chunking 相似，但是它将所有不相同的块进行再分块以获得更高的压缩率。FBC[40] 首先使用统计学块频度估计算法来辨别频度高的数据块，然后对它们进行再分块。MHD[41] 也与 Bimodal Chunking 相似，但是它为了减少元数据开销，动态地将多个不相同的数据块整合为一个大数据块，并且将那些本身不相同但是邻块相同的数据块进行再分块。

4. FastCDC 算法

在介绍 FastCDC 算法 [29] 之前，首先介绍 FastCDC 算法的基石——Gear-CDC 算法。Gear-CDC 算法是一个速度很快的 CDC 算法，由华中科技大学的夏文等人在 2014 提出 [11]。

具体方法如图 9.9 所示，齿轮哈希是通过以下两个步骤来计算足够随机的哈希值 fp（fp 的位数等于滑动窗口的长度，单位为 B）。

（1）齿轮哈希有一个长度为 256 B 的数组 G，数组中的元素是随机生成的 32 位整数，对应着滑动窗口中每个字节的取值。

（2）fp 是将滑动窗口中所有字节对应的随机整数相加得到的。进一步转换成滚动计算，新 fp 可以通过旧 fp 减去滑出字节的对应整数，再加上滑入字节的对应整数得到。进一步简化：旧 fp 向左移一位，再加上滑入字节的对应随机整数，即可得到新 fp。通过判断 fp 对 2^α 取余的结果是否为 0，即可确定是否找到分块点。

可以看出，Gear-CDC 算法也具有与 Rabin-CDC 算法相似的性质，而且每一次齿轮哈希的计算都比 Rabin 指纹更快，只需要一次移位、一次加法和一次数组查询这 3 个操作。

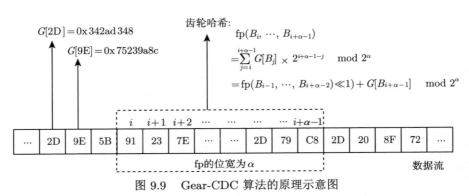

图 9.9　Gear-CDC 算法的原理示意图

FastCDC 算法在 Gear-CDC 算法的基础上，通过优化判断条件、跳至最小分块点和归一化分块，进一步加快了分块速率，且能使分块更加均匀。

传统的分块点判断是通过取余操作实现的，FastCDC 算法采用掩码（Mask）机制，通过判断"!fp&Mask"是否为"true"来判断是否找到分块点。此时，期望块长与二进制掩码中"1"的个数有关。如果掩码中"1"的个数为 13，为了使"!fp&Mask"的结果为 0，则 fp 中与掩码中的所有"1"对应的位必须为 0，满足此条件的 fp 出现的概率为 $(1/2)^{13}$，则期望块长为 8 KB。

FastCDC 算法还采用跳至最小分块点的方法来加快计算。例如，预设最小块长为 2 KB，从上一个分块点开始，前 2 KB 的内容可以直接跳过，无须哈希计算和条件判断。该方法稍微损失了压缩率，但加快了分块速率，且避免了极小数据块的产生，从而减少了元数据开销。

FastCDC 算法最重要的优化点是归一化分块。归一化分块在预设条件的设置上做了一些改变，它在块长没达到期望块长时，对 fp 和"1"的个数更多的掩码进行与操作；当块长超过了期望块长时，则对 fp 和"1"的个数更少的掩码进行与操作。换言之，当不超过期望块长时，有更小的概率找到分块点；超过了期望块长，则有更大的概率找到分块点，从而使分块更加均匀地集中在期望块长的周围。

5. 确定适用于差量同步的 CDC 算法

评价 CDC 算法的好坏有两个指标：分块时间和压缩率。限制最小块长可以缩短分块时间，因为在计算过程中可以跳过最小块长内容的哈希计算；限制最大块长可以提高压缩率，因为块长过大更可能导致不匹配。减少哈希计算的确可以缩短分块时间，但有可能带来更高的哈希碰撞概率，从而导致更低的压缩率；将已经确定不相同的数据块再次分块，可能提高压缩率，但也延长了分块时间。

在轻量级差量同步的场景下，CDC 与 FSC 相比存在额外的时间开销，所以需要尽可能地选择速度快的 CDC 算法，以减少额外时间开销这一缺陷的影响。但是，分块均匀对差量同步更重要，因为小数据块过多会增加元数据的规模，而元数据在整个同步协议中需要在网络上进行传输，这与差量同步的目的背道而驰；而大数据块过多会导致探测出更少的相同数据，从而产生更多的差量，差量同步的效果就不尽人意。所以，必须保证块长尽可能地分布在期望块长周围，才能有更好的差量同步效果。

综上所述，FastCDC 算法的基石是 Gear-CDC 算法，后者与 Rabin-CDC 算法相比，只需要一次移位、一次查数组和一次加法就能完成一次哈希计算，分块速率更高。并且，FastCDC 算法采用归一化使分块更加均匀，这对差量同步更加重要。所以，本章将 FastCDC 算法作为轻量级差量同步的 CDC 算法。

9.2.2　用 CDC 算法代替 FSC 算法

CDCsync 的大致流程与 WebR2sync+ 没有太大差别，最主要的区别是采用 CDC 算法代替 FSC 算法。此外，客户端进行基于内容的分块后还需保存数据块的信息（起始位置和块长），供整合差量数据块时使用，而 FSC 算法在整合数据块阶段可以根据索引号推算出数据块的起始位置。

用 FastCDC 算法代替 FSC 算法，可以避免分块点偏移现象，从而省略逐字节计算弱指纹这一十分耗时的过程。如图 9.10 所示，本章对 CDCsync 和 WebR2-sync+ 进行了性能测试，具体测试配置参考第 9.4.1 小节。图 9.10(a) ～ 图 9.10(c) 分别代表对 10 MB 的数据集做删除、插入和翻转操作；横坐标是修改粒度，如 C32B 就是在 10 MB 数据集上删除 32 B 的内容（"IS" 和 "IV" 分别表示插入和翻转），纵坐标是同步时间；W 和 C 分别代表 WebR2sync+ 和 CDCsync，图中各阶段为客户端时间、网络时间和服务端时间。可以看出，在修改粒度大的情况下，CDCsync 的表现是符合预期的，服务端时间具有绝对优势。WebR2sync+ 多出的时间花费在逐字节计算弱指纹阶段，主要是为了解决 FSC 带来的分块点偏移现象，而 CDCsync 采用的 CDC 算法没有分块点偏移现象，所以无须逐字节计算弱指纹。

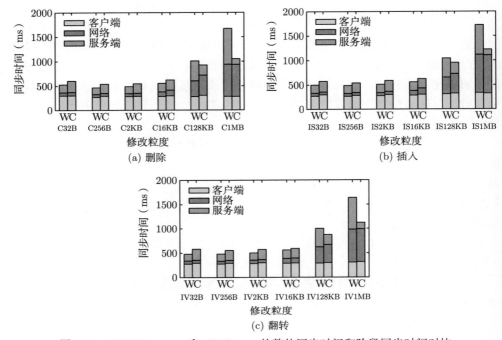

图 9.10　WebR2sync+ 和 CDCsync 的整体同步时间和阶段同步时间对比

但当修改粒度较小时，CDCsync 的同步时间比 WebR2sync+ 长，具体体现在客户端时间和服务端时间。原因是修改粒度较小时，根据 WebR2sync+ 协议得知采用 FSC 算法的差量同步在寻找相同数据块阶段大多数时间也是逐块滑动，此时，FastCDC 算法与 FSC 算法相比有额外时间开销这一缺点就显现出来了。下面介绍如何利用 FastCDC 算法的计算原理消除这一缺陷。

9.2.3　CDC 算法中的弱指纹复用策略

1. 原弱指纹 Adler32

WebR2sync+ 需要计算强指纹、弱指纹。强指纹是每个数据块的唯一签名，计算比较复杂，弱指纹的引入则是为了避免不必要的强指纹计算。具体来说，在服务端寻找相同数据块的过程中，WebR2sync+ 会先计算数据块的弱指纹，找到相同弱指纹则计算强指纹，若没有，则跳过强指纹的计算，结束此次匹配。因为两个数据块的弱指纹不同，说明两个数据块并不是相同数据块，强指纹也必然不相同，所以不需要再计算强指纹，可以减少时间开销。

WebR2sync+ 的弱指纹采用的是 Adler32。Adler32 是一个关联整个数据块内容的 32 B 的哈希值，它的计算方法比较简单。它维持着两个和（sum1 和 sum2）， sum1 是当前所有字节的和，sum2 是每个字节所对应的 sum1 的和。逐字节计算完成后，将 sum2 左移 16 位与 sum1 做或操作，最终得到一个 32 B 的哈希值。为了支持滚动计算，Adler32 始终保存着 sum1 和 sum2 的值，每次对 sum1 和 sum2 进行简单的运算处理和组合就可以得到弱指纹。

2. 用 LastFP 代替 Adler32

据观察发现，在 FastCDC 算法的计算过程中，同样会产生一个哈希值 fp，也就是滑动窗口中内容的哈希值。因此，该哈希值可以代替协议中的弱指纹，来消除 CDC 算法带来的额外时间开销。本章将每个数据块的最后一个 fp（称为 LastFP）作为该数据块的弱指纹。

此时，差量同步协议描述如下：客户端首先将本地文件用 CDC 算法进行分块，存储每一个数据块的 LastFP 作为弱指纹，并计算数据块的强指纹 MD5，然后将数据块的所有强指纹、弱指纹形成校验和列表发送给服务端；服务端接收到客户端发来的校验和列表后，也同样用 CDC 算法对本地文件进行分块，每找到一个分块点，就将该数据块的 LastFP 与弱指纹列表中的所有 LastFP 进行比较，寻找相同值。若找到，则再计算强指纹并进行比较；若没找到，则寻找下一个分块点。重复上述操作，直至找到所有的相同数据块，接下来的协议过程与 CDCsync 相同。

用 LastFP 代替 Adler32 这一策略（CDC 算法中的弱指纹复用）可以成功地消除 CDC 算法有额外时间开销的缺陷。因此，在文件不相似的场景下，CDCsync 大大优于 WebR2sync+；文件相似时，CDCsync 也毫不逊色。但是在测试过程中发现，CDCsync 寻找相同数据块时会出现大量弱指纹相同而强指纹不同的数据块。

在解释原因之前，本章先定义：如果一个数据块的指纹与其全部内容相关，就称其为全相关指纹；如果一个数据块的指纹与其部分内容相关，就称为局部相关指纹。在差量同步的场景下，弱指纹的全相关性尤其重要。如果一个弱指纹是局部相关的，且文件修改发生在非相关部分，那么实际上不相同的数据块在弱指纹的比较上却是相同的，就需要进一步计算强指纹来区分两个块，增加了不必要的强指纹计算。

FastCDC 算法产生的 LastFP 只与最后一个滑动窗口中的内容相关。当我们用每个数据块的 LastFP 代替协议中的弱指纹时，该弱指纹仅与最后一个滑动窗口的弱指纹相关。所以，LastFP 是一个局部相关指纹，不适用于差量同步。

为了得到数据块的全相关弱指纹，本章修改了 FastCDC 算法：新增一个指纹 FastFP，每隔 L 字节，将当前的 fp 加到 FastFP 上。如图 9.11 所示，SW[i] 表示第 i 字节开始的滑动窗口，fp(SW[i]) 表示某个滑动窗口的哈希值。每隔 L 字节将滑动窗口的 fp 相加，最终得到弱指纹 FastFP。与 LastFP 相比，FastFP 与数据块的全部内容相关。这里，L 值的设定并不是任意的，为了得到指纹的全相关性，它必须小于等于滑动窗口的长度，如滑动窗口的长度是 32 B，那么 L 值最好设置成 32 B 或 16 B。

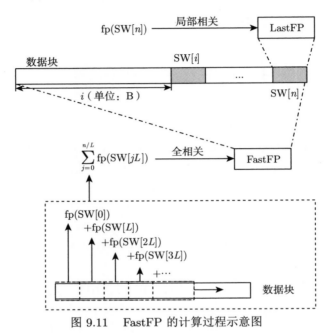

图 9.11　FastFP 的计算过程示意图

3. 用 FastFP 代替 Adler32

上面介绍的方法没有改变 FastCDC 算法的主体逻辑，只是在该算法的基础上增加一个运算，以得到一个全相关的弱指纹。而且，该运算也不是逐字节进行的，而是每隔 L 字节计算一次，时间开销很少。计算 FastFP 的伪代码如算法 9.1 所示，这是一个期望块长为 2 KB 的 FastCDC 算法。其中，第 6 行 ~ 第 11 行是 FastFP 的核心逻辑代码，计算出每个字节的指纹 fp 和 FastFP；第 13 行 ~ 第 18 行对应 FastFP 的最小数据块策略，如果数据字节流的长度 n 小于等于最小数据块的长度 MinSize，那么直接计算出整个字节流的弱指纹 FastFP，并将最后一个字节当作分块点；第 19 行 ~ 第 23 行对应着最大数据块策略和特定情况下归一化长度的设定，如果 n 大于等于最大数据块长度 MaxSize，则将 MaxSize 赋值给 n，使分块点不会超过 8 KB。为了使第 24 行 ~ 第 29 行的 for 循环不会越界，当 n 小于等于 NormalSize 时，该算法将 n 赋值给 NormalSize。第 24 行 ~ 第 29 行的 for 循环的意思是当处理的点位置还没到

NormalSize 时，就和短的掩码 MaskS 做与操作，使之有很小的概率找到分块点。第 30 行 ～ 第 35 行是当处理点位置超过 NormalSize 时，和长掩码 MaskL 做与操作，这样就有很大的概率找到分块点。经过上述过程，就能在第 30 行 ～ 第 35 行满足条件时返回弱指纹 FastFP 和分块点。

算法 9.1 FastFP 计算过程伪代码

　　输入：　数据字节流 src；数据字节流的长度 n

　　输出：　指纹 fastFP；分块点 i

1: MaskL ← 0x0000000090055013LL, MaskS ← 0x00000000d9030353LL;

2: MinSize ← 512 B, MaxSize ← 8 KB, NormalSize ← 2 KB;

3: WindowSize ← 4 B, fp ← 0, offset ← 0;

4: fastFP ← 0, i ← 0;

5: **function** FPCALC(position)

6: 　　fp = (fp ≪ 1) + Gear[src[position]];

7: 　　offset+ = 1;

8: 　　**if** offset == WindowSize **then**

9: 　　　　fastFP = fastFP ⊕ fp;

10: 　　　　offset = 0;

11: 　　**end if**

12: **end function**

13: **if** $n \leqslant$ MinSize **then**

14: 　　**for** ; $i < n$; $i + +$; **do**

15: 　　　　fpCalc(i)

16: 　　**end for**

17: 　　**return** fastFP, i;

18: **end if**

19: **if** $n \geqslant$ MaxSize **then**

20: 　　$n \leftarrow$ MaxSize;

21: **else if** $n \leqslant$ NormalSize **then**

22: 　　NormalSize $\leftarrow n$

23: **end if**

24: **for** ; $i \leqslant$ NormalSize; $i + +$ **do**

25: 　　fpCalc(i);

26: 　　**if** !(fp&MaskS) **then**

27: 　　　　**return** fastFP, i;

```
28:     end if
29: end for
30: for ; i ⩽ n; i + + do
31:     fpCalc(i);
32:     if !(fp&MaskL) then
33:         return fastFp, i;
34:     end if
35: end for
```

表 9.2 为 FastFP、Rabin 和 Adler32 这 3 种弱指纹的伪代码对比。其中，a 和 b 分别代表滑动窗口内的第一个字节和最后一个字节，N 是滑动窗口的长度，U、T、A、G 都是预定义的数组。可以看到，与 Rabin 和 Adler32 相比，FastFP 的计算操作更少，并且速度也更快。

表 9.2　3 种弱指纹的伪代码对比

弱指纹	伪代码	速度
Rabin	$\text{fp} = \{\{\text{fp} \oplus U(a)\} \ll 8\} | b \oplus T[\text{fp} \gg N]$	慢
Adler32	$S_1 + = A(b); S_2 + = S_1; \text{fp} = (S_2 \ll 16) | S_1$	慢
FastFP	$\text{fp} = (\text{fp} \ll 1) + G(b); \text{FastFP} + = \text{fp}$	快

本章对不同版本的弱指纹进行了比较，具体测试配置参考第 9.4.1 小节。表 9.3 为 3 种弱指纹分别在规模为 1 GB、10 GB、100 GB 的数据集上测试吞吐率和哈希碰撞率的结果（具体测试配置参见第 9.4.1 小节）。与另外 2 种弱指纹相比，LastFP 的哈希碰撞率高出了 3 个数量级。值得一提的是，该测试仅是先对一个数据集进行分块，然后比较所有数据块是否发生碰撞。而在真实的同步场景下，一般弱哈希的比较发生在两个相邻版本的对应数据块上，如果该数据块的修改没发生在 CDC 算法的最后一个滑动窗口，则必然发生哈希碰撞。因此同步场景下，LastFP 的哈希碰撞率应该更高。为了适应同步场景，该测试对 FastCDC 算法做了一些改变。例如，FastFP（⊕8 B）就是每隔 8 B，对滑动窗口的 fp 做异或操作；FastFP（+8 B）是每隔 8 B 做一次加法操作。由表 9.3 可见，所有 FastFP 的哈希碰撞率与 Adler32 的哈希碰撞率所差无几，且吞吐率更高。做加法操作的 FastFP 的吞吐率随着相隔字节数的增加而增加，这是符合预期的。例如，FastFP（+32 B）必然比 FastFP（+8 B）执行更少的加法，所以有更高的吞吐率。由于异或运算是位运算，比加法运算更快，所以做异或运算的 FastFP 的吞吐率普遍高于做加法运算的 FastFP 的吞吐率。综合考虑哈希碰撞率和吞吐率，本章最终选择 FastFP（⊕16 B）作为弱指纹算法。

表 9.3 各种弱指纹的吞吐率和哈希碰撞率

弱指纹	吞吐率（MB/s）	哈希碰撞率		
		100 GB	10 GB	1 GB
Adler32	295.6	2.3×10^{-10}	2.3×10^{-10}	2.4×10^{-10}
LastFP	527.8	6.8×10^{-7}	6.8×10^{-7}	6.8×10^{-7}
FastFP（$\oplus$8 B）	460.0	2.2×10^{-10}	2.2×10^{-10}	3.1×10^{-10}
FastFP（$\oplus$16 B）	459.2	2.3×10^{-10}	2.3×10^{-10}	1.5×10^{-10}
FastFP（$\oplus$32 B）	460.4	2.2×10^{-10}	2.4×10^{-10}	3.1×10^{-10}
FastFP（+8 B）	396.9	2.3×10^{-10}	2.4×10^{-10}	2.8×10^{-10}
FastFP（+16 B）	397.5	2.3×10^{-10}	2.2×10^{-10}	1.8×10^{-10}
FastFP（+32 B）	409.6	2.3×10^{-10}	2.3×10^{-10}	4.0×10^{-10}

9.2.4 改进 CDC 算法后的差量同步算法简述

改进 CDC 算法后的差量同步算法 CDCsync 的同步方法与 WebR2sync+ 的协议框架基本相同，但是在细节上有些差异，主要体现在 CDC 算法的改变和指纹计算的过程。如图 9.12 所示，CDCsync 的整体同步过程如下。

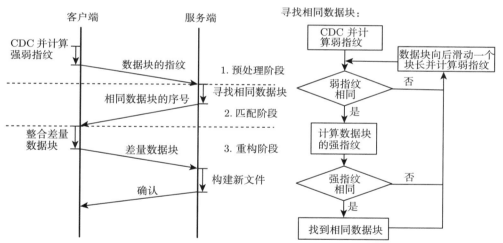

图 9.12 CDCsync 的整体同步过程

1. 预处理阶段

客户端首先对本地文件利用 FastCDC 算法进行分块，同时得到弱指纹（FastFP），然后计算数据块的强指纹（如 MD5），最后将所有数据块的强弱指纹整合成校验和列表，并发给服务端。

2. 匹配阶段

服务端接收到校验和列表后，寻找相同数据块。

（1）服务端对本地文件利用 FastCDC 算法进行分块，同时得到弱指纹（FastFP）

（2）将上述弱指纹与校验和列表中的所有弱指纹进行比较。若匹配，则计算对应数据块的强指纹，反之跳到步骤（4）。

（3）将该数据块的强指纹与所有与其弱指纹匹配的数据块的强指纹进行比较。若匹配，则找到相同数据块，记录对应数据块的序号。

（4）向后跳一个块长，继续分出下一个数据块并得到其弱指纹，跳回步骤（2）。

（5）重复执行上述操作，遍历到文件尾。找到所有相同数据块，并将相同数据块的索引信息发给客户端。

3. 重构阶段

客户端接收到相同数据块的索引信息后，将差量数据块发送给服务端；服务端将接收到的差量数据块和本地的相同数据块一起构建新文件。

可以看到，CDCsync 中寻找相同数据块的过程一直是逐块向后滑动的，消除了逐字节计算的过程，节省了计算开销。

9.3　面向差量同步的协议优化

本节从减少计算开销和元数据开销的角度出发，结合差量同步协议的特点优化 CDCsync，并提出新版本轻量级差量同步协议（Dsync）。

9.3.1　强弱指纹比较过程分离

通过观察 WebR2sync+ 的同步过程可以发现，客户端首先计算所有数据块的强弱指纹并发送给服务端，然后服务端先计算弱指纹，如果发现弱指纹相同再去计算强指纹，如果弱指纹不同则不需要再计算强指纹。因此，有时客户端发给服务端的强指纹是没用的。为此，Dsync 调整了同步协议，将比较强指纹的步骤放到客户端，从而减少不必要的强指纹计算开销。

如图 9.13 所示，在预处理阶段，CDCsync 计算了弱指纹（FastFP）和强指纹（MD5），而 Dsync 只计算弱指纹 FastFP。在匹配阶段，CDCsync 的服务端由于已经接收到客户端文件的所有强指纹，所以在服务端就可以完成所有相同数据块的查找；而 Dsync 的服务端只接收到弱指纹，无法确认相同数据块，所以只能通过弱指纹找到可能的相同数据块，是否真正相同则留给客户端验证。重构阶段没有变化。

更改后的同步协议描述如下。

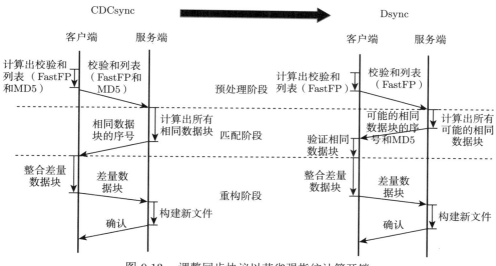

图 9.13　调整同步协议以节省强指纹计算开销

（1）预处理阶段：客户端只计算弱指纹，形成校验和列表，并发送给服务端。

（2）匹配阶段：服务端接收到校验和列表后只通过弱指纹来寻找可能的相同数据块，并计算这些相同数据块的强指纹，将所有可能的相同数据块的标记和其强指纹发送给客户端；客户端通过强指纹验证可能的相同数据块是否真的匹配（只需要计算可能的相同数据块的强指纹）。至此，找出所有的相同数据块。

（3）重构阶段：客户端整合差量数据块并发送给服务端，并由服务端构建新文件。

图 9.14 所示为 WebR2sync+ 和 Dsync 的客户端同步时间对比，具体测试配置参考第 9.4.1 小节。图中，横坐标是修改粒度，纵坐标是客户端同步时间。从图中可以看出，3 种操作的趋势基本相同。WebR2sync+ 的客户端同步时间没有太大变化，Dsync 的客户端同步时间从 16 KB 开始大幅下降。原因是修改粒度达到 16 KB 后，不相同的数据块急剧增多，Dsync 只计算相同数据块的强指纹，因此客户端同步时间缩短；当修改粒度到达 1 MB 时，基本上没有相同数据块，这时

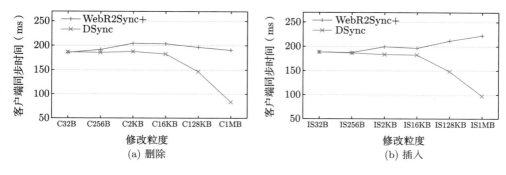

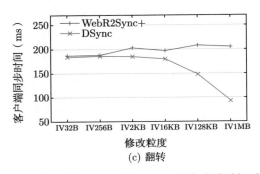

图 9.14 WebR2Sync+ 和 Dsync 的客户端时间对比

Dsync 完全节省了强指纹的计算。强指纹的计算时间占据了大部分客户端同步时间，优化效果十分可观。

9.3.2 合并连续相同数据块

1. 策略介绍

差量同步的核心思想是首先找不同，然后只传输不同，而找不同则需要数据块的元数据传输来实现，这也占用了网络资源。所以，我们不能一味地关注如何找到更多的相同数据块以传输更少的差量，元数据的传输规模也是需要控制的。减少元数据传输规模的好处会直接体现在网络通信量的削减上。

受 WebR2sync+ 论文 [19] 中提到的文件编辑局部性启发，单次文件编辑的修改位置一般集中在文件的少数几个地方，那么相同数据块总是会连续出现。因此，Dsync 在客户端寻找相同数据块的过程中采用了"合并连续相同数据块"的策略，以减少数据块的数量，从而达到减少元数据开销的目的。如图 9.15 所示，当服务端寻找相同数据块时，$WH[i-1]$、$WH[i]$、$WH[i+1]$ 与 $WH'[i-1]$、$WH'[i]$、$WH'[i+1]$ 对应相同，因此这几个数据块连续相同。此时，Dsync 会将这几个数

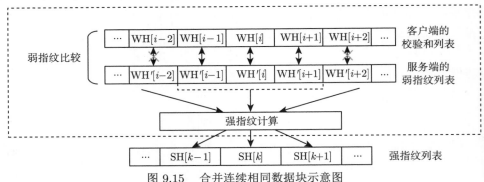

图 9.15 合并连续相同数据块示意图

据块合并成一个超级块，并计算出超级块的强指纹 SH[K]。这样可以大大减少元数据的规模，从而减少网络通信量。同时，合并连续相同数据块的策略是基于强指纹、弱指纹比较过程分离策略产生的，后者为前者提供了实施的可能性。

2. 实验结果及分析

下面对使用了合并连续相同数据块策略的 Dsync（Dsync_merge）和未使用该策略的 Dsync（Dsync_nomerge）进行测试，具体测试配置参考第 9.4.1 小节，结果如图 9.16 所示。Dsync_merge 的优势主要体现在通信量的削减。图中，3 条折线代表着 3 个修改模式，分别是删除、插入和翻转，横坐标是修改粒度，纵坐标是 Dsync_merge 和 Dsync_nomerge 的通信量比率。Dsync_nomerge 的通信量主要有两部分——元数据和差量数据。修改粒度小时，通信量主要是元数据，反之，差量数据块占很大比例。可以看出，在修改粒度为 32 B 和 256 B 时，Dsync_merge 的通信量仅为 Dsync_nomerge 的 1/4。此时，不匹配的数据块非常少，大量的数据块连续匹配，Dsync_merge 将连续匹配数据块合并，形成超级块。例如，如果只在文件中间做修改操作，在匹配阶段发送可能的相同数据块的索引和强指纹时，Dsync_merge 最终只发送修改位置前后的两个超级块的元数据。因此在修改粒度较小的情况下，Dsync_merge 减小了元数据规模，从而使主要由元数据组成的通信量大幅下降。随着修改粒度的增大，元数据在通信量中的占比逐渐降低，且连续的相同数据块减少，所以两者之间的比率增大。最终，在修改粒度为 1 MB 的情况下，数据块基本上不匹配，Dsync_merge 和 Dsync_nomerge 相差无几，比率接近 1。

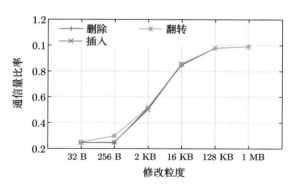

图 9.16　3 种修改模式下的 Dsync_merge 与 Dsync_nomerge 的通信比率

3. 超级块弱指纹碰撞的探讨

合并连续相同数据块策略是基于一个假定：两个数据块的弱指纹相同，那么两者的强指纹也大概率相同，其实也就是弱指纹的碰撞率足够低。在采用合并连续相同数据块策略之前，弱指纹发生碰撞仅影响那些发生碰撞的数据块本身。当客户端进行强指纹验证时，弱指纹发生碰撞的不同数据块就能被检测出来。此时，只需将其标记成差量就行。而在采用合并连续相同数据块策略后，弱指纹发生碰撞可能不只是影响碰撞数据块本身，它还会影响与碰撞数据块合并的匹配数据块。当图 9.15 中 WH[i] 与 WH'[i] 发生碰撞，由于前后两数据块的弱指纹是相同的，此时会进行合并数据块操作，3 个数据块被合并成一个超级块并计算强指纹。由于中间一块的弱指纹发生了碰撞，客户端的强指纹验证过程必不能通过。但三小块合并成超级块，强指纹只有一个，无法检测出第一块和第三块是相同的。为了保证文件同步的正确性，只能将第一块和第三块也标记成差量。试想，如果同步的两个文件只有对应的一块是差量，且发生碰撞，这时差量同步与全文件同步无异。由于采用了合并连续相同数据块策略，整个文件只计算一个强指纹，客户端强指纹验证不通过，只能将整个文件标记成差量，传输整个文件。

该缺陷很难从根源上解决，只能通过设置合并数据块的上限来减少碰撞时的损失，但这样做就无法取得合并连续相同数据块策略的最大收益，是一个折中方案。

理论分析发现，合并数据块发生碰撞的概率是极低的，且发生碰撞并不会产生致命的后果，只是延长了单次同步时间，这是处于可接收范围内的。下面证明合并数据块会以极低的概率发生碰撞。假设弱指纹的碰撞概率是 p_1。一个合并数据块包含 n 块，其中 m 块被修改，那么这个有 m 块被修改的合并数据块碰撞的条件概率是 $(p_1)^m$。紧接着，我们假设任意 m 块被修改的可能性是 c_m。因为 $1 \leqslant m \leqslant n$，那么由 n 块组合成的合并数据块发生碰撞的概率为

$$P_{\text{Collision}} = \sum_{m=1}^{n} c_m (p_1)^m$$

$$\text{其中，} \sum_{m=1}^{n} c_m = 1, 0 \leqslant c_m \leqslant 1 \tag{9.14}$$

根据式 (9.14)，一个由 n 块组合成的合并数据块发生碰撞的概率符合不同数量的修改数据块发生碰撞的线性组合。其中，c_m 表示不同数量的数据块发生碰撞的概率。无论 c_m 的值是多少，合并数据块的碰撞率满足：

$$(p_1)^m \leqslant p_{\text{Collision}} \leqslant p_1 \tag{9.15}$$

由此可见，超级块的碰撞概率小于单个弱指纹碰撞的概率，这是可接受的。

9.3.3 关于元数据规模

差量同步算法是一种以数据块为处理单位的算法，这是由其算法本身的特点决定的。数据块的强指纹承载着数据块的信息，唯一标识一个数据块；相同数据块和差量数据块通过数据块的元数据（包括强指纹）区分，只传输差量数据块；每个相同数据块只消耗元数据大小的字节流完成传输，而差量数据块的传输则消耗

其本身加元数据的大小。这也说明，当两个文件完全不相同时，全文件同步必然在时间和通信量上优于差量同步。总之，整体的通信量包括差量开销和元数据开销，减小元数据的规模能够有效地节省通信量。

1. 单块平均元数据开销

首先分析 WebR2sync+ 中每个数据块的平均元数据开销。假设相同数据块的数量与总块数之比为 p，弱指纹的长度为 4 B，强指纹的长度为 16 B，所有的计数占 4 B，那么每块的元数据平均长度 $m_{\mathrm{WebR2sync+}}$ 为

$$m_{\mathrm{WebR2sync+}} = (4 + 16 + 4)p + (4 + 16 + 4 + 4)(1 - p) \tag{9.16}$$
$$= 28 - 4p \tag{9.17}$$

其中，$0 \leqslant p \leqslant 1$。

式 (9.16) 中的第一个括号是计算相同数据块的元数据开销，分别是校验和列表中的强指纹、弱指纹和服务端计算差量后返给客户端的相同数据块索引；第二个括号是计算差量数据块的元数据开销，分别是校验和列表中的强指纹、弱指纹和差量数据块列表中差量数据块的索引和长度。每块的元数据平均长度范围为 24~28 B，具体取值与 p 有关。具体来说，相同数据块越少，元数据的平均长度越趋近 28 B；相同数据块越多，元数据越趋近 24 B。

接下来，分析 Dsync 的元数据开销。如图 9.17 所示，由于采用了强弱指纹比较过程分离策略，所以校验和列表中只有 4 B 的弱指纹和 4 B 的块长。Dsync 采用了合并连续相同数据块策略，所以服务端在计算差量后传输的是超级块的元数据，包括所有合并数据块中第一个数据块的起始索引和合并的块数。差量数据块列表与 WebR2sync+ 没有差别，每个差量数据块的元数据都包含差量数据块索引、块长和块内容。这里有两点需要注意：第一点，以上索引都是相对客户端文件分块而言；第二点，校验和列表中 4 B 的块长并不是必须传输的，传输到服务端的目的是降低碰撞率，在比较弱指纹之前可以先比较块长，但由于弱指纹的碰撞率已经很低，所以也可以不传输块长。同样，假设相同数据块的数量与总块数之比为 p，弱指纹的长度为 4 B，强指纹的长度为 16 B，所有的计数占 4 B。由于 Dsync 有合并连续相同数据块策略，新设一个参数 q 为合并之后的超级块数量与相同数据块数量的比值，并且校验和列表不传输块长。那么，每块的元数据平均长度 m_{Dsync} 为

$$m_{\mathrm{Dsync}} = 4p + (4 + 4 + 16)pq + (4 + 4 + 4)(1 - p) \tag{9.18}$$
$$= 12 - 8p + 24pq \tag{9.19}$$

其中，$0 \leqslant p \leqslant 1$，$0 \leqslant q \leqslant 1$。

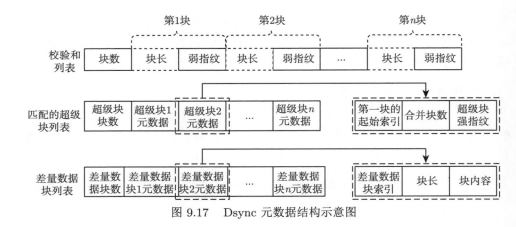

图 9.17　Dsync 元数据结构示意图

式 (9.18) 中的第一项是校验和列表中的弱指纹长度，第二项是超级块的元数据开销，第三项是差量数据块的开销，包括校验和列表中的弱指纹、差量数据块列表中的块索引和长度。一方面，当 p 接近 1 时，也就是文件基本相同时，大多数相同数据块必然可以合并成超级块，q 将接近 0，那么 m_{Dsync} 的值将接近 4 B；另一方面，当 p 接近 0 时，也就是文件基本不相同时，m_{Dsync} 的值接近 12 B。由此可见，Dsync 的单块平均元数据开销在大多数情况下都优于 WebR2sync+。

2. 期望块长

首先，期望块长与总元数据开销成反比。期望块长越小，切分出的块数越多，元数据开销就越大；反之，切分出的块数越少，元数据开销越少。其次，按照经验来说，期望块长越小，块划分得越细，能够探测出来的相同数据也就越多，从而需要传输的差量也就越少。对于由差量和元数据组成的整体通信量来说，较小的期望块长减少了差量的传输，增加了元数据的传输；较大的期望块长增加了差量的传输，减少了元数据的传输。所以，块长的设置有一个折中方案。

图 9.18 和图 9.19 所示分别为 Dsync 在不同期望块长下的同步时间折线图和通信量折线图。如图 9.18 所示，64 B 的期望块长与 32 KB 的期望块长相比，需要更多的同步时间。一方面，64 B 的期望块长会产生更多的元数据传输时间开销；另一方面，它也会增加通信两端的计算开销。图 9.19 中的多条折线体现出上面所说的折中。单看修改粒度为 1 MB 的曲线，它的趋势是先下降再上升，最后趋于平缓。趋于平缓的原因是从期望块长为 8 KB 起，Dsync 就已经将整个文件当作差量。再看修改粒度为 32 B 的折线，它的趋势是急速下降后趋于平缓，原因是修改粒度过小，期望块长为 64 B~32 KB 时都只能找到很少的差量，所以整体通信量的趋势符合元数据传输的趋势。综上所述，本章认为期望块长设为 1~8 KB 范围内的某个值是较合理的。

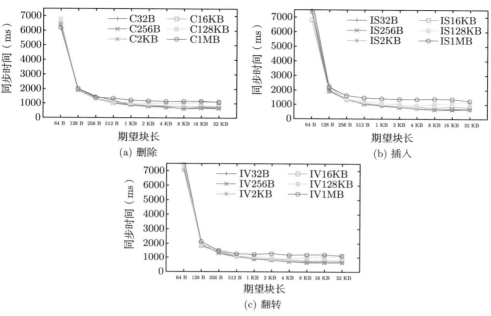

图 9.18 不同期望块长下，Dsync 的同步时间折线图

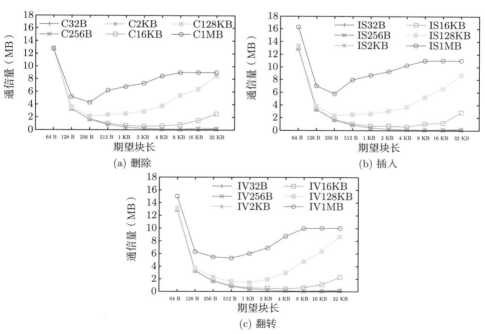

图 9.19 不同期望块长下，Dsync 的通信量折线图

9.3.4 最终版本

基于 CDCsync，本章提出了一个更加快速的轻量级差量同步算法——Dsync，它与 CDCsync 的不同之处是采用强弱指纹比较过程分离和合并连续相同数据块策略，减少了同步过程中客户端的计算时间，并削减了元数据规模。Dsync 的同步流程如图 9.20 所示，具体描述如下。

（1）预处理阶段：客户端首先采用 FastCDC 算法将本地文件分块，得到各数据块的弱指纹 FastFP，然后将所有的弱指纹形成校验和列表，并发送给服务端。

（2）匹配阶段：服务端接收到校验和列表后，根据弱指纹寻找可能的相同数据块，计算出其强指纹。其中，连续的相同数据块被看作一个超级块。服务端先计算出该超级块的强指纹，再将可能的相同数据块的索引和强指纹发送给客户端。客户端接收到可能的相同数据块的索引和强指纹后，根据强指纹验证可能的相同数据块是否真正相同。

（3）重构阶段：客户端将差量数据块发送给服务端；服务端用接收到的差量数据块和本地的相同数据块构建新文件。

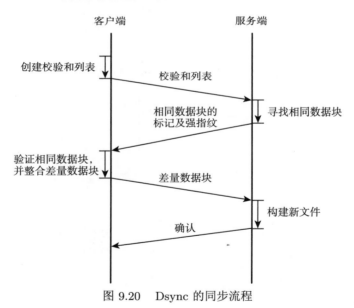

图 9.20　Dsync 的同步流程

9.4　性能分析

本章在 WebR2sync+ 的基础上，首先采用 FastCDC 算法代替 FSC 算法，并采用 FastFP 代替 Adler32，实现了采用 CDC 算法的轻量级差量同步算法 CDCsync；

然后采用强弱指纹比较过程分离和合并连续相同数据块策略实现了计算速率更快、元数据开销更少的轻量级差量同步算法 Dsync。本节对 Dsync 进行一系列的性能测试。

9.4.1　测试环境

1. 软硬件配置

实验设备：配置了四核 CPU（Intel i7-7700）、16 GB 内存、Windows 10 操作系统的计算机 1 台，配置了 6 GB 主存和 64 GB 只读存储器的华为荣耀 V10 手机 1 台，配置了四核 CPU@3.2 GHz、16 GB 内存和 128 GB 磁盘的虚拟机 1 台。

软件配置：计算机客户端运行在 Chrome v76.0 版本上，手机客户端运行在 Chrome v74.0 版本上，服务端运行在 Node js v12.8 版本上。

为了模拟真实的网络状况，本测试将网络带宽调整为 100 Mbit/s，RTT 设为 30 ms。只有在第 9.4.5 小节介绍的高带宽场景的性能测试中，网络带宽是 1 Gbit/s，RTT 依然设为 30 ms。

2. 差量同步配置

Dsync 的代码是基于开源代码 WebR2sync+ 实现的，共有超过 2000 行 JavaScript 代码。数据去重版本的差量同步算法 Dedupe 是基于 LBFS 思想实现的。为了对比的公平性，本测试用 FastCDC 算法取代了原先采用的 Rabin-CDC 算法。关于网络通信的压缩算法都使用 WebR2sync+ 默认的 Deflated 算法。测试中，3 种对比方案的平均块长都设置为 8 KB。

3. 测试数据集

Silesia[42] 是数据压缩领域公认的数据集，包含了文本文件、可执行文件、图片和 htmls 等类型的文件。一些对真实数据集和基准数据集的研究表明 [11,43]，文件修改并不是没有规律地发生在文件的任意位置的，它在文件头、文件中间和文件尾发生的比例分别是 70%、10% 和 20%。QuickSync[20] 和 WebR2sync+[19] 将文件修改方式分为 3 类，分别是删除、插入和翻转（将二进制数据进行翻转，如 10111001 变成 01000110）。因此，本测试的基准数据集是按照如下方式创建的：从 Silesia 数据集中切出 10 MB 作为基准数据集，并按照删除、插入和翻转 3 种修改方式以 32 B、256 B、2 KB、16 KB、128 KB 和 1 MB 这 6 个修改粒度进行修改。例如，若要在 10 MB 数据集中插入 1 MB 数据，则先从 Silesia 数据集中切出 1 MB 数据，然后将其中的 700KB 数据平均插入前 1/3 部分，100 KB 数据平均插入中间 1/3 部分，200 KB 数据平均插入后 1/3 部分，每个位置最多修改 256 KB。

此外，本测试也使用以下 4 个真实数据集来测试各种差量同步算法的性能。

（1）PPT 数据集。本测试收集了 48 版个人使用的 PPT 数据集（共 467 MB），并对其进行插入或删除操作。

（2）Glib 数据集。本测试收集了 2.4.0 版本到 2.9.5 版本的所有 Glib 官方源代码，每个版本大小约为 20 MB（共 860 MB）。

（3）Picture 数据集。该数据集是一个公开的图片数据集 [44]，包含 48 张 png 格式的图片（共 280 MB）。本测试利用 PS 从该数据集中删除或增加了一些图片细节。

（4）Mail 数据集。本测试从一个公开的邮件数据集 [21] 中抽取出一部分邮件组成了 Mail 数据集，其中每一封邮件都包含先前的回复，并对每封邮件使用 tar 命令进行打包（共 1839 MB）。

4. 评价指标

本测试主要通过两个指标来评估差量同步算法的好坏：同步时间和通信量。同步时间是指整个同步过程花费的总时间，包括预处理时间、匹配时间和重构文件时间。通信量是用来衡量整个同步过程传输的数据量，包括校验和列表、相同数据块的索引和差量数据等。需要注意的是，尽管传输的数据都被浏览器的 Deflated 算法压缩了，但本测试统计的是压缩之前的数据量。所有的测试数据都经过了 5 次测试，去除了最大值和最小值，最后取具有统计意义的平均值。

9.4.2 整体性能测试

本小节通过对比测试来验证 Dsync 的性能。清华大学的肖贺等人于 2018 年提出的 WebR2sync+[19] 继承了经典的轻量级差量同步算法 Rsync[3] 的整体框架和绝大多数细节，包括通过多次网络通信来进行文件元数据的交流，以及用强指纹、弱指纹验证相同数据块等。此外，它还提出了一些优化策略，如基于文件编辑的局部性来减少不必要的弱指纹计算，从而缩短整体同步时间。最大的区别就是 WebR2sync+ 将寻找差量的过程放在服务端，从而解放了计算资源不足的 Web 浏览器客户端（详见第 9.1.1 小节）。Dsync 则是在 WebR2sync+ 的基础上用 CDC 算法代替了 FSC 算法，并对其进行了优化，是更快速的轻量级差量同步算法。本测试可以验证 CDC 算法与 FSC 算法相比的优势，说明 Dsync 的优越性。

图 9.21 所示为 Dsync 和 WebR2sync+ 的强指纹、弱指纹对比。图中，横坐标是修改粒度，纵坐标分别是弱指纹的查找次数和强指纹的比较次数，黄色实线是 WebR2sync+ 的弱指纹查找次数，绿色实线是 Dsync 的弱指纹查找次数。可以看出，WebR2sync+ 的弱指纹查找次数远多于 Dsync 的弱指纹查找次数。在修改粒度为 32 B 时，两者的差距最小，但也超过了 3 个数量级（纵坐标的刻度是

指数上升的），而修改粒度为 1 MB 时两者的差距达到了 4 个数量级，差距十分明显。这是一个符合预期的结果，因为弱指纹的查找次数与计算次数相当，每计算一次弱指纹，至少需要一次查找来比较弱指纹是否相同。例如，FSC 算法的块长为 8 KB，当数据块不匹配时，WebR2sync+ 要逐字节地计算弱指纹，也就是至少需要查找 8192 次弱指纹，而 Dsync 直接进行下一个数据块的比较，在不发生碰撞时，只需要一次查找。两者之间弱指纹的查找次数差距是指数上升的。

图 9.21 中，蓝色实线是 WebR2sync+ 的强指纹比较次数，紫色实线是 Dsync 的强指纹比较次数。可以看出，Dsync 的强指纹比较次数在大多数情况下是小于 WebR2sync+ 的。在没有发生强指纹碰撞的情况下，强指纹的比较次数与相同数据块的数量相等。在修改粒度较小时，Dsync 的强指纹比较次数小于 WebR2sync+，看似 Dsync 只找到更少的相同数据块，其实不然。由于 Dsync 采用合并连续相同数据块策略将连续的相同数据块合并成超级块，它的强指纹比较次数等于超级块的匹配次数，所以小于 WebR2sync+ 的强指纹比较次数。在修改粒度为 128 KB~1 MB 时，Dsync 的强指纹比较次数反超了 WebR2sync+。原因是修改粒度为 1 MB 会使修改间隔接近 8 KB，而 WebR2sync+ 采用的块长为 8 KB，基本上很难找到相同数据块，而 Dsync 采用的是动态的 CDC 算法，能够产生小于 8 KB 的数据块，所以依然可能找到相同数据块，这是 CDC 算法的另一个优势。

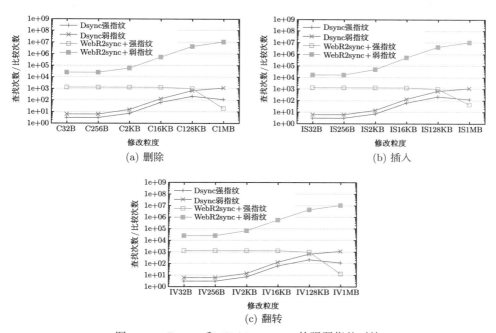

图 9.21　Dsync 和 WebR2sync+ 的强弱指纹对比

图 9.22 展示了 Dsync 和 WebR2sync+ 的同步时间对比。图中，横坐标是修改粒度，纵坐标是同步时间。从整体来看，Dsync 普遍优于 WebR2sync+。前 4 种修改粒度传输的差量数据块较多，此时匹配的相同数据块占主体，CDC 算法的优势没有体现出来；后 2 种修改粒度，差量数据块占主体，此时 CDC 算法没有分块点偏移现象的优势就体现出来了。尤其在修改粒度为 1 MB 的情况下，Dsync 的整体性能提升将近 2 倍。此外，Dsync 基本消除了服务端的同步时间，也就是不需要逐字节地计算弱指纹。Dsync 的客户端同步时间也低于 WebR2sync+ 的客户端同步时间，尤其在修改粒度为 1 MB 时。究其原因：一方面，用 FastFP 代替 Adler32 的策略消除了 CDC 算法的额外时间开销；另一方面，由于采用了强弱指纹比较过程分离策略，弱指纹已经过滤掉大部分的不相同数据块，Dsync 无须再计算强指纹，从而缩短了客户端时间。

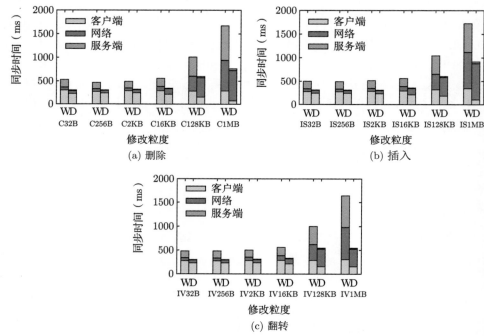

图 9.22　Dsync 和 WebR2sync+ 的同步时间对比

9.4.3　三种代表性差量同步技术对比

本小节新增加了 Dedupe 作为对比方案。Dedupe 的思想体现在多项差量同步研究中 [18,20]，它采用 CDC 算法，并延续了数据去重系统中的寻找相同数据块的方法。它仅计算所有数据块的强指纹，并直接通过比较强指纹来寻找相同数据块（详见第 9.1.1 小节）。这完全不同于 Dsync 中结合强弱指纹寻找相同数据块的策略。通过与 Dedupe 进行对比可以说明：Dsync 采用传统 Rsync 寻找相同数据块策略的优越性，即在差量大时可以通过弱指纹的计算和对比来减少强指纹的计算和对比，从而缩短整体同步时间。

1. 同步时间对比

图 9.23 展示了 3 种差量同步算法的同步时间对比。可以发现，Dedupe 和 WebR2sync+ 在修改粒度为 16 KB 处有一个交点。交点之前，WebR2sync+ 优于 Dedupe，这是因为修改粒度小于 16 KB 时，相同数据块占主体，文件相似性较高。WebR2sync+ 在文件相似时，基本上是逐块处理的，并无太大的劣势，而且 WebR2sync+ 没有额外的 CDC 计算时间。还有一个原因是 WebR2sync+ 采用了根据局部性原理直接计算连续匹配数据块之后的强指纹这一策略，当文件相似时，该策略缩短了弱指纹的计算时间。一来一回，Dedupe 数据比 WebR2sync+ 多了额外的 CDC 计算时间，所以在交点之前劣于 WebR2sync+。交点之后，修改粒度较大，文件相似性较低，WebR2sync+ 需要通过逐字节计算弱指纹来解决分块点偏移现象这一劣势就完全体现出来了，所以开始不如 Dedupe。

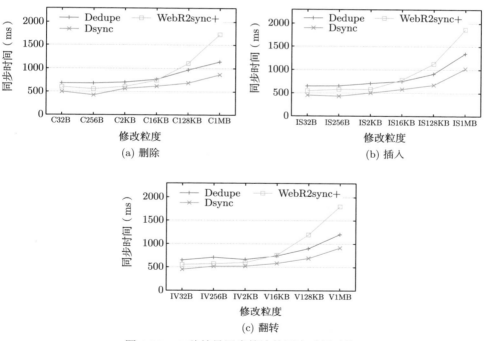

图 9.23　3 种差量同步算法的同步时间对比

可以看出，Dsync 性能始终是最佳的。差量少时，Dsync 的同步时间稍微优于其他两种同步算法，这得益于合并连续相同数据块策略带来的元数据开销的减少。差量多时，对于 Dedupe 而言，Dsync 的优势在于避免了强指纹的计算，通过弱指纹就能够确定数据块不相同，而 Dedupe 只能通过计算强指纹来确定；对 WebR2sync+ 而言，Dsync 的优势尤为明显，计算速率提升将近两倍，一个原因是 CDC 算法具有无分块点偏移现象的先天优势，另一个原因则是强弱指纹比较过程分离策略能够减少客户端不必要的强指纹计算。

2. 服务端并发量对比

接下来，本测试对这 3 种轻量级差量同步算法的服务端并发性能进行对比。为了使多个客户端同时同步文件，本测试并没有在浏览器上运行代码，而是在计算机的 Node js 环境下运行客户端代码。为了模拟真实的同步的场景，本测试首先随机选择一种修改粒度，并在 0~10 s 中随机取一个值，发出同步请求，然后逐个增加客户端数量，观察服务端的 CPU 利用率。为了得到具有统计意义的实验结果，每个测试结果都进行了 5 次模拟。

图 9.24 展示了 3 种差量同步算法的服务端并发性能对比。图中，横坐标是并发的客户端数量，纵坐标是服务端的 CPU 利用率。本测试的服务器配置是四核，理论上 CPU 利用率的上限为 400%。为了简化测试，本测试仅比较 CPU 利

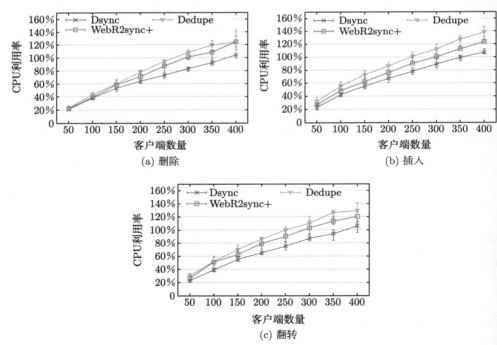

(a) 删除

(b) 插入

(c) 翻转

图 9.24　3 种差量同步算法的服务端并发性能对比

用率达到 100% 时 3 种算法的客户端数量。在并发的客户端数量相同的情况下，Dsync 的 CPU 利用率始终处于 WebR2sync+ 和 Dedupe 的下方，这直接说明了 Dsync 需要更少的计算资源，有着更高的并发性。从数据看，当 CPU 利用率达到 100% 时，Dsync 的并发客户端数量大约为 370 个，而 WebR2sync+ 和 Dedupe 仅能支持 250～300 个客户端。与 WebR2sync+ 相比，Dsync 的高并发量得益于采用 CDC 算法不会产生分块点偏移现象，从而不需要服务端逐字节地计算弱指纹；与 Dedupe 相比，Dsync 通过计算弱指纹节省了在服务端计算强指纹的开销，从而有更高的并发量。

3. 真实数据集下的性能对比

接下来，本测试在 4 个真实数据集下对 3 种差量同步方案进行了对比。为了说明 Dsync 更适用于计算资源受限的差量同步场景，本测试既测试了客户端运行于计算机端浏览器上的情况，也测试了运行在计算资源更少的手机端浏览器上的情况。表 9.4 展示了客户端运行在 Windows 系统和 Android 平台系统上的整体同步时间对比。由表可见：首先，计算机端的整体同步时间完全优于手机端，最多有 3～4 倍的差距，这是因为与手机端相比，计算机端的客户端可以有更多、更高效的 CPU 资源；其次，Dsync 的整体同步时间普遍比 WebR2sync+ 和 Dedupe 快，但在 Picture 数据集上表现较差，与 WebR2sync+ 相比仅有较小的提升，原因是 Picture 数据集普遍相似性较高。WebR2sync+ 在寻找相同数据块时，基本上是逐块向后跳动的，无须逐字节地计算弱指纹，这较小的提升来自 Dsync 的合并连续相同数据块策略。而在 Mail 数据集上，Dsync 的同步速率是 WebR2sync+ 的 3.3 倍。因为 Mail 数据集的每封邮件都很小，平均一封邮件不到 1 KB。换句话说，Mail 数据集的修改间距太小、修改粒度很大，导致 WebR2sync+ 需要不停地逐字节计算弱指纹。

表 9.4　真实数据集下 3 种算法在 Windows/Android 系统中的整体时间对比（单位：s）

数据集名称	Dsync	WebR2sync+	Dedupe
Picture	17.49/53.45	20.27/83.90	20.61/59.74
PPT	11.14/44.69	20.81/84.22	15.22/56.39
Mail	27.19/117.40	90.46/271.74	48.67/160.06
GLib	41.98/157.46	75.05/299.74	52.03/186.88

表 9.5 展示了 3 种差量同步算法在真实数据集上的通信量对比。可以看出，3 种算法的通信量基本相当，拉不开太大差距。值得一提的是，Mail 数据集传输的差量约等于原文件的大小，原因是一封邮件可能仅不足 1 KB，从而修改间距也十分小，块长为 8 KB 时很难找到相同数据块。

表 9.5　真实数据集下 3 种算法的通信量对比（单位：MB）

数据集名称	Dsync	WebR2sync+	Dedupe
Picture	94.3	105.3	104.4
PPT	162.2	162.4	164.0
Mail	635.4	638.0	637.6
GLib	497.8	455.4	532.7

9.4.4　高带宽大文件场景下的性能对比

随着 5G 技术和大数据的发展，文件同步逐渐呈现出高带宽和大文件的特征。本小节在千兆网环境下对大文件进行了测试。在网络传输速率越来越快，逐渐接近计算速率的情况下，差量同步是否就不如全文件同步？为了说明差量同步在千兆网环境下依然是高效的，本测试将全文件同步（FullSync）也加入比较行列中，如图 9.25 所示。可以看到，WebR2sync+ 显得不那么高效，甚至远远不如 FullSync，这归根到底还是 FSC 算法带来的分块点偏移现象导致的。而 Dsync 不仅比 FullSync 快，通信量也更少。Dsync 简化了计算过程，减少了冗余数据的传输，很好地满足了未来云存储服务的需求。

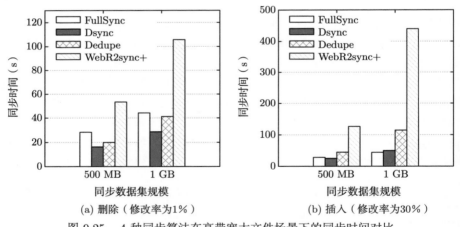

图 9.25　4 种同步算法在高带宽大文件场景下的同步时间对比

9.5　本章小结

Rsync 作为能够有效节省网络资源的同步算法，已被 Linux 指定为标准的同步方案。众多学术研究基于 Rsync 从时间性能、通信量规模和场景适用性等方面提出了自己独到的见解。本章在轻量级差量同步场景下，将 CDC 算法融入差量同步中，并有针对性地从节省计算开销和元数据开销的角度进行了优化，提出了计算资源消耗更少且更快的差量同步算法 Dsync。与 WebR2sync+ 相比，Dsync 的同步速度提升了 2~8 倍。本章的主要内容如下。

（1）本章将 FastCDC 算法融入轻量级差量同步中，避免了 FSC 算法的分块点偏移现象，无须逐字节地计算弱指纹。基于 FastCDC 算法，本章利用 CDC 计算过程中产生的哈希值 fp，设计了一种全相关且碰撞率低的弱指纹 FastFP，并用该弱指纹代替原协议中的弱指纹 Adler32，消除了 CDC 算法有额外时间开销这一缺陷。至此，新的轻量级差量同步算法 CDCsync 在文件不相似时体现出了 CDC 算法没有分块点偏移现象的优越性。经测试，CDCsync 的服务端同步时间最短时仅占 WebR2sync+ 的 1/6，整体同步速度提高了 70%；文件相似时，由于 FastFP 的碰撞率与 Adler32 持平，弱指纹计算速率提升了 50%~60%，整体速度也就完全不弱于 WebR2sync+。

（2）本章从减少计算开销和元数据开销两个方面着手，提出了强弱指纹比较过程分离和合并连续相同数据块这两个策略，并基于这两个策略对 CDCsync 进行了优化，提出了 Dsync。当文件不相似时，强弱指纹比较过程分离能有效地减少不必要的强指纹计算开销和元数据开销，使客户端同步时间缩短超过一半。当文件相似时，合并连续相同数据块可能只需传输几个超级块的强指纹，就能完成弱指纹相同数据块的强指纹验证，使整体通信量减少 75%。

截至本书成稿之日，Dsync 的计算速率已大大领先其他现有的轻量级差量同步算法。但是，作者团队只是就差量同步协议本身的细节做了极致优化，尚未过多考虑带宽和文件相似性等要素。未来，作者团队将从以下 3 个方面进一步优化该算法：根据网络带宽，动态地调整差量计算策略，如网络状况良好时追求更快地计算出差量，反之则追求找到更多的差量；基于文件相似性来选择合适的分块粒度，文件相似度高时选择粗粒度的分块，反之则选择细粒度的分块；此外，也可以从工程角度对算法进行性能优化，追求极致的同步速度。

参考文献

[1] 吕瀛, 刘杰, 马志柔, 等. 一种云存储服务客户端增量同步算法[J]. 计算机系统应用, 2014, 23(10): 152-157.

[2] BOCCHI E, DRAGO I, MELLIA M. Personal Cloud Storage: Usage, Performance and Impact of Terminals[C]//Proceedings of International Conference on Cloud Networking (IEEE CloudNet'15). NJ: IEEE, 2015: 106-111.

[3] TRIDGELL A, MACKERRAS P. The Rsync Algorithm[J]. ANU Research Publications, 1996: 1-6.

[4] HUNT J W, MACILROY M D. An Algorithm for Differential File Comparison[M]. New Jersey: Bell Laboratories Murray Hill, 1976: 1-9.

[5] KORN D G, VO K P. Engineering a Differencing and Compression Data Format[C]// Proceedings of International Conference on Annual Technical Conference (USENIX ATC'02). CA: USENIX Association, 2002: 219-228.

[6] HOUSEL B C, LINDQUIST D B. WebExpress: A System for Optimizing Web Browsing in a Wireless Environment[C]//Proceedings of International Conference on Annual International Conference on Mobile Computing and Networking (Mobi-Com'96). NY: ACM, 1996: 108-116.

[7] TEODOSIU D, BJØRNER N, GUREVICH Y, et al. Optimizing File Replication over Limited-bandwidth Networks Using Remote Differential Compression: MSR-TR-2006-157 [R]. Redmond: Microsoft, 2006: 1-16.

[8] MOHIUDDIN I, ALMOGREN A, AL QURISHI M, et al. Secure Distributed Adaptive Bin Packing Algorithm for Cloud Storage[J]. Future Generation Computer Systems, 2019, 90: 307-316.

[9] MACDONALD J. File System Support for Delta Compression[D]. Berkeley: University of California at Berkeley, 2000: 1-32.

[10] TRENDAFILOV D, MEMON N, SUEL T. Zdelta: An Efficient Delta Compression Tool[R]. NY: Polytechnic University, 2002: 1-14.

[11] XIA W, JIANG H, FENG D, et al. Ddelta: A Deduplication-inspired Fast Delta Compression Approach[J]. Performance Evaluation, 2014, 79: 258-272.

[12] 徐旦, 生拥宏, 鞠大鹏, 等. 高效的两轮远程文件快速同步算法[J]. 计算机科学与探索, 2011, 5(1): 38-49.

[13] 李杰, 侯锐. 大数据访问中信息传输冗余量消除仿真[J]. 计算机仿真, 2020, 37(3): 153-156, 182.

[14] LIANG R, HE Q, JIANG B, et al. BDSS: Blockchain-based Data Synchronization System[C]//Proceedings of International Conference on Blockchain and Trustworthy Systems (BlockSys'22). Berlin: Springer, 2020: 683-689.

[15] SAKAMOTO H, TAKABATAKE Y. Rpair: Rescaling Repair with Rsync[C]// Proceedings of International Conference on String Processing and Information Retrieval (SPIRE'19). Berlin: Springer, 2019(11811): 35.

[16] WU S, LIU L, JIANG H, et al. PandaSync: Network and Workload Aware Hybrid Cloud Sync Optimization[C]//Proceedings of International Conference on Distributed Computing Systems (ICDCS'19). NJ: IEEE, 2019: 282-292.

[17] 张莲, 李京, 炜清. 云同步系统中采用增量存储的版本控制技术研究[J]. 小型微型计算机系统, 2015, 36(3): 427-432.

[18] MUTHITACHAROEN A, CHEN B, MAZIERES D. A Low-bandwidth Network File System[J]. ACM SIGOPS Operating Systems Review, 2001, 35(5): 174-187.

[19] XIAO H, LI Z, ZHAI E, et al. Towards Web-based Delta Synchronization for Cloud Storage Services[C]//Proceedings of International Conference on File and Storage Technologies (FAST'18). CA: USENIX Association, 2018: 155-168.

[20] CUI Y, LAI Z, WANG X, et al. Quicksync: Improving Synchronization Efficiency for Mobile Cloud Storage Services[J]. IEEE Transactions on Mobile Computing, 2017, 16(12): 3513-3526.

[21] ZHANG Q, LI Z, YANG Z, et al. DeltaCFS: Boosting Delta Sync for Cloud Storage Services by Learning from NFS[C]//Proceedings of International Conference on Distributed Computing Systems (ICDCS'17). NJ: IEEE, 2017: 264-275.

[22] LI Z, WILSON C, JIANG Z, et al. Efficient Batched Synchronization in Dropbox-like Cloud Storage Services[J]. Lecture Notes in Computer Science, 2013, 8275 LNCS: 307-327.

[23] MEISTER D, KAISER J, BRINKMANN A, et al. A Study on Data Deduplication in HPC Storage Systems[C]//Proceedings of the International Conference on High Performance Computing, Networking, Storage and Analysis (SC'12). NJ: IEEE, 2012: 1-11.

[24] RABIN M O. Fingerprinting by Random Polynomials[R]. Combridge: Center for Research in Computing Technology, 1981: 21-25.

[25] BRODER A Z. Some Applications of Rabin's Fingerprinting Method[M]//CAPO-CELLI R, DE SANTIS A, VACCARO U. Sequences II. NY: Springer, 1993: 143-152.

[26] 周炳. 海量数据的重复数据删除中元数据管理关键技术研究[D]. 北京: 清华大学, 2015.

[27] ESHGHI K, TANG H K. A Framework for Analyzing and Improving Content-based Chunking Algorithms[J]. Hewlett-Packard Labs Technical Report TR, 2005, 30: 1-10.

[28] EL-SHIMI A, KALACH R, KUMAR A, et al. Primary Data Deduplication—Large Scale Study and System Design[C]//Proceedings of International Conference on Annual Technical Conference (USENIX ATC'12). CA: USENIX, 2012: 285-296.

[29] XIA W, ZHOU Y, JIANG H, et al. Fastcdc: A Fast and Efficient Content-defined Chunking Approach for Data Deduplication[C]//Proceedings of International Conference on Annual Technical Conference (USENIX ATC'16). CA: USENIX, 2016: 101-114.

[30] 魏建生. 高性能重复数据检测与删除技术研究[D]. 武汉: 华中科技大学, 2012.

[31] KRUUS E, UNGUREANU C, DUBNICKI C. Bimodal Content Defined Chunking for Backup Streams[C]//Proceedings of International Conference on File and Storage Technologies (FAST'10). CA: USENIX Association, 2010: 239-252.

[32] ANAND A, MUTHUKRISHNAN C, AKELLA A, et al. Redundancy in Network Traffic: Findings and Implications[C]//Proceedings of International Conference on Measurement and Modeling of Computer Systems (SIGMETRICS'09). [S.l.]: [S.n.], 2009: 37-48.

[33] BJORNER N, BLASS A, GUREVICH Y. Content-dependent Chunking for Differential Compression, the Local Maximum Approach[J]. Journal of Computer and System Sciences, 2010, 76(3-4): 154-203.

[34] BOBBARJUNG D, DUBNICKI C, JAGANNATHAN S. Fingerdiff: Improved Duplicate Elimination in Storage Systems[C]// Proceedings of International Conference on Mass Storage Systems and Technologies (MSST'06). NJ: IEEE, 2006: 1-5.

[35] BOBBARJUNG D R, JAGANNATHAN S, DUBNICKI C. Improving Duplicate Elimination in Storage Systems[J]. ACM Transactions on Storage, 2006, 2(4): 424-448.

[36] AGARWAL B, AKELLA A, ANAND A, et al. Endre: An End-system Redundancy Elimination Service for Enterprises[C]//Proceedings of International Conference on NetWorked Systems Design and Implemention (NSDI'10). CA: USENIX Association, 2010: 419-432.

[37] ZHANG Y, JIANG H, FENG D, et al. AE: An Asymmetric Extremum Content Defined Chunking Algorithm for Fast and Bandwidth-efficient Data Deduplication[C]// Proceedings of International Conference on Computer Communications (CC'15). NJ: IEEE, 2015: 1337-1345.

[38] YU C, ZHANG C, MAO Y, et al. Leap-based Content Defined Chunking—Theory and Implementation[C]//Proceedings of International Conference on Mass Storage Systems and Technologies (MSST'15). NJ: IEEE, 2015: 1-12.

[39] ROMAŃSKI B, HELDT Ł, KILIAN W, et al. Anchor-driven Subchunk Deduplication [C]//Proceedings of International Conference on Systems and Storage (SYSTOR'11). NY: ACM, 2011: 1-13.

[40] LU G, JIN Y, DU D H. Frequency based Chunking for Data Deduplication[C]// Proceedings of International Conference on Modeling, Analysis and Simulation of Computer and Telecommunication Systems (MASCOTS'10). NJ: IEEE, 2010: 287-296.

[41] ZHOU B, WEN J. Hysteresis Re-chunking based Metadata Harnessing Deduplication of Disk Images[C]//Proceedings of International Conference on Parallel Processing (ICPP'13). NJ: IEEE, 2013: 389-398.

[42] DEOROWICZ S. Universal Lossless Data Compression Algorithms[J]. Computer Science, 2003: 38.

[43] TARASOV V, MUDRANKIT A, BUIK W, et al. Generating Realistic Datasets for Deduplication Analysis[C]//Proceedings of International Conference on Annual Technical Conference (USENIX ATC'12). CA: USENIX Association, 2012: 261-272.

[44] CHRISTLEIN V, RIESS C, JORDAN J, et al. An Evaluation of Popular Copy-move Forgery Detection Approaches[J]. IEEE Transactions on Information Forensics and Security, 2012, 7(6): 1841-1854.

第 10 章　面向人工智能模型的差量压缩技术

基于人工智能中深度神经网络（Deep Neural Network，DNN）的机器学习技术正在各领域蓬勃发展，包括但不限于图像识别 [1-3]、目标识别 [4,5]、模式识别 [6,7]、语义分割 [8]、人脸识别 [9-11] 等。然而，随着深度学习的数据源越来越复杂、应用场景越来越广泛，DNN 的网络结构有着不断加深加宽的趋势，网络对数据源的拟合能力随之不断加强，网络的复杂度也在激增。这不仅仅导致存储网络的开销、传输网络的流量变大，同时带来的还有训练网络的困难及应用网络的延迟增大等一系列后果。此外，随着神经网络智能手机、可穿戴设备等移动应用的普及，这些资源受限的移动设备对大规模神经网络的性能提出了极高的要求。因此，如何有效地缩小神经网络模型的尺寸变得极为重要。为了解决该问题，本章介绍一种基于量化的神经网络差量压缩方案，称为量化差量压缩器（Quantized Delta Compressor，QD-Compressor）。该方案利用线性量化技术，将相邻版本间相似的浮点型参数转化为可压缩性高的整型参数，并利用无损压缩器进一步压缩整型参数的差量。实验证明，该方案能够在不显著损失模型精度的前提下，较现有方案提高 2.4~31.5 倍的压缩率。本章的组织结构如下：第 10.1 节介绍目前人工智能模型压缩技术的现状；第 10.2 节和第 10.3 节分别介绍基于局部敏感性的网络浮点参数量化压缩方法，以及利用版本间相似性的神经网络差量压缩框架的设计与实现等；第 10.4 节分析 QD-Compressor 在资源受限场景中的应用；第 10.5 节分析对 QD-Compressor 进行系统性实验的结果；最后，第 10.6 节对本章进行了小结。

10.1　人工智能模型压缩技术现状

近些年，大数据时代的到来及计算机算力的不断提升，为机器学习领域注入了新的活力。而在传统的机器学习领域中，构建模式识别或机器学习系统需要工程师或专家首先利用自己在相关领域的经验来设计特征提取器（Feature Extractor），从而将原始的输入数据（如图像的像素点、自然语言的语句、原始声音片段等）转换为合适的中间表示形式［特征向量（Feature Vector）］，然后针对这些特征向量运用学习子系统［如支持向量机（SVM）、隐马尔可夫模型（HMM）等］对输入的模式进行检测、分类等。在这个过程中，特征提取器的设计就显得非常重要，并且会显著影响整个系统的性能。然而，在深度学习方法中，特征提取器被设计为可自动学习的学习系统中的一部分，这就意味着它不需要人工设计，而是由机器自动学习获得，特别适用于变化的自然数据。并且，由于大数据能够为其提供更多的学习资料，特征提取器具有非常优秀的泛化能力和鲁棒性。传统机器学习通常由人工提取特征、权重学习、预测结果组成，深度学习由基础特征提取、多层复杂特征提取、权重学习、预测结果组成，二者对比可以看出，深度学习算法与传统机器学习算法的不同点就在于特征提取部分。例如在一些图像识别的 DNN 中，基础特征提取对应的就是将图像的像素转换为线条，多层复杂特征提取就是将线条特征转换为简单形状特征和复杂形状特征。无须先验的专家知识设计特征提取器，通过网络自动学习即可得到强大的特征提取能力，是深度学习算法能够在大数据时代下蓬勃发展的原因之一。

扩大 DNN 的规模（如宽度、深度等）可以有效地提高模型在复杂的数据集和应用场景下的表现。但是，大模型尺寸阻碍了 DNN 模型在资源受限设备上的训练和使用。因此，对神经网络模型的压缩方法受到越来越多的关注。目前主流的针对神经网络模型的压缩方法有：基于轻量化设计的模型压缩、基于剪枝技术的模型压缩、基于量化技术的模型压缩，以及知识蒸馏等。

10.1.1　基于轻量化设计的模型压缩

由于神经网络需要处理的任务越来越难、场景越来越复杂，神经网络本身正在变得越来越深和越来越宽。而过深和过宽的网络结构会导致计算量陡增，这限制了神经网络的应用范围。针对这一现象，在不影响模型拟合能力的前提下，可以设计轻量级网络结构，通过更改模型的网络结构减少计算量，或者是在不更改模型的计算量的情况下增加模型的适应性。

新加坡国立大学的 Min Lin 等人 [12] 第一次提出了 1×1 卷积核的概念，将 1×1 卷积核接在普通的卷积层之后，可实现网络嵌套的结构。1×1 卷积核可以对网络的输入特征进行升维，在不显著增加网络计算量的情况下增加网络通道数，从而提升网络的拟合能力。常规升维卷积核的计算方式如图 10.1 所示。假设一张 $n \times n$ 像素 3 通道的输入图像，需要通过卷积操作将通道数升为 4，常规卷积操作需要 4 个 $3 \times 3 \times 3$ 的卷积核，其中卷积核大小假设为 3，通道数等于输入通道数 3，则每一组卷积核中每一个通道的卷积核会和对应输入通道进行乘加操作，最后需要将同一组中各个卷积核得到的结果相加，得到输出特征图。而采用 1×1 卷积核升维的计算方式如图 10.2 所示，先采用一个卷积核负责一个通道的方式，使通道与卷积核一一对应，再通过 1×1 卷积核来进行升维，同时学习通道之间的联系。

对于 $W \times H \times C$ 的输入特征图而言，在经过 K 个 $M \times M \times C$ 的卷积核

3通道　　　　4个3×3×3　　　4通道
输入　　　　　卷积核　　　　特征图

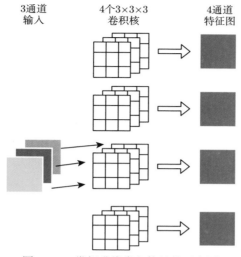

图 10.1　常规升维卷积核计算示意图

3通道　　　3个3×3　　3通道　　　4个3通道　　4通道
输入　　　卷积核　　特征图　　　1×1卷积核　　特征图

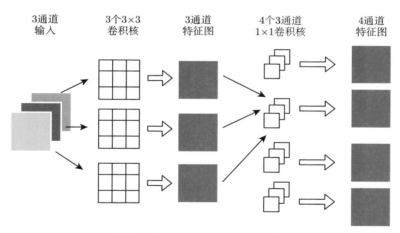

图 10.2　1×1 分离卷积核计算示意图

（卷积移动步长为 1）升维之后，可得到 $W \times H \times K$ 的输出特征图，此时的乘法操作总计算量记为 Cost1，如式 (10.1) 所示。如果 $W \times H \times C$ 的输入特征图先经过 C 个 $M \times M \times 1$ 的卷积核，每个通道的特征图单独和一个卷积核做卷积并输出一个通道，得到 $W \times H \times C$ 的输入，再令该输入经过 K 个 $1 \times 1 \times C$ 的卷积核，最终得到相同的 $W \times H \times K$ 的输出特征图，此时的乘法操作计算量记为 Cost2，如式 (10.2) 所示。在通常的网络设置中，卷积核的大小为 5×5 或 3×3，K 为输出特征图的个数，通常为 128、256、512 不等。表 10.1 统计了在不同设置下，二者的计算量对比，表中数据为 Cost1 除以 Cost2 的结果。可以看出，在得到相同尺寸的输出特征图的情况下，使用 1×1 卷积来增加网络通道数可以显著地减少卷积的计算量，卷积核越大，效果越明显。

$$\text{Cost1} = W \times H \times C \times M \times M \times K = W \times H \times C \times K \times M^2 \tag{10.1}$$

$$\text{Cost2} = W \times H \times M \times M \times C + W \times H \times C \times K = W \times H \times C(K + M^2) \tag{10.2}$$

表 10.1　不同卷积核设置下，采用常规卷积核和 1×1 卷积核的计算量之比

卷积核大小	Cost1/Cost2			
	$K = 64$	$K = 128$	$K = 256$	$K = 512$
$M = 3$	7.89	8.41	8.69	8.84
$M = 5$	17.97	20.91	22.77	23.83
$M = 7$	27.75	35.43	41.12	44.72

不仅如此，1×1 卷积核还可以用来对输入特征图进行降维，降维后的输出可以接紧凑的网络结构，显著减少参数量。这样的设计思想被应用于谷歌网络（GoogleNet）[13] 的 Inception 模块中，如图 10.3(a) 所示。该模块首先在 3×3 和 5×5 的卷积核之前增加了 1×1 的卷积核，将输入降维，然后通过更低维的常规卷积核，达到减少计算量和参数量的目的。图 10.3(b) 为不加入 1×1 卷积核的情况。该模块的输入特征图通道数为 192，1×1 卷积核的输出通道数为 64，3×3 卷积核的输出通道数为 128，5×5 卷积核的输出通道数为 32，最大值池化的输出通道数为 32，最后再将各个卷积核的输出特征在通道维度上组合起来，最后输出通道数为 256。其中，不采用 1×1 卷积核的参数量为 $192 \times (1 \times 1 \times 64) + 192 \times (3 \times 3 \times 128) + 192 \times (5 \times 5 \times 32) = 387{,}072$，采用 1×1 卷积核的参数量为 $192 \times (1 \times 1 \times 64) + (192 \times 1 \times 1 \times 96 + 96 \times 3 \times 3 \times 128) + (192 \times 1 \times 1 \times 16 + 16 \times 5 \times 5 \times 32) = 157{,}184$。可以看出，采用 1×1 卷积核大大减少了参数的数量。正是因为利用 1×1 卷积核进行降维，Inception 得到了更为紧凑的网络结构，虽然总层数有 22 层并且每一层中的卷积核种类丰富，但总网络参数量却只有 8 层的 AlexNet 的 1/12。同时，在 3×3 和 5×5 卷积核之前使用 1×1 卷积核来进行降维，还可以使用更多的激活函数，增加网络的非线性表达能力。

1×1 卷积核的作用还不限于此，由于使用 1×1 卷积核可以看作在不同通道之间的特征图进行信息的线性组合变化，因此还增加了通道间的信息交互，能够通过权重学习的方式使网络学习特征图之间的通道相关性。

目前，主要的轻量级网络都是采用 1×1 卷积核的思想，在减少参数量的同时还减少了模型的计算量。在此基础上，还可以加入一些用来增强网络学习能力的模块，如在洗牌网络（ShuffleNet）[14] 中加入分组卷积和通道重排操作，以减少网络的过拟合。

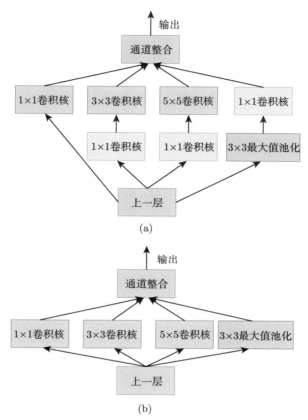

图 10.3　GoogleNet Inception 模块示意图

10.1.2　基于剪枝技术的模型压缩

设计轻量化模型是在模型设计阶段尝试更改网络的结构，而剪枝则是在模型的训练过程中或训练结束后，对网络的结构进行修剪。

将剪枝应用于模型压缩的一个假设在于 DNN 的过参数化。DNN 是一个拥有庞大参数量的自学习模型，分为训练和推理两个阶段。训练阶段需要根据数据进行学习（具体体现于神经网络中参数的更新），推理阶段则是用新的数据进行计算以得到结果。在 DNN 中，常常会发生在训练集上表现优异的模型在测试集上或实际应用时效果不佳，这大概率就是原模型在训练集上过拟合了。而过参数化就是指训练过程中参数的数量过多，容易捕捉到数据中微小信息的存在，以至于到了推理阶段性能反而下降，泛化能力差。阿姆斯特丹大学的 Christos Louizos 等人 [15] 指出通过正则化来进行剪枝可以得到一个参数较少的神经网络，并且通过减少参数量可以减少参数空间的冗余，从而提高模型的泛化能力。

在剪枝过程中,将数据集记为 D,当前参数的集合记为 w,损失函数记为 L,而剪枝是希望网络的参数量变少。也就是说,此时进行优化的表达式如式 (10.3) 所示,其中 $||w||_0$ 代表的是权重向量的 L0 范数,即向量中不为 0 的参数个数。然而,对 $||w||_0$ 进行优化求解是一个组合优化问题(NP-难问题),无法在多项式时间内求解。因此,对这个问题进行直接求解是不现实的。

$$\min(L(D,w) + \lambda * ||w||_0) \tag{10.3}$$

基于此,马里兰大学的 Li Hao 等人 [16] 将权重的绝对值作为衡量该权重的一个重要方面,将绝对值小的权重剪去。但是如果模型训练结束的权重稀疏度较差,不利于剪枝的话,剪枝效果就会很差。因此,他们在训练过程的损失函数中加入了 L1 范数(所有权重的绝对值之和),使训练得到的模型稀疏度足够高。这样,就将 L0 范数的组合优化问题转变为 L1 范数的可通过导数求解的问题,此时优化的目标如式 (10.4) 所示。

$$\min(L(D,w) + \lambda||w||_1) = \min(L(D,w) + \lambda \sum |w|) \tag{10.4}$$

然而,这样剪枝得到的网络会出现同一个结构的卷积核中部分权重为 0 的情况,即对网络中权重进行剪枝的粒度过细,这种情况被称为非结构化剪枝,如图 10.4 所示。与之相对的为结构化剪枝,即通过对整个卷积核或神经元进行剪枝,将完整的计算单元剪去,通常是整组卷积核级别或通道级别,如图 10.5 所示。结构化剪枝的好处在于能够切实地减少计算量,起到加速网络的效果。而非结构化剪枝只是将单个独立计算单元中的个别权重置 0,在保存网络的时候可以针对大量等于 0 的权重进行压缩,但是在实际前向计算的时候并不能起到加速的作用。匹兹堡大学的 Wen Wei 等人 [17] 和清华大学的刘壮等人 [18] 在结构化剪枝的基础上采用 L1 范数形式进行优化,将权重划分为对应组,并以组为单位展开计算,进而进行卷积核级别或通道级别的剪枝。

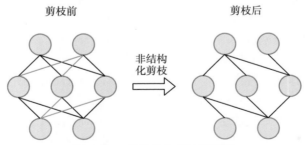

图 10.4　非结构化剪枝示意图

上述方法都是基于假设参数绝对值越小,对最终结果的影响越小,进而通过计算 L1 范数进行优化完成剪枝。然而,宾夕法尼亚大学的 Ye Jianbo 等人 [19]

认为将参数绝对值大小和重要性画等号这一假设不一定成立。例如，牛津大学的 Namhoon Lee 等人[20] 就是考虑参数裁剪对于最终损失函数的影响，将归一化的目标函数相对于参数导数的绝对值作为衡量参数重要性的标准。南京大学的 Luo Jianhao 等人[21] 和西安交通大学的 He Yihui 等人[22] 则考虑了剪枝对特征输出的可重建性的影响。他们的假设为：如果对当前层进行剪枝后，后面的输出并没有显著变化，就说明裁剪掉的为不重要信息。

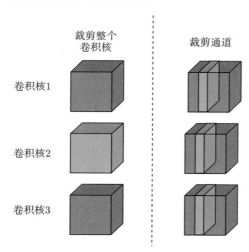

图 10.5　结构化剪枝示意图

上面提到的方法都属于贪心法，即希望能够将待裁剪的单元按照重要性进行排序，进而在不影响网络性能的情况下，将重要性低的待裁剪单元删去。然而，这样的方式忽略了参数间的相互关系。腾讯的 Peng Hanyu 等人[23] 提出了一种相关性通道剪枝（Collaborative Channel Pruning）方法，该方法考虑了通道之间的依赖关系，将通道的选取问题转换为约束下的二次规划问题。

目前，使用剪枝对模型进行压缩，由于原始待优化问题为 NP-难问题，因此并不能直接求解。也正是由于此，许多研究都通过提出假设的方式对原始优化问题进行转换后再求解。然而，加利福尼亚大学的 Liu Zhuang 等人[24] 指出，剪枝后的网络结构比得到的具体网络的权重更重要，即剪枝有助于在网络结构搜索方面起作用，为设计新的网络结构提供参考。

10.1.3　基于量化技术的模型压缩

采用量化技术可以通过减少神经网络权重或激活值的存储比特数来减少存储网络模型本身的存储开销，并用比特数更少的计算操作代替浮点数的昂贵计算开销，从而达到加速的目的[25]。

剪枝方法是假设模型的参数量过多，需要减少模型的参数量。而量化技术则是假设模型在推理阶段并不需要过多的比特来存储网络的参数，并希望设计一种新的比特数更少的表示方法代表参数，进而对模型进行压缩。

一般来说，神经网络模型中参数通常为单精度浮点数，占 32 bit，而量化方法中则需要将 32 bit 的浮点数转换为比特数更少的表示形式。斯坦福大学的 Han Song 等人 [26] 提出利用神经网络权重分布的聚集性，通过将相近的权重进行聚合并保存为相同的权重，或者为同一个权重加不同偏移的形式，对剪枝后的模型的权重再次进行聚类量化，以进一步减小模型。然而，此方法在取得高压缩率的同时会导致聚类过程的误差较大，对模型的精度造成显著影响，需要在量化后进行额外的重训练过程来修正量化误差。Intel 的 Aojun Zhou 等人 [27] 则针对量化后精度下降严重的问题，提出了渐进式重训练的方法。该方法是对网络中的权重进行选择，每次选择剩余的一半未量化的权重进行量化，并在量化完成后固定已量化部分不变并进行重训练，从而恢复模型精度。

与训练完模型后再对模型进行量化，并使用重训练的方式恢复模型精度的思路不同，谷歌的 Benoit Jacob 等人 [28] 使用线性映射的方法将浮点数转换为 8 bit 整数，并通过在训练过程中模拟量化来避免训练完成后的重训练操作。同时，使用线性映射量化为 8 bit 整数可以使用 8 bit 整数的乘法来代替 32 bit 浮点数的乘法，并在一定程度上加速模型的运行。北京航空航天大学的 Zhu Feng 等人 [29] 提出了用来加速卷积神经网络训练过程的 INT8 训练技术，将网络的输入、激活值、梯度等均采用 INT8 量化，通过适当调节量化函数中的截断以减小量化误差，并通过调低学习率以提高量化训练精度，解决了使用整型参数训练网络时梯度难以量化导致训练过程不稳定的问题。同时，使用 8 bit 整数乘法代替浮点数乘法，网络在前向传播和反向传播过程中均可取得不错的加速效果。

二值化是指模型中的参数只有两种取值，也可以看作一种极端的量化方法：用 1 bit 来表示参数或激活值。二值神经网络（Binary Neural Network，BNN）不仅可以减少模型的内存占用，而且由于权重激活均只有 1 bit，而 1 bit 的乘加操作都可以用位运算进行等效，因此该网络中可以采用位运算加速计算，从而降低功耗、加速推理等。二值化网络首先是由以色列理工大学的 Itay Hubara 等人 [30] 提出的，取网络中的参数或激活值的正负将其二值化为 +1 或 −1。华盛顿大学的 Mohammad Rastegari 等人提出的异或门网络（Xnor-Net）[31] 在 BNN 的基础上考虑了量化误差，并提出对输出在通道方向上使用放缩因子来恢复二值化的信息。香港科技大学的 Zechun Liu 等人 [32] 针对 BNN、Xnor-Net 在二值化过程中丢失信息不可逆的问题，在二值化的旁路加了一个直连层，减少了精度损失。北京航空航天大学的 Qin Haotong 等人 [33] 同样为二值化过程中的信息损失提供了解决方案。由于二值化函数为阶梯状不可导的函数，因此通过使用可导的函数来渐近近似不可导的二值化函数，并在反向传播过程中使用其导数进行反向传播，可以有效地提升训练过程的稳定性和最后的精度。

总的来说，量化的方案也有许多不同的方向，但比较主流的是 INT8 量化方案和二值化量化方案。二者的共同点是可以使用低比特运算来代替 32 bit 的浮点数计算，从而达到加速模型运行的目的。而二值化量化方案由于信息丢失过于严重，虽然有许多研究在尽力缓解精度损失严重的问题，但在大数据集上的表现还是不够完美。INT8 量化则能在最大限度地保留模型精度的同时，保证较好的压缩效果。但是，由于单独量化策略的压缩比是由量化的比特数决定的，可提升范围不大，因此本节将以 INT8 量化为基础，结合差量压缩的思想来进一步提升网络模型的压缩比。

综上所述，传统数据压缩技术的发展较成熟，但不适用于神经网络模型压缩。神经网络模型压缩技术的研究还处于早期阶段，现有研究都有着各自的优缺点。本章则是通过将传统压缩技术中的差量压缩思想应用于神经网络模型压缩领域，对现有模型压缩方法的不足进行分析并改进。

10.2　基于局部敏感性的网络浮点参数量化压缩技术

本节首先对网络浮点数压缩的难点进行分析；然后，为解决浮点数尾数不确定性的问题引入量化技术，将浮点数转换整数，并引入相关系数（Correlation Coeffcient，CorrCoef）和曼哈顿距离均值（Manhattan-Distance-Mean，MDM），分析量化后神经网络相邻版本间参数的相似性；最后，结合神经网络的参数分布、取值范围等给出具体的基于局部敏感性的网络浮点参数量化压缩方案设计。

10.2.1　网络浮点参数压缩的难点

神经网络模型的训练过程：首先对输入进行前向计算，得到目标函数；然后通过反向传播求得导数，用来更新参数值。整个训练过程可以看作一步一步向目标函数最小值点迭代前进的过程。每一次通过反向传播更新参数值，都可以看作修正、迭代模型的前进方向并且前进一段距离。因此，在不断修正并迭代前进方向、靠近最优解的过程中，需要控制前进的幅度不能太大，具体体现为神经网络训练过程中的学习率的设置不能过大。学习率设置过大时，模型的训练过程容易产生振荡，无法缓缓收敛到最优解附近。因此，在此前提下，神经网络训练过程中学习率的设置一般为给定一个较大的初值，并且随着模型训练过程的进行缓慢减小。

神经网络的模型采用由目标函数反向传播得到的梯度对参数的值进行更新。

虽然具体的更新策略有很多种，但核心思想都是在原参数值的基础上，根据反向传播回来的梯度值（有些优化器还加上了历史梯度值等）与学习率的乘积对参数进行更新。因此，学习率与更新模型时参数的变化量呈线性关系。由此可知，在神经网络的训练过程中，为了保证训练过程的稳定及有效收敛，神经网络的参数变化必然不会是一个剧变的过程，而是训练开始时参数变化量较大，并缓缓收敛。因此，神经网络的训练过程的机制决定了同一参数在训练的过程中的变化一定是具有强的版本间相关性的。这种强版本间相关性体现在神经网络中的参数作为浮点数形式上的值域的相关性，也就是同一参数的版本变化序列在值域上的变化会是一个变化幅度比较小的曲线。

然而，浮点数在计算机中的存储标准一般为 ANSI/IEEE Std 754—1985 [34]，其中神经网络中用到的单精度浮点数标准存储格式如图 10.6 所示，共 32 bit，其中 1 bit 为符号位，8 bit 为指数位（用来存放阶码），23 bit 为有效数字位（用来存放浮点数真正的有效数字）。在这样的存储格式下，当参数变化量很小时，在值域上可以看作参数几乎没有明显变化，但是有效数字位中靠后的位变化很明显。在本章中，这种因浮点数参数训练过程中的微小变化导致的随机尾数被称为浮点参数的尾数不确定性。这种浮点参数的尾数不确定性会导致相邻版本间值域的相似性体现在计算机实际存储数据上时大大减弱。因此，需要对浮点数形式的参数进行一定的变换，从而将浮点参数相邻版本间值域的相似性转换为实际存储数据的冗余相似性，进而为后续的压缩提供更大的空间。

图 10.6　ANSI/IEEE Std 754—1985 中单精度浮点数的标准存储格式示意图

10.2.2　神经网络浮点参数的分布

现有的利用相邻版本间对应数值的相似性进行压缩的方法［如差量模型压缩器（Delta-DNN[35]）］是对神经网络两个相邻版本间的浮点参数差量本身进行统一的全局量化及后续压缩，在压缩比方面与传统的模型压缩方法相比有不错的提升。

但是，这种全局量化方案没有考虑神经网络不同层之间参数分布和取值的差异性。例如，利用较大的参数取值范围来确定量化器可以得到较高的压缩比，但因为在量化值个数相同的情况下，量化范围越大，对应单个量化值代表的聚类范围也就越大，因此会导致更大的量化误差。细粒度的量化则会有与之相反的结果：量化误差会更小，但压缩比会相应地减小。

因此，如何为整个神经网络选择合适的量化粒度（量化的范围选择），做到尽可能地平衡量化误差和压缩比，是亟待解决的问题。一方面，由于神经网络中不同位置的参数取值范围较大且分布随机，该全局量化方案无法充分利用相似性来进行压缩；另一方面，在量化误差方面，现有方法［如 Delta-DNN[35] 和深度 SZ 压缩器（DeepSZ）[36]］并没有考虑在训练过程中修正量化误差，导致恢复模型时模型的精度有一定下降。

为了解决上述提到的问题，本章研究了神经网络中的参数分布特征，将神经网络中各卷积层内的参数绘制成了分布曲线（以 VGG-16 为例），如图 10.7 (a) 所示。由图可见，神经网络中参数的分布形式与正态分布相似，参数分布基本关于 0 对称，并且在 0 附近的分布概率特别大。也就是说，神经网络中参数的分布总体取值范围比较小。而采用浮点数来表示参数的取值范围是非常大的，利用一个取值范围很大的表示形式来表示较小的取值范围会造成信息的冗余，而这也正是模型压缩中量化的核心出发点，即通过减少表示范围的浪费来减少信息的冗余。另外，图中还展示了不同层之间的取值范围是有着一定差异的，这也是现有方法中的全局量化方案不能很好地平衡量化误差和压缩比的关系的原因之一。

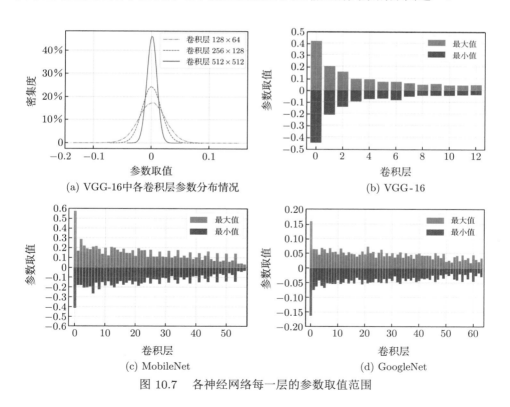

(a) VGG-16中各卷积层参数分布情况　　　　　(b) VGG-16

(c) MobileNet　　　　　(d) GoogleNet

图 10.7　各神经网络每一层的参数取值范围

为了进一步研究神经网络中层与层之间参数取值范围的差异，本实验通过记录神经网络中每一层参数全体的最大值和最小值来确定该层参数的取值范围，并绘制在图 10.7 中。图 10.7 (b)～图 10.7 (d) 依次展示了 VGG-16 网络、便携式网络（MobileNet）、GoogleNet 中每一层卷积层参数的取值范围。由图可见，神经网络不同层的参数取值范围差别非常大。

从图 10.7 中结果来看，整个神经网络中所有参数的取值范围和一些取值范围比较小的层差异非常大，甚至可以达到数十倍。因此，直接在相邻网络的原始浮点数版本上计算参数差量本身（如 Delta-DNN）难以均衡量化误差和压缩比，也难以确定适合整个神经网络的量化器。

10.2.3　局部敏感量化方案设计

基于第 10.2.2 小节中的讨论，在考虑神经网络中各层参数分布差异的情况下，需要一种既有高压缩比又能尽可能减少量化误差的方案。更具体地说，由于各层参数的取值范围差异很大，计算得到的差量数据本身的取值范围也有很大差异。全局量化浮点数值差异性获得有限压缩比的原因是它需要保证模型精度的下降幅度不能太大。这样的困境促使本章提出一种更有效的局部敏感量化方案。

局部敏感量化方案指在神经网络中各层参数分布差异大的情况下，针对神经网络中不同的层确定不同的量化参数。例如，靠后层的取值范围较小，因此对这些层合适的量化器也应较小，以防止不可接受的精度损失。但是靠后层的量化器对于靠前层（其参数取值范围较大）是不适用的，因为在大取值范围层应用小取值范围的量化器会造成很大的截断误差。而相反，如果在小取值范围层应用大取值范围的量化器，即量化器的分辨率过大，会导致小取值范围层的量化误差过大。在这种情况下，本章提出的局部敏感量化方案，通过在不同层中应用不同的量化器，能够实现更高的精度和可压缩性。

为了更好地利用浮点参数在值域上的高相似性，并尽可能地减少尾数不确定性的影响，需要使用线性量化将浮点集 F 中的原始浮点参数 f 映射到整数集 Q 中的量化整数值 q。具体而言，量化操作是将浮点集 F 的取值范围 $[f_{min}, f_{max}]$ 映射到整数集的量化值取值范围 $[Q_{min}, Q_{max}]$，其中 Q_{min}、Q_{max} 分别是量化后可以表示的最小值和最大值。例如，当采用无符号 8 bit 量化时，量化值的取值范围是 0～255，即 $Q_{min} = 0$、$Q_{max} = 255$。为此，线性量化首先使用 S 缩放因子来缩放取值范围，然后使用 Z 偏移因子对缩放后的范围进行偏移，计算方式如式 (10.5) 所示（其中 round 为取整函数）。

$$q = \text{round}\left(\frac{f}{S} + Z\right) \tag{10.5}$$

其中，常数 S 是用于缩放原取值范围的正实数，常数 Z 是用于转换缩放后的取值范围的偏移量，计算方式如式 (10.6) 和式 (10.7) 所示。

$$S = \frac{f_{\max} - f_{\min}}{Q_{\max} - Q_{\min}} \tag{10.6}$$

$$Z = Q_{\min} - \frac{f_{\min}}{S} \tag{10.7}$$

因此，量化的关键就是确定 F 的量化参数 S 和 Z。然而如第 10.2.2 小节中提到的，神经网络中每一层的参数取值范围都是不相同的，差距甚至达几十倍。因此，如果通过将整个网络的浮点数参数看作一个集合来确定全局的量化参数，必然导致量化误差增大，从而造成模型精度下降的问题。因此，局部敏感量化方案是将每一层的神经网络参数看作一个集合，为每一层单独计算量化参数。

另外，为每一层单独计算量化参数还可以将不同层的取值范围的绝对参数值映射为同一取值的量化值，这也可以在一定程度上增加单一版本中不同层之间参数的冗余性，为后续的压缩提供更好的可压缩性。在计算相邻版本的差量后，本来不同层中绝对值不同的差量也有可能被量化成相同的量化差值，得到一个全部由量化整数值构成的网络模型，而这都是采用全局量化无法实现的。

为了说明局部敏感量化方案的有效性，下面引入信息论中信息熵的概念进行验证，计算方式如式 (10.8) 所示，其中，P_i 是变量 x 的第 i 种取值出现的概率。信息熵是信息论中被广泛用于度量信息量的概念，信息熵越大，代表信息量越大，可压缩性就越差；相反，信息熵越接近 0，代表信息量越小，可压缩性就越好。

$$\text{Entropy}(x) = -\sum_{i=1}^{N} P_i \log(P_i) \tag{10.8}$$

因此，对同一原数据进行处理后，信息熵越小代表产生了可压缩性越好的数据。图 10.8 进一步对比了全局量化方案和局部敏感量化方案的差量量化数据在 6 种不同网络结构上的信息熵，可以看出，局部敏感量化方案的信息熵要远远小于全局量化方案，与局部敏感量化方案相比，全局量化方案信息熵的平均倍数为 6~17 倍。这表明，对同一原数据来说，局部敏感量化方案产生的数据可以比全局量化方案的可压缩性更好。

表 10.2 所示的压缩比对比实验结果可以直观地证明局部敏感量化方案能够产生可压缩性更好的数据。可以看出，局部敏感量化方案的压缩比与全局量化方案相比有着显著的提升。

表 10.2　全局量化方案和局部敏感量化方案的压缩比对比

方案名称	GoogleNet	MobileNet	ResNet-18	VGG-16	ShuffleNet（Size=1）	ShuffleNet（Size=2）
全局量化	10.21	10.05	10.41	8.92	9.61	11.45
局部敏感量化	18.21	11.41	15.46	20.77	10.73	13.34

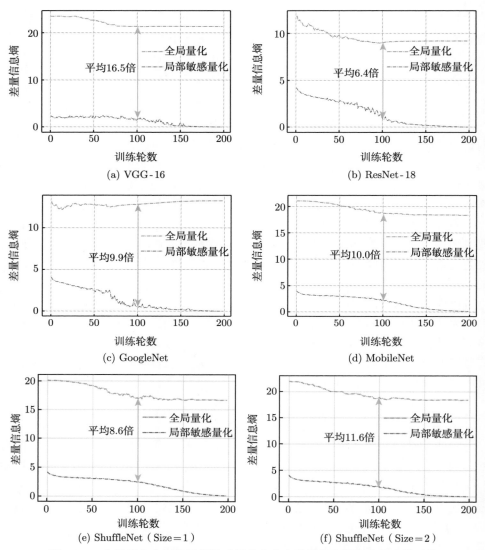

图 10.8　全局量化方案和局部敏感量化方案中差量量化数据的信息熵对比

10.2.4　量化压缩后模型的版本相似性

为了解决神经网络中浮点参数的尾数不确定性，较常见的方法是建立浮点数到整数的映射，例如通过放缩、平移、取整等操作将浮点数转化为整数进行保存，来完成对相似浮点数的聚集，进而一定限度地消除尾数不确定性，建立实际存储数据的冗余性。

如第 10.1 节所述，在神经网络模型压缩领域，量化是一种非常有效的有损压缩手段。而量化其实就是将浮点数转换为整数，即在转换的过程中将 32 bit 的浮点数用比特数更小的整数进行表示，而这本身就已经将数据进行了一次压缩。因此，本小节采用量化来对神经网络中的浮点参数进行转换。一方面，量化本身就能够初步地对数据进行压缩，降低单个参数本身存储的比特数；另一方面，量化是一种有损的将浮点数转换为整数的技术，可以一定程度上消除尾数不确定性，将浮点参数相邻版本值域上的相似性转化为量化后整数值域上及实际存储数据方面的相似性，为后续的压缩提供良好的基础。

Delta-DNN[35] 通过引入结构相似性（Structural Similarity，SSIM）评价指标 [37]，并且对网络完整训练过程的相邻版本参数进行图像拟合，证明了神经网络中参数在相邻版本中具有极高的相似性。但由于浮点数的尾数不确定性，需要建立浮点数到整数的映射才能利用该相似性。因此，仅仅分析浮点数参数本身的相似性是不足的，需要对实际转换后的整数参数进行相似性分析，进而说明压缩的可行性。

因此，为了进一步分析在将浮点参数转换为整数后，是否仍然存在相邻版本间的数据相似性，本章引入两个相似性的评价指标对量化后的模型之间的参数相似性进行评估。具体来说，量化后的网络参数可以看作一个由整数构成的序列，相邻版本的网络参数可以看作两个有着有限长度的有序整数序列 L_1 和 L_2，引入 MDM 和 CorrCoef 来评价量化后相邻版本的网络参数之间的相关性，计算方法见式 (10.9) 和式 (10.10)。

$$\text{MDM}(L_1, L_2) = \frac{1}{n} \sum_{i=1}^{n} |L_1[i] - L_2[i]| \tag{10.9}$$

$$
\begin{aligned}
\text{CorrCoef}(L_1, L_2) &= \frac{\text{cov}(L_1, L_2)}{\sigma_{L_1} \sigma_{L_2}} \\
&= \frac{\sum\limits_{i=1}^{n} [(L_1[i] - \overline{L}_1)(L_2[i] - \overline{L}_2)]}{\sqrt{\sum\limits_{i=1}^{n} (L_1[i] - \overline{L}_1)^2} \sqrt{\sum\limits_{i=1}^{n} (L_2[i] - \overline{L}_2)^2}}
\end{aligned}
\tag{10.10}
$$

曼哈顿距离是标准坐标系中两个点之间的绝对轴距之和。将量化后的网络参数序列看作坐标轴中的一个点来计算曼哈顿距离并除以长度 n，即可得到 MDM，代表的意义是平均到相邻版本的每个参数上量化值的差值。MDM 越小，代表两个量化后的整数参数序列越相似。

CorrCoef[38] 在统计学中被广泛用来衡量两个变量之间的相关性，取值范围为 0~1。相关系数的值越接近 1，代表两个序列的相似程度越大；相关系数的值越接近 0，代表两个序列的相似程度越小。

为了研究版本间的相似性，下面选取 6 个工业界和学术界使用广泛的神经网络模型：VGG-16[39]、ResNet-18[40]、GoogleNet[13]、MobileNet[41]、ShuffleNet[14]（Size=1）和 ShuffleNet（Size=2）。每个模型都进行了完整的 200 轮训练（总共有 199 对相邻版本），计算了 MDM 和 CorrCoef，并将它们绘制成曲线，以观察训练过程中的变化情况，如图 10.9 所示。

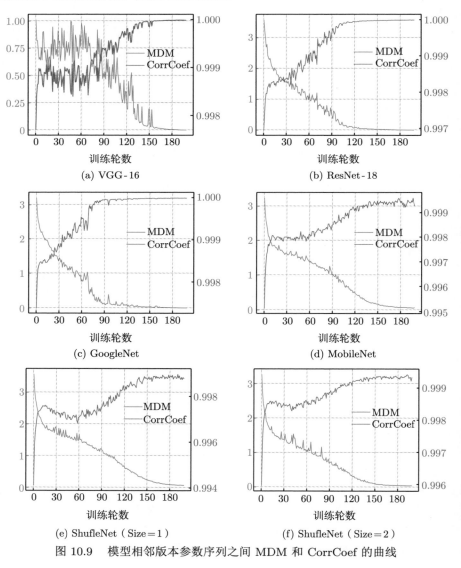

图 10.9　模型相邻版本参数序列之间 MDM 和 CorrCoef 的曲线

图中，MDM（红色曲线）代表神经网络相邻版本中的所有量化后的参数值差异的平均值，整体的取值范围为 0~3，表示相邻版本中对应参数之间的差异非常小。同时，红色曲线整体是呈单调递减的趋势且最后趋于 0，这和神经网络中参数的变化趋势是相同的。CorrCoef（蓝色曲线）表示相邻版本的量化参数序列之间的相关系数，取值均在 0.99 以上并逐渐接近 1，也证明相邻版本的量化参数非常相似。

由于神经网络刚开始训练时学习率较大，参数的变化量也相应较大。而随着训练过程的进行，学习率衰减后参数的变化量也在慢慢衰减。因此，二者证明了量化后的参数变化量也和原始参数变化趋势相同，即量化后神经网络依然存在版本间相似性。这为后续的压缩提供了坚实的基础。

本节首先对浮点数压缩的难点进行分析，进而通过对神经网络中参数特性进行分析，并结合神经网络本身分布特性提出了局部敏感量化方案，不仅通过量化解决了浮点数的尾数不确定性问题，还通过局部敏感的策略很好地平衡了量化误差和压缩比，并为后续的压缩提供了坚实的基础。引入 CorrCoef 和 MDM 对量化后相邻版本间参数的相似性进行分析，证明了量化后相邻版本间相似性很高，这为后续差量压缩框架提供了压缩基础。

10.3　利用版本间相似性的神经网络差量压缩方案

使用量化技术完成网络中浮点数参数到整型参数的转换之后，需要通过差量计算将模型的版本间相似性转换为参数差量数据的重复性。本节首先分析现有神经网络差量压缩方案的不足，并对现有方案提出改进思路，进而通过实验说明改进后方案的有效性；然后，提出基于量化的差量压缩方案的具体设计，并测试使用各无损压缩器的压缩效果；最后，分析差量压缩方案的应用场景及其时间复杂度。

10.3.1　现有神经网络差量压缩方案的不足与改进思路

对于差量数据的计算，现有神经网络差量压缩方案（Delta-DNN[35]）中采用的方法是先将相邻版本的浮点数参数相减，再除以一个与误差因子 ϵ 相关的缩放系数，最后对得到的结果进行取整，差量计算方式如式 (10.11) 所示。其中，M_i 为计算得到的整数差量值，A_i 为当前版本的浮点数参数值，B_i 为参照版本的浮点数参数值，ϵ 为 SZ 浮点数压缩方案中的误差因子，可以用来调控压缩的误差大小，当 ϵ 越大时压缩误差越大。Delta-DNN 还可以通过式 (10.12) 来还原得到浮点数参数值 A_i'。需要注意的是，由于 Delta-DNN 是有损压缩，压缩后还原得到的 $A_i' \neq A_i$。

$$M_i = \left\lfloor \frac{A_i - B_i}{2\log(1+\epsilon)} + 0.5 \right\rfloor \tag{10.11}$$

$$A_i' = 2M_i\log(1+\epsilon) + B_i \tag{10.12}$$

Delta-DNN 中，对于误差的控制全部取决于误差因子 ϵ 的选取。同时，对于网络中不同位置的参数，Delta-DNN 采用的是同一个误差因子，并且最终确定选取误差因子的方式是首先分别使用预先定义的若干个误差因子对网络的压缩效果和精度下降程度进行测试，然后使用式 (10.13) 来选取最优的误差因子。式 (10.13) 中，Score 代表的是用来选取最优误差因子的分数，分数越大代表对应的误差因子越好；Φ 代表的是在对压缩后的网络进行还原后与原始网络相比的精度下降值，Ω 代表网络的压缩比；α 和 β 代表精度下降值和压缩比在分数中所占的权重。

$$\text{Score} = \alpha\Phi + \beta\Omega, \ \alpha + \beta = 1 \tag{10.13}$$

该误差因子选取方案有如下局限性：第一，该方案采用的是高性能计算领域中的 SZ[42] 压缩方案，而 SZ 压缩方案针对的浮点数序列分布是相同的，而神经网络的浮点数参数序列中有很明显的参数分布不均衡的现象，例如不同层的参数分布差异性非常大。因此，对整个神经网络的参数序列采用同一个误差因子必然导致压缩因子无法兼顾提升压缩比和减少精度损失这两个方面。第二，在评分系统中，由于两个权重相加为 1，但精度损失和压缩比之间的数量关系并不是相等的，这势必会导致打分系统的权重不好设置的问题。第三，由于对神经网络进行压缩时，必须保证的前提是不能显著影响到网络模型的精度表现。在这样的前提下，压缩比的提升才是有意义的。然而在这样的打分系统中，会出现精度下降 2~3 个百分点（此时模型的精度下降严重）但压缩比很高的情况，使最后计算得到的分数非常高。而如果设置一个精度下降的上界，即当模型精度下降多少时认为该误差因子的压缩是无效的，在测试后发现有时会出现所有的误差因子的精度下降都很大的情况，无法对模型进行压缩。

针对以上问题，本章介绍一种基于量化的神经网络压缩方案——QD-Compressor：首先通过局部敏感量化方案来解决在同一误差因子下量化神经网络中的参数时无法兼顾压缩效果和精度损失的问题；然后，通过基于误差反馈的机制来调整压缩的误差，避免出现误差过大的情况，并且可以避免对多个误差因子进行测试的时间开销和计算开销；最后，通过更改计算差量和压缩的顺序，进一步提升压缩比。

10.3.2　基于量化的神经网络差量压缩方案

QD-Compressor 的整体框架如图 10.10 所示。为了利用神经网络在训练过程的版本间相似性，QD-Compressor 需要一个基准网络（通常是前一版本训练得到的网络）和一个目标网络（通常是当前版本训练得到的网络，也是待压缩的网络），通过对这两个网络进行量化、差量计算、差量压缩，有效地减少网络模型的规模。

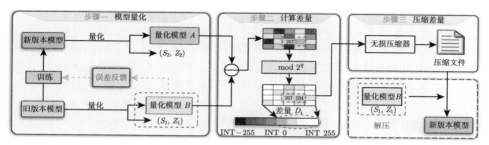

图 10.10　QD-Compressor 的整体框架

具体来说，整个压缩过程分为以下两个部分。

（1）对网络进行量化训练更新：在使用局部敏感量化方案得到量化后的网络之后，通过基于误差反馈的量化训练方式来对网络进行训练，同时在训练的过程中对网络量化误差进行修正，具体细节见第 10.3.3 小节。

（2）计算差量并对差量进行压缩：在训练过程结束并得到目标网络和基准网络后，首先分别对两个网络进行量化操作，将浮点数值域的相似性转换为实际存储数据的相似性；然后，对量化得到的参数计算差量，将相似性最终转换为可压缩性；最后，应用无损压缩器对可压缩性好的差量数据进行压缩，具体细节见第 10.3.4 小节。

10.3.3　基于误差反馈的神经网络量化训练更新算法

在量化神经网络的过程中，压缩每个版本网络时产生的量化误差会降低恢复后网络模型的精度。现有方案通过对量化后的网络进行后处理操作（如 Delta-DNN 中对多个误差因子进行测试选择）来尽可能地减少量化误差。然而，这种后处理操作在选择最佳误差因子时，需要遍历多种配置并对每个配置进行完整的网络精度结果测试，计算开销和时间开销很大。因此，QD-Compressor 在量化训练网络的过程中引入了一种误差反馈机制，既可以让网络在训练过程中动态地调整量化误差，又能够避免额外的后处理过程的时间开销和计算开销。

如图 10.11 所示，网络的原始浮点数版本为 F，在对 F 进行量化后，可以得到量化后的整数版本 Q。Q 只是一种用整数来表示浮点数的表示形式，并不能直接用于训练，因此需要将 Q 还原成浮点数版本。在 Q 中，每个参数都是整数形式，由式 (10.5) 计算而来，因此可以通过式 (10.14) 还原成浮点数，并得到一个新的量化还原后的浮点数版本模型 F^*。其中，q 为 Q 中某一个整数形式的参数，

f^* 为量化还原后 F^* 中与 q 对应的浮点数形式的参数，S 和 Z 为将 F 量化为 Q 时计算得到的缩放因子和偏移因子。

$$f^* = S(q - Z) \tag{10.14}$$

需要说明的是，由于量化是一个有损的压缩过程，信息丢失是不可避免的。因此，由 F 可以得到 Q，但 Q 无法被还原为 F。不过，Q 和 F^* 是可以相互转换的，这两个版本可以看作同一模型的不同表示形式。

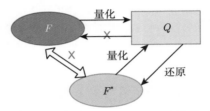

图 10.11　神经网络的量化和还原版本变化示意图

针对这 3 个版本之间的变化，下面介绍两种量化训练更新模型的方法，分别是离线量化模式和在线量化模式。这两种模式的流程如图 10.12 所示。

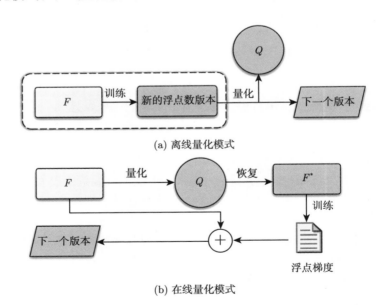

图 10.12　在线量化模式和离线量化模式的训练流程

考虑到即插即用的场景，离线量化模式不需要对原来训练过程的代码进行修改,只需要将每一次得到的 F 量化,得到 Q 后对其进行后续的压缩操作。在该模式中,目标函数和梯度信息都是按照 F 进行计算的,这就意味着完整的训练过程和正常的不压缩的过程完全一样,而量化的操作被独立到训练过程完成后离线进行。此时,量化操作不会改变原有的参数值和训练过程。因此,该模式的优势是整个压缩过程并不会对训练过程有任何影响,属于非侵入式设计(不需要介入并修改训练过程)。但由于该模式的量化过程是离线的,并没有给予网络训练任何反馈,最终的精度会不可避免地因量化误差受到一定影响。

然而在实际使用时,神经网络最重要的性能指标是网络精度。因此,为了最大可能地减少和修正在神经网络量化压缩过程中产生的误差,QD-Compressor 采用了在线量化模式,即通过引入误差反馈机制修正量化误差,以减少模型精度损失。该模式是一种侵入式设计,需要修改模型训练过程。

在在线量化模式中,首先对 F 进行量化,得到 Q,此时量化误差已经产生;接着对 Q 利用式 (10.14) 进行还原,得到 F^*。此时,F^* 为正常的浮点数模型,可以直接用于网络训练,它和 F 之间的差异就是量化误差。接着,用 F^* 计算网络的损失函数和梯度,并对原网络进行更新,就可以将量化误差引入训练过程,并且在网络的更新过程中修正量化误差。

需要说明的是,上述两种模式不会影响最后的压缩效果。因此,如果训练过程不能被介入和修改,本章推荐使用离线量化模式来进行网络的量化训练更新。但如果能够对训练系统的代码进行修改,建议使用在线量化模式通过对网络参数的更新来补偿量化误差,能够最大程度地减少网络的精度损失,具体实验结果见第10.5 节。

10.3.4　神经网络的量化及差量压缩方案

在训练过程结束并得到新一轮网络后,将新版网络作为目标网络,并将上一版本网络作为基准网络,分别对这两个网络进行量化操作,即可得到新旧两个量化后的整数版本网络。将目标网络标记为 A,并将基准网络标记为 B,假设量化的比特数为 q,目标网络中的参数为 A_i,基准网络中的参数为 B_i。

在 q bit 量化中,A_i 和 B_i 的取值范围都是 $[Q_{min}, Q_{max}]$,其中 $Q_{max} - Q_{min} + 1 = 2^q$。因此,直接用式 (10.15) 计算差量时,差量 D_i 的取值范围为 $[Q_{min} - Q_{max}, Q_{max} - Q_{min}]$,此时差量 D_i 取值范围的大小为 $2 \times (Q_{max} - Q_{min}) + 1$。也就是说,此时需要 $(q + 1)$ bit 才能表示差量。

$$D_i = A_i - B_i \tag{10.15}$$

为了避免这项额外的开销,可以将量化后参数的取值范围看成一个环状链,差量的方向总是从 Q_{min} 指向 Q_{max},从当前值出发向 Q_{max} 增加,增加到 Q_{max} 后若继续增加，就回到 $Q_{\min}$ 处。此时，计算差量的方式如图 10.13 所示。当 $A_i > B_i$ 时，差量计算如式 (10.16) 所示，直接等于二者量化值相减；当 $A_i < B_i$ 时，将量化范围看作一个环，B_i 沿着环的正向走到 A_i 的距离，即 B_i 到量化范围最大值的距离加上 A_i 到量化范围最小值的距离再加上 1，计算方式如式 (10.17) 所示。

$$D_i = A_i - B_i, A_i > B_i \tag{10.16}$$

$$D_i = (Q_{\max} - B_i) + (A_i - Q_{\min}) + 1, A_i < B_i \tag{10.17}$$

又因为在 q bit 量化中，$Q_{\max} - Q_{\min} + 1 = 2^q$，式 (10.17) 可以变为式 (10.18)，即当 $A_i < B_i$ 时，D_i 为负数，则加上 2^q。因此，上述两种情况可以统一用取余运算来表示，如式 (10.19) 所示。

$$D_i = (A_i - B_i) + 2^q, A_i < B_i \tag{10.18}$$

$$D_i = (A_i - B_i) \mod 2^q \tag{10.19}$$

在式 (10.19) 所示的计算方式下，因为目标网络量化值和基准网络量化值相减的结果需要对 2^q 取余，所以最后 D_i 的取值范围显然为 $[0, 2^q - 1]$，而这是只需要用 q bit 就能表示的范围。也就是说，这样处理可以将原本需要用 $(q+1)$ bit 来表示的差量压缩成 q bit。

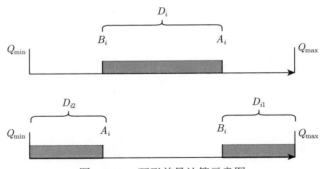

图 10.13　环形差量计算示意图

解压就是根据差量还原得到原本的量化值。解压时，基准网络的量化值 B_i 和差量 D_i 是已知的，但 A_i 和 B_i 的大小关系未知。这时，只需要将二者直接相加，若结果还在 $[0, 2^q - 1]$ 中，则直接得到 A_i；若结果大于等于 2^q，则说明计算差量前 A_i 和 B_i 的关系对应的是式 (10.18) 中 $A_i < B_i$ 的情况，只需要将结果也对 2^q 取余即可。解压时，A_i 的具体计算方式如式 (10.20) 所示。

$$A_i = (D_i + B_i) \mod 2^q \tag{10.20}$$

　　神经网络的参数在不同版本之间存在极高的相似性，它们量化后的结果也是如此，而每一对相似的量化参数之间相减得到的差量会出现显著地分布在 0 附近的情况，这代表前后两个版本之间的参数值很相近。因此，通过计算差量，可以将相邻版本间参数的相似性转变为差量序列中每一个差量之间的相似性，为后续压缩过程提供极大的可压缩空间。计算差量的整体过程如图 10.14 所示，图中以 8 bit 量化为例。

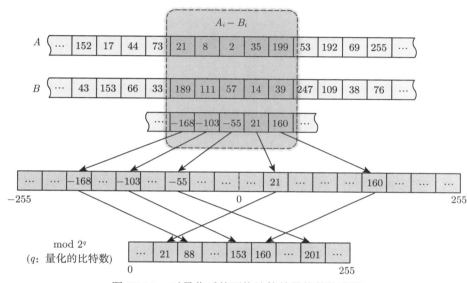

图 10.14　对量化后的网络计算差量的整体流程

　　因此，QD-Compressor 中计算差量的方式为先将参数量化为整数，再对整数相减得到差量。而现有方案计算差量的方式为先将前后版本的浮点数形式的参数相减以得到浮点数形式的差量，再将浮点数差量的序列变为整数差量序列。为了具体分析究竟应该先计算差量还是先将浮点数变为整数，本章做了对比实验，结果如表 10.3 所示，表中数据为 QD-Compressor 中各数据集在两种方式下的压缩比。从表中数据可以看出，先量化网络再计算差量的方式最后得到的压缩比会更高。其实这很容易理解：先量化网络再计算差量相当于在计算差量的时候量化了两次，也就是对数据做了两次压缩，自然可以取得更高的压缩比。但是在计算差量时，对前后两个版本进行量化的参数（偏移因子和缩放因子）是不同的，这样就有可能将不同的浮点数量化成相同的量化值，即创造出更多的冗余信息。因此，QD-Compressor 被设计为先对神经网络的原始浮点数版本进行量化，再在量化的版本上计算差量。

　　在得到相邻版本间的网络差量整型序列之后，QD-Compressor 会对差量数据进行无损压缩来获得最终的压缩文件。需要注意的是，因为 QD-Compressor 最后采用的是 8 bit 量化（原因详见第 10.5.2 小节），所以可以直接将一个参数的差量用一个字节来存储。因此，QD-Compressor 可以直接使用面向字节的无损压缩器。

表 10.3　计算差量和量化网络顺序不同时的压缩比对比

差量计算方式	GoogleNet	MobileNet	ResNet-18	VGG-16	ShuffleNet（Size=1）	ShuffleNet（Size=2）
先计算差量后量化网络	18.21	11.41	15.46	20.77	10.73	10.73
先量化网络再计算差量	22.35	14.96	19.26	24.17	14.15	17.82

本章研究了 3 种典型的无损压缩器（Zstd[43]、Lzma[44] 和 Gzip[45]）在 QD-Compressor 中的压缩性能表现。这 3 种压缩方法都是无损压缩，而压缩速率又不是本方法的瓶颈，因此可以通过压缩比来评估压缩量化差量数据的效果，具体实验结果如图 10.15 所示。可以看出，在不同的网络中，Lzma 都取得了最高的压缩比。因此，QD-Compressor 采用 Lzma 作为无损压缩器将量化差量数据压缩成二进制文件。

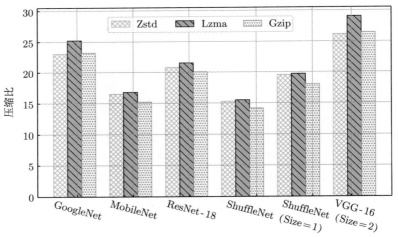

图 10.15　Zstd、Lzma、Gzip 在 QD-Compressor 中的压缩性能表现

在获得压缩后的二进制文件后，解压得到神经网络需要进行 3 个步骤：首先，用 Lzma 将压缩后的二进制文件解压为量化后的每一个参数的差量数据；然后，将解压后的差量数据加到基准网络（参照网络的量化版本）中得到目标网络的量化版本；最后，使用目标网络量化时每一层的量化因子 S 和 Z 将量化后的整型数据还原为浮点数形式的网络。

10.3.5　压缩时间复杂度分析

如第 10.3.2 小节所述，QD-Compressor 分为 3 个部分：量化神经网络中浮点数形式的参数，计算量化差量数据，使用无损压缩器来对量化差量数据进行压缩。

在对神经网络中浮点数形式的参数进行量化的阶段，由于采用了局部敏感的分层量化策略，QD-Compressor 需要遍历每一层的参数，通过该层参数的取值范围确定量化参数（缩放因子 S 和偏移量 Z）。这个阶段的时间复杂度为 $O(N)$，其中 N 是整个神经网络的参数总数量。

在得到 S 和 Z 后，就可以对网络中浮点数形式的参数进行量化，此时需要对网络中每一个浮点数形式的参数使用式 (10.5) 进行线性变换，将其变换为整数形式，并通过式 (10.19) 计算量化差量数据。量化网络和计算量化差量数据的时间复杂度同样是 $O(N)$。

与测试和训练网络所花费的时间相比，最后无损压缩阶段的时间开销非常小 [35]。另外，无损压缩阶段可以与神经网络的正常训练过程并行，可以认为是独立于训练过程的。

因此，QD-Compressor 的总压缩时间复杂度为 $O(N)$。表 10.4 展示了神经网络中参数量和浮点数计算量的对比，可以看出，神经网络中的浮点数计算量是远远大于参数量的，也就是 $O(N) \ll O(F)$，其中 F 是网络中的浮点数计算量。同时，每一轮浮点数训练过程的总时间复杂度是 $O(dF)$，其中 d 是训练数据集中的数据条数，因此可以得出 $O(N) \ll O(F) \ll O(dF)$。这就意味着 QD-Compressor 对网络压缩的复杂度要远远小于训练过程的复杂度，对训练过程的影响可以忽略不计。

表 10.4　参数量与浮点数计算量的对比

神经网络	参数量 M（$\times 10^6$）	浮点数计算量 G（$\times 10^9$）	神经网络	参数量 M（$\times 10^6$）	浮点数计算量 G（$\times 10^9$）
Desnet121	7.98	2.90	VGG-11	132.86	7.74
Densnet169	14.15	3.44	VGG-16	138.36	15.61
MobileNet_v2	3.50	0.33	ResNet-18	11.69	1.82
Inception_v3	27.16	5.75	ResNet-34	21.80	3.68

10.4　资源受限场景应用分析

本节根据 QD-Compressor 的压缩特点，介绍使用该方案对神经网络模型进行压缩的两种应用场景：减少人工智能模型快照的存储开销和减少人工智能模型传输的通信开销。

10.4.1 场景一：减少人工智能模型快照的存储开销

神经网络模型的训练过程是从一组初始化参数开始，将数据集中的数据放入网络中计算，并迭代很多轮，其中包括前向传播计算当前网络在数据下的损失，并通过损失的计算链反向传播对网络参数进行更新。每轮训练结束后，参数会在 GPU 内存中进行更新，直到整个训练过程完成，模型达到收敛条件并被保存到持久化存储设备中。

然而，为了应对越来越复杂的任务，神经网络训练过程中使用的数据集越来越大，而且神经网络本身的网络结构也在加深、加宽，这会导致计算量陡增，时间开销增多。因此，在资源受限的设备中，如果由于训练过程出错或者其他不可控的原因导致训练过程中止，需要从头开始整个训练，是需要极大的计算开销和时间开销的。

多项研究表明，在大型数据集群中基础设施的故障和流程故障很常见 [46,47]，平均故障间隔时间为 4~22 小时。威斯康星大学的 Myeongjae Jeon 等人 [48] 发现在微软的集群环境中，神经网络训练过程中出现错误的平均时间为 45 分钟，其中包括设施故障、节点崩溃和软件错误。此外，多项研究 [49-51] 也证明了神经网络训练过程中的错误是频繁发生的，不仅仅有基础设施发生故障，还会有人为操作因素导致的故障。

同时，大量的神经网络参数会导致大量的计算，并且总是需要迭代多轮，因此训练过程往往需要一定的时间。所以，如果出现故障需要重新开始，无疑会浪费大量的时间和精力。因此，有必要在训练过程中将检查点保存到持久化存储设备中以实现容错。然而，保存神经网络的历史版本会消耗大量空间。在这种情况下，通过只保存每个版本较前一版本的差量数据来保存模型的更新信息，就可以达到显著减少存储开销的目的，如图 10.16 所示。

10.4.2 场景二：减少人工智能模型传输的通信开销

随着在智能设备上部署人工智能服务的普及、移动计算的兴起，以及云计算的发展，分布式并行计算、联邦学习、边缘计算等领域的研究如雨后春笋般涌现 [52-54]。在分布式并行计算或联邦学习的工作流程中，服务器需要向每个参与者（客户端）发送一个全局模型，客户端会先在本地训练这个模型，然后将更新后的本地模型传回服务器；服务器对各个客户端回传的模型进行汇总，对全局模型进行更新。由于大规模网络模型通常是在网络带宽小且连接不稳定的环境中传输的 [55]，客户端和服务器之间传输模型的过程是一个非常耗时的过程。

因此，减少双方之间的通信开销能够缩短整个训练过程需要的时间，节省网络流量。然而，目前大多数研究的方向为仅传输客户端在本地更新的重要参数，而重要性通过参数的变化量来体现，即选取变化最大的 Top-K 个参数传回服务器[56-59]。这种方法确实能显著减少客户端到服务器的分布式学习的通信开销。但是，在整个学习过程中，从服务器到客户端和从客户端到服务器是一个对称的过程，减少服务器传输新的全局模型给客户端时的通信开销也同样重要。然而截至本书成稿之日，很少有研究探索如何减少从服务器到客户端的通信开销，这也是主要的通信瓶颈之一。

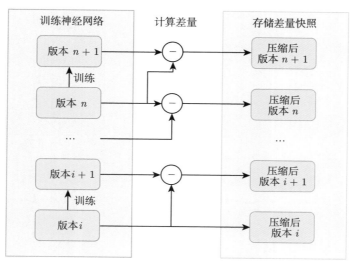

图 10.16　利用版本间差量压缩存储快照示意图

在这种情况下，QD-Compressor 通过只传输全局模型增量版本而不是整个新全局模型，可以大大减少从服务器到客户端的通信开销，传输过程的压缩示意图如图 10.17 所示：在服务器完成对客户端回传的模型的汇总后，会对前后模型版本进行比对并计算模型的变化量，最后用传输模型的变化量来代替传输完整的模型，减少通信开销。

据 SPEEDTEST 网站按月对世界各地的移动和固定宽带速度进行排名的数据，2021 年 11 月的全球平均无线宽带带宽为 28.61 MB/s，本章测试了 6 种不同网络模型在 3 种不同压缩方法下传输网络模型的时间开销，如图 10.18 所示。可以看出，QD-Compressor 与现有方案相比，在减少网络传输模型的时间开销方面有着显著的提升，能大大减少传输神经网络模型所需要的时间。

综上所述，本章提出的 QD-Compressor 是基于版本间的相似性对量化网络差量进行压缩，可以显著降低神经网络模型的大小。本章还提出了在线和离线两种量化训练模式，分别满足了即插即用和尽可能降低量化误差的需求。对 QD-Compressor 进行的时间复杂度分析证明，QD-Compressor 的额外开销对训练过程的影响可以忽略不计。最后，对 QD-Compressor 应用场景的分析也说明了该方案的实际应用价值。

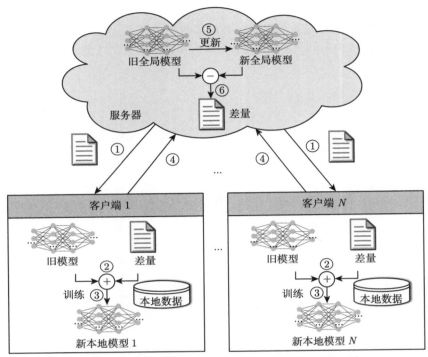

图 10.17　减少联邦学习中服务器到客户端的通信开销

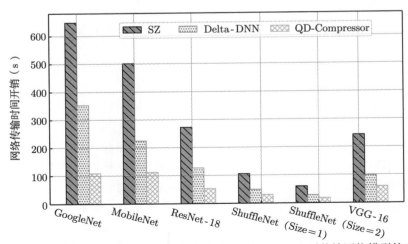

图 10.18　6 种模型在采用 SZ、Delta-DNN 和 QD-Compressor 后传输网络模型的时间开销对比

10.5　性能分析

本节对神经网络模型压缩前后的精度损失，以及对神经网络模型的压缩比进行测试，以验证 QD-Compressor 的有效性：首先，对量化操作中唯一的超参数——量化比特数进行对比实验和分析；然后，对压缩后模型的精度损失进行实验与分析；最后，与现有方案进行压缩比的对比，证明 QD-Compressor 的有效性。

10.5.1　测试环境、数据集与对比方法

测试环境：Ubuntu 16.04 操作系统、Intel Xeon® Gold 5218 CPU @ 2.30 GHz、128 GB 内存、GeForce RTX 3090（24 GB）GPU。

QD-Compressor 的实验代码是基于广泛使用的深度学习框架 Pytorch[60] 编写的。在对 QD-Compressor 的压缩表现进行评估时，采用的数据集为 CIFAR-10 数据集。该数据集为分类任务数据集，一共包含 10 个类别的尺寸为 32 像素 × 32 像素的 3 通道 RGB 彩色图片，其中训练用图片共有 50,000 张，测试使用图片共有 10,000 张。本实验使用了 5 种卷积神经网络（VGG-16[39]、ResNet[40]、GoogleNet[13]、MobileNet[41]、ShuffleNet[14]），并使用随机梯度下降（Stochastic Gradient Descent，SGD）算法、批次标准化（Batch Normalization，BN）进行 200 轮动量训练（学习率为 0.01，动量为 0.9，权重衰减为 5×10^{-4}）。本实验所采用的数据集、网络模型、训练方法均是相关研究工作中常用于实验验证的 [17,18,35]。

本实验的对比环节选取了 3 种压缩方法（Zstd[43]、SZ[61]、Delta-DNN[35]），并对结果进行了对比分析。其中，Zstd 为常用无损压缩器，SZ 为面向浮点数的有损压缩器，Delta-DNN 是基于差量压缩技术的有损压缩器。

本实验在 QD-Compressor 中分别使用了在线量化和离线量化两种模式，并进行了对比分析，还将其与上述 3 种具有代表性的压缩方法在压缩比、模型精度等方面进行了对比。

10.5.2　网络浮点参数量化比特数的选择

QD-Compressor 中没有与 SZ 和 Delta-DNN 类似的误差因子选择环节，唯一的超参数就是量化比特数，即在量化时需要将 32 bit 的浮点数映射为多少 bit 的整数。受实际存储限制，量化比特数需要为一个字节（Byte）的倍数或分数，加上 32 bit 为单精度浮点数的比特数，最后对应 3 个待选项：4 bit，8 bit，16 bit。

在模型压缩领域中，对一个模型进行有效压缩的前提是模型需要满足压缩后恢复的模型在数据集上的精度不会显著降低，否则谈压缩比是没有意义的。基于

此前提，本实验在 6 种不同的网络模型上用 QD-Compressor 在 4 bit 和 8 bit 量化下对模型进行训练和压缩，并且观察最后的精度表现。实验结果如表 10.5 所示，表中的正负号为与全精度原始模型精度相比的精度变化（"−"代表精度下降，"+"代表精度提高）。由表可见，当使用 4 bit 作为量化位时，模型的收敛性受到显著影响（一般认为不超过 0.2% 的精度损失在模型的正常波动范围内）。其中，ShuffleNet（Size=2）一列中的"—"代表此时网络无法收敛。VGG-16 和 GoogleNet 的精度大大降低，训练过程不稳定。此外，虽然较小的网络模型〔如 ShuffleNet（Size=1）和 MobileNet〕的精度损失较小，但仍然大于 0.5%，是不可接受的精度损失。综上，4 bit 量化在精度损失方面损失过大，因此不将其作为常规压缩比特数。另外，从表 10.5 中还可以看出，当量化比特数增加到 8 bit 时，模型的精度就不会受到显著影响。因此，8 bit 量化和 16 bit 量化都是满足压缩精度要求的。

表 10.5　4 bit 量化和 8 bit 量化后模型精度与全精度原始模型的对比

项目	VGG-16	ResNet-18	GoogleNet	MobileNet	ShuffleNet（Size=1）	ShuffleNet（Size=2）
全精度原始模型	92.00%	93.65%	93.68%	92.68%	90.44%	91.34%
4 bit 量化后的精度	87.76%	92.35%	80.92%	91.67%	89.76%	—
4 bit 量化后的精度损失	− 4.24%	− 1.30%	− 12.76%	− 0.71%	− 0.68%	—
8 bit 量化后的精度	91.92%	93.89%	93.72%	92.36%	90.34%	91.53%
8 bit 量化后的精度损失	− 0.08%	+ 0.24%	+ 0.04%	− 0.02%	− 0.10%	+ 0.19%

在都满足压缩精度要求的前提下，表 10.6 展示了 QD-Compressor 在 8 bit 量化和 16 bit 量化下对神经网络模型进行压缩的压缩比，可以看出，当采用 8 bit 量化时，模型的压缩比是明显高于 16 bit 量化的，其原因在于：在不影响模型精度的情况下，量化比特数更小意味着可以将更大的取值范围内的浮点参数取值映射为同一整数，从而忽略训练过程中的波动，更好地利用版本间相似性。

表 10.6　MobileNet 和 VGG-16 中 8 bit 量化和 16 bit 量化的压缩比对比

网络模型	指标	原始模型	8 bit 量化	16 bit 量化
MobileNet	模型压缩总大小	1.738 GB	106 MB	510 MB
	压缩比	—	16.79	3.49
VGG-16	模型压缩总大小	10.974 GB	387 MB	2777 MB
	压缩比	—	29.04	4.05

综上所述，在不显著影响模型精度的前提下，8 bit 量化有着更高的压缩比。因此，本实验后续的量化环节均采用 8 bit 量化。

10.5.3　压缩后网络模型精度测试

本小节对采用了两种量化训练更新模式（在线量化和离线量化）的 QD-Compressor 压缩后的神经网络模型进行精度分析，并与现有方案进行对比。

首先，用未压缩的全精度原始模型作为基准，对在线量化模式和离线量化模式在 ShuffleNet（Size=1）上进行对比实验。模型在训练过程中的精度曲线如图 10.19 所示，其中红色曲线为全精度原始模型的精度曲线，黄色曲线为在线量化模式下的精度曲线，绿色曲线为离线量化模式下的精度曲线。从放大图中可以看出，带有误差反馈机制的在线量化模式的精度曲线和全精度原始模型的精度曲线几乎是重叠的，这表明它们具有几乎相同的收敛性能。另外，离线量化模式下的精度曲线要比全精度原始模型和在线量化模式下的精度曲线略低，下降的幅度大约为 0.5%。这充分说明了在线量化模式中的误差反馈机制确实能减少压缩过程中模型的精度损失，达到和全精度原始模型相近的精度表现。

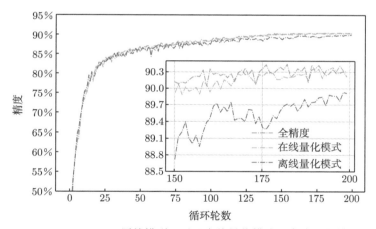

图 10.19　ShuffleNet（Size=1）原始模型，以及在线量化模式和离线量化模式下的精度曲线

为了进一步说明在线量化模式中的误差反馈机制在压缩过程中减少模型精度损失的有效性，本实验在 6 个不同的网络中，将全精度原始模型和在线量化模式下压缩的网络模型的精度结果绘制成曲线，如图 10.20 所示。在每种网络中，在线量化模式的精度曲线和全精度原始模型的精度曲线几乎都是重叠的，而精度之间的数量差距甚至小于模型训练过程中的正常波动。这证明了在线量化模式中的误差反馈机制对于在压缩过程中减少模型精度损失的有效性和普遍性。

最后，本实验还采用在线量化和离线量化两种模式的 QD-Compressor 与现有方案在压缩过程中模型的精度进行对比，结果如表 10.7 所示。表中，括号内的数据为该方案与全精度原始模型的精度差值，"－"代表精度下降，"＋"代表精度升高。本实验没有选取 Zstd 作为对比，因为 Zstd 为无损压缩器，不会对模型的精度产生影响。SZ 为有损压缩器，Delta-DNN 和 QD-Compressor 两种方案虽然最后部分使用的是无损压缩器，但是在计算差量前的量化操作为有损操作，因此均为有损压缩器。

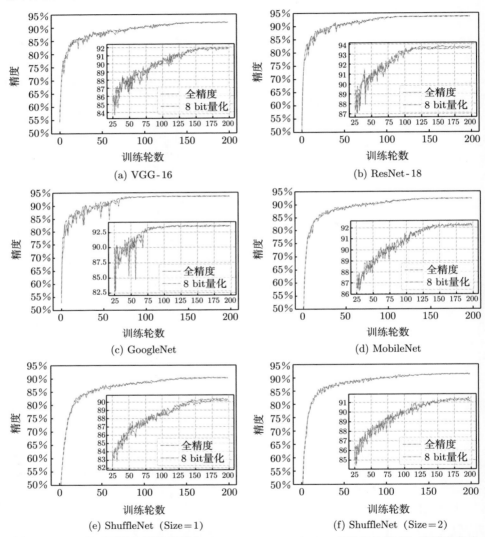

图 10.20　6 种不同网络原始模型和 QD-Compressor（8 bit 在线量化模式）的精度曲线

表 10.7 中的数据显示，SZ 和 QD-Compressor（离线量化模式）的精度损失较大，大部分情况下超过了 0.2%（可接受的精度损失范围），个别网络模型的精度损失甚至超过了 0.5%。而 Delta-DNN 和 QD-Compressor（在线量化模式）的

精度损失较小，几乎能保证和原始模型持平的精度。然而，Delta-DNN 需要额外的后处理操作（对多组误差因子进行测试选择）来保证模型的准确性。由此可见，QD-Compressor（在线模式）下误差反馈机制的优势：不仅能够保证压缩前后精度不发生明显变化，而且不需要额外的后处理操作，能够减少压缩的额外开销。

表 10.7　全精度原始模型、SZ、Delta-DNN 和 QD-Compressor 的精度对比

网络名称	全精度原始模型	SZ	Delta-DNN	QD-Compressor（离线量化）	QD-Compressor（在线量化）
VGG-16	92.00%	91.34%（－0.66%）	91.97%（－0.03%）	91.49%（－0.51%）	91.92%（－0.08%）
ResNet-18	93.65%	93.45%（－0.20%）	93.68%（＋0.03%）	93.39%（－0.26%）	93.89%（＋0.24%）
GoogleNet	93.68%	93.45%（－0.23%）	93.65%（－0.03%）	93.51%（－0.17%）	93.72%（＋0.04%）
MobileNet	92.38%	91.74%（－0.64%）	92.40%（＋0.02%）	92.05%（－0.33%）	92.36%（－0.02%）
ShuffleNet（Size=1）	90.44%	90.11%（－0.33%）	90.35%（－0.09%）	89.93%（－0.51%）	90.34%（－0.10%）
ShuffleNet（Size=2）	91.34%	91.02%（－0.32%）	91.33%（－0.01%）	91.21%（－0.13%）	91.53%（＋0.19%）

需要说明的是，由于量化训练更新模型的方式不一致，QD-Compressor（在线量化模式）和 QD-Compressor（离线量化模式）在精度上有差异。但它们的压缩过程是完全相同的，因此在压缩比方面的表现没有明显差别。

10.5.4　网络模型压缩性能测试

在对比分析了 QD-Compressor 和现有方案在精度方面的表现之后，本小节继续对比分析 QD-Compressor 与 3 种具有代表性的压缩方案（Zstd、SZ 和 Delta-DNN）在压缩比方面的表现。

将 6 种不同的网络模型训练 200 轮，分别使用 Zstd、SZ、Delta-DNN 和 QD-Compressor（分为在线量化模式和离线量化模式）对训练过程中的模型进行压缩，压缩后的模型大小和压缩比如表 10.8 所示。其中，Zstd 作为通用无损压缩器，压缩比只有不到 1.1。其原因在于，神经网络中的参数均为浮点数，而浮点数的尾数不确定性导致 Zstd 很难直接对浮点数实际存储的字节进行有效的压缩。SZ 的压缩比为 4.4~4.8，较 Zstd 提升到了约 4 倍。这是因为，SZ 是针对科学计算中产生的浮点数而提出的有损压缩方案，对神经网络中相同形式的浮点数也适用。Delta-DNN 的压缩比为 8~12，较 SZ 提升到了 2~3 倍。虽然 Delta-DNN 是基于 SZ 提出的压缩方案，但是它利用了模型训练过程中的版本间相似性，即利用了差量压缩的思想对模型进行压缩，从而较 SZ 有大幅提升。QD-Compressor

在两种模式下的压缩比为 15~30，与同样利用版本间相似性的 Delta-DNN 相比提升到了 2~3 倍，这源自 QD-Compressor 采用的局部敏感量化方案。

表 10.8　用 Zstd、SZ、Delta-DNN 和 QD-Compressor 进行压缩后的模型大小和压缩比

模型名称	模型大小	总大小	压缩后的模型大小（压缩比）				
			Zstd	SZ	Delta-DNN	离线	在线
VGG-16	56.19 MB	10.974 GB	10.17 GB（1.079）	2.264 GB（4.643）	1.231 GB（8.92）	380 MB（29.57）	387 MB（29.04）
ResNet-18	42.66 MB	8.333 GB	7.69 GB（1.084）	1.750 GB（4.763）	800.9 MB（10.41）	400 MB（21.33）	398 MB（21.51）
GoogleNet	23.58 MB	4.606 GB	4.26 GB（1.082）	973.5 MB（4.731）	451.2 MB（10.21）	192 MB（24.56）	187 MB（25.22）
MobileNet	8.90 MB	1.738 GB	1.61 GB（1.080）	375.2 MB（4.631）	172.9 MB（10.05）	104 MB（17.11）	106 MB（16.79）
ShuffleNet（Size=1）	4.88 MB	976.63 MB	907 MB（1.076）	213.4 MB（4.469）	99.2 MB（9.61）	63 MB（15.50）	63 MB（15.50）
ShuffleNet（Size=2）	20.49 MB	4.002 GB	3.70 GB（1.083）	871.9 MB（4.590）	349.5 MB（11.45）	205 MB（19.99）	208 MB（19.70）

本实验充分说明 QD-Compressor 在不影响模型精度的前提下，不仅解决了 SZ 和 Delta-DNN 需要对模型在不同压缩配置下多次进行压缩、选择最优压缩配置的问题，而且在压缩比方面有着显著的提升。至此，QD-Compressor 中浮点数量化方案设计和基于量化的差量压缩方案设计的有效性得到了充分证明。

在训练神经网络的过程中，人们总希望在不影响模型收敛性的前提下，尽可能快地加速训练的过程，而学习率就是可以调控模型训练过程快慢的超参数。一般而言，神经网络模型的训练过程中学习率的设置是先给一个较大的初始值，然后随着模型训练的进行慢慢减小，防止模型振荡影响收敛。因此，在学习率的调控下，模型参数的变化量相对也是在不断变小的。QD-Compressor 为利用版本间相似性对模型进行压缩，因此在模型变化量不同时有着不一样的压缩表现。

图 10.21 展示了 VGG-16 在 200 轮训练过程中的精度曲线及压缩比变化曲线，其中绿色曲线为精度曲线（对应左侧的坐标轴），蓝色曲线为压缩比的变化曲线（对应右侧的坐标轴）。从图中压缩比的变化曲线可知，随着模型训练过程的进行，QD-Compressor 对模型的压缩比是在不断提升的。并且，对比精度曲线和压缩比变化曲线的变化趋势可以发现，当精度曲线上升快时，压缩比的增长缓慢；当精度曲线上升慢时，压缩比的增长快。这是因为精度曲线上升快时，模型的训练过程处于前期，学习率较大，模型的变化量也较大，即版本的相似性较小，此时模型的压缩比就相对较小。反之，当模型精度曲线趋于收敛时，模型的变化较小，进入微调阶段，此时版本间的模型有着极大的相似性，QD-Compressor 能够

非常有效地利用差量压缩的思想对模型进行压缩，有着极大的压缩比。

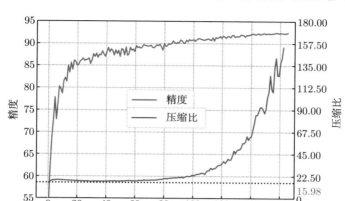

图 10.21　VGG-16 训练过程中的精度曲线和压缩比变化曲线

　　为了进一步详细地探究神经网络模型训练过程中 QD-Compressor 的压缩性能表现，本实验在 6 个不同的网络模型上使用 Zstd、SZ、Delta-DNN 和 QD-Compressor（分为在线量化模式和离线量化模式）进行了压缩测试。表 10.9 展示了在模型训练的不同阶段各方案的压缩比。其中，E1 代表对训练了 1 轮的当前模型进行压缩（基准网络为前一个版本的网络），以此类推。由于在网络的后期训练过程中，模型的精度是不断波动的，模型的最佳精度表现可能出现在训练的中后期。表中，E* 代表的是对模型在整个训练过程中精度最高的那个版本进行压缩。从表中数据可知，无损压缩方案 Zstd 和 SZ 在网络训练的整个过程中，压缩比的变化都不大。这是因为这两种压缩方案不能感知到模型变化的信息，只是单纯地对模型本身进行压缩。而 Delta-DNN 的压缩比大体上是逐步上升的，原因在于它是对模型前后版本计算差量，能够从差量数据的变化中捕获到模型变化的信息，但其压缩比上升的幅度有限。QD-Compressor 在两种模式下，随着网络模型训练过程的进行，对模型的压缩比急速上升，不仅在模型训练初期的压缩比就领先于其他压缩方法，在模型训练后期的压缩比更是十倍、数十倍地领先于其他方法。因此，实验结果表明，与同样是利用版本间相似性进行差量压缩的 Delta-DNN 相比，QD-Compressor 能够更好地利用版本间相似性，更精确地捕获模型的真实变化，从而大幅提高模型的压缩比。

　　在前面的实验中进行差量压缩时，参照网络选取的都是当前版本的前一个版本的网络模型。然而，有时无论是保存模型还是传输模型，为了减少模型存储开销或通信开销，传输的步长可能并不是一个版本。在这种情况下，本实验对 VGG-16 在差量版本步长为 10 和差量版本步长为 20 的情况下进行了压缩比测试，结果如

表 10.9　模型训练的不同阶段各方案的压缩比

模型名称	压缩方案	压缩比							
		E1	E10	E40	E70	E100	E125	E150	E*
VGG-16	Zstd	1.080	1.081	1.082	1.082	1.080	1.079	1.079	1.080
	SZ	3.77	4.24	4.57	4.73	4.58	4.74	4.74	4.72
	Delta-DNN	6.47	7.15	7.10	7.13	7.71	9.67	12.85	14.86
	QD-Compressor（离线）	17.24	18.60	16.93	18.90	22.78	49.13	90.54	467.19
	QD-Compressor（在线）	15.98	18.50	17.49	18.54	23.61	55.89	87.08	378.28
ResNet-18	Zstd	1.088	1.085	1.083	1.083	1.085	1.085	1.085	1.084
	SZ	4.88	4.82	4.82	4.77	4.76	4.80	4.81	4.78
	Delta-DNN	6.21	7.08	7.42	8.25	10.91	15.45	16.16	15.45
	QD-Compressor（离线）	6.65	9.26	10.59	12.32	30.33	50.46	110.27	150.46
	QD-Compressor（在线）	7.50	9.16	10.95	11.72	28.61	57.06	102.48	131.43
GoogleNet	Zstd	1.095	1.093	1.091	1.089	1.088	1.087	1.087	1.088
	SZ	4.85	4.86	4.69	4.54	4.76	4.70	4.82	4.79
	Delta-DNN	5.35	5.54	7.11	9.83	13.45	13.33	14.21	13.70
	QD-Compressor（离线）	7.10	9.76	12.54	22.34	56.77	80.45	88.64	223.91
	QD-Compressor（在线）	7.91	9.28	12.05	20.16	49.31	69.01	93.17	152.26
MobileNet	Zstd	1.092	1.090	1.087	1.087	1.087	1.087	1.088	1.088
	SZ	4.85	4.86	4.80	4.68	4.76	4.70	4.82	4.10
	Delta-DNN	5.35	5.54	7.83	7.91	13.45	13.32	14.21	14.72
	QD-Compressor（离线）	8.11	10.23	10.35	12.23	15.69	27.75	60.71	87.54
	QD-Compressor（在线）	8.45	9.83	10.67	11.57	14.07	22.31	42.05	80.76
ShuffleNet（Size=1）	Zstd	1.102	1.100	1.101	1.101	1.099	1.100	1.099	1.101
	SZ	3.87	4.24	4.34	4.53	4.48	4.45	4.48	4.65
	Delat-DNN	6.77	7.03	7.34	7.81	8.49	10.10	13.61	16.51
	QD-Compressor（离线）	7.50	9.32	10.44	12.35	13.56	19.80	36.97	97.56
	QD-Compressor（在线）	7.87	9.10	10.56	11.23	13.29	18.51	32.45	91.08
ShuffleNet（Size=2）	Zstd	1.092	1.092	1.091	1.089	1.088	1.087	1.087	1.088
	SZ	4.54	4.37	4.70	4.83	4.47	4.65	4.68	4.67
	Delta-DNN	4.02	9.16	9.15	9.42	10.68	13.25	16.68	18.39
	QD-Compressor（离线）	7.77	10.34	11.74	14.98	22.86	34.52	55.32	127.88
	QD-Compressor（在线）	8.16	10.02	11.73	13.81	18.37	30.01	60.12	154.60

表 10.10 和表 10.11 所示。由表 10.10 可见，尽管步长从 1 增加到了 10，但模型在不同阶段的压缩比仍然是在逐步上升的。但是由于差量步长增加了，相当于模型的累计变化量增加了很多，因此压缩比与差量版本步长为 1 时相比，下降了一些。同样，由表 10.11 可见，当差量版本步长进一步增长到 20 时，压缩比会进一步下降。不过，压缩比还是大致维持在一个比较高的水平，甚至比 Delta-DNN 在差量版本步长为 1 的情况下还高。因此，QD-Compressor 的使用条件还是很灵活的，可以自由调节差量版本的步长，都有着不错的压缩性能表现。

表 10.10　VGG-16 在差量版本步长为 10 时的压缩比

版本间距	0～10	30～40	60～70	90～100	120～130	150～160	180～190
压缩比	9.22	9.95	10.80	12.44	28.14	76.91	184.63

表 10.11　VGG-16 在差量版本步长为 20 时的压缩比

版本间距	0～20	20～40	40～60	60～80	80～100	100～120	120～140	140～160	160～180
压缩比	8.16	8.52	9.01	9.52	10.52	12.47	18.78	35.93	69.23

在不显著影响模型精度的前提下，为了最大化模型压缩比，本节通过实验选取 QD-Compressor 中的量化比特数为 8，并与其他方法进行了对比测试，证明了 QD-Compressor 中的在线量化模式对于减少模型精度损失的有效性。而从对神经网络模型的压缩比来看，QD-Compressor 对完整训练过程模型的压缩比较现有方案提升了 2～3 倍。随后，在对不同阶段的模型进行的压缩实验中，QD-Compressor 表现出非常明显的压缩比提升，在模型训练的中后期较现有方案提升了 2.4～30 倍。最后，本节在不同的差量版本步长下对压缩比进行了实验，证明 QD-Compressor 对于不同的差量版本步长仍然具有较好的压缩性能。

10.6　本章小结

随着大数据时代的到来，神经网络模型可以使用数据自动学习并完成各种复杂的任务。然而，随着数据规模不断增大，应用场景越来越复杂，神经网络模型的结构变得越来越深和越来越宽，随之而来的就是模型参数量和计算量的剧增。如今，以智能手机为代表的各种资源有限的移动智能设备在人们生活中扮演着越来越重要的角色，而参数量和计算量庞大的神经网络模型难以在这类资源受限的移动智能设备中运用。因此，本章从神经网络本身的结构特性入手，针对神经网络模型在分布式资源受限场景下存储开销和通信开销大的问题，提出了一个利用神经网络模型版本间相似性的神经网络模型差量压缩方案。与现有方案相比，该方案在不显著影响模型精度的前提下，大幅提升了对模型的压缩比。

本章的主要内容如下。

（1）针对神经网络模型中浮点参数可压缩性差的情况，对浮点数压缩的难点进行分析，并引入量化技术将浮点数转换为整数。针对神经网络模型层结构特性，提出一种基于局部敏感性的网络浮点参数量化压缩方法，将可压缩性差的浮点数转换为可压缩性好的整数，转换后待压缩数据的信息熵是之前的 6～17 倍。

（2）提出了一套完整的利用版本间相似性的神经网络差量压缩方案；针对模型训练系统是否可以修改，提出了两种不同的量化训练模式（离线模式和在线模式）。其中，离线量化模式可以在不修改原训练系统的前提下完成对模型的压缩；在线量化模式则是使用误差反馈机制来减少模型的量化误差和精度损失。实验证明，在模型精度没有显著下降的情况下，该方案的压缩比能够达到现有方案的 2.4~30 倍。

同时，本章介绍的方案在未来还有继续改进的空间，主要有以下两点。

（1）本章提出的方案中，量化比特数为 8 bit。未来可以继续研究在量化比特数为 4 bit 时，如何维持训练过程的稳定性及保持模型精度，并进一步提升压缩比。

（2）本章提出的方案是在保持模型结构不变的前提下进行的，未来可以考虑与其他模型压缩技术相结合，先探索模型在网络结构上的可优化性，再对模型本身进行压缩。

参考文献

[1] KRIZHEVSKY A, SUTSKEVER I, HINTON G E. Imagenet Classification with Deep Convolutional Neural Networks[J]. Proceedings of Advances in Neural Information Processing Systems (NIPS'15), 2017, 60(6): 84-90.

[2] WANG Y, GAN W, YANG J, et al. Dynamic Curriculum Learning for Imbalanced Data Classification[C]//Proceedings of International Conference on Computer Vision (ICCV'19). Seoul: IEEE, 2019: 5016-5025.

[3] 郑远攀, 李广阳, 李晔. 深度学习在图像识别中的应用研究综述[J]. 计算机工程与应用, 2019, 55(12): 20-36.

[4] FARHADI A, REDMON J. Yolov3: An Incremental Improvement[C]//Proceedings of Computer Vision and Pattern Recognition (CVPR'18). UT: Springer, 2018: 1804-2767.

[5] 江彤彤, 成金勇, 鹿文鹏. 基于卷积神经网络多层特征提取的目标识别[J]. 计算机系统应用, 2017, 26(12): 64-70.

[6] GIRSHICK R B, DONAHUE J, DARRELL T, et al. Rich Feature Hierarchies for Accurate Object Detection and Semantic Segmentation[C]//Proceedings of Computer Vision and Pattern Recognition (CVPR'14). OH: IEEE Computer Society, 2014: 580-587.

[7] REN S, HE K, GIRSHICK R, et al. Faster R-CNN: Towards Real-time Object Detection with Region Proposal Networks[J]. IEEE Transactions on Pattern Analysis and Machine Intelligence, 1966, 12(3): 399-401.

[8] ZHUANG B, SHEN C, TAN M, et al. Structured Binary Neural Networks For Accurate Image Classification and Semantic Segmentation[C]//Proceedings of Computer Vision and Pattern Recognition (CVPR'19). CA: IEEE, 2019: 413-422.

[9] ZHU X, LEI Z, LIU X, et al. Face Alignment Across Large Poses: A 3D Solution [C]//Proceedings of Computer Vision and Pattern Recognition (CVPR'16). NV: IEEE Computer Society, 2016: 146-155.

[10] SUN Y, WANG X, TANG X. Deep Convolutional Network Cascade for Facial Point Detection[C]//Proceedings of Computer Vision and Pattern Recognition(CVPR'13). OR: IEEE Computer Society, 2013: 3476-3483.

[11] 柯鹏飞, 蔡茂国, 吴涛. 基于改进卷积神经网络与集成学习的人脸识别算法[J]. 计算机工程, 2020, 46(2): 262-267.

[12] LIN M, CHEN Q, YAN S. Network in Network[C]//Proceedings of International Conference on Learning Representations (ICLR'14). AB: Conference Track Proceedings, 2014: 1-10.

[13] SZEGEDY C, LIU W, JIA Y, et al. Going Deeper with Convolutions[C]//Proceedings of Computer Vision and Pattern Recognition (CVPR'15). MA: IEEE Computer Society, 2015: 1-9.

[14] ZHANG X, ZHOU X, LIN M, et al. Shufflenet: An Extremely Efficient Convolutional Neural Network for Mobile Devices[C]//Proceedings of Computer Vision and Pattern Recognition (CVPR'18). UT: IEEE Computer Society, 2018: 6848-6856.

[15] LOUIZOS C, WELLING M, KINGMA D P. Learning Sparse Neural Networks Through L0 Regularization[C]//Proceedings of International Conference on Learning Representations (ICLR'18). BC: Conference Track Proceedings, 2018: 1-13.

[16] LI H, KADAV A, DURDANOVIC I, et al. Pruning Filters for Efficient Convnets[C]//Proceedings of International Conference on Learning Representations (ICLR'17). Toulon: Conference Track Proceedings, 2017: 1-13.

[17] WEN W, WU C, WANG Y, et al. Learning Structured Sparsity in Deep Neural Networks[C]//Proceedings of Advances in Neural Information Processing Systems (NIPS'16). Barcelona: Annual Conference on Neural Information Processing Systems, 2016: 2074-2082.

[18] LIU Z, LI J, SHEN Z, et al. Learning Efficient Convolutional Networks Through Network Slimming[C]//Proceedings of International Conference on Computer Vision (ICCV'17). Venice: IEEE Computer Society, 2017: 2755-2763.

[19] YE J, LU X, LIN Z, et al. Rethinking the Smaller-norm-less-informative Assumption in Channel Pruning of Convolution Layers[C]//Proceedings of International Conference on Learning Representations (ICLR'18). BC: Conference Track Proceedings, 2018: 1-11.

[20] LEE N, AJANTHAN T, TORR P H S. Snip: Single-shot Network Pruning based on Connection Sensitivity[C]//Proceedings of International Conference on Learning Representations (ICLR'19). LA: Conference Track Proceedings, 2019: 1-15.

[21] LUO J, WU J, LIN W. Thinet: A Filter Level Pruning Method for Deep Neural Network Compression[C]//Proceedings of International Conference on Computer Vision (ICCV'17). Venice: IEEE Computer Society, 2017: 5068-5076.

[22] HE Y, ZHANG X, SUN J. Channel Pruning for Accelerating very Deep Neural Networks[C]//Proceedings of International Conference on Computer vision (ICCV'17). Venice: IEEE Computer Society, 2017: 1398-1406.

[23] PENG H, WU J, CHEN S, et al. Collaborative Channel Pruning for Deep Networks [C]//Proceedings of International Conference on Machine Learning (ICML'19). California: PMLR, 2019(97): 5113-5122.

[24] LIU Z, SUN M, ZHOU T, et al. Rethinking the Value of Network Pruning[C]// Proceedings of International Conference on Learning Representations (ICLR'19). LA: Conference Track Proceedings, 2019: 1-21.

[25] 耿丽丽, 牛保宁. 深度神经网络模型压缩综述[J]. 计算机科学与探索, 2020, 14(9):1441-1455.

[26] HAN S, MAO H, DALLY W J. Deep Compression: Compressing Deep Neural Network with Pruning, Trained Quantization and Huffman Coding[C]//Proceedings of International Conference on Learning Representations (ICLR'16). San Juan: Conference Track Proceedings, 2016: 1-14.

[27] ZHOU A, YAO A, GUO Y, et al. Incremental Network Quantization: Towards Lossless CNNs with Low-precision Weights[C]//Proceedings of International Conference on Learning Representations (ICLR'17). Toulon: Conference Track Proceedings, 2017: 1-14.

[28] JACOB B, KLIGYS S, CHEN B, et al. Quantization and Training of Neural Networks for Efficient Integer-arithmetic-only Inference[C]//Proceedings of Computer Vision and Pattern Recognition (CVPR'18). UT: IEEE Computer Society, 2018: 2704-2713.

[29] ZHU F, GONG R, YU F, et al. Towards Unified INT8 Training for Convolutional Neural Network[C]//Proceedings of Computer Vision and Pattern Recognition (CVPR'80). WA: IEEE, 2020: 1966-1976.

[30] HUBARA I, COURBARIAUX M, SOUDRY D, et al. Binarized Neural Networks [C]//Proceedings of Advances in Neural Information Processing Systems (NIPS'16). Barcelona: Annual Conference on Neural Information Processing Systems, 2016: 4107-4115.

[31] RASTEGARI M, ORDONEZ V, REDMON J, et al. Xnor-Net: Imagenet Classification Using Binary Convolutional Neural Networks[C]//Proceedings of European Conference on Computer Vision (ECCV'16). Amsterdam: Springer, 2016(9908): 525-542.

[32] LIU Z, WU B, LUO W, et al. Bi-Real Net: Enhancing the Performance of 1-Bit CNNs with Improved Representational Capability and Advanced Training Algorithm

[C]//Proceedings of European Conference on Computer Vision (ECCV'18). Munich: Springer, 2018: 722-737.

[33] QIN H, GONG R, LIU X, et al. Forward and Backward Information Retention for Accurate Binary Neural Networks[C]. Proceedings of Computer Vision and Pattern Recognition (CVPR'20). WA: IEEE, 2020: 1-10.

[34] KAHAN W. IEEE Standard 754 for Binary Floating-point Arithmetic[J]. Lecture Notes on the Status of IEEE, 1996, 754(1776): 11.

[35] HU Z, ZOU X, XIA W, et al. Delta-DNN: Efficiently Compressing Deep Neural Networks via Exploiting Floats Similarity[C]//Proceedings of International Conference on Parallel Processing (ICPP'20). AB: ACM, 2020: 40:1-40:12.

[36] JIN S, DI S, LIANG X, et al. Deepsz: A Novel Framework to Compress Deep Neural Networks by Using Error-bounded Lossy Compression[C]//Proceedings of International Symposium on High-Performance Parallel and Distributed Computing (HPDC'19). AZ: ACM, 2019: 159-170.

[37] WANG Z, BOVIK A C, SHEIKH H R, et al. Image Quality Assessment: From Error Visibility to Structural Similarity[J]. IEEE Transactions on Image Processing, 2004, 13(4): 600-612.

[38] LEE RODGERS J, NICEWANDER W A. Thirteen Ways to Look at the Correlation Coefficient[J]. The American Statistician, 1988, 42(1):59-66.

[39] SIMONYAN K, ZISSERMAN A. Very Deep Convolutional Networks for Large-scale Image Recognition[C]//Proceedings of International Conference on Learning Representations (ICLR'15). CA: Conference Track Proceedings, 2015: 1-14.

[40] HE K, ZHANG X, REN S, et al. Deep Residual Learning for Image Recognition [C]//Proceedings of Computer Vision and Pattern Recognition (CVPR'16). NV: IEEE Computer Society, 2016: 770-778.

[41] SANDLER M, HOWARD A G, ZHU M, et al. MobilenetV2: Inverted Residuals and Linear Bottlenecks[C]//Proceedings of Computer Vision and Pattern Recognition (CVPR'18). UT: IEEE Computer Society, 2018: 4510-4520.

[42] DI S, CAPPELLO F. Fast Error-bounded Lossy HPC Data Compression With SZ [C]//Proceedings of International Parallel and Distributed Processing Symposium (IPDPS'16). IL: IEEE Computer Society, 2016: 730-739.

[43] COLLET Y, KUCHERAWY M. Zstandard Compression and the Application/Zstd Media Type[J]. RFC, 2021, 8878: 1-45.

[44] WYNER A D, WYNER A J. Improved Redundancy of a Version of the Lempel-ziv Algorithm[J]. IEEE Transactions on Information Theory, 1995, 41(3): 723-731.

[45] DEUTSCH P. Gzip File Format Specification Version 4.3[J]. RFC, 1996, 1952:1-12.

[46] MARTINO C D, KALBARCZYK Z T, IYER R K, et al. Lessons Learned from the Analysis of System Failures at Petascale: The Case of Blue Waters[C]//Proceedings

of International Conference on Dependable Systems and Networks (ICDSN'14). GA: IEEE Computer Society, 2014: 610-621.

[47] GUPTA S, PATEL T, ENGELMANN C, et al. Failures in Large Scale Systems: Long-term Measurement, Analysis, and Implications[C]//Proceedings of International Conference for High Performance Computing, Networking, Storage and Analysis (SC'17). CO: ACM, 2017a: 44:1-44:12.

[48] JEON M, VENKATARAMAN S, PHANISHAYEE A, et al. Analysis of Large-scale Multi-tenant GPU Clusters for DNN Training Workloads[C]//Proceedings of USENIX Annual Technical Conference (USENIX ATC'19). WA: USENIX Association, 2019: 947-960.

[49] DEAN J, BARROSO L A. The Tail at Scale[J]. Communications of the ACM, 2013, 56(2):74-80.

[50] KAVULYA S, TAN J, GANDHI R, et al. An Analysis of Traces from a Production Mapreduce Cluster[C]//Proceedings of International Conference on Cluster, Cloud and Grid Computing (CCGrid'10). Victoria: IEEE Computer Society, 2010: 94-103.

[51] VERMA A, PEDROSA L, KORUPOLU M, et al. Large-scale Cluster Management at Google with Borg[C]//Proceedings of European Conference on Computer Systems (Eurosys'15). Bordeaux: ACM, 2015: 18:1-18:17.

[52] GUO H, ZHANG J. A Distributed and Scalable Machine Learning Approach for Big Data[C]//Proceedings of International Joint Conference on Artificial Intelligence (IJCAI'16). NY: IJCAI Press, 2016: 1512-1518.

[53] GUPTA S, ZHANG W, WANG F. Model Accuracy and Runtime Tradeoff in Distributed Deep Learning: A Systematic Study[C]//Proceedings of the International Joint Conference on Artificial Intelligence (IJCAI'17). Melbourne: IJCAI/AAAI Press, 2017b: 4854-4858.

[54] ZHANG W, GUPTA S, LIAN X, et al. Staleness-aware Async-SGD for Distributed Deep Learning[C]//Proceedings of International Joint Conference on Artificial Intelligence (IJCAI'16). NY: IJCAI Press, 2016: 2350-2356.

[55] ZHANG X, ZHU X, WANG J, et al. Federated Learning with Adaptive Communication Compression Under Dynamic Bandwidth and Unreliable Networks[J]. Information Sciences, 2020, 540: 242-262.

[56] AJI A F, HEAFIELD K. Sparse Communication for Distributed Gradient Descent[C]//Proceedings of Empirical Methods in Natural Language Processing (EMNLP'17). Copenhagen: Association for Computational Linguistics, 2017: 440-445.

[57] CHEN C, CHOI J, BRAND D, et al. Adacomp: Adaptive Residual Gradient Compression for Data-parallel Distributed Training[C]//Proceedings of AAAI Conference on Artificial Intelligence (AAAI'18). Louisiana: AAAI Press, 2018: 2827-2835.

[58] SATTLER F, WIEDEMANN S, MÜLLER K, et al. Sparse Binary Compression: Towards Distributed Deep Learning with Minimal Communication[C]//Proceedings

of International Joint Conference on Neural Networks (IJCNN'19). Budapest: IEEE, 2019: 1-8.

[59] LIN Y, HAN S, MAO H, et al. Deep Gradient Compression: Reducing the Communication Bandwidth for Distributed Training[C]//Proceedings of International Conference on Learning Representations (ICLR'18). BC: Conference Track Proceedings, 2018: 1-14.

[60] PASZKE A, GROSS S, MASSA F, et al. Pytorch: An Imperative Style, High-performance Deep Learning Library[C]//Proceedings of Advances in Neural Information Processing Systems (NIPS'19). BC: NeurIPS, 2019: 8024-8035.

[61] LIANG X, DI S, TAO D, et al. Error-controlled Lossy Compression Optimized for High Compression Ratios of Scientific Datasets[C]//Proceedings of International Conference on Big Data (ICBD'18). WA: IEEE, 2018: 438-447.

第 11 章　面向时序数据库的有损压缩技术

近年来，时序数据（Time-series Data）开始得到广泛应用，各种时序数据库（Time Series Database，TSDB）也如雨后春笋般涌现。然而，这些数据库所采用的无损压缩算法并不能很好地应对不断增长的时序数据。如何更有效地存储这些数据成为一个亟待解决的难题。为此，本章引入有损算法压缩数据，并对现有的有损算法做了在线化设计，使其能够更好地融入数据库场景。本章组织结构如下：第 11.1 节简单介绍现有数据库的常见压缩方案和有损浮点数压缩算法，并分析对时序数据进行有损压缩的可行性；第 11.2 节详细介绍一种先进的有损浮点数压缩算法（SZ）；第 11.3 节介绍对 SZ 进行在线化改进的若干方案，并对各个方案的性能进行简要测试；第 11.4 节就 SZ 中预测器的一些改进方案进行探讨；第 11.5 节将改进后的有损压缩方案放入热门时序数据库 InfluxDB 中进行性能测试并进行相关分析；第 11.6 节对本章内容进行总结。

11.1　时序数据特性和有损浮点数压缩编码器

随着物联网和边缘计算等概念的兴起，人们对监控数据、轨迹数据等时序数据的存储需求也日益增加。此外，在金融、医药 [1]、环境保护等其他领域中时序数据也有着广泛的应用 [2]。而时序数据的存储、处理需求的不断增加又推动了时序数据库的发展。时序数据库是应对时序数据的有力工具，使用了针对性的存储、查询方案，提高了对时序数据进行存储、访问、处理的速度 [3,4]。

时序数据所带来的挑战之一就是不断增长的数据量。时至今日，不管是手机、智能手环还是共享自行车等设备都在源源不断地产生时序数据。这些时序数据往往有着惊人的规模，如文献 [2] 中提到其使用的数据集由 1000 个传感器以每秒 1 次的采集频率采集一年得到，总量达到了 750 GB；文献 [5] 中也提到 2015 年春季 Facebook 的监控系统平均每秒产生 12,000,000 个数据点，每天数据量可达到 16 TB。因此，一个高效的压缩算法对节省存储成本可以起到至关重要的作用。

11.1.1　数据库浮点数压缩现状

（1）**非时序数据库所用的压缩方案。**对于传统的数据库来说，压缩时出现任何损失都是不可接受的。因此，传统的数据库使用的压缩算法都是无损的压缩算法，如熵编码、字典编码、游程编码（Run Length Encoding）[6]、增量编码（Delta Encoding）、位图编码（Bitmap Encoding）[7] 等。这些通用压缩算法缺乏对时序数据特点的利用，压缩率较低。

实时数据库（Real-Time Database) 和时序数据库所处理的数据较相似。其中不乏使用有损压缩算法的数据库，如企业信息管理（Plant Information，PI)系统等。实时数据库中应用的最经典的有损压缩算法是旋转门 (Swinging Door Trending，SDT) 算法。文献 [8] 的测试结果中，在错误率为 10% 时，SDT 算法的压缩比可达 10。

（2）**目前时序数据库所用的压缩方案。** 目前时序数据库中使用的方案中最著名的是文献 [5] 提出的数据库 Gorilla 所用的同名算法。时序数据库 InfluxDB 中也使用了该算法。Gorilla 通过将当前值和上一个值做异或后，先记录前导零和结尾零的数量，再记录中间有效位的方式实现数据压缩。它利用了数据之间的关系，也是一个无损的方案。文献 [5] 称其能将每个双精度浮点数压缩到平均 1.37 bit，压缩比约为 46.7，但其效果受被压缩数据的影响较大。在本章的测试中，Gorilla 在 InfluxDB 中的压缩比约为 3。

11.1.2　有损浮点数压缩算法简介

计算机仿真、监测和实验往往会用到大量的高精度浮点数。巨大的数据量会为数据的存储和迁移带来很大的开销。为了应对这一问题，浮点数压缩算法应运而生，其中就包含了有损浮点数压缩。有损浮点数压缩算法一般可分为以下两类。

（1）**严格误差可控的有损浮点数压缩器。** 只有少数的有损压缩可以保证严格的误差可控，其中较著名的有 ZFP 编码器[9]（下文简称 ZFP）和 SZ 有损编码器 [10,11]（下文简称 SZ）。ZFP 和 SZ 都使用了传统有损压缩架构（包含解相关、量化、编码 3 个步骤），但二者在 3 个步骤中使用的技术并不相同。ZFP 遵循了传统的应用于图像数据的基于变换的压缩方式，使用基于变换的解相关模型和内嵌的编码模型结合的方式实现压缩。SZ 则使用了基于预测的压缩方式，包含以下 4 个步骤：预测、线性量化、哈夫曼编码、无损压缩。ZFP 与 SZ 相比速度要快一些，但压缩比较小。

（2）**基于小波变换的有损浮点数压缩器和数据抽取。** ZFP 和 SZ 被提出的时间不久，而更早提出的基于小波变换的有损浮点数压缩（如 VAPOR[12]）的误差不是用户可控的，且信噪比、压缩比的表现与 SZ 和 ZFP 相比要逊色不少，这也使得早期的有损浮点数压缩仅被应用于数据可视化中。一种更简单的方式是数据抽取：通过下采样减少数据，在解码时直接使用插值补充缺失数据。但数据抽取方式的压缩效果也不如 ZFP 与 SZ。

11.1.3 时序数据库场景简介

时序数据有以下特点：数据都带有时间戳，且按顺序生成；数据大都是结构化的；写入频率远高于查询频率；已存储的数据基本不会再更新；用户更关心一段时间内数据的特征，而非单个时间点；数据查询大多基于某一时间段或某个数值范围；单条数据不大，但是数据的数量很多；数据随时间的变化往往存在规律。其中，有一些特点有利于有损压缩算法的应用。

（1）**时序数据写入后不更新**。有损压缩的一个缺点就是多次写入会导致损失的信息不断叠加，如使用由联合影像专家组（Joint Photographic Experts Group，JPEG）提出的 JPEG 压缩算法多次覆盖保存同一张图像时会导致画质的明显下降。不对写入的信息做更新则可以避免信息损失的叠加，有利于有损压缩算法的应用。

（2）**时序数据多用于观察变化趋势**。数值变化趋势的体现取决于高位，而低位的有效数字不仅对变化趋势影响不大，甚至会带一些随机因素。近年的有损浮点数压缩可以在误差可控的情况下，抹去对分析无关紧要的低位数字，换取更大的压缩比来节省存储空间，应用在此场景中也比较合适。

而在非时序数据中，浮点数所占比例较小，多数不允许任何误差，且可能被反复修改，难以应用有损浮点数压缩算法。

结合以上的考虑，在某些时序数据（如 GPS 轨迹数据）应用场景中，有损浮点数压缩算法在设定恰当的误差界后，既能保证数据仍可用，又能获得比无损压缩算法更高的压缩比，节省更多存储空间。因此，在时序数据库中依情况使用有损浮点数压缩算法是一个值得研究的方案。

11.1.4 有损浮点数压缩算法在时序数据库中的应用

截至本书成稿之日，主流的时序数据库都没有使用有损压缩算法。本章围绕全球定位系统（Global Positioning System，GPS）轨迹数据，尝试将 SZ 应用到数据库中。这项研究主要包含以下 3 个方面的工作。

（1）**SZ 的在线化设计与实现**。时序数据库往往是每隔一段时间接收到一个数据，而非一次收到大量数据。这就要求压缩算法可以每次压缩单个浮点数，并将本次的压缩数据追加到之前的压缩数据中。这一特性被称为在线压缩。而对于 SZ，现有的实现需要一次性提供所有待压缩的数据，对数据进行一些统计后，再进行压缩。这种接收了所有数据后再开始压缩的方式被称为离线压缩。为使 SZ 更好地应用于时序数据库中，本章对其做了一些改造，使其支持在线压缩，并对改造后的算法性能与原 SZ 做了对比测试。改造后的 SZ 在本书后续章节中被称为在线 SZ。

（2）**SZ 中预测器的改进尝试**。在压缩过程中，SZ 需要预测器给出预测值，预测器越准确则压缩比越大。然而，SZ 在处理一维数据时预测算法的表现过于简单。本章使用不同的预测算法与 SZ 的预测算法进行对比，以确定时序数据库场景下预测器的最优方案。

（3）**有损浮点数压缩算法在时序数据库中的性能测试**。为测试在实际数据库应用中 SZ 的影响，本章将 SZ 与在线 SZ 分别加入时序数据库 InfluxDB 中进行测试。其中，InfluxDB 中原有的浮点数压缩算法 Gorilla 会被替换为 SZ 与在线 SZ。

11.2　典型的有损浮点数压缩算法

SZ[10,11] 是一个模块化、可参数化的有损浮点数压缩算法，不仅可应用于传统有损浮点数压缩场景，如可视化、输入输出加速、节省存储，也可应用于一些更先进的场合，如 DNN 模型存储、计算加速等。

SZ 的工作流程如图 11.1 所示。

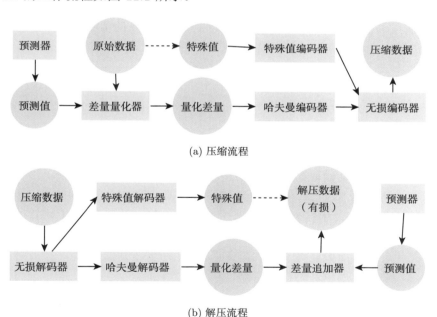

(a) 压缩流程

(b) 解压流程

图 11.1　SZ 的工作流程

SZ 的压缩流程包含预测器、差量量化器、特殊值编码器、哈夫曼编码器、无损编码器 5 个模块，具体过程如下。

（1）预测器对待压缩数据进行预测，随后计算预测值与实际值的差量并依据最大误差对差量进行量化。量化会导致精度损失，因此对量化差量的压缩必须为无损压缩，才能保证精度损失处于指定范围内。

（2）对量化失败的特殊值使用特殊值编码器进行编码。特殊值编码器也是有损的编码器，但其直接编码原始数据而非量化差量，可以保证精度损失处于指定范围内。

（3）对可量化的差量使用哈夫曼编码器[13]进行编码。

（4）对特殊值编码器和哈夫曼编码器输出的编码结果使用无损编码器进行二次编码，得到最终的压缩数据。

预测器根据部分已压缩的数据对下一个将要压缩的数据做出预测。预测结果准确与否并不会影响算法的正确性，即算法仍能保证解压出来的每一个数值和原数值的差在指定的误差范围内。但是，更准确的预测方案可以提高算法的压缩比。

为保证解压时预测器能给出与压缩时一致的预测值，SZ 中所使用的预测算法需根据已压缩的数据进行预测。对于一个 d 维数据集，记在坐标 $(x_1, x_2, \cdots, x_d)$ 中的数据为 $V_{(x_1, x_2, \cdots, x_d)}$。当压缩到 $V_{(x_1, x_2, \cdots, x_d)}$ 时，$\forall V \in \{V_{(y_1, \cdots, y_d)} | 0 \leqslant y_1 \leqslant x_1, \cdots, 0 \leqslant y_d \leqslant x_d\}$ 都已被压缩，在预测 $V_{(x_1, x_2, \cdots, x_d)}$ 的值时能且只能使用这些已压缩的值。

预测算法计算预测值 $f_{(x_1, \cdots, x_d)}$ 的公式为

$$f_{(x_1, \cdots, x_d)} = \sum_{\substack{0 \leqslant k_1, \cdots, k_d \leqslant n}}^{(k_1, \cdots, k_d) \neq (0, \cdots, 0)} -\prod_{j=1}^{d} (-1)^{k_j} \binom{n}{k_j} V_{(x_1 - k_1, \cdots, x_d - k_d)} \tag{11.1}$$

其中，n 为正整数常量，表示所使用的历史数据的层数，层数越大，所使用的历史数据越多［准确地说，使用的历史数据个数为 $(n+1)^d - 1$］。$\binom{n}{k_j}$ 是二项式系数。当 n 取 1 时，该算法就是洛伦佐预测器（Lerenzo Predictor）[14]。

文献 [11] 称在使用气象仿真数据的实验中，当 n 取 2 时，上述算法的预测准确率更高。但是要保证正确性，则需要解压时的预测器完全复现压缩时预测器的预测结果，而解压时是无法拿到原数据作为历史数据的，只能是之前解压出来的损失后的数据。所以，为保证压缩、解压的预测过程一致，压缩时预测器就必须用压缩损失后的数据（压缩值）作为历史数据。经过此项修正后的测试结果表明，n 取 1 时预测准确率最高。此时，式 (11.1) 可化简为

$$f(x_1, \cdots, x_d) = \sum_{\substack{0 \leqslant k_1, \cdots, k_d \leqslant 1}}^{(k_1, \cdots, k_d) \neq (0, \cdots, 0)} -\prod_{j=1}^{d} (-1)^{k_j} \hat{V}_{(x_1 - k_1, \cdots, x_d - k_d)} \tag{11.2}$$

其中，$\hat{V}_{(x_1 - k_1, \cdots, x_d - k_d)}$ 表示经压缩损失精度后的 $V_{(x_1 - k_1, \cdots, x_d - k_d)}$。

时序数据库往往记录的是以时间为自变量的一维数据。在一维数据的情况下，式 (11.2) 进一步化简为

$$f(x_1) = \sum_{0 \leqslant k_1 \leqslant 1}^{k_1 \neq 0} -(-1)^{k_1} \hat{V}_{x_1-k_1} = \hat{V}_{x_1-1} \tag{11.3}$$

也就是说，预测当前数据总是等于上一数据。如无特殊说明，本书后续章节中的预测函数均以式 (11.3) 为准，预测值指由式 (11.3) 计算得到。

预测器给出预测值后，下一步则是计算差量，并对差量进行量化。量化步骤实现了浮点数到短整数的转化，同时也造成了精度损失。其中，差量是指真实值与预测值的差量 $[\delta = V_x - f(x) = V_x - \hat{V}_{x-1}]$。量化过程则是使用误差界 Δ（或称为最大允许误差）对差量 δ 进行量化。如图 11.2 所示，当 $\delta \in [1\Delta, 3\Delta)$ 时，量化值取 1，表示预测值加上 $1 \times 2\Delta$ 后得到压缩值 $\hat{V}_x$。此时，有

$$
\begin{aligned}
& \hat{V}_x - V_x \\
=& (\hat{V}_{x-1} + 2\Delta) - (\hat{V}_{x-1} + \delta) \\
=& 2\Delta - \delta \in (-\Delta, \Delta]
\end{aligned} \tag{11.4}
$$

这就保证了压缩值与真实值的差量总在误差范围内。类似地，当 $\delta \in [(2m-1)\Delta, (2m+1)\Delta)$ 时，量化值取 m，表示预测值加上 m 后得到当前值。

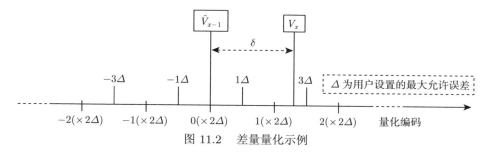

图 11.2　差量量化示例

有时，预测值 $\hat{V}_x$ 与真实值 V_x 的差量 δ 会很大，这时需要位数很多的整数才能将差量表示出来。当用于表示量化结果的整数很长时，会影响压缩效果。为避免这一情况，SZ 中定义了量化级数，用于表示量化可接受的范围。量化范围一般取 $[-(2^n-1), 2^n-1]$，此时量化结果可用 $n+1$ 位二进制数表示。当量化结果超出预设的量化范围时，一律记为 -2^n（仍在 $n+1$ 位二进制数表示范围内），并作为特殊值交由特殊值编码器另行编码。

特殊值编码器负责对差量量化失败的特殊值进行压缩，其工作流程主要分为 3 步：数据归一化、尾数裁剪和异或记零。

数据归一化是将待压缩值减去中值（中值取所有待压缩值中的最大值与最小值的和的一半）。

记中值为 med，则有

$$\mathrm{med} = \frac{\min_x(V_x) + \max_x(V_x)}{2} \tag{11.5}$$

$$\bar{V}_x = V_x - \mathrm{med} \quad x \in [1, n] \tag{11.6}$$

其中，n 表示待压缩数据个数。

归一化对待压缩值的范围做偏移，可使 0 成为待压缩值的中心（见图 11.3）。让待压缩值移动到 0 附近可以减少待压缩值的有效数字位数，从而减少空间占用。例如，对于 10,000.0231 和 0.0231 来说，前者有效数字达 9 位，需要使用 8 B 的 double 型数据才能保证精度不丢失，而后者有效数字仅 3 位，使用 4 B 的 float 型数据即可满足精度要求。同时，这一过程也是可逆的，只需另外存放中值，在解压时将结果加上中值即可。

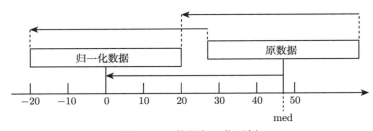

图 11.3　数据归一化示例

尾数裁剪是根据给出的绝对误差计算出满足精度要求的最小尾数长度，将超出最小长度的尾数直接裁去。尾数裁剪是在特殊值编码器中造成数据精度损失的步骤。最小尾数长度 RQ_MBits 的计算方法为

$$\mathrm{radius} = \frac{\max_x(V_x) - \min_x(V_x)}{2} = \max_x(V_x) \tag{11.7}$$

$$\mathrm{RQ\_MBits} = \begin{cases} 0, & \mathrm{Exp(radius)} - \mathrm{Exp}(\varDelta) < 0 \\ \mathrm{MLen}, & \mathrm{Exp(radius)} - \mathrm{Exp}(\varDelta) > \mathrm{MLen} \\ \mathrm{Exp(radius)} - \mathrm{Exp}(\varDelta), & \text{其他} \end{cases} \tag{11.8}$$

其中，radius 为数据范围半径；$\mathrm{Exp}(x)$ 指取浮点数 x 的指数（参照标准 ANSI/IEEE Std 754—1985）；MLen 指上述标准中规定的尾数长度，对于 float 为 23，对于 double 为 52。

值得注意的是，通过式 (11.8) 得到的尾数长度将应用于所有数据，而没有针对每个数据单独计算所需最小尾数长度。文献 [10] 中提到，如果为每个数据单独计算所需最小尾数长度，会导致不同数据的长度不一致，使得解压时因无法知道每个数据的尾数长度而无法解压。

此外，文献 [10] 中尾数裁剪实现以字节为最小操作单位，所以每个数据实际保存的长度还要向上对齐 8 的倍数〔见式 (11.9)〕。

$$\mathrm{REAL\_RQ\_Bits} = \lceil \frac{1 + \mathrm{ExpLen} + \mathrm{RQ\_MBits}}{8} \rceil \times 8 \tag{11.9}$$

其中，ExpLen 表示标准 ANSI/IEEE Std 754—1985 中指数部分所占比特数，对于 float 为 8，对于 double 为 11。

异或记零是先将当前归一化数值与上一个归一化数值做异或后，使用 2 bit 记录头部连续为 0 的字节的个数[①]，再将剩下的非零字节存储起来。这是 SZ 中特殊值编码的最后一步。

哈夫曼编码用于压缩量化器输出的量化差量数组。经过量化器量化后的差量是一组定长整数数组，且预测器准确率越高，量化差量接近 0 的可能性就越大。哈夫曼编码器被用于压缩量化差量，就是为了利用不同差量出现概率不同的特性进一步压缩数据。

无损编码器负责对经哈夫曼编码后的量化差量与特殊值编码器的压缩结果进行二次编码。SZ 中的无损编码器为 Zstandard[②]（下文简称 ZSTD）。

SZ 的解压过程基本上是压缩过程的逆过程，流程如下：

（1）无损解码器解码出特殊值编码结果及量化差量编码结果；

（2）哈夫曼解码器解码出量化差量序列；

（3）对于量化差量值 m，预测器给出预测值 $\hat{V}_x$，并加上 $2m\Delta$，得到解压数据；

（4）对于特殊量化值（超出量化范围的量化值），则从特殊值编码结果中取出一个特殊值作为当前解压数据。

其中，特殊值解码器会先读取前导零的字节数，并依次填充前导零，再根据 REAL_RQ_Bits 读取剩余尾数，将不足的部分用 0 填充。最后，将当前值与上一个归一化解压值做异或，加上中值，得到最终解压结果。

---

① 结合标准 ANSI/IEEE Std 754—1985 可知，相似数据的二进制表示也是比较相似的，所以异或后出现前导 0 的可能性也是比较大的。

② 参见 ZSTD 官方网站。

11.3 在线化设计与实现

为了实现 SZ 的在线化，首先需要分析 SZ 只能离线压缩的原因。通过上述介绍可以发现，SZ 不能在线压缩的原因主要有以下 3 点。

（1）特殊值编码器进行数据归一化时，需要知道所有数据的最大值和最小值，而在线压缩无法遍历数据得到最大值和最小值；此外，尾数裁剪时保留的长度也需要用所有数据的最大值和最小值计算数据半径。

（2）哈夫曼编码器需要知道各个量化差量出现的频数，这要求先对量化差量做遍历，在线压缩也是无法实现的。

（3）ZSTD 为离线编码器。

针对以上限制，本章介绍 4 个解决方案：特殊值编码器在线化方案（第 11.3.1 小节）、哈夫曼编码器在线化方案（第 11.3.2 小节）、无损编码器在线化方案（第 11.3.3 小节）、自适应算术编码方案（第 11.3.4 小节）。

11.3.1 特殊值编码器在线化方案

1. 数据归一化的在线化

在特殊值编码器的数据归一化过程中，SZ 通过计算中值对数据做简单的平移，使其尽可能地靠近 0。不难发现，这一过程中即使平移的量不是中值，只要解压时能获得与压缩时一致的偏移量，就能保证正确性。在无法取得中值的情况下，为了既能够使数据尽可能地接近 0，又能保证解压时知道压缩时所用的偏移量，可以使用动态中值代替原来的中值做偏移。动态中值会随着压缩过程的推进不断修正自己的取值，具体过程见算法 11.1。

算法 11.1 动态中值更新算法

    输入：

    $\hat{V}_x$ ▷ 当前压缩值

    is_first   ▷ 是否第一次压缩

    $\text{med}_d, \text{min}_d, \text{max}_d$ ▷ 动态中值、动态最小值、动态最大值

    输出：

    $\text{med}'_d, \text{min}'_d, \text{min}'_d$ ▷ 新动态中值、新动态最小值、新动态最大值

1: **procedure** UPDATEMID($\hat{V}_x, \text{med}_d, \text{min}_d, \text{max}_d, \text{is\_first}$)

2:     **if** is_first **then**   ▷ 首次运行，初始化

3:         $\text{med}'_d, \text{min}'_d, \text{max}'_d \leftarrow \hat{V}_x$

4:     **else if** $\text{max}_d < \hat{V}_x$ **then**

5:         $\text{max}'_d \leftarrow \hat{V}_x$

6:         $\text{med}'_d \leftarrow \frac{1}{2}(\text{max}_d + \text{min}_d)$

7:　　　　$\min'_d \leftarrow \min_d$
8:　　**else if** $\min'_d > \hat{V}_x$ **then**
9:　　　　$\min'_d \leftarrow \hat{V}_x$
10:　　　$\mathrm{med}'_d \leftarrow \frac{1}{2}(\max_d + \min_d)$
11:　　　$\max'_d \leftarrow \max_d$
12:　　**end if**
13: **end procedure**

算法 11.1 中使用了压缩值 $\hat{V}_x$ 更新 med_d，使得压缩过程算出的动态中值与解压过程算出的动态中值相等，保证了正确性。同时，通过历史数据不断更新中值也使得归一化时数据能够尽可能地贴近 0。

2. 尾数裁剪在线化

SZ 中，尾数长度会在一开始就被计算好并应用于所有数据，这就需要知道数据的半径，而计算半径时需要知道所有数据的最大值和最小值。然而，在线压缩无法在开始时得到所有数据，同时，动态中值的引入也可能使归一化数据中最坏数据点的绝对值大于数据半径，导致精度要求无法被满足。为每个数据单独计算尾数长度的方法可以解决这个问题，此时式 (11.8) 调整为

$$\bar{V}_x = V_x - \mathrm{med}_d \tag{11.10}$$

$$\mathrm{RQ\_MBits} = \begin{cases} 0, & \mathrm{Exp}(\bar{V}_x) - \mathrm{Exp}(\Delta) < 0 \\ \mathrm{MLen}, & \mathrm{Exp}(\bar{V}_x) - \mathrm{Exp}(\Delta) > \mathrm{MLen} \\ \mathrm{Exp}(\bar{V}_x) - \mathrm{Exp}(\Delta), & \text{其他} \end{cases} \tag{11.11}$$

由于每个数据所使用的尾数长度不同，解压时的数据提取需要分为多步进行，整体流程调整如下。

（1）读取指数部分：先取出前导零字节数，填充前导零，如果前导零未完全覆盖指数部分，则读取剩余指数部分。

（2）计算尾数长度：符号位与指数部分与上一个归一化数值做异或，得到当前归一化数值的符号位与指数，再根据当前归一化数值的指数部分计算尾数长度。

（3）获取最终结果：取出剩余尾数，并与上一个归一化数值的尾数部分做异或；先合并符号位、指数与尾数，得到当前归一化数值，然后加上动态中值，得到最终解压结果。

（4）更新动态中值：依据刚解压出的数据对动态中值进行更新。

此外，本章的实现不以字节为最小单位，所以尾数长度无须向上对齐 8 的倍数。同时，为每个数值单独计算尾数长度可以达到更大的压缩比，但也会增加压缩和解压的耗时。

11.3.2 哈夫曼编码器在线化方案

在介绍哈夫曼编码器的在线化方案前，本小节先对哈夫曼编码的一个局限性进行简单介绍。哈夫曼编码的一个局限性是其不能完美地利用准确的频率信息，原因在于哈夫曼编码只能为每个符号分配整数个比特，导致其存在符号的频率不是 $\frac{1}{2^n}$（$n \in N$）时，压缩效果无法逼近信息熵。

例如，对于符号集 $\{S_1, S_2, S_3\}$，假设 S_1、S_2、S_3 出现的概率为 1/4、1/4、1/2，根据信息熵理论，分配给单个符号的期望比特数应该是 $2 \times \left[-\log_2\left(\frac{1}{4}\right) \times \frac{1}{4}\right] - \log_2\left(\frac{1}{2}\right) \times \frac{1}{2} = \frac{3}{2}$，如使用哈夫曼编码［见图 11.4(a)］，则给单个符号分配的期望比特数为 $\frac{1}{4} \times 2 + \frac{1}{4} \times 2 + \frac{1}{2} \times 1 = 1.5$。此时，哈夫曼编码的编码方案是最优的，因为此时最优的编码方案恰好是整数比特编码方案。

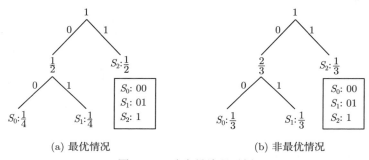

(a) 最优情况　　　　　　　　　　　　(b) 非最优情况

图 11.4　哈夫曼编码示例

假设将 S_1、S_2、S_3 的概率全改为 1/3，由信息熵理论可知，分配给单个符号的期望比特数为 $-\log_2\left(\frac{1}{3}\right) \times \frac{1}{3} \times 3 \simeq 1.58$。此时，如果使用哈夫曼编码［见图 11.4(b)］，则给单个符号分配的期望比特数为 $\frac{1}{3} \times 2 + \frac{1}{3} \times 2 + \frac{1}{3} \times 1 = \frac{5}{3} > 1.58$。此时，哈夫曼编码的编码方案并不是最优的（虽然在所有整数比特的分配方案中是最优的）。

此外，结合图 11.4(a) 和图 11.4(b) 可以发现，在这两种情况下，哈夫曼编码产生的哈夫曼树是完全一致的。结合这一现象，可以认为：当存在符号概率不为 $\frac{1}{2^n}$（$n \in N$）时，哈夫曼编码会将这一概率近似地看作 $\{\frac{1}{2^n}|n \in N\}$ 中的某个值。因此，为哈夫曼编码提供更准确的频率表并不总能提高哈夫曼编码的压缩比。

目前，哈夫曼编码的频率表通过遍历量化差量序列，统计各个量化差量的出现次数得到。但是，在线化的哈夫曼编码器无法提前获得所有待压缩的数据，也就无法对整个量化差量进行统计。哈夫曼编码器要实现在线化，就需要解决频率表的问题。上文提到，更准确的频率表并不总能提高哈夫曼编码的压缩比，如果被压缩数据有一些普遍分布特征，则可以考虑使用固定的、符合特征的、较不准确的频率表代替现场统计出来的准确的频率表。

幸运的是，当预测器可靠时，量化差量确实有一些可利用的分布特征：第一，量化差量的频率以 0 为中心对称分布；第二，量化差量的分布为中间高两边低，即量化差量为 0 的频率最大，与 0 相差越大，频率越小。因此，使用固定的、符合上述条件的频率表代替现场统计的频率表，可以实现哈夫曼编码器的在线化。同时，固定频率表意味着不用每次都构造哈夫曼树，在速度上会略有优势。此时，需要考虑如何构建固定频率表，使得其尽可能地符合量化差量的分布特征。结合量化差量，很容易让人联想到这样的编码方案：为 0 分配 1 bit，从 0 到 127 为每个符号分配的比特数逐渐递增，对任意一个符号，为其相反数分配的比特数相同。有了以上想法，不难联想到如图 11.5 所示的哈夫曼树。

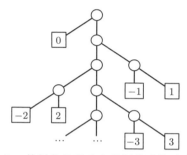

图 11.5　按量化差量分布特征构造的哈夫曼树

为构建哈夫曼树，使用频率和频数都可以达到一样的效果。相比之下，频数为整数形式，在操作及调整等方面更直观，因此后续工作将更多地围绕频数而非频率展开。因为每个符号都有出现的可能，因此将频数最小值设置为 1 较合理。此时，为了构建如图 11.5 所示的哈夫曼树，符号 0 对应的频数至少为 2^{129}，这需要 130 bit 的二进制数才能表示。考虑到这本就不是准确的频数，加上两端的符号出现的概率较小，实现时较随意地使用了 2^{23} 作为 0 的频数，频数小于 1 则强制设为 1。这会使得实际哈夫曼树的结构和预想相比有些差别，但对于一个不追求准确的频数表来说，仍可以接受。而对于用来表示量化失败的符号 -128，本章也较随意地为它分配了 2^9。

11.3.3　无损编码器在线化方案

SZ 使用 ZSTD 作为压缩过程中最后一步使用的无损编码器。ZSTD 也是离线压缩算法，其在允许误差较大时能显著地提高压缩比。因为在哈夫曼编码中，任何符号都至少需要 1 bit 进行压缩，而一个 double 型浮点数为 64 bit，即使所有的浮点数都只使用 1 bit 就完成了编码，压缩比也只有 64。而在加入了 ZSTD 后，某些测试中出现了 90+ 的压缩比。不难看出，ZSTD 起着相当重要的作用。目前，对 ZSTD 的处理较简单，有以下两种方案。

（1）先将哈夫曼编码结果放入缓冲区，缓冲区满后再整个使用 ZSTD 进行压缩。

（2）移除 ZSTD，以哈夫曼编码器和特殊值编码器的结果作为最终的压缩结果。

11.3.4 自适应算术编码方案

算术编码 [15] 的应用场景与哈夫曼编码类似，但是算术编码可以为单个符号分配非整数位比特，是最逼近信息熵的编码方案。因此，使用算术编码代替哈夫曼编码也是值得考虑的方案之一。然而，算术编码也有与哈夫曼编码相似的频率表问题，且因为算术编码可以分配非整数位比特，更准确的频率表往往能有更好的压缩效果，使用不准确的固定频率表会对压缩比有较大影响。然而，算术编码不需要像哈夫曼编码一样构造哈夫曼树，这使得算术编码如果使用频数表代替频率表，则可以在编码时直接更新频数表。因此，本小节介绍一种自适应的算术编码方案，即采用在编码过程中更新频数表的算术编码代替 SZ 中哈夫曼编码的方案。

自适应算术编码会在编码过程中依据已编码数据动态地更新频数表，动态更新过程较为简单：编码完一个 0 后为 0 的频数 +1，编码完一个 1 后为 1 的频数 +1，依此类推。值得研究的是初始频数表该如何赋值。

1. 初始频数表取值方案

一般的自适应算术编码使用所有符号频数全为 1 的频数表作为初始频数表（见表 11.1 中的"频数表 1"）。这一频数表适用于所编码数据的频数分布无先验知识的情况。自适应算术编码使用此频数表作为初始频数表，则在一开始时会为所有符号分配等长的比特数。

但是，SZ 中的量化差量并非没有先验知识，正如前文所说，量化差量一般按以 0 为中心、中间高两边低的对称形式分布。如果使用哈夫曼编码的固定频数表（见表 11.1 中的"频数表 2"，为便于说明，表中将 0 的频数由 2^{23} 调整至 1024，其余数值按比例调整）作为自适应算术编码的初始频数表，那么自适应算术编码在一开始就能为每个符号分配较有效的比特数。但这个频数表也有缺点，即初始值过大使得实际数据难以成为位数分配的主导力量。例如，假设在已压缩的 600 个符号中，有 300 个符号是 0、100 个符号是 1，如果使用表 11.1 中的"频数表 3"作为初始频数表，那么此时符号 0 的频数会变为 301，符号 1 的频数会变为 101，可以较准确地反映实际数据中符号 0 的频数是符号 1 的 3 倍；但如果使用哈夫曼编码的固定频数表，此时符号 0 的频数为 1324，符号 1 的频数为 356，符号 0 的频数仍约为符号 1 的 3.7 倍。为了在利用量化差量先验知识的同时，减少初始频数与实际频数的偏差带来的影响，本章采用表 11.1 中的"频数表 3"作为 SZ 中自适应算术编码的初始频数表（下文简称 SZ 算术频数表）。

表 11.1　各版本频数表示例

量化差量	频数表 1	频数表 2	频数表 3
−127	1	1	1
−126	1	1	1
· · ·	· · ·	· · ·	· · ·
−2	1	128	8
−1	1	256	16
0	1	1024	64
1	1	256	16
2	1	128	8
3	1	64	4
4	1	32	2
5	1	16	1
6	1	8	1
· · ·	· · ·	· · ·	· · ·
127	1	1	1

注：频数表 1 为自适应算术编码通用初始表；频数表 2 为哈夫曼编码固定频数表；频数表 3 为 SZ 算术频数表。

在 SZ 算术频数表中，0 附近的频数初始值取值保留了哈夫曼编码固定频数表中的倍数关系，使得其在算术编码开始时能提供一些差量数据的已知特征。但同时，SZ 算术频数表中的频数在数值上远小于哈夫曼编码固定频数表，使得实际数据能较容易地成为位数分配的主导力量。仍使用上面的例子，在压缩 600 个符号后，符号 0 的频数变为 364，符号 1 的频数便为 116，符号 0 的频数约为 1 的 3.1 倍，与使用哈夫曼编码固定频数表作为初始表相比，更贴近实际数据的频数比例，即可以提供更准确的频率。SZ 算术频数表和哈夫曼编码固定频数表相比的缺点也十分明显：SZ 算术频数表在 ±5 时频数就降到了 1，意味着 ±5 之外的频数信息都被舍弃了。然而，能较显著地提升压缩效果的是 0 附近的频数信息，所以舍弃 ±5 之外的频数信息带来的损失相对较小。可以说，SZ 算术频数表是自适应算术编码通用初始表和哈夫曼编码固定频数表的折中方案。

2. 自适应算术编码的速率优化

算术编码的一个缺点是编码和解码速率要比哈夫曼编码慢不少。哈夫曼编码在构建好哈夫曼树后[①]，编码只需一次查表，解码只需从根节点行进到某一叶子

---

① 假设编码序列长度远大于符号种类数量，此时构建哈夫曼树的时间与编码时间、解码时间相比可忽略不计。

节点即可。而算术编码在编码、解码阶段都需要较复杂的乘除法运算。此外，对于自适应算术编码，确定符号在频数表的范围也是一项不小的开销。为了尽可能地减少自适应算术编码的时间开销，本章采用了文献 [16] 提出的树状结构管理频数表，同时利用对量化差量的先验知识，舍去更新树状结构的节点移动操作，进一步减少时间开销。

算术编码中，编码符号时需要取得符号的对应区间，区间的长度为当前符号的频率，区间起点是排在当前符号前面的所有符号的频率和。其中，符号可以以任意方式排序，但是需要保证解码时能复现编码时的符号排序 [见图 11.6(a)]。在不需要更新频数表的情况下，每个符号区间的起点和终点可以在编码开始前提前算好，编码时取出符号对应区间的时间复杂度只有 $O(0)$。但是对于自适应算术编码，每编码一个符号都会导致频数表的更新。虽然频数表的更新只需要将相应符号的频数 +1，但是所有符号的频率都需要重新计算，整个区间分配也会有较大改动 [见图 11.6(b)]。因此，提前计算频率和对应区间的方法并不适用于自适应算术编码；自适应算术编码应当只记录频数，并在编码时计算对应区间；而在解码过程中，则需要找到给出的小数所在的区间对应的符号（见算法 11.2）。

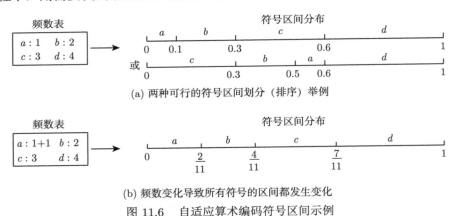

(a) 两种可行的符号区间划分（排序）举例

(b) 频数变化导致所有符号的区间都发生变化

图 11.6 自适应算术编码符号区间示例

注意到在算法 11.2 中，GETDIVISION 和 GETSYMBOL 中都涉及对符号表的近似线性遍历过程，复杂度为 $O(n)$，n 为符号种类数（或频数表长度）。要对其进行加速，一种简单的做法是将出现概率较大（或频数较大）的符号排在前面，使得线性查找大概率在查找前面的符号时返回。一般情况下，维护符号排序使得频数较大的符号排在前面会需要在编码和解码时付出额外的开销，但是在符号为量化差量的情况下，本章假定越靠近 0 的符号的位置越靠前，在编码开始前完成符号的排序，并在编码过程中不做额外维护。

算法 11.2 自适应算术编码中获取符号区间与解码符号的伪代码

  输入：

COUNT   ▷ 频数表

CNT_SUM   ▷ 所有符号的频数和

sym0   ▷ 所求符号

  输出：

left_d ▷ 符号对应区间起点

right_d ▷ 符号对应区间终点

 1: **procedure** GETDIVISION(COUNT, CNT_SUM, sym0)   ▷ 计算符号区间

 2: left ← 0

 3: **for** sym, freq in COUNT **do**

 4:    **if** sym is in front of sym0 **then**

 5:      left ← left + freq

 6:    **else**

 7:      **break**

 8:    **end if**

 9: **end for**

10: right ← left + COUNT[sym0]

11: left_d ← left ÷ CNT_SUM

12: right_d ← right ÷ CNT_SUM

13: **end procedure**

  输入：

COUNT   ▷ 频数表

CNT_SUM   ▷ 所有符号的频数和

data   ▷ 压缩数据，为 $[0, 1)$ 之间的小数

  输出：

sym0   ▷ 从压缩数据中解码出的一个符号

 1: **procedure** GETSYMBOL(COUNT, CNT_SUM, data)   ▷ 解码符号

 2: freq0 ← data × CNT_SUM

 3: left ← 0

 4: **for** sym, freq in COUNT **do**

 5:    right ← left + freq

 6:    **if** left ⩽ freq0 < right **then**

 7:      **return** sym0

 8:    **end if**

 9:    left ← right

10: **end for**

11: **end procedure**

除此之外，文献 [16] 提出了以二叉树方式管理频数表的方法，可以进一步提

高编码和解码的效率。二叉树不需要额外存储，频数表数组本身就可看作一个隐含的二叉树，数组中的每一个元素对应一个节点，第 n 个元素的左、右子节点分别为第 $2n$ 个和第 $2n+1$ 个元素（$n = 1, 2, 3, \cdots$，见图 11.7）。区间的排序不再按照频数表中的顺序进行，而是将频数表中隐含二叉树的中序遍历作为排序方式。在图 11.7 所示的例子中，排序方式为：$4 \to 2 \to 5 \to 1 \to 6 \to 3$。

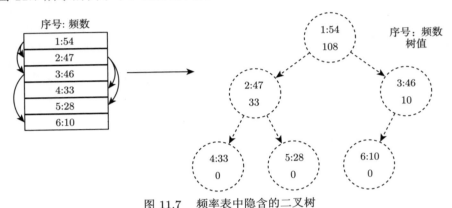

图 11.7 频率表中隐含的二叉树

图 11.7 中的树值（对应文献 [16] 中的 TREE_CNT）指当前符号左子树中所有符号的频数和。树值的维护较简单，当某节点频数更新后，向上回溯，当其是左子节点时，父节点树值 +1，复杂度为 $O(\log n)$，n 为符号种类数。而计算排在某节点前的所有节点频数和时，方法也变为算法 11.3。此时，在编码时计算区间不再是做线性遍历，而是沿着二叉树回溯到根节点即可。解码的情况也与之相似，从根节点开始向下搜索。

算法 11.3 二叉树频数表计算符号区间起点的伪代码

  输入：
  COUNT   ▷ 频数表
  CNT_SUM   ▷ 所有符号的频数和
  TREE_CNT   ▷ 左子树符号的频数和
  sym0   ▷ 所求符号
  输出：
  left$_d$ ▷ 符号对应区间起点
  right$_d$ ▷ 符号对应区间终点
 1: **procedure** GETDIVISION(COUNT, CNT_SUM, TREE_CNT, sym0) ▷ 计算符号区间
 2:     node ← node of sym0
 3:     left ← TREE_CNT[node]
 4:     **while** node has parent **do**
 5:         parent ← parent of node

```
6:        if node is right child then
7:            left ← TREE_CNT[parent] + COUNT[parent]
8:        end if
9:        node ← parent
10:   end while
11:   righ ← left + COUNT[sym0]
12:   left_d ← left ÷ CNT_SUM
13:   right_d ← right ÷ CNT_SUM
14: end procedure
```

值得注意的是，即使采用了树形结构，频数表按从大到小排序也可以起到加速的作用。因为频数越大，表明这一符号出现的概率越大，而越靠近频率表头部，对应在二叉树的位置也越靠近根节点。这使得编码时大概率从靠近根部的节点开始回溯，而解码时大概率搜索到某个靠近根节点的节点时完成搜索。文献 [16] 称，按从大到小排序的频数表可以使得编码、解码单个符号的复杂度降到 $O(1)$，同时也提出了动态维护频率表排序的方法，但是在本章介绍的情况中不需要对排序做维护，在此不再赘述。

11.3.5　对比测试

本小节对上文介绍的方案进行简单的测试，以比较各方案之间的性能差异。参与对比的方案如下。

（1）原有的离线 SZ，简称"离线"。

（2）哈夫曼编码使用固定频数表且移除了 ZSTD 的在线 SZ，简称"哈夫曼"。

（3）哈夫曼编码使用固定频数表且保留了 ZSTD 的在线 SZ，简称"哈夫曼 Z"。

（4）使用自适应算术编码代替哈夫曼编码且移除了 ZSTD 的在线 SZ，简称"算术"。

（5）使用自适应算术编码代替哈夫曼编码且保留了 ZSTD 的在线 SZ，简称"算术 Z"。

测试的性能指标为以下 3 个。

（1）**压缩比**：指示压缩效果的常用指标，压缩比 $= \frac{原文件大小}{压缩文件大小}$。

（2）**编码速率**：用于衡量压缩算法编码的快慢，编码速率 $= \frac{原文件大小}{压缩耗时}$。

（3）**解码速率**：用于衡量压缩算法解码的快慢，解码速率 $= \frac{原文件大小}{解压耗时}$。

本测试所用的数据集均来自 T-Drive[17,18] 中微软公开的样本数据和 Geolife[19-21] 的 GPS 轨迹数据，具体情况如表 11.2 所示。

表 11.2　测试用数据集的基本信息

名称	用户数量（位）	采样周期	总里程（km）	数据规模（MiB）
T-Drive	10,357	1 周	9,000,000	771
Geolife	182	4 年	1,200,000	1629

注：1 MiB=2^{20} B。

　　测试用数据中，所有的经纬度数据都精确到小数点后 5 位。此外，T-Drive 的数据与 Geolife 的数据也有着不同的特点：T-Drive 的用户数量较多，但单个用户的数据量较少；而 Geolife 的用户数量较少，但单个用户的数据量较多。

　　原数据文件中的数据是以字符的形式而非二进制的形式表示。在使用前，已使用程序将其转化为二进制格式，文件内容仅保留时间戳、纬度、精度，用户 ID 使用文件名记录，其余信息直接删除。而本测试进一步从 Geolife 和 T-Drive 处理后得到的二进制文件中分别选取一个数据量最大的用户，单独提取其中纬度数据进行测试。

　　压缩比测试的结果如图 11.8 所示。可以看到，"离线"的压缩比最优，在线化改造使得 SZ 的压缩比受到损失，且随着允许误差的增大，各方案间的差距越来越大。其中，"哈夫曼"的压缩比最小，加上 ZSTD 后有明显好转。而对于算术编码方案，加上 ZSTD 后压缩比变化不大，甚至有下降趋势。

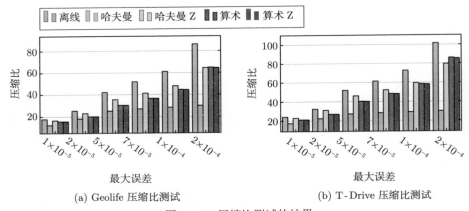

(a) Geolife 压缩比测试　　　　　　　(b) T-Drive 压缩比测试

图 11.8　压缩比测试的结果

　　编码速率和解码速率的测试结果如图 11.9 所示。可以看到"离线"有着明显的优势，哈夫曼方案（"哈夫曼"和"哈夫曼 Z"）的编码速率约为"离线"的一半，算术方案（"算术"和"算术 Z"）则只有"离线"的 1/10 左右（40~50 MiB/s）。尽管算术方案中对算术编码做了一些速度优化，但较复杂的计算过程还是使得其速率远低于其他方案。同时，注意到 ZSTD 的加入对速率的影响并不大，ZSTD 的取舍可以不考虑其对速度的影响。

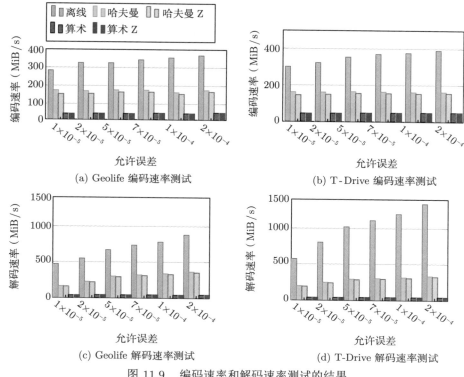

图 11.9　编码速率和解码速率测试的结果

本节对 SZ 无法在线压缩的原因进行了分析，并针对各个模块导致 SZ 无法在线压缩的具体原因提出了相应的解决方案。对不同方案的性能进行比较后，可以选出两种较好的在线方案。一种方案是哈夫曼编码使用固定频数表且保留 ZSTD。哈夫曼编码与算术编码相比有着更快的执行速度，且在 ZSTD 的帮助下可以达到和算术编码相近的压缩比。但缺点是 ZSTD 暂未实现在线化，因此在执行时需要缓存中间结果，不是一个彻底的在线化方案。另一种方案是使用自适应算术编码代替哈夫曼编码并移除 ZSTD。自适应算术编码在无须 ZSTD 即可达到哈夫曼编码和 ZSTD 结合使用所达到的压缩比，甚至会出现使用 ZSTD 后压缩率下降的情况，因此在使用自适应算术编码时，移除 ZSTD 是更好的选择。移除 ZSTD 后，自适应算术编码的中间结果可以不做缓存，是一个较为彻底的在线化方案。但缺点也十分显著，与哈夫曼编码相比，自适应算术编码的执行速度较慢，即使应用了一些加速改进方案也仍是如此。

11.4 预测器的改进

预测器的准确度虽然不影响 SZ 的正确性，但更准确的预测器有助于提高压缩比。因此，本节介绍从预测器入手提高压缩比的方法。

11.4.1 预测器方案介绍

SZ 面向一维数据的预测器较为简单。为提升预测准确度，本节介绍一些预测器，并将它们与原预测器对比。其中，原预测器预测数据与上一数据相同，即预测数据符合保持不变的常量模型，下文称为常量预测器，可用公式描述为

$$f(x) = \hat{V}_{x-1} \tag{11.12}$$

参与对比的另外两种预测器如下。

1. 线性预测器

假设预测数据符合线性模型（原预测器数据层数 n 取 2 的情况），计算时取上一个压缩值 V_{x-1} 及其与上上个压缩值 V_{x-2} 的差量之和即可。该预测器的公式描述为

$$g(x) = \hat{V}_{x-1} + (\hat{V}_{x-1} - \hat{v}_{x-2}) = 2\hat{V}_{x-1} - 1\hat{V}_{x-2} \tag{11.13}$$

2. 本地历史预测器

该预测器是受 CPU 设计中基于局部历史的分支预测器（Local Branch Predictor）的启发而来，主要思想是对每一个可能的取值记录其历史变化趋势，从而预测下一次遇到该值时的变化趋势。CPU 中为了减少执行条件跳转指令时因清空流水线而导致的性能损失，会在执行条件跳转指令时使用预测器预测跳转是否发生。因为程序在载入内存后代码区一般不会再搬移或改动，这就表示如果某次执行中发现地址 A 中是一条条件跳转指令，那么下一次执行到 A 时，也会是这一条条件跳转指令。基于这一点，为了在预测时尽快拿到预测结果，预测器会在生成下一条指令地址但尚未取回指令时，直接利用指令地址进行预测。基于局部历史的分支预测器在理想情况下会为每一个指令地址分配一个两级自适应分支预测器（Two-level Adaptive Predictor），但两级自适应预测器需要一定的存储空间（空间大小取决于匹配模式的长度，长度为 2 时需要 8 bit），而地址空间十分庞大，CPU 无法提供足够的存储空间（对于 32 位地址，为每个地址分配一个模式长度为 2 的自适应预测器，则需要 $2^{32} \times 8 \text{ bit} = 4 \text{ GiB}$[①]的空间。在 CPU 中提供 4 GiB 的空间且访问速度比肩一级缓存显然是不现实的）。为解决这一问题，CPU

---

① 1 GiB=2^{30} B。

会使用哈希映射，将地址空间映射到一个足够小的区间，再为区间的每个取值分配一个两级自适应分支预测器。这无疑会使得多个地址使用同一个两级自适应分支预测器，如果发生碰撞有可能导致预测结果不准确。但代码段本来就只占地址空间的一小部分，而分支跳转指令也只占代码段的一小部分，在哈希映射设计合理的情况下，可以将碰撞控制在可接受的范围。

两级自适应分支预测器是通过跳转模式匹配给出预测结果的预测器。当模式匹配长度为 n 时，可以记录变化周期为 4 的模式。以模式匹配长度为 2 的两级自适应分支预测器为例：如果用 1 表示跳转发生，0 表示跳转不发生，对于某条件跳转指令 i，如果其历史跳转记录为 $\cdots$ 0110011001100110（按 0110 循环），那么当两级自适应分支预测器饱和后，记录过程如图 11.10 所示。执行到 α 处时，i 最近的两次执行都没有跳转，匹配到模式 00，预测结果为 1，即本次会发生跳转。执行到 β 处时，i 上上次执行时发生跳转而上一次执行没有跳转，匹配到模式 10，预测结果为 0，即本次不发生跳转。其中，跳转模式可以看作读写预测结果的地址，不用存储，而预测结果往往使用二位饱和计数器记录，需要 2 bit，因此一个匹配长度为 2 的二级自适应分支预测器需要 8 bit 的存储空间。

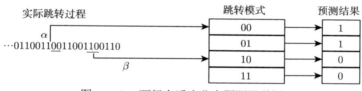

图 11.10　两级自适应分支预测器举例

本地历史预测器是针对轨迹数据设计的。最初的设想是一段道路和一组经纬度值是一一对应的，就像 CPU 指令和地址一样，而如果车辆多次经过某一路段的速度相似，那么在经纬度上的表现则是车辆在多次到达同一经纬度后，经纬度有着相似的变化速度和趋势。因此，可以通过记录每一组经纬度值的历史变化趋势，来预测以后到达相同的经纬度时经纬度的变化趋势。

理想情况如表 11.3 所示，取得第一组经纬度来预测第二组经纬度时，历史记录为空，预测第二组经纬度与第一组相同；取得第二组经纬度来预测第三组时，先记录第一组经纬度的变化趋势，即经纬度 (116, 39) 会保持不变一次。在取得第三组经纬度后，记录第二组经纬度的变化趋势，而第二组经纬度仍为 (116, 39)，因此将 (116, 39) 的变化趋势更新为保持一次不变后变为 (117, 37)。取得第 n 组经纬度时发现再次遇到了 (116, 39)，依据历史数据，预测第 $n+1$ 组经纬度保持不变，且第 $n+2$ 组经纬度变为 (117, 37)。同时因为同一个值的变化趋势并不能保证每次都一样，因此在后来遇到该值时也需要以及实际的变化情况更新历史变化记录。

表 11.3　理想本地历史预测器情景举例

序号	实际经纬度	预测经纬度	历史变化记录
1	(116, 39)	(116, 39)	—
2	(116, 39)	(116, 39)	$(116, 39) \rightarrow +(0, 0)/1$
3	(117, 37)	(117, 37)	$(116, 39) \rightarrow +(1, -2)/2$
4	(117, 38)	(117, 39)	$(116, 39) \rightarrow +(1, -2)/2; (117, 37) \rightarrow +(0, 1)/1$
...	...	...	
n	(116, 39)	(116, 39)	$(116, 39) \rightarrow +(1, -2)/2; \cdots$
$n+1$	(116, 39)	(117, 37)	$(116, 39) \rightarrow +(1, -2)/2; \cdots$

与理想状况不同的是，实际情况中时序数据库往往使用列存储，使得压缩时无法同时知道经纬度。当只有经度（或纬度）时，一个经度会对应多段道路，使得在不同的道路行驶时更新相同值的变化记录，造成碰撞。此外，经纬度的精度为 1×10^{-5}，这意味着仅纬度在 39~40 之间变化就需要 10^5 个数值记录，为减少历史数据的内存占用，对数据范围做哈希映射又会进一步加深历史记录的碰撞。

11.4.2　对比测试

本次对比测试分别从 Geolife 和 T-Drive 中抽取出数据量最大的一位用户的纬度数据，作为测试用例，其中，Geolife 的 153.txt 含 2,156,964 个数据点，T-Drive 的 6275.txt 含 148,078 个数据点。测试指标为准确率：若预测值与真实值的差量在允许误差内则认为本次预测准确，准确预测的次数与数据点数量的比值为准确率，测试结果如表 11.4 和表 11.5 所示。

表 11.4　预测器准确率对比测试结果（Geolife）

允许误差	常量预测器	线性预测器	本地历史预测器
1×10^{-5}	23.98%	**37.53%**	23.98%
2×10^{-5}	32.75%	**43.79%**	32.75%
5×10^{-5}	47.97%	**48.46%**	47.97%
7×10^{-5}	**56.97%**	48.65%	56.97%
1×10^{-4}	**67.31%**	50.45%	67.31%
2×10^{-4}	**82.57%**	53.38%	82.57%

在 Geolife 中，线性预测器在小误差的情况下的准确率比常量预测器更高，而在大误差情况下比常量预测器低。而在 T-Drive 中，常量预测器的准确率则一直高于线性预测器。同时不难发现，随着允许误差的增大，线性预测器准确率的提升不如常量预测器。这一现象的出现是因为使用了压缩值 $\hat{V}_x$ 作为预测器的历史数据。在 Geolife 中，实际数据使用线性模型能有更好的效果，但因为预测器实

际使用的是压缩值，数据经过损失后线性关系被破坏，影响了线性预测器的效果，这一点在文献 [11] 中也有体现。

表 11.5　预测器准确率对比测试结果（T-Drive）

允许误差	常量预测器	线性预测器	本地历史预测器
1×10^{-5}	**55.96%**	47.28%	55.95%
2×10^{-5}	**62.24%**	48.75%	62.23%
5×10^{-5}	**73.29%**	55.69%	73.29%
7×10^{-5}	**78.62%**	57.12%	78.62%
1×10^{-4}	**83.75%**	59.93%	83.75%
2×10^{-4}	**90.81%**	68.95%	90.81%

而本地历史预测器与常量预测器的测试结果几乎一样。经过简单分析可以发现，本地历史预测器几乎总是预测当前值等于上一个值。这一方面是记录过于稀疏的原因，另一方面也可能是行驶时车辆在某经度（或纬度）值上有来有回，使得历史变化记录在摇摆中趋向于不变导致。鉴于本地历史预测器与常量预测器相比预测过程更复杂且占用更多内存，基本可以断定没有进一步研究的必要。

上述对比测试实验表明，常量预测器反而是 3 种预测器中最适合 SZ 的。这和经纬度数据变化幅度较小有关。因为变化幅度数量级一般在 10^{-5}，即使使用 5×10^{-5} 作为误差也会使得微观上的变化趋势发生较大改变。此时，即使预测时的线性模型与实际数据相似，也会使预测结果因为精度损失导致的微观上的趋势变化而变得不理想。而本地历史预测器在行为表现上与常量预测器相近，但逻辑更复杂，占用更多内存，总体表现不如常量预测器。因此可以确定，目前最适合 SZ 的预测器是常量预测器。

11.5　数据库中的性能测试

本次测试会把 SZ 嵌入 InfluxDB 中代替原来的 Gorilla，并测试其性能，再与原 InfluxDB 的性能进行对比。其中，InfluxDB 是 InfluxData[①]开发的开源时序数据库，使用 Go 语言编写，并在快速、高可用存储及时序数据处理（如操作监视、应用指标、物联网传感器数据、实时分析等）方面有所优化。

InfluxDB 使用列存储，并在存储浮点数据时，使用 Gorilla 的无损浮点数压缩算法。压缩与解压总是以数据块为单位进行（尽管代码中确实有实现单个浮点数压缩解压的函数），每个数据块所含浮点数不超过 1000 个。

---

① 详见 InfluxData 官方网站。

因为 InfluxDB 中本来就带有压缩模块，要内嵌在线 SZ 较为简单，把原来的 Gorilla 直接替换成 SZ 即可。但实现运行时用户指定最大误差的工程量较大，目前暂时使用固定的最大误差（1×10^{-5}）进行测试。因为 GPS 经纬度数据的精度为小数点后 5 位，因此 InfluxDB 中的有损算法将最大误差设置为 1×10^{-5} 也较为合理。

SZ 的在线和离线部署方案的压缩比相似，因为算术方案的在线化更为彻底，其接口与 Gorilla 也更相近，因此本次测试使用算术方案进行。鉴于 InfluxDB 中的压缩总是以数据块为单位，有离线部署 SZ 的条件，本次测试也将离线 SZ 加入了 InfluxDB 中作为对照。同时，原来的数据块中数据量上限太低不利于离线 SZ 的发挥，测试中将数据块中数据量的上限调整为 2048 个浮点数。

11.5.1 测试环境与方案

本次测试所使用的机器配置：CPU 型号为 Intel Xeon® Gold 5218，内存大小为 125 GB，操作系统为 Ubuntu 16.04.6 LTS。

本次测试使用 Geolife 与 T-Drive 中的所有轨迹数据。其中，因为包含大量零散数据（部分用户数据量过少，不到 1000 个记录点），T-Drive 被做成两个版本的数据集。本次测试中使用的所有数据集如下。

（1）**T-Drive(all)**：包含 T-Drive 中所有用户的轨迹数据，总大小约为 373 MiB。

（2）**T-Drive(big)**：仅包含 T-Drive 中记录点数超过 50,000 的用户的轨迹数据，总大小约为 46 MiB。

（3）**Geolife**：包含 Geolife 中所有用户的轨迹数据，总大小约为 553 MiB。

参与测试的数据库如表 11.6 所示。其中，InfluxDB_SZ 的数据块上限由 1000 个浮点数调整至 2048 个浮点数，考虑到不管是否为在线压缩算法，压缩比一般都会随数据块的增大而增大，公平起见所有的数据库的数据块上限都上调至 2048。

表 11.6 参与测试的数据库一览

名称	浮点数压缩算法	误差大小	图表记法
InfluxDB	Gorilla	无损	Gorilla
InfluxDB_SZ	离线 SZ	1×10^{-5}	SZ
InfluxDB_SZ_on	在线 SZ	1×10^{-5}	SZ-online

本次测试分以下两步进行。

（1）数据插入：将数据集中的数据全部插入数据库，记录插入耗时和占用的磁盘空间。使用数据集：Geolife、T-Drive(all)、T-Drive(big)。

（2）数据查询：对插入的数据进行查询，测试查询速度。使用数据集 Geolife。

在插入测试中，插入耗时测量的计时是从由 Python 编写的数据库客户端发起传输开始到传输函数返回为止。期间，数据被全部传输到数据库服务器，但不保证已经全部经过压缩。从数据库输出的日志来看，3 种数据库在终止计时时所压缩的数据基本相同。

测试发现，在数据库刚完成初始化、计算数据文件的大小及磁盘占用时，占用的磁盘空间远小于数据文件的大小。原因可能是数据库初始化时会建立内容为 0 的空文件占位，而文件系统又对空文件进行了压缩，导致实际占用的磁盘空间小于文件大小。结合以上考虑，实际磁盘占用与文件大小相比更能反映实际数据所占空间，因此在测试空间占用时采用的步骤如下。

（1）计算当前数据文件占用的磁盘空间 S_{bef}。

（2）执行数据插入。

（3）等待 10 min（等待数据压缩落盘）。

（4）再次计算数据文件占用的磁盘空间 S_{aft}。

（5）计算插入数据所用的磁盘空间 $S_{\text{used}} = S_{\text{aft}} - S_{\text{bef}}$。

查询测试使用总数据量最大的 Geolife 作为测试数据集，并分 3 种查询方式进行：按用户查询、按时间查询、按位置查询。每次查询计时从客户端发起查询开始到服务器返回查询结果结束。其中，按用户查询是依次查询数据量由多到少的 6 位用户的数据；按时间查询是查询一定范围内的所有记录，时间范围在 5 天到 6 个月之间变化；按位置查询则是查询指定经纬度范围内的所有记录。

11.5.2　测试结果

插入测试中压缩比与插入耗时的测试结果如图 11.11 所示。可以看到，在压缩比方面，有损算法有着绝对的优势，基本稳定在 **Gorilla** 的 3 ～ 4 倍，其中在

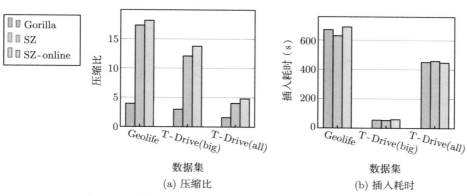

图 11.11　在 InfluxDB 中使用不同压缩算法后的性能对比

线 SZ 反而有着比离线 SZ 更好的压缩比，**比离线 SZ 高 4% ～ 19%**。这是因为数据块过小对离线 SZ 的影响较大。在插入耗时方面，3 种方案没有太大区别。一方面是因为将数据切分成小块影响了离线 SZ 的性能，另一方面可能是压缩耗时只占总插入耗时的一小部分。此外，InfluxDB 中的 Gorilla 由 Go 语言实现，而离线 SZ 和在线 SZ 均由 C 语言实现，这也是较为简单的 Gorilla 在速度上没有优势的原因之一。

查询测试的结果如图 11.12 和表 11.7 所示。可以看出，3 种方案的查询耗时并没有明显差距，基本可以断定在时序数据库中，在线 SZ 的查询速度可以满足需求。

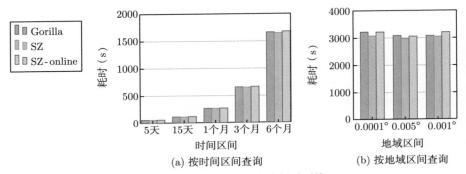

(a) 按时间区间查询　　　　　　(b) 按地域区间查询

图 11.12　InfluxDB 查询耗时对比

表 11.7　InfluxDB 按用户查询的耗时对比

用户 ID	Gorilla	SZ	SZ-online
004	0.0287 s	0.0316 s	**0.0268 s**
007	**0.0248 s**	0.0263 s	0.0258 s
046	0.0255 s	0.0257 s	**0.0245 s**
150	0.9807 s	**0.9353 s**	0.9599 s
060	0.0262 s	**0.0257 s**	0.0330 s

在对数据库的测试中不难发现，尽管在第 11.3 节中在线 SZ 的编码速率与原 SZ 相差较大，但放入 InfluxDB 中后，其在插入和查询这两种主要操作的执行时间上并没有明显差距。在第 11.3 节的压缩比测试中，在线 SZ 要稍差一些，但在本章的时序数据库测试环境下，在线 SZ 反而有着微小的优势。总而言之，在线 SZ 比离线 SZ 更适合时序数据库的需求，执行速度基本满足时序数据库要求，且在压缩比上与无损算法相比有着巨大的优势，能够有效地降低时序数据中能够忍受一定误差的数据的空间占用，降低存储成本。

11.6　本章小结

本章提出了在时序数据库中使用有损浮点数压缩算法对可容忍一定误差的时序数据进行压缩的设想，并展开了相关工作，其中包括：SZ 的在线化设计与实现，SZ 的预测器改进，以及时序数据库中有损压缩方案与现有方案的对比测试。

在线化设计与实现中，本章完成了对 SZ 的在线化改造，并提出了两种可行方案：保留 ZSTD 的固定频数表哈夫曼编码方案，以及移除 ZSTD 的自适应算术编码方案。其中，哈夫曼方案仍保留了部分离线压缩性质，但执行速度较快；自适应算术编码方案是彻底的在线压缩方案，但执行速度较慢。

在对预测器的改进中，本章提出了本地历史预测器，并对比测试了多种预测器的预测效果，确定了常量预测器目前仍为最优预测器。

在最后时序数据库中不同压缩方案的对比测试中，本章将离线 SZ 和在线 SZ 分别应用到了时序数据库 InfluxDB 中，并测试了对比效果。对比结果显示，离线 SZ 与在线 SZ 在保持较高精度的情况下都可以大幅提高数据的压缩比，**稳定为 Gorilla 的 4 倍左右**。其中，**在线 SZ 比离线 SZ 高 4% ～ 19%**。同时，在插入和查询的执行时间方面，使用在线 SZ 与使用 Gorilla 相比除个别情况外相差小于 10%。

参考文献

[1] BERNAL J L, CUMMINS S, GASPARRINI A. Interrupted Time Series Regression for the Evaluation of Public Health Interventions: A Tutorial[J]. International Journal of Epidemiology, 2016, 46(1): 348-355.

[2] VISHERATIN A, STRUCKOV A, YUFA S, et al. Peregreen—Modular Database for Efficient Storage of Historical Time Series in Cloud Environments[C]//Proceedings of the USENIX Annual Technical Conference (USENIX ATC'20). [S.l.]: USENIX Association, 2020: 589-601.

[3] ADAMS C, ALONSO L, ATKIN B, et al. Monarch: Google's Planet-scale In-memory Time Series Database[C]//Proceedings of the Very Large Data Base Endowment (VLDB'20). [S.l.]: [S.n.] 2020: 3181-3194.

[4] YANG Y, CAO Q, JIANG H. Edgedb: An Efficient Time-series Database for Edge Computing[J]. IEEE Access, 2019, 7: 142295-142307.

[5] PELKONEN T, FRANKLIN S, TELLER J, et al. Gorilla: A Fast, Scalable, In-memory Time Series Database[C]//Proceedings of the Very Large Data Base Endowment (VLDB'15). [S.l.]: [S.n.] 2015: 1816-1827.

[6] TANAKA H, LEON-GARCIA A. Efficient Run-length Encodings[J]. IEEE Transactions on Information Theory, 1982, 28(6): 880-890.

[7] ANTOSHENKOV G. Byte-aligned Bitmap Compression[C]//Proceedings of Data Compression Conference (DCC'95). NJ: IEEE, 1995: 476.

[8] CORREA J D A, PINTO A S R, MONTEZ C, et al. Swinging Door Trending Compression Algorithm for IoT Environments[C]//Proceedings of the 9th Brazilian Symposium on Computing Systems Engineering (SBESC'19). [S.l.]: [S.n.] 2019: 143-148.

[9] LINDSTROM P. Fixed-rate Compressed Floating-point Arrays[J]. IEEE Transactions on Visualization and Computer Graphics, 2014, 20(12): 2674-2683.

[10] DI S, CAPPELLO F. Fast Error-bounded Lossy HPC Data Compression with SZ [C]//Proceedings of the IEEE International Parallel and Distributed Processing Symposium(IPDPS'16). NJ: IEEE, 2016: 730-739.

[11] TAO D, DI S, CHEN Z, et al. Significantly Improving Lossy Compression for Scientific Data Sets Based on Multidimensional Prediction and Error-controlled Quantization[C]//Proceedings of the IEEE International Parallel and Distributed Processing Symposium (IPDPS'17). NJ: IEEE, 2017: 1129-1139.

[12] CAPPELLO F, DI S, LI S, et al. Use Cases of Lossy Compression for Floating-point Data in Scientific Data Sets[J]. The International Journal of High Performance Computing Applications, 2019, 33(6): 1201-1220.

[13] HUFFMAN D A. A Method for the Construction of Minimum-redundancy Codes [J]. Proceedings of the Institute of Radio Engineers, 1952, 40(9): 1098-1101.

[14] IBARRIA L, LINDSTROM P, ROSSIGNAC J, et al. Out-of-core Compression and Decompression of Large n-dimensional scalar fields[J]. Computer Graphics Forum, 2003, 22(3): 343-348.

[15] SAID A. Introduction to Arithmetic Coding-theory and Practice[J]. Hewlett Packard Laboratories Report, 2004: 1057-7149.

[16] MOFFAT A. Linear Time Adaptive Arithmetic Coding[J]. IEEE Transactions on Information Theory, 1990, 36(2): 401-406.

[17] YUAN J, ZHENG Y, XIE X, et al. Driving with Knowledge from the Physical World [C]//Proceedings of the 17th ACM Special Interest Group on Knowledge Discovery and Data Mining International Conference (SIGKDD'11). NY: ACM, 2011: 316-324.

[18] YUAN J, ZHENG Y, ZHANG C, et al. T-drive: Driving Directions based on Taxi Trajectories[C]//Proceedings of the 18th SIGSPATIAL International Conference on Advances in Geographic Information Systems (SIGSPATIAL'10). [S.l.]: [S.n.] 2010: 99-108.

[19] ZHENG Y, LI Q, CHEN Y, et al. Understanding Mobility based on GPS Data [C]//Proceedings of the 10th ACM International Conference on Ubiquitous Computing(UbiComp'08). NY: ACM, 2008: 312-321.

[20] ZHENG Y, ZHANG L, XIE X, et al. Mining Interesting Locations and Travel Sequences from GPS Trajectories[C]//Proceedings of the 18th ACM International Conference on World Wide Web(WWW'09). NY: ACM, 2009: 791-800.

[21] ZHENG Y, XIE X, MA W Y, et al. Geolife: A Collaborative Social Networking Service Among User, Location and Trajectory[J]. IEEE Data Engineering Bulletin, 2010, 33(2): 32-39.

第 12 章　面向非易失性内存场景的数据消冗技术

非易失性存储器（Non-Volatile Memory，NVM）是指一类无电力供应时数据不会丢失的新型存储器件。NVM 具有可字节级寻址、高带宽等特性，可提升存储系统性能，因此出现了一系列面向 NVM 的文件系统。考虑到文件系统中存在 22%~48% 的冗余，在面向 NVM 的文件系统中引入数据消冗技术可以扩大逻辑存储空间、降低存储成本、延长硬件寿命，并带来潜在的吞吐率提升。截至本书成稿之日，现有面向 NVM 文件系统的数据消冗方案未能充分结合硬件特性提高系统吞吐率，也未能充分保障文件系统元数据与去重元数据之间的一致性。

针对上述问题，本章介绍一种高性能且保证强一致性的 NVM 文件系统数据消冗方案——Light-Dedup。Light-Dedup 中采用了弱哈希与字节级比对相结合的重复数据块检测方案，可以充分利用 NVM 的读写不对称性；还采用了基于区域的元数据分配方案，可以避免碎片化带来的吞吐率下降。考虑到内核中索引结构的可扩展性较差，Light-Dedup 采用了一种高度受控的索引结构，并在索引中增加了缓存信息，以减少 NVM 的读取次数。在一致性方面，Light-Dedup 结合了 NVM 文件系统的特点，保障了去重元数据与文件系统元数据的一致性，从而能够让其在崩溃时进行恢复。此外，Light-Dedup 还使用易失引用计数、元数据延迟持久化机制有效地减少了一致性开销。本章的组织结构如下：第 12.1 节介绍 NVM 文件系统以及面向 NVM 的数据消冗技术研究现状；第 12.2 节介绍 NVM 文件系统在数据消冗方面面临的性能与一致性挑战；第 12.3 节介绍 Light-Dedup 在高性能数据消冗与轻量级一致性方面的设计与实现；第 12.4 节对 Light-Dedup 的高吞吐率与各设计优化点的有效性进行了验证；最后，第 12.5 节对本章进行小结。

12.1　NVM 文件系统与数据消冗技术

本节首先介绍 NVM 的发展及其结构与特性；接着介绍 NVM 文件系统的相关工作（PMFS 与 NOVA）；最后介绍现有的面向 NVM 的数据消冗技术（NV-Dedup 与 LO-Dedup）。

12.1.1　NVM 的发展及其结构与特性

传统的存储系统由缓存、主存跟外存这 3 个部分构成,其中内存采用的是动态随机存取存储器(Dynamic Random Access Memory,DRAM)[1]。这 3 个部分之间存在着巨大的性能鸿沟,而 NVM 的出现可以平衡主存与内存之间的性能差距。NVM 是指无电力供应时数据不会丢失,但是存储性能接近内存的一类存储器件[2],包括自旋转移力矩随机存取存储器(Spin-Transfer Torque Random Access Memory,STT-RAM)、PCM、阻变随机存取存储器(Resistive Random Access Memory,RRAM)及 3D-XPoint[3] 等一系列存储器件。NVM 具有以下 3 个特性。

(1)可字节级寻址:可以字节为粒度访问 NVM 的存储空间。

(2)掉电不易失性:NVM 中的数据会被持久化,断电后不会丢失。

(3)读延时相对较小,写延时较大。

在商用 NVM 尚未面世之前,非易失性双列直插内存模块[4](Non-Volatile Dual In-line Memory Module,NVDIMM)一直是主要的非易失性存储器。NVDIMM 由内存和闪速存储器(Flash Memory,简称闪存)组成,内存提供了良好的随机访问性能,而闪存提供了掉电不易失性的保证。器件正常运行时,闪存部分对用户不可见。断电时,NVDIMM 中的双电层电容器(Supercapacitor)会将内存中所有的数据刷回到闪存上,内存中的数据得以被持久化。因此下一次通电时,闪存保存的数据会恢复到内存中,数据不会因为断电而丢失,具有掉电不易失性。

英特尔(Intel)出品的傲腾持久化内存模块[5](Optane DC Persistent Memory Module,Optane DCPMM,以下简称为傲腾)是一款商用化的 NVM,它提供了内存模式(Memory Mode)和应用直达模式(AppDirect Mode):在内存模式下,内存被视为 NVM 的缓存,NVM 作为背后的大容量内存支持,在此模式下掉电后,其中的数据会消失;在应用直达模式下,NVM 作为独立的持久化存储设备存在。本章主要关注应用直达模式下的 NVM。傲腾的写入过程如图 12.1 所示。CPU 会将待写入的数据放入待写入队列(Write Pending Queue,WPQ),而 WPQ 中的数据会按照 64 B 的缓存行(Cacheline)大小将数据写入傲腾。傲腾中设置了缓冲区(Buffer),缓冲区会将缓存行进行缓存,按照 256 B 的粒度进行刷回。当数据到达 WPQ 后,就可以认为数据已经被持久化,因为该区域会在掉电后进行异步刷回。傲腾展现出了以下 4 个特性。

(1)可字节级寻址。

(2)从软件层面感知的写延时与内存接近,读延时为内存的 2~3 倍。因为傲腾设置了缓冲区,故写延时与内存接近。

（3）以 256 B 的程度进行数据读写。

（4）读写不对称性。单设备时读取速度最高可达 6.6 GB/s，写入速度最高可达 2.3 GB/s。

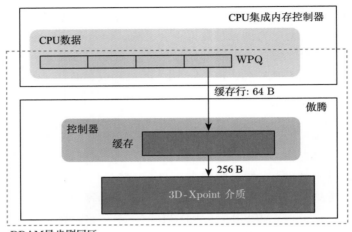

图 12.1　傲腾的写入过程示意图

综上所述，傲腾结合了内存的快速访问能力和存储的持久化能力，与传统磁盘（Hardware Disk Drive，HDD）和 SSD 相比有着巨大的性能优势。然而，最近的数据表明，傲腾的价格远高于传统存储介质，接近内存的 2 倍。表 12.1 展示了本书成稿之时各存储介质的价格对比（相关数据源自 Crucial、Intel、Seagate 官方网站）。由此可见，降低商业化 NVM 的成本是使其大规模应用的重要前提。考虑到主流文件系统存在 22%~48% 的冗余数据[6]，对 NVM 文件系统进行在线数据消冗可以节省存储空间，从而降低存储成本，同时还可通过减少关键路径写入带来一定的性能提升[7]。

表 12.1　DRAM、NVM、SSD 及 HDD 的价格对比

类型	品牌型号（容量）	每 GB 价格（美元）
DRAM	Crucial DDR4-2666（16 GB）	4.800
NVM	**Optane DCPMM（256 GB）**	**8.800**
SSD	Intel SSD 760P（512 GB）	0.280
HDD	Seagate BarraCuda（5 TB）	0.029

12.1.2　NVM 文件系统研究现状

传统文件系统面向 HDD 与 SSD 设计[8]。因为 HDD 和 SSD 的延时相对较大，故会利用内存中的页面缓存（Page Cache）来缓解内存与它们在延时方面的

差距。又因为 HDD 和 SSD 以 512 B 的扇区或 4 KB 的页面为基本单位进行访问，故文件系统之下还有管理二者的块设备层（Block Device Layer）。但是，该设计如果搬到 NVM 文件系统中，考虑到 NVM 的延时与内存接近，页面缓存引入的拷贝完全多余。此外，采用块设备层管理 NVM 也与 NVM 字节级寻址的特性不匹配。尽管 Ext4 文件系统也借助直接访问（Direct Access，DAX）技术[9]直接访问 NVM 器件，避开了块设备层及页面缓存，但与 NVM 文件系统相比，系统吞吐率还是相对较低。

文件系统是底层存储介质与用户文件信息之间的接口，负责将用户的文件信息持久化于底层存储介质并对其进行管理。因此，文件系统在持久化用户文件信息的过程中，还会持久化大量的管理信息，即文件系统中的元数据。文件系统中的元数据包括超级块、inode、数据块分配位图等。创建文件的过程会涉及对 inode 位图、文件 inode、目录 inode 等的修改，所有涉及的数据结构都应该被同时写回底层介质中[10]。

在文件系统长期运行的过程中，难免会因错误使用、电力故障[11]等原因发生崩溃，而文件的操作过程往往涉及 inode、数据块等多处，如果不能保证上述操作的完整性，系统发生崩溃后会出现数据不一致现象，例如一部分数据因被更改而写回，但另一部分数据仍为旧的数据[12]。

文件系统的一致性可以分为 3 个层次，即元数据一致性、数据一致性与版本一致性[10]。元数据一致性要求文件系统的元数据相互一致。文件系统中位图所记录的资源与底层存储介质实际使用的资源一一对应。元数据一致性不提供对数据一致性的保障。数据一致性提供了元数据一致性的保障，文件所读取的数据只来自当前文件本身。版本一致性提供了最强的一致性保障，即对于不同写入造成的不同文件版本，版本一致性保证了每次读取的数据仅来自当前版本，不会来自过往版本。

为了保证文件系统的一致性，目前常用的方法有日志[13]（Journal）、日志结构（Log-Structured）等。

采用日志时，先在日志中记录对数据的更改，再更改对应位置的数据。如果文件系统发生崩溃，可以根据日志的内容将文件系统恢复到一致状态。日志会给文件系统引入两次写入：一次写入日志中，一次写入目的位置。

采用日志结构时，数据会先被缓存起来，再顺序写回，减少了随机写入。日志结构会用头指针及末尾指针标记当前事务的区域，在每次写入时将新增加的数据写入日志（Log）的末尾，通过 64 bit 原子写入更新末尾指针，从而实现写入原子性。如果发生崩溃，日志指针之后的内容会被清除，因为它们实际处于未完成的状态。使用日志结构时会增加清理日志带来的额外开销[14]。

在设计 NVM 文件系统一致性的过程中，除了要考虑传统文件系统所面临的一致性问题外，还需考虑 NVM 自身的特性。在 CPU 将数据以缓存行的大小刷回 NVM 的过程中，可能出于性能优化的考虑调整缓存行刷回的顺序，因此必须显式地将缓存行刷回。x86 架构下，用户可以调用 clflush 命令将缓存行刷回，但是该命令不保证刷回顺序。文件系统往往会对某些操作有顺序要求，因此必须显式地调用 mfence 等内存屏障指令[15]，内存屏障保证了其前后缓存行刷回的相对顺序。上述命令会引入一定的性能开销，阻碍了 NVM 的性能发挥[16]。

此外，鉴于 CPU 只支持 8 B 的原子更新粒度[17]，以及部分指令支持 16 B 的原子更新粒度，因此对于小于等于 16 B 的修改，可以保证其要么全部修改，要么全部没修改。因此，发生崩溃时，小于 16 B 的内容可以保证要么为修改前的版本，要么为修改后的版本，从而保证其一致性。但是对于大于 16 B 的数据，仍需使用更为复杂的方式保证其原子性与一致性。

PMFS[18] 利用原地执行（eXecute In Place，XIP）取消了块设备层与页面缓存，将 NVM 直接映射到内核地址空间，直接使用 load、store 等命令进行访问。PMFS 采用页面的形式组织并管理 NVM，页面大小分为 4 KB、1 MB 与 2 GB。PMFS 中加入了硬件原语 pm_barrier，以保证对 NVM 的写入操作的持久性。为了保证原子性，PMFS 会在具有受限事务性内存（Restricted Transactional Memory，RTM）的环境下，使用受限事务性内存以保证 64 B 的原子更新粒度。如果没有受限事务性内存，则对于任何大于 16 B 的元数据更新，PMFS 会采用撤销日志（Undo Journal）的方式，即事务开始前，将旧数据记录于日志中，而新数据可以直接就地更新。在每个事务开始之前，PMFS 会分配好所需要的日志项，一旦事务中有对元数据的改动，就会先将旧数据记录于日志项中并持久化，再将该元数据原地修改为新的数据。待所有修改完成后，PMFS 会先将新的元数据刷回以持久化，再在事务末尾追加并持久化日志提交（Commit）项，以表示该事务已经完成。在写入数据的过程中，如果需要新的数据块分配，PMFS 会首先分配新的数据并将数据写入数据块中，之后会在日志中记录旧的 inode 信息并进行持久化。接下来，PMFS 会依次记录旧的数据块的信息，直到记录所有旧的数据块。最终，PMFS 会在末尾追加日志提交项以提交该事务。此时，可视为事务已完成。发生崩溃之后，PMFS 会扫描日志区的所有日志项，根据提交标志区分已经提交的事务和尚未提交的事务。对于尚未提交的事务，PMFS 会进行回滚。回滚过程中，会将所保存的旧的信息写入原先的区域内。考虑到日志所引入的重复写入，PMFS 未在日志区记录数据。数据的更新则采用写时复制（Copy On Write，COW）方式，即写入时分配新的数据块进行写入，待写入完成后再使用日志更新元数据，以保证系统的一致性。

NOVA[19] 将日志结构文件系统[20]（Log-Structured File System）引入 NVM 中，但是为了提升并发性，它为每个 inode 分配了单独的日志。每次写入时，NOVA

先将写入项元数据添加到日志的末尾，通过 64 bit 原子写入更新末尾指针，标记该次写入事务的完成。对于涉及更改多个 inode 的情况，NOVA 采用轻量级的日志保证原子性，即每条日志都不超过 64 B，记录涉及的多个 inode 的信息，日志提交持久化后再对涉及的多个 inode 元数据进行修改。写入数据时，NOVA 采用写时复制的方式，先分配新的数据块写入，写入完成后再更新指向数据块的日志，最终回收旧的数据块。如图 12.2 所示，该示例中 NOVA 已经在 0~4 KB 和 4~8 KB 的位置上写入了两个数据块，此时要在 4~12 KB 的位置上写入新的内容。那么，NOVA 会先分配两个新的数据块，如图中步骤（1）所示；写入后，会执行步骤（2），在日志中增加写入的日志项并将其持久化；在步骤（3），NOVA 会利用 64 bit 的原子写入更新日志的末尾指针，此时代表该操作完成；最后，执行步骤（4），回收之前 4~8 KB 的旧数据块，返回给数据块分配器。通过日志以及写时复制的策略，NOVA 维护了元数据以及数据一致性。NOVA 采用混合内存结构，其将数据与元数据存放在 NVM 上，而将复杂的查找结构，例如基数树，放在内存上。如果系统正常卸载，NOVA 会将恢复所需信息存储在 NVM 上，恢复时读取该区域进行恢复。如果系统发生了崩溃，NOVA 会扫描 inode 日志进行恢复。对于内存中的查找结构，NOVA 采用延时恢复，即第一次访问该 inode 时进行重建。

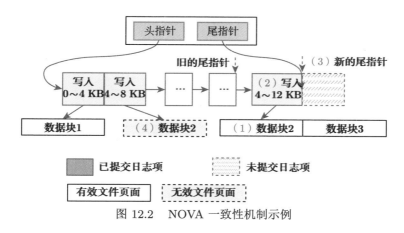

图 12.2　NOVA 一致性机制示例

12.1.3　面向 NVM 的数据消冗技术研究现状

数据消冗[21] 技术广泛应用于文件系统、备份系统、分布式存储等领域[22,23]，其将输入的数据进行分块，计算各个数据块对应的哈希值，利用哈希值唯一标识数据块，并设立引用计数以统计重复数据块的数量，如图 12.3 所示。对于重复数据块，该技术只增加其引用计数，对于非重复数据块，会写入其内容、指纹与引用计数。考虑到哈希值存在冲突的风险，数据消冗技术一般选用强哈希，如 SHA-1、SHA-256 等，以减少哈希碰撞。分块方式可分为 FSC[24] 和 VSC。FSC 的代价较小，但是灵活性相对较差，难以应对分块点偏移的问题，而 VSC 会根据数据块的内容确定分块点，可以很好地解决分块点偏移的问题，但相对来说分块代价大。数据消冗可以在写入过程中进行（在线去重[25]）也可以在写入之后进行（离线去重[26]）。

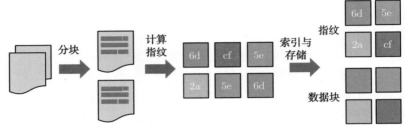

图 12.3　数据消冗过程示意图

在 NVM 文件系统中，数据去重通常采用写入关键路径上的在线去重，这样一方面可以减少 NVM 的写入，延长设备寿命，另一方面是可能带来性能的提升。现有的面向 NVM 文件系统的数据消冗技术主要是 NV-Dedup[7] 与 LO-Dedup[27]。

NV-Dedup 基于 PMFS 设计实现，其结构如图 12.4 所示。NV-Dedup 采用 FSC 划分数据块，大小与 PMFS 的 4 KB 页面对齐，尽可能减少了分块引入的开销。为了减少指纹计算开销，NV-Dedup 在运行时进行采样，根据统计重复率自适应地选择哈希计算方案。NV-Dedup 还在内存中维护了哈希表，以进行元数据查找。

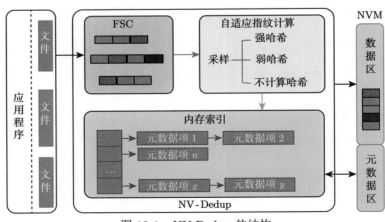

图 12.4　NV-Dedup 的结构

为了方便管理，NV-Dedup 按照 64 B 组织去重元数据，与缓存行对齐（见表 12.2），并在系统初始化时通过在 NVM 上预留空间保存去重元数据。去重元数据表由 8 B 的事务编号、8 B 的引用计数、8 B 的块号、32 B 的强指纹、4 B 的弱指纹、1 B 的强指纹标志位和 3 B 的填充组成。强指纹标志位为 0，表示强指纹的缺失；强指纹标志位为 1，则说明已计算该元数据项的强指纹。

表 12.2　NV-Dedup 去重元数据表示例

事务编号 （8 B）	引用计数 （8 B）	块号 （8 B）	强指纹 （32 B）	弱指纹 （4 B）	强指纹标志位 （1 B）	填充 （3 B）
0x807365···	1	1001	—	0xEF76···	0	—
0x403092···	3	2056	0x153A2F6E3C1F···	0x56AD···	1	—

NV-Dedup 采用空闲链表进行元数据空间管理，经过文件系统中的增加、删除操作后，基于空闲链表的组织形式容易导致元数据区域碎片化。如图 12.5 所示，文件被分为 4 个待写入的数据块，尽管文件系统为文件分配的多个数据块位置邻近，具有一定的局部性。但是因为此时空闲链表经过多次分配、释放与回收，出现了一定的碎片化，最终写入的去重元数据被分配到相距甚远的元数据项，元数据的局部性被破坏。因为傲腾的访问粒度为 256 B，此时每次写入、读取都将按照 256 B 进行，而非 64 B（元数据的大小），这将引入读写放大的问题，使小于 256 B 的随机访问也会带来性能损耗。空闲链表以单个元数据项为基本单位组织元数据空间，因此必然会产生单个元数据项的碎片。

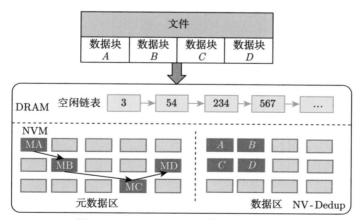

图 12.5　NV-Dedup 元数据管理示意图

强哈希的带宽与快速的 NVM 不匹配，但碰撞率较低；弱哈希计算迅速，但碰撞率较高。因此，NV-Dedup 综合强弱哈希，设计了自适应的指纹计算方案。

设 $T_{nodedup}$ 表示无去重时的系统运行时间，T_{dedup} 表示去重时的系统运行时

间。若希望去重不影响系统性能，则有

$$T_{\text{dedup}} \leqslant T_{\text{nodedup}} \tag{12.1}$$

设 N 表示待写入的数据块数量，t_{w} 表示写入一个数据块的平均时间，则 T_{nodedup} 的计算方法为

$$T_{\text{nodedup}} = N t_{\text{w}} \tag{12.2}$$

设 S 表示计算强哈希的时间，D_{r} 表示重复率，I 表示查找索引的时间，则使用强哈希进行去重的时间 T_{dedup} 的计算方法为

$$T_{\text{dedup}} = SN + (1 - D_{\text{r}})N t_{\text{w}} + IN \tag{12.3}$$

根据式 (12.3) 可得，如果使用强哈希结合进行去重，则重复率的边界值 D_{s} 为

$$D_{\text{s}} = \frac{S + I}{t_{\text{w}}} \tag{12.4}$$

设 W 表示计算弱哈希的时间，则使用强弱哈希进行去重的时间 T_{dedup} 的计算方法为

$$T_{\text{dedup}} = WN + (1 - D_{\text{r}})N t_{\text{w}} + D_{\text{r}} SN + IN \tag{12.5}$$

根据式 (12.5)，如果使用强弱哈希结合进行去重，则重复率 D_{w} 的边界值为

$$D_{\text{w}} = \frac{W + I}{t_{\text{w}} - S} \tag{12.6}$$

因此，NV-Dedup 中区分了以下 3 种去重方案。

（1）NON_FIN 方案，即不计算哈希的方案。当 $D_{\text{r}} < D_{\text{w}}$ 时，NV-Dedup 会执行该方案。此时，系统不计算数据块的强弱哈希，但是依旧会记录元数据项。这样做会导致元数据项中的弱指纹缺失。因此，NV-Dedup 设计了后台线程扫描并计算其对应的指纹。因为没有进行去重操作，无法感知到重复率的变化，NV-Dedup 会在部分时刻切换为弱哈希计算的模式以探测重复率是否变化。

（2）WEAK_STR_FIN 方案，即强弱哈希结合的方案，适用于 $D_{\text{w}} \leqslant D_{\text{r}} \leqslant D_{\text{s}}$ 的情况。此时，系统会计算数据块的弱哈希，如果发生了弱哈希匹配，考虑到弱哈希碰撞率相对较高，NV-Dedup 会计算数据块的强哈希，以强哈希作为该数据块的唯一标识。两数据块的强哈希一致时，则可认为两数据块完全相等。

（3）STR_FIN 方案，即强哈希计算方案。当 $D_r > D_s$ 时，系统会执行该方案。此时，对于每个数据块，NV-Dedup 都会计算其强哈希以检测系统中的重复数据块。考虑到此时会缺失元数据项中的弱哈希，且弱哈希的计算开销相对较少，NV-Dedup 会一并计算数据块的弱哈希。因此，强哈希模式下会同时计算强弱哈希，带来更多的计算开销，限制系统的带宽。

NV-Dedup 设置了原子递增的事物标识符生成器（TX_ID_Generator），通过事务保证了去重元数据的一致性。事务完成后，生成器数量会原子性递增。如果某事务 ID 大于或等于生成器，可知其未完成，系统会回滚，恢复到一致性状态。如图 12.6所示，对于写入过程，NV-Dedup 会先计算指纹，获取事务 ID。如果当前数据为非重复数据，NV-Dedup 会分配新的数据块写入数据，增加其对应的元数据项，反之，则增加该数据对应的引用计数。最后写回元数据，通过原子写入增加事务 ID，标记该事务完成，将块号返回给文件的 inode。如果在 inode 更新前系统崩溃，那么此时元数据写入事务已经完成，但是块号未返还给用户。崩溃恢复时，尽管 PMFS 的恢复机制可以保证所使用的数据块得到回收，但是该块号所对应的元数据项不会进行回滚，将难以被回收。因为 NV-Dedup 基于 PMFS，而PMFS 未能提供数据一致性保证，所以 NV-Dedup 的数据一致性也未能得到保证。

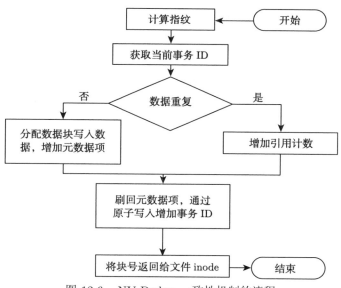

图 12.6　NV-Dedup 一致性机制的流程

LO-Dedup[27] 同样基于 PMFS 进行开发，主要面向嵌入式设备。因为嵌入式设备的资源相对受限，为了减小去重中分块的开销，LO-Dedup 也采用 FSC 进行数据分块。为了减少去重中的计算开销，LO-Dedup 采用两级指纹：第一级指纹计算数据块局部内容的哈希值；第二级指纹计算整个数据块的哈希值。哈希计算函数使用 MurmurHash3。该设计可以减少哈希计算开销，但是考虑到 MurmurHash3 的碰撞率依旧相对较高，系统安全性会被削弱。LO-Dedup 利用红黑树查找指纹与元数据的对应关系，虽然红黑树是高效的查找结构，但是若数据较大，查找时也会因树高较高，要经过多级跳转，限制查找效率。

12.1.4　本章的主要内容

本章从高吞吐率与一致性两个方面介绍面向 NVM 文件系统的数据消冗技术的相关研究，主要内容如下。

（1）**为了充分发挥 NVM 的吞吐率潜能**，本章从重复数据块检测、去重元数据分配及去重元数据索引 3 个方面进行研究。NV-Dedup 的重复数据块检测方案为强弱哈希结合，但是强哈希会引入大量的计算开销，与快速的 NVM 不匹配。因此，本章结合 NVM 的特性提出一种弱哈希与字节级比对相结合的重复数据块检测方案。文件系统中经常出现碎片化的现象，NV-Dedup 基于空闲链表管理元数据区，但空闲链表难以维护元数据的局部性。本章在分析碎片化对系统吞吐率造成的影响的基础上，提出一种基于区域的元数据分配方案，可以避免碎片化造成系统吞吐率下降。NV-Dedup 的索引为哈希链表，LO-Dedup 的索引为红黑树，但二者的可扩展性都不足，不适合大规模数据消冗的场景。本章基于可扩展动态哈希，提出一种高度受控的索引结构，并通过设置缓存信息减少对 NVM 不必要的读取，可使索引拥有良好的可扩展性。

（2）**为了保障系统的一致性并且减少一致性开销**，本章从引用计数一致性、元数据一致性及系统一致性 3 个方面进行研究。本章在分析引用计数一致性开销的基础上，结合 NVM 文件系统的特点，提出引用计数一致性机制，将引用计数置于内存中；在分析元数据的一致性开销的基础上，提出元数据延迟持久化机制，通过实验选取合适的元数据延迟持久化粒度；为了保障文件系统元数据与去重元数据的一致性，还在分析一致性机制的开销的基础上，结合 NVM 文件系统的特点，提出在崩溃时恢复系统一致性的方法，以尽可能减少一致性开销。本章介绍的系统一致性机制普适性良好，可与不同的 NVM 文件系统结合。

12.2　NVM 文件系统在数据消冗方面的性能与一致性挑战

本节通过观察与分析现有面向 NVM 文件系统数据消冗技术的性能与一致性挑战，从快速重复数据块检测、高效去重元数据管理及 NVM 友好的强一致性保证这 3 个角度介绍 NVM 文件系统数据消冗的设计与优化动机。

12.2.1　面向 NVM 的高吞吐率数据消冗技术难点分析

传统数据消冗技术面向 HDD 或 SSD 设计，二者的带宽相对有限，因此性能瓶颈主要为 I/O 速度，而非软件开销。但是对于高吞吐率的 NVM，软件开销取代 I/O 速度成为系统性能的瓶颈。因此，设计面向 NVM 文件系统的高吞吐率数据消冗技术时，需重新分析过往数据消冗技术引入的软件开销，通过减少软件开销来提高系统吞吐率。本小节主要从重复数据块检测、去重元数据分配、去重元数据索引这 3 个角度进行分析。

1. 重复数据块检测

传统数据消冗技术中主要引入的软件开销为分块及重复数据块检测。因为 VSC 会引入大量的计算开销，因此本章采取 FSC。过往的重复数据块检测技术主要采用对数据块计算加密哈希的方式，这是因为在基于 HDD 或 SSD 的系统中，对数据块进行字节级比对的耗时远大于计算加密哈希后在索引中查找的耗时[28]。但是，傲腾展现出了远超 HDD 或 SSD 的性能，与它们 10 ms（HDD）及 100 μs（SSD）的延时相比[29]，傲腾的延时仅为几十纳秒且带宽更高。因此，传统的方案无法充分利用傲腾的性能。使用更轻量级且符合傲腾特性的重复数据块检测方案可以减少软件开销，提高系统吞吐率。

在数据消冗技术中，重复数据块检测是十分重要的一环。重复数据块检测的常用方法为计算数据块的哈希值作为指纹，以唯一标识该数据块。DDFS[28] 使用强哈希 SHA-1，主要是考虑到 SHA-1 的抗碰撞性能较好，其碰撞率远小于硬件错误的概率。NV-Dedup 中采用强弱哈希结合的方法，综合了强哈希的抗碰撞性和弱哈希的效率，其采用 MD5 作为强哈希算法，并采用 CRC32 作为弱哈希算法。LO-Dedup 中的一级弱哈希仅计算数据块的局部内容，二级弱哈希会计算整个数据块的内容。

考虑到在 NVM 文件系统中，NV-Dedup 最成熟。因此，本章在 NOVA 文件系统的基础上复现了 NV-Dedup 的方案，以测试在不同重复率下 NV-Dedup 与 NOVA 在单线程写入 4 GB 大小文件时的带宽。实验环境如第 12.4.1 小节所介绍，测试结果如图 12.7(a) 所示。可以发现，随着重复率的上升，NV-Dedup 的写入带宽逐步下降，重复率为 75% 时的文件写入带宽与重复率为 0 时相比下降了 46%，且各重复率下 NV-Dedup 的写入带宽均低于 NOVA。

为了从更细的粒度研究系统，本测试将文件写入过程分为 I/O、强哈希计算、弱哈希计算及其他这 4 个部分，结果如图 12.7(b) 所示。随着重复率提高，系统的写入耗时逐渐增加，与重复率为 0 时相比，重复率为 25%、50% 及 75% 时，写入耗时依次增加了 28%、53%、86%。这是因为在重复率较低时，NV-Dedup 实施 NON_FIN 方案，系统中主要为弱哈希计算，几乎没有强哈希计算。当重复率提高时，NV-Dedup 实施 WEAK_STR_FIN 方案，系统中强哈希计算的时间逐渐增加，占比从 22% 上升到 35%。重复率为 75% 时，系统主要实施 STR_FIN 方案，几乎会计算每个数据块的强哈希，使强哈希计算占据了 60% 以上的时间开销。随着重复率继续提高，尽管去重使得 I/O 时间缩短了约 1000 ms，但是强哈希计算时间增加了约 7000 ms，导致系统整体运行时间增加，系统的吞吐率有所下降。

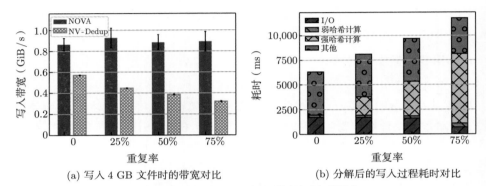

(a) 写入 4 GB 文件时的带宽对比　　　　　　(b) 分解后的写入过程耗时对比

图 12.7　NV-Dedup 写入带宽与耗时测试

通过对系统中强哈希计算、弱哈希计算及 4 KB 数据块写入等部分进行计时，可以计算出平均耗时，与 NV-Dedup 的数据[7] 进行比较，结果如表 12.3 所示。在强弱哈希计算耗时较为接近的情况下，傲腾写入 4 KB 数据块的耗时仅为 1.7 μs，远小于强哈希计算的耗时（5.9 μs），而 NVDIMM 写入 4 KB 数据块的耗时为 9.7 μs。这意味着在采用了傲腾的 NVM 文件系统中，如果使用强哈希计算减少数据写入，每次写入会额外引入 3.2 μs 的耗时。因为 NV-Dedup 是基于 NVDIMM 设计的，如今 NVM 已经"进化"到傲腾，许多特性已有差异，因此需要重新设计重复数据块检测的方法。

表 12.3　傲腾与 NVDIMM 耗时对比

对象	强哈希耗时（μs）	弱哈希耗时（μs）	写入 4 KB 数据块耗时（μs）
NVDIMM	6.2	0.8	9.7
傲腾	5.9	0.3	1.7

2. 去重元数据分配

碎片化是文件系统常见的问题，这是因为文件系统中经常进行创建、更改及删除文件等操作，导致磁盘中大块的空间被分割为一个个细小的碎片。最终，文件数据与元数据分散于上述碎片中，布局呈现碎片化的趋势。碎片化会影响文件系统的 I/O 性能，因为此时读写会更加随机，失去顺序性[30]。因此，面向 NVM 文件系统的数据消冗技术必须考虑碎片化带来的影响，以保证系统的高吞吐率。过往的系统采取空闲链表的方式管理去重元数据，随着文件系统创建、删除文件，元数据区域和空闲链表中的空闲区域都会变得碎片化，最终导致具有局部性的元数据分散在不同位置。此外，因为傲腾的读写粒度为 256 B，LO-Dedup 中去重元数据的粒度为 128 B，元数据不具备局部性时，读取所需次数更多，会影响系统 I/O 性能，并带来巨大的空间浪费。因此，为了充分减少系统的软件开销，发挥 NVM 的高吞吐率优势，要设计抗碎片化的去重元数据分配方式，尽可能保护元数据的局部性。

3. 去重元数据索引

在数据消冗过程中，需要根据指纹查找相对应的元数据项。为了加速查找，往往会建立索引。NV-Dedup 在内存中建立了指纹到元数据项的哈希表，而 LO-Dedup 则在内存中建立了红黑树索引。因为上述系统的器材容量较小，因此上述索引可以展示较好的性能，但是傲腾提供了大容量的设备，因此哈希表和红黑树都会因为数据增加导致链长或树高增加，从而使得吞吐率下降、索引可扩展性能不佳。鉴于傲腾的读延时大于写延时，索引查找过程中要减少不必要的读取。因此，需要设计一个可扩展性能良好且可以减少不必要读取的索引结构，以进一步减少系统软件开销，提高系统吞吐率。

Linux 内核中提供了大量方便的索引结构，主要的数据结构如下。

（1）哈希链表。Linux 内核中提供了完善的哈希链表，其广泛用于文件系统以及网络实现中。Linux 通过链地址法解决哈希链表中的冲突。用户可以通过定义头节点的数量来定义哈希桶的个数。但是使用链地址法解决哈希碰撞可能导致部分链条过长，因为查找时需要跳转多个节点，会导致查找延时增加。因而，使用哈希链表组成哈希表的可扩展性相对较差。

（2）红黑树。红黑树是平衡二叉树的变体，其特点是较平衡且调整代价小，BTRFS[31]、Ceph[32] 等文件系统都使用红黑树以加速查找。当数据量较大时，红黑树的树高较大，会导致查找时需要跳转多个节点，使查找延时增加，系统的可扩展性较差。红黑树插入过程中会涉及树结构的调整，因此插入单一节点可能带来整棵树的级联更新，增加插入过程的耗时。

（3）基数树。基数树是一种多叉搜索树，其中的节点为查找关键字的一部分，结合基数树根节点到叶子节点路径上的所有节点即可构造查找关键字。Linux 内核中的内存管理及 F2FS[8] 等都使用基数树。基数树的结构决定了其更适用于单点查找，而非范围查找[33]。数据量较大时，基数树会出现树高较大的问题，此时查找路径较长，需跳转多个内部节点，系统可扩展性较差。

为了测试不同索引结构对系统性能的影响，本章分别使用哈希链表、红黑树及基数树作为系统的索引，在单线程情况下分别写入 2 GiB、4 GiB、8 GiB、16 GiB、32 GiB 重复率为 0 的文件，测试系统的写入带宽，结果如图 12.8 所示。可以发现，与写入 2 GiB 文件相比，写入 32 GiB 文件时，哈希链表的带宽下降了 24%，红黑树下降了 25%，而基数树下降了 18%。这是因为随着文件大小的增加，哈希链表的节点变多，查找时间增加。红黑树与基数树的树高会随着数据量的增加逐渐增加，查找时需多次跳转。上述索引的可扩展性较差，不适合大数据量下文件系统的去重。值得一提的是，图 12.8 中的 Light-Dedup 使用的索引能够降低写入带宽方面的瓶颈，从而得到更优的性能，其具体介绍见后文。

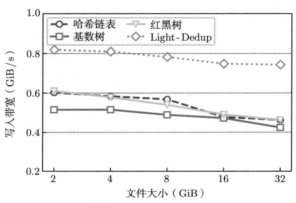

图 12.8　不同文件大小下哈希链表、红黑树、基数树索引写入带宽对比图

12.2.2　面向 NVM 的数据消冗一致性技术难点分析

文件系统中的许多操作都涉及多处数据，而文件系统运行过程中难免遇到使用错误、电力故障等导致系统发生崩溃。如果系统发生崩溃，可能出现部分数据已经更改，而部分数据仍为旧的数据的情况，从而导致不一致的状态。例如，在数据块写入过程中，如果从数据块分配后到写入文件 inode 之间发生崩溃，此时文件系统认为该数据块已被使用，而文件 inode 未记录该数据块，就会出现游离数据块，使得系统可分配资源偏小。因此，文件系统往往通过日志、日志结构等方法，保证操作的完整从而保证其一致性。

NVM 文件系统除了需要考虑上述一致性外，还需要考虑 NVM 特性带来的一致性问题。CPU 将数据以缓存行大小刷回 NVM 的过程中，可能出于性能考虑将缓存行重排。而文件系统为了保证一致性往往对写入顺序有要求。缓存行重排会导致顺序性被破坏，从而导致系统的一致性被破坏。因此，为了保障顺序性，用户需要显式地将缓存行刷回并且调用内存屏障指令，但这会给系统引入一定的性能开销。此外，CPU 只保证了 8 B 的原子更新粒度，以及部分支持 16 B 原子更新的指令。对于任何大于 16 B 的更新，都需要结合其他机制保证更新的原子性与一致性。

将数据消冗技术引入 NVM 文件系统，主要是引入了引用计数、指纹、块号等去重元数据，因此需要保证元数据的一致性，例如，块号需要与文件系统中的数据块分配位图等保持一致，数据块的引用计数需要与文件系统中文件 inode 中对应块号出现的次数保持一致。而过往的 NVM 文件系统中的数据消冗技术仅考虑去重元数据的一致性，并未考虑到文件系统元数据与去重元数据之间的一致性。此外，在刷回去重元数据的过程中，也需要考虑缓存行重排带来的影响，因此需要显式地刷回缓存行并调用内存屏障，而由此增加的一致性开销也将增加系统软件开销，影响系统性能。因为数据消冗引入的元数据往往大于 8 B，而 CPU 只能保证 8 B 的原子更新粒度，为了保证一致性还需保证元数据更新的原子性。因此，对于 NVM 文件系统中的数据消冗技术，其一致性的难点在于如何在保证一致性的前提下尽可能减少一致性开销。本小节主要从引用计数一致性开销与元数据一致性开销这两个方面进行探究分析。

1. 引用计数一致性开销

引用计数是去重元数据中十分重要的部分，用于表示数据块被文件引用的次数[34]。引用次数越大，也就意味着数据块被越多的文件引用。当且仅当一个数据块的引用计数为 0 时，才可以将其释放以回收空间。因此，保证引用计数的一致性至关重要，否则可能出现数据块一直不能被释放，设备空间被占用，或者出现数据块被提前释放，导致数据读取不一致的情况。

NV-Dedup 中设计了去重事务以保证元数据的一致性，为了保证引用计数的一致性，其封装了增加引用计数事务 increase_RC 以及减少引用计数事务 decrease_RC。进行这两项操作时，系统会传入当前的事务 ID 及元数据项的位置，并将 8 B 的事务 ID 和 8 B 的引用计数更新合并为 16 B 的原子写入，以保证二者的一致性。事务结束后，还必须立刻调用 clflush 指令及 sfence 等内存屏障，以保证该内容被刷回 NVM，且其与之后的缓存行刷回之间的相对顺序可以得到保证。但是，因为傲腾的随机小尺度访问带宽不佳，且引入了大量的 clflush 和内存屏障等指令，所以系统的吞吐率可能会降低。

考虑到文件系统中保留了大量的元数据，inode 节点中保留了当前文件所有数据块的信息，数据块分配器中保存了所有数据块是否被分配的信息，因此可以通过这些文件元数据恢复引用计数。PMFS 的文件 inode 中以一颗 512 路的 B+树保存了该文件的所有数据块，而在系统恢复时必须扫描所有的 B+ 树以恢复系统的数据块分配器的一致性。而 NOVA 中的每个 inode 都有自己的日志，对该 inode 所有的操作都会记录在 inode 日志中，因此日志中也包含了系统中所有数据块的信息。在崩溃恢复时，NOVA 也会扫描当前系统中所有 inode 的日志以保证数据块分配器恢复到一致的状态。考虑到上述过程中都包含了扫描文件系统中数据块的信息，在该过程完全可以恢复引用计数的信息，因此对于 NVM 文件系统中的数据消冗技术，完全可以考虑不对引用计数进行持久化，以减少维护其一致性带来的开销。

因为不对引用计数进行持久化，所以系统将引用计数置于索引的记录项中。而当系统被正常卸载时，索引的记录项会被保存，引用计数也得以被正确保存，可以在系统重新挂载时恢复。而在恢复崩溃的系统时，可以根据系统中的元数据恢复引用计数，从而保证引用计数的一致性。

2. 元数据一致性开销

假设去重元数据的大小为 16 B，由于 CPU 中每个缓存行的大小为 64 B，因此每次刷回 16 B 的元数据，将至少给系统引入 64 B/16 B = 4 倍的写入放大。此外，由于每次刷回元数据都需要显式地调用 clflush 指令和内存屏障指令，指令并行性大大降低，不利于傲腾释放其带宽。为了缓解系统中的写入放大，减少大规模小字节的刷回，以充分释放傲腾的带宽，在元数据刷回时，可以采用延迟持久化机制。考虑到 CPU 刷回的基本单位为 64 B 的缓存行，而傲腾以 256 B 为基本单位将数据刷回存储介质中，因而延迟持久化的基本粒度可以为 64 B 或 256 B。

12.3　支持数据消冗的 NVM 文件系统设计与实现

本节介绍一种支持数据消冗的轻量级 NVM 文件系统——Light-Dedup，主要从轻量级的数据消冗框架设计、高效的冗余检测优化策略、NVM 友好的去重元数据管理、高性能 NVM 去重索引构建，以及轻量级一致性的设计与恢复这 5 个角度展开介绍。

12.3.1　轻量级的数据消冗框架设计

Light-Dedup 中的高吞吐率数据消冗框架如图 12.9 所示。该框架为了减少重复数据块检测的计算开销，引入了弱哈希与字节级比对结合的方案；为了抗文件系统中的碎片化，引入了基于区域的元数据管理；为了提高数据索引的可扩展性，设计了新型内核索引结构，并设计缓存信息以减少不必要的读取。该框架能够减少系统的软件开销，实现高效的数据消冗。此外，Light-Dedup 还通过懒惰式恢复方法保证了去重元数据与文件系统元数据之间的一致性。

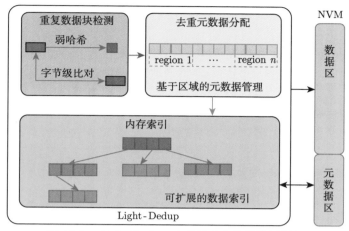

图 12.9　Light-Dedup 中高吞吐率数据消冗框架

12.3.2　高效的冗余检测优化策略

考虑到傲腾的写入带宽较高，因此应该选取带宽尽可能高的哈希函数。Light-Dedup 中最终选用的是最快哈希算法（Extremely Fast Hash Algorithm，xxHash），其计算速度可以与内存的访问速度媲美。XXH64（64 位的 xxHash）的计算速度可达 19.4 GB/s，远超 NVM 的读写带宽，可以充分利用 NVM 的带宽。xxHash 具有良好的抗碰撞性，1×10^{11} 个 64 B 哈希的期望冲突为 312.5 个，实测冲突为 294 个[①]。尽管 xxHash 的抗碰撞性能较好，但出于系统安全性考虑，仍需其他技术规避碰撞带来的系统安全挑战。

传统基于 HDD 或 SSD 的文件系统，之所以选择对数据块计算强哈希，是因为对数据块进行字节级比对的耗时较长[28]。但是，傲腾良好的读取带宽使字节级比对成为可能。因此，Light-Dedup 将字节级比对引入系统中。从图 12.10 可以看出，字节级比对的耗时与 SHA-256、MD5、SHA-1 等强哈希计算相比缩短了 3000～8000 ns，且比 memcpy 写入的耗时缩短了约 1000 ns。通过在使用异或、等于操作的情况下对字节级比对的耗时进行测试可以发现，二者无可见差别。而 XXH64 与 CRC32 相比计算耗时更短。

对于重复数据块检测，Light-Dedup 最终选取了 XXH64 与字节级比对的方案。因而，重复数据块检测的流程也发生了相应变化，写入流程如图 12.11(a) 所示。写入数据块时，Light-Dedup 会首先对数据块计算 xxHash，查找是否存在指纹相同的数据块。如果不存在，说明此时该数据块不重复或没有冲突数据块，因

---

① 详情可查看 xxHash 在 Github 网站上的说明。

此可以直接插入去重元数据索引，并将引用计数设为 1。如果存在指纹相同的数据块，为了避免冲突，系统仍需进一步进行字节级比对：如果字节级比对内容不相同，则直接分配数据块并写入数据，将该数据块视为非重复数据块；如果字节级比对内容相同，则引用计数加 1，并将当前块号返回给文件 inode。删除过程如图 12.11(b) 所示，首先计算 xxHash，查找是否存在指纹相同的数据块：如果不存在，则说明该数据块之前发生过冲突且冲突的数据块在之前已经被释放过，可以直接释放该数据块；如果存在，则需要进一步进行字节级比对。如果字节级比对结果不相同，说明该数据块为重复数据块，直接释放当前数据块；如果字节级比对结果相同，则将引用计数减 1，如果引用计数为 0，则释放当前数据块。

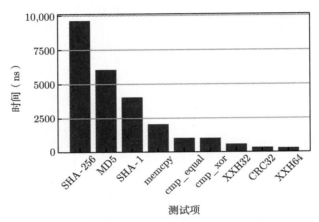

图 12.10　字节级比对与各强哈希计算方法的耗时对比

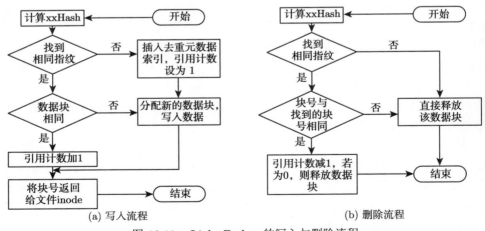

(a) 写入流程　　　　　　　　　　　　　　　(b) 删除流程

图 12.11　Light-Dedup 的写入与删除流程

12.3.3　NVM 友好的去重元数据管理

Light-Dedup 中的去重元数据仅包括 8 B 的指纹与 8 B 的块号。考虑到每个块号表示一个 4 KB 的数据块，对于 6 B 的块号足以表示 1 EB（$2^{48} \times 4$ KB）的数据，这已远超目前傲腾所能提供的容量。因此实际实现时，Light-Dedup 使用 2 B 作为标识位，标识该元数据项是否有效；使用 6 B 存储块号，并使用 8 B 存储指纹。在元数据刷回过程中，Light-Dedup 先写入指纹与块号，再调用内存屏障指令，最后写入 2 B 的标识位。内存屏障指令保证了标识位一定会在指纹和块号被写入之后再进行刷回。因为 2 B 的标识位远小于 CPU 提供的原子粒度（8 B），因此可以通过该标识位实现写入的原子性。对于某次写入，如果其标识位等于预设标识位，表示该元数据项的所有信息被成功写入，其指纹与块号有效；如果其标识位不等于预设标识位，则意味着该元数据项未被成功写入（可能是未写入，也可能是在写入过程中发生了崩溃），因此其指纹与块号均无效。综上所述，使用 2 B 标识位既能保证元数据项写入的原子性，也不会引入过多开销。

由于去重元数据较小，为了减少去重元数据的读写放大，管理过程中应尽可能维护去重元数据的局部性，并尽可能以顺序的方式分配去重元数据。以空闲链表管理元数据项时，其管理范围往往为单个元数据项，因为区域粒度较小，所以进行若干次插入删除后就足以破坏区域内数据的局部性。因此，Light-Dedup 扩大了管理范围，将若干个元数据项组合为单个分配区域；在 NVM 上预留的元数据项为块数的 2 倍，保证了总会有一个组合区域中空闲的元数据项超过一半。空闲数据项超过一半的组合区域为空闲区域。为了方便对空闲区域进行维护，Light-Dedup 将空闲区域放入队列中，需要时从队列中取出，此外还保存了各个空闲区域中空闲元数据项的个数。

分配元数据项的过程如图 12.12 所示。Light-Dedup 会首先逐个检查区域内的元数据项 [步骤（1）和步骤（2）]，直至找到空闲位置 [步骤（3）]，然后返回所找到的空闲位置。如果已经到达区域末尾且没有找到空闲位置 [步骤（4）]，Light-Dedup 会从空闲队列中弹出一个区域，逐个检查该区域内的数据项，直至找到空闲区域。释放元数据项时，Light-Dedup 会首先更改该元数据项的标识位 [步骤（5）]，如果此时区域中有一半以上的元数据项为空闲，会将该区域插入空闲区域队列中。

如图 12.12 所示，假设文件有 4 个待写入数据块，分别为数据块 A、B、C、D。使用基于空闲区域的元数据管理方式时，数据块 A、B、C 所对应的元数据 MA、MB、MC 都被写入同一个空闲区域中，元数据的局部性得到了较好的保护。这使得具有时间局部性的元数据都将具有一定的空间局部性，因为具有时间局部性的数据可能一起被读取，所以元数据的读命中的概率也有所提高，可以缓解系统的读写放大并提高写入性能。

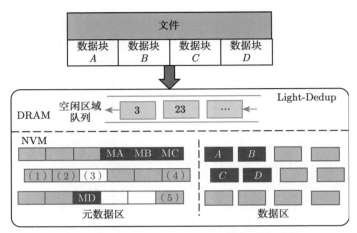

图 12.12　Light-Dedup 分配元数据项的过程

12.3.4　高性能的 NVM 去重索引构建

考虑到通过指纹查找元数据项的过程主要为单点查找，为了尽可能提高查找性能，Light-Dedup 使用了哈希数组作为索引，因为它可以提供的单点查找平均时间复杂度为 $O(1)$。但是，考虑到使用链式哈希表解决哈希碰撞会导致哈希链变长，因此 Light-Dedup 还使用了可扩展哈希[35]（Extendible Hashing），以解决哈希碰撞。为了支持并发，索引表被进一步分解为 2^{15} 个子表，利用指纹的前 15 位进行子表定位。为了加速查找，系统将索引表放在内存中。可扩展哈希通过一个目录来查找哈希桶（Bucket）。原始的可扩展哈希通过对目录翻倍实现扩展，所以是指数级增长的。为了缓解指数级增长带来的开销，索引的目录大小被限制为 2^9，超过限制的目录将进行纵向深度分裂。纵向深度分裂产生的非哈希桶的节点被称为内部节点（Inner Node），使用指纹中的最后 9 位进行内部节点定位与跳转。

哈希桶中保持无序，所以哈希桶不应过大，否则会花费较长时间执行遍历操作。最终选定的哈希桶可容纳 32 个数据项。索引的结构如图 12.13 所示。进行查找时，Light-Dedup 会先利用输入的指纹的前 15 位确定其所在的子表，然后逐级探测指向的是内部节点还是哈希桶。如果是内部节点，则利用指纹接下来的 9 位进行跳转，直至跳转到哈希桶。为了确定是否存在相同的指纹项，Light-Dedup 会对哈希桶中指向的所有元数据项进行遍历操作。插入时，Light-Dedup 会遍历哈希桶，寻找空闲的位置进行插入。

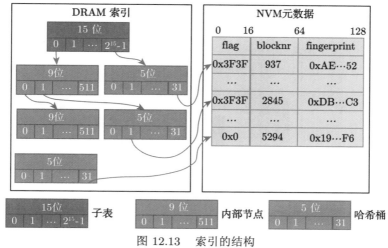

图 12.13　索引的结构

为了进一步从更细的粒度分析不同重复率下索引的性能，系统对不同重复率下索引的插入及查找操作进行计时，此时由单线程依次写入大小为 32 GB，重复率为 0、25%、50%、75% 的文件，结果如图 12.14 所示。可以发现，随着重复率的提高，查找与插入的耗时均有所下降，与重复率为 0 时的耗时相比，重复率为 75% 时的查找耗时下降了 80%，插入耗时下降了 17%。这是因为高重复率时，哈希桶中的数据相对较少，无须进行过多的哈希探测，且此时的查找大多为查找哈希桶中已有的数据，插入的情况较少，因此二者的耗时均较短。但当重复率为 0 时，绝大多操作为插入，且查找时大多数操作并非查找哈希桶中已有的数据，而是查找哈希桶中不存在的数据，引入了大量不必要的哈希探测，即负面查找（Negative Search），所以此时查找与插入的耗时相对较长，限制了系统吞吐率带宽。

因为每次查找或插入都需要遍历哈希桶，所以 Light-Dedup 的索引中设置了启发位（Indicator），根据从指纹中截取的 5 位进行计算，每次查找时先从启发位开始查找，以减少探测的次数。如果探测位置存在对应的元数据项，系统还需要读取 NVM 中真正的指纹进行比对。如果本次查找为负面查找，该次查找会引入大量不必要的 NVM 读入，降低系统的吞吐带宽。为了减少该类查找，索引会保存根据指纹计算的标签位（Tag），其大小为 1 B。系统可以通过标签预先判断该指纹是否存在于该哈希桶中。如果根据待查找指纹计算得到的标签与哈希桶中的标签一致，则表示待查找指纹与 NVM 中元数据项的指纹可能一致，可以进行更进一步的匹配，否则则意味着二者不可能一致。因为可扩展哈希会面临分裂扩展的场景，分裂扩展是会根据指纹的值再哈希到对应的桶中，为了减少分裂过程中不必要的读取，索引将区分位（Discriminative Bit，简称 Disbit）预先缓存在内存中。最终，哈希桶中保存的内容如图 12.15 所示。

311

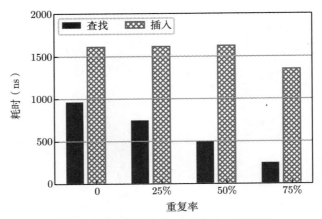

图 12.14　不同重复率下索引耗时统计图

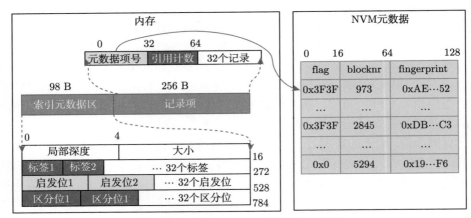

图 12.15　哈希桶中保存的内容示意图

12.3.5　轻量级一致性的设计与恢复

文件系统中元数据与引用计数高度重合，而持久化引用计数会引入大量的缓存行刷回与内存屏障的开销，所以 Light-Dedup 采用了一种不持久化引用计数的机制，可以减少一致性开销。此时，元数据只剩下指纹与块号，考虑到二者均较小，如果进行频繁刷回，会引入大量的软件开销，因此，Light-Dedup 还采用了元数据延迟持久化机制，可通过延迟持久化减少一致性开销。此外，与去重元数据的关系最紧密的是文件系统中的分配器，考虑到在 NVM 文件系统中使用日志或日志结构保证分配器一致性会引入大量的记录开销[18]，因此 Light-Dedup 未引入额外结构，而是选择在恢复分配器的过程中恢复去重元数据与文件系统元数据的一致性。接下来详细介绍维护去重元数据与文件系统元数据的一致性的方法。

对于某个块号（图 12.15 的 blocknr），如果其在去重元数据区出现，则表示文件系统中至少有一处使用到了该数据块，且其在数据块分配器中被标记为已分配。尽管引用计数保存在内存中，仍需保证引用计数的大小与文件 inode 中该块号出现的次数保持一致。引入数据消冗技术后，文件的写入过程从“分配数据块、写入文件元数据区”变成了“分配数据块、写入文件元数据区、写入去重元数据区”。因此，为了保证文件系统元数据与去重元数据之间的一致性，可以在数据块分配器与去重元数据之间设计一致性机制，或者在去重元数据与文件系统元数据之间设计一致性机制。但是考虑到保持数据块分配器一致性会引入过多的记录开销，因此 NVM 文件系统不引入额外的机制保证其一致性，而是选择在正常卸载时保存其信息，在崩溃时通过扫描文件系统恢复数据块分配器信息[18,19]。而如果要保证去重元数据与文件系统元数据之间的一致性，往往需要引入日志、日志结构等，这会给系统引入大量的记录开销，增加系统一致性的开销。因此，为了减少系统一致性的开销，Light-Dedup 对去重元数据的一致性机制选择与 NVM 文件系统的分配器一致性机制相同，即不采用额外的结构保证其一致性，而是在正常卸载时保存内存中的引用计数等信息，在崩溃时恢复去重元数据与文件系统元数据的一致性。这是因为，恢复数据块分配器需要扫描每个文件所使用的数据块信息，而该信息也可以恢复去重元数据。

此时，去重元数据与文件系统元数据之间的不一致主要包括以下两个场景。

（1）数据块在文件系统元数据区的记录中，却不在去重元数据区中。这可能是因为该数据块的指纹发生了冲突，因此未记录其去重元数据；或者是因为延迟持久化丢失的记录，未能及时刷回到去重元数据区。

（2）数据块在去重元数据区中，却不在文件系统元数据区中。这是因为数据块在去重元数据区被持久化后刷回到文件系统元数据区的过程中发生了系统崩溃。

正常卸载时，Light-Dedup 会将内存中索引的记录项，以及元数据分配器中各区域的元数据存储于 NVM 中的预留空间。正常恢复时扫描该区域，利用 NVM 中的索引记录项重新恢复内存中的指纹索引，利用元数据分配器中的元数据恢复其状态，从而使系统恢复到与正常卸载前一致的状态。

在系统崩溃时，因为 Light-Dedup 选择在 NVM 文件系统恢复数据块分配器的过程中恢复去重元数据的一致性，故其主要过程如下。

（1）扫描去重元数据区以建立内存中的索引结构。因为去重元数据区有块号，可以生成块号与去重元数据之间的对应关系。

（2）在 NVM 文件系统恢复数据块分配器的过程中，找到每个文件所使用的数据块的指纹，通过指纹查找索引更新引用计数的值。如果此时出现没有对应元数据的数据块，可以计算该数据块的指纹。如果发生了哈希碰撞，可以忽略该数据块；如果是未持久化的元数据，立刻对其进行持久化。

（3）遍历块号与元数据之间的对应关系，对于文件系统中未使用的数据块对应的元数据，将其无效化，因为该数据块未真正被文件系统使用。

因为 Light-Dedup 正常恢复的过程与文件系统无关，故可以将 Light-Dedup 的一致性方案、崩溃恢复的过程与 PMFS、NOVA 相结合。

PMFS 会在正常卸载时将内存中用于分配数据块的空闲链表保存在内部预留的 inode 节点中，正常恢复时只需要扫描该 inode 节点便可以恢复内存中的空闲链表。在崩溃恢复时，PMFS 会首先扫描日志区域，对尚未提交的事务进行回滚，因为提交日志项之后的所有日志项都尚未提交，所以都会进行回滚。为了恢复内存中分配数据块的空闲链表，PMFS 会扫描系统中的 B+ 树索引。扫描过程中，PMFS 会建立数据块分配位图，其标记了以 4 KB、2 MB、1 GB 划分数据块的情况下数据块的使用情况。通过位图中的空闲数据块信息，PMFS 就可以恢复管理空闲数据块的空闲链表。

NOVA 会在正常卸载时将内存中的页面分配器保存于用于恢复的 inode 的日志中，重新挂载时可通过日志中的信息恢复内存中的页面分配器。崩溃恢复时，NOVA 会在每个 CPU 上并行扫描其所拥有的日志，对其中未提交的事务进行回滚。接下来，NOVA 会并行扫描每个 CPU 的 inode 表中所有的 inode。如果该 inode 有效，则扫描其日志。对于目录 inode，NOVA 只扫描其日志表项，以枚举该目录数据结构所占用的页面；对于文件 inode，NOVA 会读取日志中的所有写入记录以枚举其所使用的数据页面。至此，NOVA 得以建立页面分配的位图，通过位图可以重建数据块分配器。

接下来，介绍 Light-Dedup 与 PMFS、NOVA 结合后的崩溃恢复流程。Light-Dedup 与 PMFS 结合后的崩溃恢复流程如图 12.16 所示，具体过程如下。

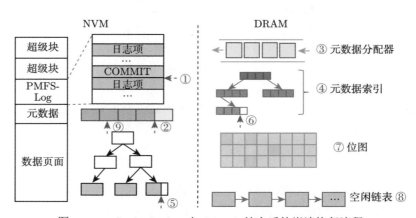

图 12.16　Light-Dedup 与 PMFS 结合后的崩溃恢复流程

（1）扫描日志区域，对于其中未提交的事务进行回滚，如图中①所示。

（2）扫描元数据区，如图中②所示。扫描过程中可以重建元数据分配器并且建立从块号到元数据的映射，如图中③所示。

（3）根据元数据区的元数据重新建立内存中的指纹索引，如图中④所示。PMFS扫描文件系统中的 B+ 树时，会遍历系统中使用的数据块，如图中⑤所示。对于使用的数据块，PMFS 根据块号找到对应的元数据，从元数据中读取对应的指纹，根据指纹在索引中查找，更新引用计数或插入哈希桶，并将引用计数置为 1，如图中⑥所示。如果该块号对应的元数据未被找到，说明它之前发生了哈希碰撞或未被持久化。这时，PMFS 会计算该数据块的弱哈希，如果发生哈希碰撞则可以忽略，否则将其写入元数据区。考虑到冲突概率较小且延迟持久化仅影响 4 条元数据，该情况较少出现。

（4）PMFS 会建立位图（见图中⑦），并根据位图中记录的数据块信息恢复空闲链表（见图中⑧），用来进行数据块组织与分配。

（5）为了作废只存在于元数据中的块号，PMFS 会遍历从块号到元数据的映射，并根据位图检查该数据块是否被使用。如果该数据块未被使用，则可直接作废对应的元数据，如图中⑨所示。

完成上述步骤后，Light-Dedup 与 PMFS 结合后的系统将恢复为一致的状态。

Light-Dedup 与 NOVA 结合后的崩溃恢复流程如图 12.17 所示（该图中仅展示了 CPU1，其他 CPU 与 CPU1 相似），具体过程如下：

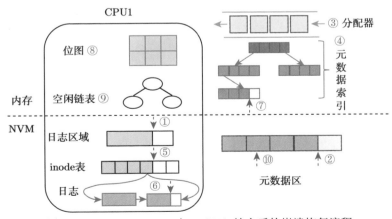

图 12.17　Light-Dedup 与 NOVA 结合后的崩溃恢复流程

（1）NOVA 会并行扫描每个 CPU 的日志区域，对其中未提交的事务进行回滚，如图中①所示。该步骤不涉及任何去重元数据。

（2）遍历元数据区，如图中②所示，以恢复元数据分配器并记录从块号到元数据的对应关系，如图中③所示。

（3）通过元数据区的元数据恢复图中④所示的内存中的索引。如图中⑤所示，NOVA 会并行扫描每个 CPU 上的 inode 表。对于正在使用的 inode，NOVA 会进行如图中⑥所示扫描其日志。扫描过程中，对遍历到的每个数据块查找其对应的元数据，根据元数据中的指纹在索引中查找并更新其对应的引用计数的值，如图中⑦所示。如果该块号对应的元数据未被找到，可能是因为哈希碰撞或延迟持久化中丢失，可以通过计算弱分块判断具体属于哪种情况。如果是哈希碰撞，可直接忽略该元数据；如果是未持久化的元数据项，对其进行持久化。

（4）扫描过程中，NOVA 会根据扫描结果建立图中⑧所示的位图，根据位图恢复用于分配数据块的空闲链表，如图中⑨所示。

（5）NONA 会再次遍历块号与元数据之间的映射，检查该数据块是否被使用。如果该数据块未被使用，则可以无效化该元数据（见图中⑩），因为其未被记录在NOVA 的日志中。

上述操作后，Light-Dedup 与 NOVA 结合后的系统将从崩溃后的不一致状态恢复为一致的状态。

12.4　性能分析

本节通过整体测试和分解测试逐一剖析 Light-Dedup 的设计优势，以验证其性能及对 NVM 是否足够友好。

12.4.1　测试环境

1. 软硬件配置

本实验使用的 CPU 型号为 Intel Xeon® Gold 5218（2.3 GHz），服务器的内存为 128 GB（32 GB×4），运行的操作系统为 Centos 8.4.2105，Linux 内核版本为基于 linux-nova 的 5.1.0。NVM 的配置为 512 GB AppDirect 模式的 Optane DCPMM（256 GB×2），其固件版本为 01.00.00.5127。Optane DCPMM 可将多块傲腾交织为一块傲腾使用，即交织模式。为了避免交织模式带来的影响，除第 12.4.6 小节讨论交织模式的影响外，本实验均将傲腾配置为非交织模式。

考虑到 NOVA 提供了数据一致性和元数据一致性，且具有优于 PMFS 的读写性能，本实验将 Light-Dedup 方案与 NOVA 结合，并通过多项测试验证 Light-Dedup 的性能表现。

2. 测试工具

系统性能测试中采用的测试工具为 fio、ipmctl 与 Filebench。本实验使用 fio[36] 测试文件系统的 I/O 性能，所使用版本为 3.19。fio 提供了丰富的选项以配置不同的访问模式。测试时，使用 fio 的 write 模式进行数据写入测试，数据块的大小配置为 4 KB，与基本数据块的大小一致。为了避免文件预分配的影响，测试时会在 fio 中将文件预分配取消，I/O 引擎与 NOVA 保持一致，即 sync。通过设置 fio 中的重复率参数，本实验生成了不同重复率的文件，以测试不同情况下系统的微基准性能。

本实验使用 ipmctl 统计读写缓存行的数量，版本为 01.00.00.3506。ipmctl 是 Intel 提供的用于配置和管理 Optane DCPMM 的工具，可用于探测设备中的傲腾、配置傲腾的模式和相互关系，以及记录傲腾的性能表现。本实验使用 ipmctl 提供的查询 64 B cachelien 读写接口统计 fio 写入过程中引入的 64 B 读写缓存行的数量。

Filebench[37] 是用于文件系统与存储测试的基准测试工具，可以生成不同场景的负载，以测试文件系统在不同场景下的性能。本实验使用的 Filebench 版本为 1.5-alpha 3。Filebench 可以仿真文件系统的操作，也可以仿真复杂的场景。Filebench 主要测试系统的宏基准指标，即在应用层面感知到的系统性能。

3. 评价指标

本实验主要通过 4 个标准来评价不同系统的好坏：写入带宽、读写缓存行数量、写入延时、每秒操作数。前 3 个指标为微基准性能指标，每秒操作数为宏基准性能指标。写入带宽是指在线程数量一定的情况下，写入特定大小、特定重复率的文件时是指系统的吞吐带宽，吞吐带宽越高则系统的写入效率越高。读写缓存行数量用来衡量系统写入过程中造成的实际读取、写入的数量，该数值越大说明系统的读写放大越严重。写入延时是指系统写入过程中的平均延时，该数值越大则系统写入需要等待的时间越久，系统效率越低。每秒操作数则是从应用层面感知的系统每秒进行特定操作的数量，该数值越大说明系统每秒可以进行的操作越多，系统效率也越高。本实验中，所有的实验数据都经过 5 次测试，展示的数值均为平均值。

12.4.2　整体测试

为了尽可能地提高系统吞吐率，Light-Dedup 使用了轻量级的数据结构，这可能会削弱系统的一致性。而为了保障一致性，Light-Dedup 又通过一致性机制引入了额外的开销，可能反过来影响系统的吞吐率。本小节从微基准与宏基准两个方面测试系统的整体性能。

1. 系统性能微基准测试

本测试主要采用 fio 测试系统的写入带宽、读写缓存行的数及写入延时。为了验证 Light-Dedup 的并发性能，测试时设置线程数为 1、2、4、8、16，且不同线程条件下写入的文件总大小相同，即对于一项总写入为 32 GB 的测试，单线程下会写入单个 32 GB 文件，双线程下会写入两个 16 GB 文件，依此类推。数据的重复率依次设为 0、25%、50%、75%，以测试验证不同重复率对系统性能的影响。

为了验证 Light-Dedup 的性能，本测试将 Light-Dedup 与 NOVA、基于 NOVA 的 NV-Dedup 及 ZFS 进行对比。ZFS 由 Sun 公司提出，其基于存储池管理底层存储介质，提供了数据消冗功能[38]。本测试开启了 ZFS 的数据消冗功能，数据块大小设置为 4 KB。

图 12.18 展示了 NOVA、Light-Dedup、NV-Dedup 和 ZFS 在不同重复率下以不同线程写入 32 GB 文件时系统的写入带宽对比。

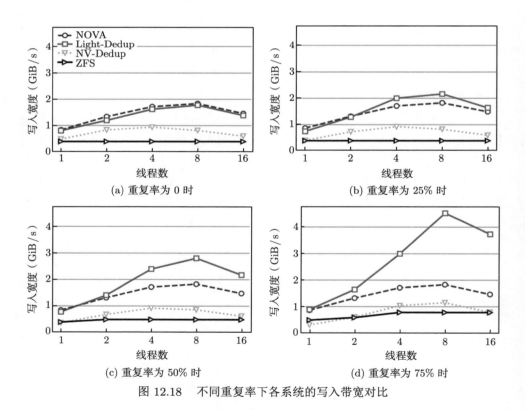

图 12.18   不同重复率下各系统的写入带宽对比

从图 12.18 中可以看出，随着线程数的增加，各系统的写入带宽均有所增加，但是线程数为 16 时写入带宽会降低，这与傲腾高并发时吞吐率降低的特点相符。NV-Dedup 的写入带宽始终低于 NOVA，仅达到 NOVA 的 35%～62%，这充分说明 NV-Dedup 所采用的数据消冗方案不适用于傲腾，不足以充分释放傲腾的带宽性能。与 NOVA 相比，当重复率为 0 时，Light-Dedup 的写入带宽下降了 3%～11%，这是因为 Light-Dedup 的数据消冗方案会引入一定的开销。但是，随着重复率的提高（≥25%）及线程数的增加（≥2），Light-Dedup 的写入带宽会提高至 NOVA 的 1.1～2.5 倍，这是因为数据消冗避免了大量重复数据块的写入，从而提高了系统的写入带宽。Light-Dedup 的写入带宽为 NV-Dedup 的 1.4～4.7 倍，这说明 Light-Dedup 更适用于傲腾，可以充分释放傲腾的带宽可能性。Light-Dedup 的写入带宽为 ZFS 的 2.1～5.9 倍，这说明结合 NVM 文件系统特性设计数据消冗方案才能达到更好的系统性能。随着线程数的增加，Light-Dedup 写入带宽的增长率大于，NV-Dedup，这说明 Light-Dedup 的设计适合多线程访问，轻量级的方案不会在多线程访问过程中导致系统发生较为严重的阻塞，而 NV-Dedup 则容易在多线程访问时导致系统被哈希计算阻塞，从而使得多线程访问的性能提升不明显。综上所述，与 NV-Dedup 相比，Light-Dedup 在高重复率、高线程的情况下可以大幅减少系统写入的开销，提升系统写入带宽，且更适合多线程访问。

为了从更细的粒度研究文件写入过程，本实验统计了各系统的写入延时，如图 12.19 所示。从图中可以看出，随着线程数的增加，所有系统的写入延时都有所提高，这是由多线程之间相互竞争导致的。图中，NV-Dedup 写入延时最高，为 NOVA 的 1.6～3.0 倍，为 Light-Dedup 的 1.5～4.7 倍。这是因为 NV-Dedup 采用的强弱哈希结合的方案计算耗时较长，会导致系统的写入延时较高，这也解释了 NV-Dedup 的写入带宽不及 NOVA 和 Light-Dedup 的原因。Light-Dedup 写入延时为 ZFS 的 16%～43%，可见传统的文件系统设计未能完全发挥 NVM 低延时的特性。重复率为 0 时，Light-Dedup 的写入延时比 NOVA 高 6%～12%，这是数据消冗技术中 xxHash 计算等带来的计算开销导致的。但是，随着重复率的提高（≥25%）和线程数的增加（≥2），Light-Dedup 的写入延时下降为 NOVA 的 36%～84%，这是因为数据消冗避免了大量重复数据块的写入，节约了写入时间，从而降低了系统的写入延时。综上所述，与 NV-Dedup 相比，Light-Dedup 能够在重复率提高时有效地降低系统的写入延时，提高系统响应速度和吞吐率。

为了研究写入过程中系统的读写放大情况，本实验使用 ipmctl 统计系统写入过程中的写入缓存行数量和读取缓存行数量（写入文件的大小为 32 GB），结果分别如图 12.20 和图 12.21 所示。

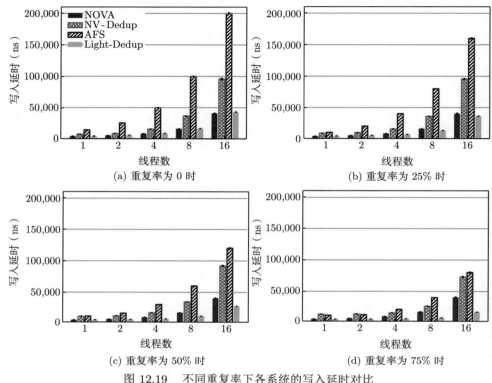

图 12.19　不同重复率下各系统的写入延时对比

从图 12.20 可以看出，随着线程数的增加，写入缓存行的数量也逐渐增加，这是因为缓存行的替换次数会随线程数的增加而增加，导致更多的缓存行被写入。随着重复率的提高，NV-Dedup、Light-Dedup 和 NOVA 写入的缓存行数量都有所减少。

重复率为 75% 时，Light-Dedup 的写入缓存行数量仅是重复率为时的 5%～72%，而 NV-Dedup 的写入缓存行数量仅是重复率为时的 37%～57%，说明数据消冗可以有效地减少写入数据。除重复率为 75% 且线程数为 1、2 的情况外，NV-Dedup 的写入缓存行数量均为 NOVA 的 1.04～2.3 倍。在所有情况下，NV-Dedup 的写入缓存行数量均为 Light-Dedup 的 1.7～5.0 倍。这是因为 NV-Dedup 的元数据相对较大，且其后台线程会不断扫描元数据区，引入了一定的写放大，这也是 NV-Dedup 的写入带宽不及 NOVA 和 Light-Dedup 的原因。

重复率为 0 时，Light-Dedup 的写入缓存行数量与 NOVA 相近，二者有 1%～4% 的差距。但是随着重复率的提高，Light-Dedup 的写入缓存行数量减少为 NOVA 的 26%～81%，这说明 Light-Dedup 中的数据消冗可以减少大量的数据写入，其所引入的去重元数据写入也因为引用计数持久化和元数据延迟持久化等机制大大减少，从而有效地减少了数据消冗过程中的写放大。除重复率为 75% 且线程数为 16 的情况外，Light-Dedup 的写入缓存行数量均为 NOVA 的 39%～70%。

　　综上所述，与 NV-Dedup 相比，Light-Dedup 中的元数据延迟持久化机制和引用计数持久化机制大大减少了去重元数据写入数量，Light-Dedup 所采用的数据消冗方案也避免了 NV-Dedup 的后台线程引入的写入问题，最终减少了总体数据的写入，使系统中的写放大得到了解决，降低了对傲腾的损耗。

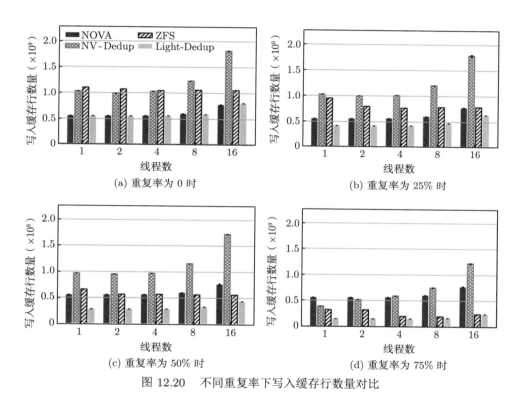

图 12.20　不同重复率下写入缓存行数量对比

　　由图 12.21 可知，随着线程数的增加，各系统的读取缓存行数量也有所增加，这与多线程并发时缓存行替换次数的增加有关。随着重复率的提高，NV-Dedup、Light-Dedup 的读取缓存行数量都有所下降。重复率为 75% 时，NV-Dedup 的读取缓存行数量是重复率为时的 60%～82%，Light-Dedup 的读取缓存行数量是重复率为 0 时的 50%～53%，这是因为系统引入的数据消冗技术不仅减少了重复数据块的写入，还减少了写入过程中将数据块加载到 cache 的读取操作。

　　在所有情况下，NV-Dedup 的读取缓存行数量都最多，为 NOVA 的 1.6～2.8 倍，Light-Dedup 的 2.4～4.1 倍，这是因为 NV-Dedup 设置了后台线程对元数据区进行扫描，以填补没有弱指纹的元数据，而且 NV-Dedup 所设计的元数据较大，其索引指向的是元数据地址，比较指纹时需要读取元数据，这些都引入了大量额外的读取操作。

重复率为 0 与 25% 时，Light-Dedup 的读取缓存行数量与 NOVA 比较接近，二者之间仅有 1%~3% 的差距。重复率为 50% 时，Light-Dedup 的读取缓存行数量与 NOVA 相比减少了 11%~16%。重复率为 75% 时，Light-Dedup 的读取缓存行数量与 NOVA 相比减少了 87%~90%。这说明，尽管引入了字节级比对的方案，Light-Dedup 依旧减少了大量重复数据块写入过程中不必要的读取操作，而且 Light-Dedup 中的索引也减少了大量不必要的元数据读取操作。除线程数较高的情况外，Light-Dedup 的读取缓存行数量为 ZFS 的 5%~95%。与 NV-Dedup 相比，Light-Dedup 采用的重复数据块检测方案和索引不会为系统引入过多不必要的缓存行读取操作，可以解决系统的写入放大问题，降低对傲腾的损耗。

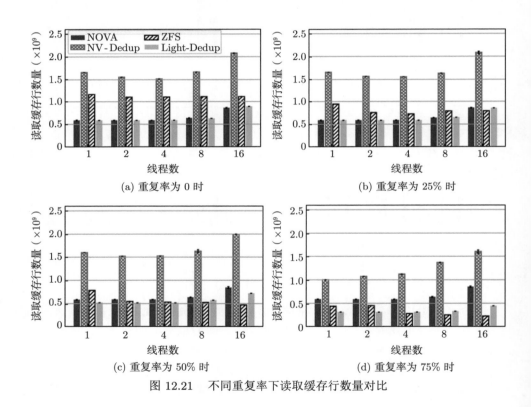

图 12.21　不同重复率下读取缓存行数量对比

2. 系统性能宏基准测试

为了评估系统宏基准性能，即从用户层面感知的系统性能，本实验选取了 3 种不同的负载情况进行测试，作为负载参与测试的数据集特点如表 12.4 所示。

Videoserver 负载模拟的是一个视频服务器，它的文件数量相对较少，仅为 400 个，但是其文件相对较大，I/O 请求的大小也更大，可以测试系统在大文件情况下的性能。Fileserver 模拟的是一个文件服务器，它的文件数量与单个文件大小都较为适中，可用于测试系统在通用场景下的性能。Mailserver 模拟的是一个邮件服务器，其包含了大量的小文件，文件的数量也最多，主要测试系统在较小文件场景下的性能。3 个负载的数据集大小相等。

表 12.4　作为负载参与测试的数据集特点

负载	单个文件大小	文件数量（个）	数据集大小	I/O 大小
Videoserver	128 MB	400	50 GB	1 MB
Fileserver	1 MB	50,000	50 GB	64 KB
Mailserver	128 KB	400,000	50 GB	16 KB

测试结果如图 12.22(a) 所示，因为 Videoserver 的单个文件最大，因此其每秒操作数最小，而 Mailserver 的每秒操作数最大。在 Videoserver 场景下，Light-Dedup 的每秒操作数为 NOVA 的 2.6 倍，为 NV-Dedup 的 2.5 倍；NV-Dedup 的每秒操作数与 NOVA 相比提高了 4%。在 Fileserver 场景下，Light-Dedup 的每秒操作数为 NOVA 的 6.9 倍，为 NV-Dedup 的 3.0 倍；NV-Dedup 的每秒操作数为 NOVA 的 2.2 倍。在 Mailserver 场景下，Light-Dedup 的每秒操作数为 NOVA 的 6.5 倍，为 NV-Dedup 的 2.6 倍；NV-Dedup 的每秒操作数为 NOVA 的 2.4 倍。与 NV-Dedup 相比，Light-Dedup 的方案更轻量级，因此在相同时间内可以进行更多的操作，最终在不同场景下提升更为明显。在单个文件大小不同、文件数量不同的场景下，Light-Dedup 均表现出了最优的性能，说明它可以适应不同的场景，提供持续、稳定的良好输出。

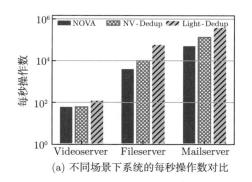

(a) 不同场景下系统的每秒操作数对比

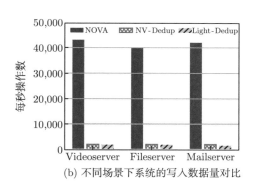

(b) 不同场景下系统的写入数据量对比

图 12.22　不同场景下的系统性能宏基准测试结果

本实验进一步统计了不同数据集下 NOVA、NV-Dedup、Light-Dedup 的写入数据量，如图 12.22(b) 所示。与 NOVA 相比，Light-Dedup 的写入数据量仅为

NOVA 的 3.4%~3.5%，这说明数据消冗可以减少大量的文件写入。Light-Dedup 的写入数据量与 NV-Dedup 相比下降了 18%~20%，这是因为 NV-Dedup 在低重复率下不进行去重操作，所以 NV-Dedup 的写入数据量较大。综上所述，Light-Dedup 可以节省大量的数据写入，与过往的去重方案相比，吞吐率更优且写入数据量也更小。

12.4.3　高吞吐率设计的有效性测试

本小节主要对 Light-Dedup 的高吞吐率设计（xxHash 加字节级比对的重复数据块检测方案、基于空闲区域的去重元数据分配方案，以及高度受控的索引结构）进行测试，以验证该设计的有效性。

1. 重复数据块检测方案测试

为了测试使用不同重复数据块检测方案的效果，本小节将 Light-Dedup（仅使用 xxHash 加字节级比对的版本）与 NV-Dedup 及 NOVA 进行对比。图 12.23 展示了在单线程情况下系统写入 4 GB 文件的写入带宽对比。由图可知，当重复率为 25% 以上时，Light-Dedup 的写入带宽为 NV-Dedup 的 1.3~2.4 倍。这是因为重复率为 0 时，Light-Dedup 与 NV-Dedup 主要都进行弱哈希计算，而 XXH64 与 CRC32 的耗时比较接近，所以二者写入带宽差异较小。但是随着重复率提高，NV-Dedup 中强哈希计算的占比提高，而 Light-Dedup 的字节级比对与强哈希 MD5 计算相比代价较小，因此 Light-Dedup 的写入带宽优于 NV-Dedup，且随着重复率提高差距愈发明显。但是，仅使用 xxHash 与字节级比对的 Light-Dedup 与 NOVA 相比，写入带宽仍有着 13%~33% 的差距。

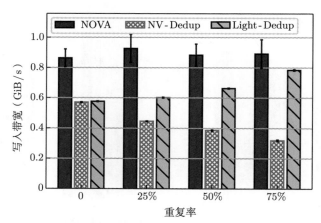

图 12.23　单线程情况下系统写入 4 GB 文件的写入带宽对比

2. 去重元数据分配方案测试

为了测试基于空闲区域的分配与基于空闲链表的分配之间的性能差距，本小节通过实验模拟了系统中的元数据区碎片率，碎片率即元数据区的碎片情况，碎片率为 0 意味着此时分配的元数据都是连续的；碎片率为 25% 意味着平均情况下，系统每 4 次分配中，有 3 个元数据为连续的，1 个元数据为不连续的，依此类推。实验测试了在不同碎片率的情况下单线程地分别写入 2 GiB、4 GiB、8 GiB、16 GiB 及 32 GiB 文件的结果，如图 12.24 所示。碎片率为 0 时，基于空闲区域的分配与基于空闲链表的分配无显著差异，这是因为此时系统中分配的元数据区域都是连续的，因此空闲链表也可以较好地保证元数据之间的空间局部性，二者的写入带宽无明显差距。碎片率为 25% 时，基于空闲区域分配的写入带宽比基于空闲链表分配的写入带宽高了 5%~7%。碎片率为 50% 时，基于空闲区域分配的写入带宽比基于空闲链表分配的写入带宽高了 8%~10%，而碎片率为 75% 时，前者比后者高了 7%~11%。可以发现，随着碎片率的提高，二者之间的差异愈发明显。

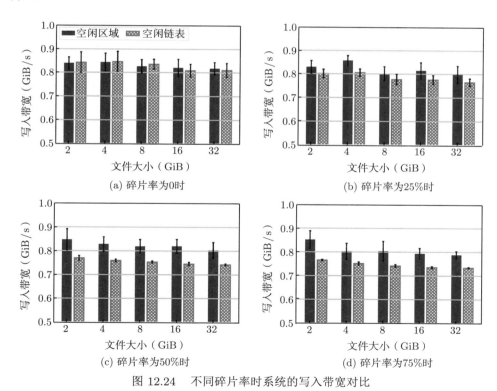

图 12.24　不同碎片率时系统的写入带宽对比

与碎片率为 0 时基于空闲链表分配的写入带宽相比，在碎片率不为 0 时基于空闲链表分配的写入带宽下降了 4%~12%。与碎片率为 0 时基于空闲区域分配的写入带宽相比，碎片率不为 0 时基于空闲区域分配的写入带宽下降了 1%~5%。因此，基于空闲区域的元数据分配方案更能抵抗系统中出现的碎片化情况，保持良好的性能。

3. 索引结构测试

为了验证缓存信息对系统性能的影响，下面对设置缓存信息前后的索引结构进行对比，即将第 12.3.4 小节介绍的可扩展哈希与 Light-Dedup 最终使用的索引结构进行对比。在单线程、重复率为 0 的情况下分别写入 2 GiB、4 GiB、8 GiB、16 GiB、32 GiB 文件，比较二者的写入带宽及写入过程中傲腾的读取缓存行数量，结果如图 12.25(a) 所示。图中柱状图所对应的为读取缓存行数量，折线对应的为写入带宽。从图中可以发现，引入启发位、标签位等缓存信息后，系统的写入带宽提升了 7%~14%，写入过程中的傲腾的读取缓存行数量有 0.7%~85% 的下降，即引入缓存信息后系统减少了大量不必要的对傲腾的读取，提高了吞吐率。与写入 2 GiB 文件时相比，写入 32 GiB 文件时可扩展哈希的写入带宽下降了 15%，而 Light-Dedup 的写入带宽仅下降了 9%，因此 Light-Dedup 的扩展性更好。

为了从更细的粒度分析系统性能提升的原因，下面进一步对比可扩展哈希和 Light-Dedup 的插入及查找操作耗时。在重复率分别为 0、25%、50% 及 75% 的情况下单线程地写入 32 GiB 文件，比较查找及插入操作的耗时，结果如图 12.25(b) 所示。Light-Dedup 的查找操作耗时在不同重复率的情况下基本持平，且均为最低，为可扩展哈希查找操作的 11%~28%。可见，使用缓存信息可以显著地减少索引查找过程中的负面查找，大幅提高查找的性能。与可扩展哈希的插入操作相比，Light-Dedup 的插入操作在不同重复率的情况下有所波动，插入操作耗时减少了 1.7%~31%。可见，缓存信息一定程度上降低了插入过程的耗时，但插入过程仍有其他操作，因此影响较小。

为了测试不同索引的可扩展性，本小节测试了单线程地写入不同文件（重复率均为 0）时，Light-Dedup 索引与哈希链表、红黑树及基数树的写入带宽，结果如图 12.26(a) 所示。从图中可以发现，Light-Dedup 索引的写入带宽性能最优，与哈希链表相比提升了 35%~60%，与红黑树相比提升了 34%~60%，与基数树相比提升了 59%~74%。这是因为与其他索引相比，Light-Dedup 索引的高度有限，查找过程中不会进行太多次跳转。与写入 2 GiB 文件时相比，写入 32 GiB 文件时 Light-Dedup 索引的写入带宽仅下降了 9%，因此 Light-Dedup 的可扩展性良好。

此外，本小节还对不同索引所占用的内存进行了测试，结果如图 12.26(b) 所示。测试时，分别单线程地写入 2 GiB、4 GiB、8 GiB、16 GiB、32 GiB 文件（重复率为 0），统计写入后索引占用的内存大小。由图可知，在各文件大小下，Light-Dedup 索引占用的内存均最小，与红黑树占用的内存相比下降了 52%～65%，与哈希链表占用的内存相比下降了 43%～58%，与基数树占用的内存相比下降了 5%～31%。这是因为与其他索引方案相比，Light-Dedup 索引的哈希桶更大，节省了大量的指针存储，且仅存储了根据指纹计算的缓存信息。写入量为 32 GiB 时，Light-Dedup 索引仅会占用 132 MB 的内存，索引占比极小，不会给系统引入额外负担。

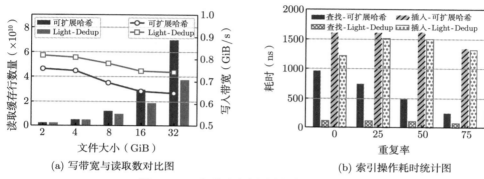

(a) 写带宽与读取数对比图   (b) 索引操作耗时统计图

图 12.25   索引吞吐率测试与耗时统计图

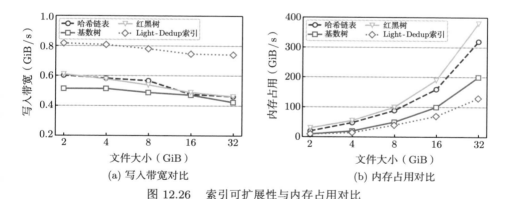

(a) 写入带宽对比   (b) 内存占用对比

图 12.26   索引可扩展性与内存占用对比

12.4.4　一致性设计的有效性测试

本小节主要对 Light-Dedup 的一致性设计（引用计数持久化机制和元数据延迟持久化机制）进行测试，以验证该设计的有效性。

1. 引用计数持久化机制测试

为了测试持久化引用计数对系统性能的影响，本小节对持久化引用计数的系统和不持久化引用计数的系统进行测试。在重复率为 0、25%、50% 及 75% 的情况下单线程地写入大小为 4 GiB 的文件, 写入带宽如图 12.27(a) 所示。图中,"持久化" 表示对引用计数进行持久化,"非持久化" 表示不持久化引用计数。可以发现, 与不持久化引用计数相比, 持久化引用计数导致系统的写入带宽下降了 5%~15%。这是因为持久化引用计数时, 系统为维护其一致性, 会引入一定的软件开销, 导致系统的写入带宽下降较为明显。

为了研究持久化引用计数所引入的读写, 本小节进一步统计了持久化引用计数与不持久化引用计数的情况下, 系统额外读写缓存行的数量, 即统计持久化引用计数以及不持久化引用计数时系统读写缓存行的数量减去基于 NOVA 统计的读写缓存行数量, 结果如图 12.27(b) 所示。图中,"持久化-读取" 表示持久化引用计数机制下额外读取的缓存行数量,"持久化-写入" 表示持久化引用计数机制下额外写入的缓存行数量,"非持久化-读取" 表示不持久化引用计数机制下额外读取的缓存行数量,"非持久化-写入" 表示不持久化引用计数机制下额外写入的缓存行数量。可以发现, 与持久化引用计数的版本相比, 不持久化引用计数的写入缓存行数量为它的 14%~29%, 这是因为大量刷回引用计数的操作都被节省。而对读取缓存行数量来说, 不持久引用计数的版本也下降了 43%~93%, 此处减少的主要为判断引用计数时的读取及修改引用计数时的 "读-改-写" 操作。因此, 不持久化引用计数可以减少对底层介质的写入与读取, 降低损耗。

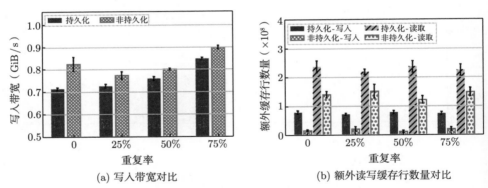

(a) 写入带宽对比　　　　　　　(b) 额外读写缓存行数量对比

图 12.27　引用计数持久化机制的测试结果

2. 元数据延迟持久化机制测试

为了验证刷回粒度对系统性能的影响, 本小节对按照 64 B 刷回、按照 256 B 刷回及立刻刷回的系统进行测试。考虑到重复率为 0 时系统刷回的元数据内容最多, 本测试在重复率为 0 的情况下单线程地分别写入 2 GiB、4 GiB、8 GiB、16 GiB 及 32 GiB 文件, 结果如图 12.28(a) 所示。与按照 64 B 刷回相比, 立刻刷回的系统的写入带宽下降了 3%~6%。与按照 256 B 刷回相比, 立刻刷回的系统的写入带宽下降了 4%~8%。按照 256 B 刷回与按照 64 B 刷回的写入带宽仅有不到 2% 的差距。这说明，与立刻刷回相比，元数据延迟持久化可以在一定程度上提高系统的吞吐率，而持久化的刷回粒度对系统吞吐率的影响较小。

本测试还统计了按照 64 B 刷回、按照 256 B 刷回及立刻刷回这 3 种情况下系统额外写入缓存行的数量，即按照 64 B 刷回、按照 256 B 刷回及立刻刷回的情况下系统写入缓存行的数量减去基于 NOVA 统计的写入缓存行数量，结果如图 12.28(b) 所示。可以发现，立刻刷回引入的额外写入缓存行数量为按照 64 B 刷回的 2.6~6.1 倍，为按照 256 B 刷回的 2.7~6.0 倍。如果对元数据进行立刻刷回，会导致系统中存在至少 2.6 倍的写放大。按照 256 B 刷回以及按照 64 B 刷回所引入的额外写入缓存行数量仅有 2%~8% 的差别，这是因为尽管傲腾按照 256 B 将元数据刷回到底层物理介质中，但是 CPU 将数据刷回到傲腾中的粒度仍然为 64 B，因此二者引入的额外写入缓存行数量差距不大。因此，执行刷回时可以按照 64 B 进行，这样不会对底层介质造成过多损耗，且该粒度较小，对系统一致性的影响更小。

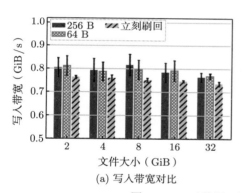
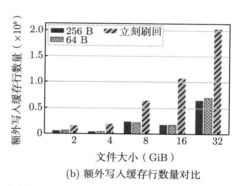

(a) 写入带宽对比　　　　　　　　(b) 额外写入缓存行数量对比

图 12.28　元数据延迟持久化机制的测试结果

为了在尽可能地减少开销的同时保障系统的一致性，Light-Dedup 最终采用了延迟持久化方案：当元数据的大小达到 64 B（一条缓存行的大小）时再进行刷回。如果在元数据刷回前系统发生崩溃，此时未刷回的元数据会丢失，系统会出现不一致状态，但可以根据文件系统中的元数据进行恢复，而且每条缓存行最多保存 4 条元数据，不会对系统产生过大的影响。

12.4.5　恢复时间测试

Light-Dedup 将索引、元数据分配器等都放在内存中，因此系统正常卸载或者发生崩溃后都需要恢复内存中的相关结构。正常恢复时，系统会扫描保存在 NVM 中的元数据及索引记录，以进行恢复；崩溃恢复时，系统会扫描所有 inode 日志，以恢复文件系统元数据及去重元数据之间的一致性。为了测试正常恢复和崩溃恢复的恢复时间，本小节使用 Filebench 生成不同类型的数据，测试正常恢复与崩溃恢复的恢复时间。Filebench 的负载参数情况同表 12.4。

表 12.5 展示了 NOVA 和 Light-Dedup 在基于 Filebench 的 3 种场景下进行正常恢复的测试结果。正常恢复时，NOVA 只需要扫描存储在 NVM 中的信息，因此恢复时间非常稳定，只需 2 ms 即可。Light-Dedup 因为引入了额外的元数据扫描和索引重建，恢复时间需要 23 ms，但此时保证了高去重吞吐率和系统一致性，且时间依旧不足 1 s，故该恢复代价可以接受。

表 12.5　基于 Filebench 的正常恢复时间测试结果（单位：ms）

方案名称	Videoserver	Fileserver	Mailserver
NOVA	2	2	2
Light-Dedup	23	23	23

表 12.6 展示了 NOVA 和 Light-Dedup 在基于 Filebench 的 3 种不同场景下进行崩溃恢复的测试结果。因为崩溃恢复时 NOVA 需要扫描所有的日志，崩溃恢复的时间与正常恢复相比有所提高。Light-Dedup 在 NOVA 扫描日志的过程中重新恢复索引及系统一致性所引入的开销相对较少，与 NOVA 相比提高了 9~12 ms。考虑到此时系统文件大小为 50 GB，所引入的额外时间相对较少，故该恢复代价可以接受。

表 12.6　基于 Filebench 的崩溃恢复时间测试结果（单位：ms）

方案名称	Videoserver	Fileserver	Mailserver
NOVA	84	82	83
Light-Dedup	93	94	94

12.4.6　交织模式的影响

在交织模式下，若干块傲腾被交织为一块，来自不同傲腾的页面会交织在一起形成逻辑上的整体。此时，对傲腾的访问会因为相邻页面来自不同的傲腾而较好地进行并发。为了测试不同系统在交织模式下的并发性能，本小节将机器中两个 256 GB 的傲腾配置为交织模式，构成一个逻辑存储空间为 512 GB 的傲腾。

图 12.29 展示了 NOVA、Light-Dedup 以及 NV-Dedup 在不同重复率下以不同线程数写入 32 GB 文件时交织模式与非交织模式的写入带宽对比。图中，NOVA-Inter、Light-Dedup-Inter、NV-Dedup-Inter 分别表示交织模式下系统的写入带宽，NOVA、Light-Dedup、NV-Dedup 则表示非交织模式下系统的写入带宽。

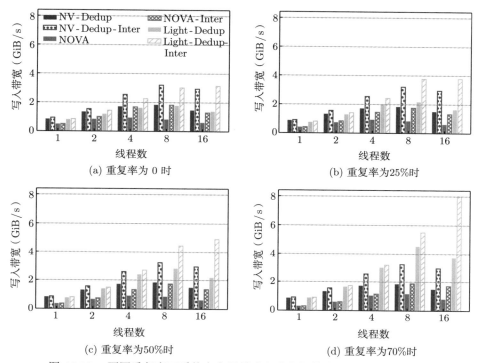

图 12.29　不同重复率下系统在交织模式和非交织模式下的写入带宽对比

在单线程下，各系统的带宽提升并不明显，NOVA 在交织模式下的写入带宽与非交织模式相比提高了 3%~11%。NV-Dedup 在交织模式下的写入带宽与非交织模式相比有 1%~4% 的浮动，Light-Dedup 在交织模式下的写入带宽与非交织模式相比上升了 2%~7%。这是因为，仅在两个傲腾上单线程切换时不会进行并发。但当线程数为 2 及以上时，交织模式使得各系统的写入带宽均有所提高，NOVA 有 15%~100% 的提高，NV-Dedup 有 9%~123% 的提高，Light-Dedup 有 5%~127% 的提高。这说明各系统都可以较好地适应交织模式，能够充分利用交织模式下的并发以提升系统的写入带宽。值得注意的是，交织模式下 NOVA 在 16 线程时的写入带宽与 8 线程时相比下降了 8%~9%，而 NV-Dedup 在交织模式下 16 线程时的写入带宽与 8 线程时相比也下降了 10%~29%，只有 Light-Dedup 在交织模式下 16 线程时的写入带宽与 8 线程时相比提高了 4%~45%，这说明 Light-Dedup 可以更好地利用交织模式下的并发，带来系统性能提升。其中，处于交织模式的 Light-Dedup 在线程数较大（≥2）且重复率较高（≥50%）时写入带宽最优，为交织模式下 NOVA 的 1.04~2.70 倍，为交织模式下 NV-Dedup 的 1.3~4.7 倍。

12.5　本章小结

　　新型存储器 NVM 具有可字节级寻址、掉电不易失、高带宽等特点，有望大幅提升系统存储性能，因此出现了一系列 NVM 文件系统。考虑到文件系统的负载中存在冗余数据，引入数据消冗技术可以增大逻辑存储空间，降低 NVM 存储成本。随着 NVM 的发展，Intel 推出的傲腾横空出世，其读延时大于写延时的特性与过往对 NVM 的假设不尽相同。过往面向 NVM 文件系统的数据消冗技术不足以充分发挥 NVM 的带宽潜能，也未能考虑文件系统元数据与去重元数据之间的一致性。因此，本章从高吞吐率与一致性两个角度出发，提出了轻量级 NVM 文件系统框架 Light-Dedup，并于 NOVA 文件系统上实现。与 NV-Dedup 相比，Light-Dedup 的吞吐率提升了 0.4~3.7 倍。与 NOVA 相比，Light-Dedup 的吞吐率提高了 1.6~5.9 倍。Light-Dedup 的主要创新点如下。

　　（1）从 NVM 的特性出发，本章首先提出了弱哈希与字节级比对结合的重复数据块检测方案，可以令 Light-Dedup 充分利用 NVM 的读带宽，规避了过往强弱哈希结合这一计算开销巨大的方案。其次，注意到文件系统中经常出现碎片化现象，为了提高系统抗碎片化的能力，本章提出了一种基于内容区域的元数据分配方案。最后，考虑到内核数据索引本身的可扩展性不足，本章重新设计了数据索引结构，结合 NVM 读延时大于写延时的特性，减少了大量不必要的读取，提出了可扩展性能更好的索引方案。

　　（2）从减少一致性开销的角度出发，本章结合文件系统的特点，为 Light-Dedup 设计了引用计数持久化机制：将引用计数置于内存索引中，以避免频繁的引用计数刷回导致的额外读写。其次，本章分析了元数据的一致性开销，为了避免元数据刷回导致的额外读写，为 Light-Dedup 设计了元数据延迟持久化机制，将粒度与缓存行对齐。最后，本章结合文件系统特性，设计了对应的一致性机制与恢复方案，以保证文件系统元数据与去重元数据之间的一致性。

　　截至本书成稿之日，Light-Dedup 是性能最佳的面向 NVM 文件系统的数据消冗方案，其性能开销远小于其他方案。但是，该方案仅在 NOVA 上实现，并未与其他 NVM 文件系统结合，且本方案中字节级比对的操作会引入大量 NVM 读取。未来，作者团队将考虑令 Light-Dedup 与更多 NVM 文件系统结合，验证该方案的普适性；也将考虑结合 NVM 与内存，为字节级比对设计合适的缓存方案，减少在 NVM 的操作，提高系统带宽；此外，还可从工程角度对系统进行优化，追求极致的系统吞吐性能。

参考文献

[1] 孙广宇. 面向非易失内存的结构和系统级设计与优化综述[J]. 华东师范大学学报（自然科学版），2014(1): 72-81.

[2] 肖仁智. 面向非易失内存的数据一致性研究综述[J]. 计算机研究与发展, 2020, 57(1): 85-101.

[3] 闫玮. 基于持久性内存的单向移动 B+ 树[J]. 计算机研究与发展, 2021, 58(1): 371-383.

[4] CHEN C, WEI Q, WONG W, et al. NV-Journaling: Locality-aware Journaling Using Byte-addressable Non-volatile Memory[J]. IEEE Transactions on Computers, 2020, 69 (2): 288-299.

[5] YANG J, KIM J, HOSEINZADEH M, et al. An Empirical Guide to the Behavior and Use of Scalable Persistent Memory[C]//Proceedings of USENIX Conference on File and Storage Technologies (FAST'20). CA: USENIX Association, 2020: 169-182.

[6] YANG Q, JIN R, ZHAO M. SmartDedup: Optimizing Deduplication for Resource-constrained Devices[C]//Proceedings of USENIX Annual Technical Conference (ATC'19). WA: USENIX Association, 2019: 633-646.

[7] WANG C, WEI Q, YANG J, et al. NV-Dedup: High-performance Inline Deduplication for Non-volatile Memory[J]. IEEE Transactions on Computers, 2018, 67(5): 658-671.

[8] LEE C, SIM D, HWANG J Y, et al. F2FS: A New File System for Flash Storage[C]// Proceedings of USENIX Conference on File and Storage Technologies (FAST'15). CA: USENIX Association, 2015: 273-286.

[9] YAO T, ZHANG Y, WAN J, et al. MatrixKV: Reducing Write Stalls and Write Amplification in LSM-tree based KV Stores with Matrix Container in NVM[C]//Proceedings of USENIX Annual Technical Conference (ATC'20). Online: USENIX Association, 2020: 17-31.

[10] CHIDAMBARAM V, SHARMA T, ARPACI-DUSSEAU A C, et al. Consistency without Ordering[C]//Proceedings of USENIX Conference on File and Storage Technologies (FAST'12). CA: USENIX Association, 2012: 9.

[11] XU J, ZHANG L, MEMARIPOUR A S, et al. NOVA-Fortis: A Fault-Tolerant Non-volatile Main Memory File System[C]//Proceedings of ACM Symposium on Operating Systems Principles (SOSP'17). Shanghai: ACM, 2017: 478-496.

[12] 舒继武. 非易失主存的系统软件研究进展[J]. 中国科学：信息科学, 2021, 51(6): 869-899.

[13] HAGMANN R B. Reimplementing the Cedar File System Using Logging and Group Commit[C]//Proceedings of ACM Symposium on Operating System Principles (SOSP'87). Texas: ACM, 1987: 155-162.

[14] WANG J, HU Y. WOLF—A Novel Reordering Write Buffer to Boost the Performance of Log-structured File Systems[C]//Proceedings of USENIX Conference on File and Storage Technologies (FAST'02). California: USENIX, 2002: 47-60.

[15] HU D, CHEN Z, WU J, et al. Persistent Memory Hash Indexes: An Experimental Evaluation[C]//Proceedings of International Conference on Very Large Data Bases (VLDB'21). Copenhagen: VLDB Endowment, 2021: 785-798.

[16] ZHANG Y, SWANSON S. A Study of Application Performance with Non-Volatile Main Memory[C]//Proceedings of IEEE Symposium on Mass Storage Systems and Technologies (MSST'15). CA: IEEE Computer Society, 2015: 1-10.

[17] XU J, KIM J, MEMARIPOUR A S, et al. Finding and Fixing Performance Pathologies in Persistent Memory Software Stacks[C]//Proceedings of International Conference on Architectural Support for Programming Languages and Operating Systems (ASPLOS'19). RI: ACM, 2019: 427-439.

[18] RAO D S, KUMAR S, KESHAVAMURTHY A S, et al. System Software for Persistent Memory[C]//Proceedings of Eurosys Conference (Eurosys'14). Amsterdam: ACM, 2014: 15:1-15:15.

[19] XU J, SWANSON S. NOVA: A Log-structured File System for Hybrid Volatile/Nonvolatile Main Memories[C]//Proceedings of USENIX Conference on File and Storage Technologies (FAST'16). CA: USENIX Association, 2016: 323-338.

[20] ROSENBLUM M, OUSTERHOUT J K. The Design and Implementation of a Logstructured File System[J]. ACM Transactions on Computer System, 1992, 10(1): 26-52.

[21] XIA W, JIANG H, FENG D, et al. A Comprehensive Study of the Past, Present, and Future of Data Deduplication[J]. Proceedings of the IEEE, 2016, 104(9): 1681-1710.

[22] YIN J, TANG Y, DENG S, et al. D^3: A Dynamic Dual-phase Deduplication Framework for Distributed Primary Storage[J]. IEEE Transactions on Computers, 2018, 67 (2): 193-207.

[23] ZOU X, YUAN J, SHILANE P, et al. The Dilemma between Deduplication and Locality: Can both be Achieved?[C]//Proceedings of USENIX Conference on File and Storage Technologies (FAST'21). Online: USENIX Association, 2021: 171-185.

[24] CHEN F, LUO T, ZHANG X. CAFTL: A Content-aware Flash Translation Layer Enhancing the Lifespan of Flash Memory based Solid State Drives[C]//Proceedings of USENIX Conference on File and Storage Technologies (FAST'11). CA: USENIX, 2011: 77-90.

[25] XIA W, JIANG H, FENG D, et al. Similarity and Locality based Indexing for High Performance Data Deduplication[J]. IEEE Transactions on Computers, 2015, 64(4): 1162-1176.

[26] PAULO J, PEREIRA J. Efficient Deduplication in a Distributed Primary Storage Infrastructure[J]. ACM Transactions on Storage, 2016, 12(4): 20:1-20:35.

[27] CHEN W, CHEN Z, LI D, et al. Low-overhead Inline Deduplication for Persistent Memory[J]. Transactions on Emerging Telecommunications Technologies, 2021, 32(8).

[28] ZHU B, LI K, PATTERSON R H. Avoiding the Disk Bottleneck in the Data Do-main Deduplication File System[C]//Proceedings of USENIX Conference on File and Storage Technologies (FAST'08). CA: USENIX Association, 2008: 269-282.

[29] DEBNATH B K, SENGUPTA S, LI J. ChunkStash: Speeding Up Inline Storage Deduplication Using Flash Memory[C]//Proceedings of USENIX Annual Technical Conference (ATC'10). MA: USENIX Association, 2010: 215-229.

[30] KESAVAN R, CURTIS-MAURY M, DEVADAS V, et al. Countering Fragmentation in an Enterprise Storage System[J]. ACM Transactions on Storage, 2020, 15(4): 25:1-25:35.

[31] RODEH O, BACIK J, MASON C. BTRFS: The Linux B-Tree Filesystem[J]. ACM Transactions on Storage, 2013, 9(3): 9:1-9:32.

[32] WEIL S A, BRANDT S A, MILLER E L, et al. Ceph: A Scalable, High-Performance Distributed File System[C]//Proceedings of Symposium on Operating Systems Design and Implementation (OSDI'06). WA: USENIX Association, 2006: 307-320.

[33] MA S, CHEN K, CHEN S, et al. ROART: Range-query Optimized Persistent ART [C]//Proceedings of USENIX Conference on File and Storage Technologies (FAST'21). Online: USENIX Association, 2021: 1-16.

[34] ZHOU Y, DENG Y, YANG L T, et al. LDFS: A Low Latency In-line Data Dedupli-cation File System[J]. IEEE Access, 2018, 6: 15743-15753.

[35] FAGIN R, NIEVERGELT J, PIPPENGER N, et al. Extendible Hashing—A Fast Access Method for Dynamic Files[J]. ACM Transactions on Database Systems, 1979, 4(3): 315-344.

[36] GAO X, DONG M, MIAO X, et al. EROFS: A Compression-friendly Readonly File System for Resource-scarce Devices[C]//Proceedings of USENIX Annual Technical Conference (ATC'19). WA: USENIX Association, 2019: 149-162.

[37] CHEN S, CHEN T, CHANG Y, et al. UnistorFS: A Union Storage File System Design for Resource Sharing between Memory and Storage on Persistent RAM-based Systems [J]. ACM Transactions on Storage, 2018, 14(1): 3:1-3:22.

[38] REBELLO A, PATEL Y, ALAGAPPAN R, et al. Can Applications Recover from fsync Failures?[C]//Proceedings of USENIX Annual Technical Conference (ATC'20). Online: USENIX Association, 2020: 753-767.

第 13 章　面向图像存储的细粒度数据去重技术

得益于各种数码设备的发展和普及，图像信息已经成为主流的信息载体之一，并且正朝着分辨率更高、尺寸更大的方向进一步发展。互联网中迅速增加的海量图像数据给以社交平台和网络电商为代表的云服务商带来的存储压力日益增长。本章介绍一种为图像场景设计的细粒度数据去重（Fine-grained Deduplication）技术。这一技术将尽可能最大化地发现并消除图像集群中的冗余信息，从而最大化地压缩图像数据所占用的存储空间，减少存储图像数据的开销，为云服务商带来巨大的经济收益。本章的组织结构：第 13.1 节介绍图像数据去重（简称图像去重）的研究现状；第 13.2 节介绍图像去重的特性与挑战；第 13.3 节介绍一个细粒度图像去重框架；第 13.4 节介绍一个新型的、基于特征位图的相似性检测器；第 13.5 节介绍一个高效的与图像编码兼容的差量压缩器；第 13.6 节则对本章介绍的细粒度图像去重系统 imDedup 进行性能测试；第 13.7 节总结本章内容。

13.1　图像去重的研究现状

在图像场景中，粗粒度数据去重（Coarse-grained Deduplication）技术已经被用在一些研究中，这些工作可以分为两大类：精确去重和模糊去重（Fuzzy Deduplication）。

图像场景下的精确去重技术[1-4] 与通用文件场景下的粗粒度去重技术没有本质区别。这一类技术为每个图像文件计算一个安全指纹（Cryptographic Fingerprint，对称安全哈希），并以这个指纹为键值建立哈希索引表。利用安全哈希碰撞率极低的特点，精确去重技术会直接将拥有相同指纹的图像视作冗余图像。因此得到图像文件的指纹后，如果根据哈希索引表找到了与其指纹相同的图像，那么就可以删除这张冗余图像的数据了。这种精确去重技术可以达到无损去重的效果，但其去重效果非常有限，因为它无法消除小于图像自身大小的冗余数据。换言之，它只能消除完全相同的图像之间的冗余数据，而无法消除隐藏在相似图像间的细粒度冗余数据（如图 13.1 中的两张相似图像）。

针对图像场景的模糊去重技术[5-9] 与精确去重技术有着相似的流程：它同样先为每张图像计算一个哈希，随后会根据这个哈希建立哈希索引表，并查找、删除具有相同哈希值的图像。不同之处在于，精确去重技术计算的哈希是安全哈希，而模糊去重技术计算的是感知哈希（Perceptual Hash），如平均感知哈希（Average Perceptual Hash）[10]。感知哈希往往是对图像像素内容的一种抽象，是对其图案色彩、图形结构等图像内容的数字化感知。经过这样的方法所找到的"冗余图像"往往只是视觉上的冗余。而两张视觉上看起来很相似的图像并不代表其字节流数据也是冗余的。这就导致了一个重大的问题：模糊去重技术有可能错误地删除非冗余图像，并且导致其无法被完美地、无损地恢复。因此，该技术本质上是一种有损压缩技术。与精确去重技术相比，该技术也许能够找到更多的"冗余图像"，从结果上来说能够节省更多的存储空间，但这种对数据本身有损的做法往往无法被用户接受。

图 13.1　一对自然场景下的相似图像示例

值得一提的是，暨南大学的谢恒翔等人提出的 PXDedup[11] 尝试了在更细粒度的层面上进行图像去重，它首先将图像解码为像素数据，然后将图像划分为若干个图像块，最后以这样的图像块为单位进行去重。然而，PXDedup 所使用的图像块依然是占据了图像相当一部分面积的宏观大块（KB 级），这样的粒度依然是粗粒度。此外，PXDedup 对图像块采用的去重方法也依然是模糊去重，因此它还是一个有损的方法。

13.2　图像去重的特性与挑战

现有的粗粒度图像去重技术无法有效地消除相似但不完全相同的图像中的细粒度冗余，因此图像去重还有非常大的提升空间。细粒度去重技术虽然在传统的通用文件领域已经有了一些相关研究，但在图像领域还是一片空白。本节从理论分析和实验结果两个角度综合探讨图像场景中细粒度去重的挑战。

13.2.1 图像场景的特性

图像场景与传统通用文件场景的最大区别在于图像数据的复杂性。传统场景下的通用文件是不必考虑数据本身的特点的，所以此时数据只是单纯的字节流，没有任何复杂性可言。而图像数据通常都是被复杂的图像编码算法压缩过的数据，其数据随机性高、信息熵大，导致其相似性被掩盖了起来，因此仍然将其看作通用文件进行数据去重是没有效果的。但图像自身和图像编码具有其特殊的性质，如果能充分利用这些性质，就可以起到事半功倍的效果。本小节对 JPEG 编码进行概括性介绍，以此来展现图像数据的复杂性及其潜在的可以被利用的一些性质。

最常见的 JPEG 编码方式是基于离散余弦变换（Discrete Cosine Transform，DCT）的有损编码。图 13.2 展示了基于 DCT 的 JPEG 编码的编解码过程示意图。值得一提的是，为了便于理解，图 13.2 展示的是编码一张灰度图像时的情形，对彩色图像而言其编解码情况是相似的，可以大致地将彩色图像看作多张灰度图像的组合[12]。

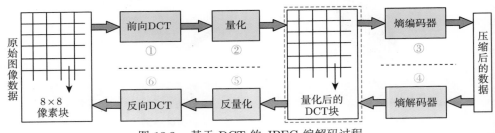

图 13.2   基于 DCT 的 JPEG 编解码过程

在编码之前，JPEG 首先会将像素数据划分成若干个 8×8 的像素块，并将这样的小块作为后续的基本处理单元进行处理。在经过前向 DCT 和量化这两个步骤后，原本的像素块被转化成一种中间状态。为了方便，本章统一称转换后的数据小块为"DCT 块"。通常，每一个 DCT 块都可以被看作一个短整型二维数组，数组共有 8×8 个元素。例如，常被用来处理 JPEG 文件的 libjpeg-turbo 库便是这样设定的。在得到 DCT 块后，JPEG 会使用其专属的熵编码器将 DCT 块压缩，把所有压缩后的数据组合在一起，便得到最终压缩过的 JPEG 图像。通常，JPEG 的熵编码器主要包括游程编码（Running Length Encoding，RLE）、变长整数（Variable Length Integer）编码、差分编码（Differential Encoding）和哈夫曼编码（Huffman Encoding）。值得一提的是，JPEG 编码中的量化过程是有损的、不可逆的，因此无法利用 DCT 块还原出与原先完全相同的像素块。但是熵编码是无损的、可逆的，因此数据可以在 DCT 块和 JPEG 文件之间来回变换，不会造成损失。

根据 JPEG 的编解码过程可以发现，JPEG 有 3 个比较关键的特点。

（1）JPEG 将图像分成 8 × 8 的像素块，并在整个过程中将图像视作以这样的小块为基本单元的数据流。

（2）压缩过的 JPEG 图像可以被解码为 DCT 块，这些 DCT 块可以被无损地再压缩成完全相同的 JPEG 图像。

（3）对于两个完全相同的像素块，如果用相同的 JPEG 编码器对它们进行编码，它们将得到两个完全相同的 DCT 块。

可以看出，JPEG 确实大大减少了单张图像内部的冗余信息，但上述特点（3）也同样证实了其文件间仍存在细粒度去重的潜力和可能。而特点（2）说明系统可以无损地对 JPEG 进行解码和再编码，特点（1）则揭示了 JPEG 图像数据的结构特点。如何充分利用这些特点就是研究细粒度图像去重技术的关键。

13.2.2　图像去重的挑战

由于现有的粗粒度图像去重技术无法有效地消除相似但不完全相同的图像中的细粒度冗余，因此在图像场景中使用细粒度的、基于相似性的数据去重技术是图像去重领域的重要课题。然而，图像数据往往是经图像编码压缩过的，图像编码导致对图像内容的任何一点修改都有可能使最终的 JPEG 字节流与之前大相径庭，这给相似性检测和差量压缩带来了巨大的挑战。为了验证这一观点，本小节在 4 个 JPEG 图像数据集上进行了测试，这 4 个数据集的详细介绍见第 13.6.2 小节。图 13.3 展示了测试结果，其中红色指示线上的数字代表指示线两端的数据量比值（压缩比）。可以看到，直接将传统的基于相似性的数据去重技术运用到已经压缩过的 JPEG 图像上只能得到 1.03~1.14 的压缩比；但如果将 JPEG 图像解码到 DCT 块后再进行细粒度去重，可以达到 7.87~12.69 的压缩比。解码后的数据明显拥有更高的压缩比，这说明图像编码的压缩效果掩盖了图像之间的相似性，但是图像解码使图像间的相似性再次暴露了出来，这才大大提高了数据的压缩比。由此可以得到细粒度图像去重的一个前提：必须将图像解码，以暴露其相似性。

然而，通过观察实验结果可以发现，即使是在解码后的图像上采用传统的基于相似性的数据去重技术，也同样存在以下两个巨大挑战。

（1）解码后的图像数据需要一个更强大的压缩器。从图 13.3 可以看出，尽管解码后的图像压缩比得到了巨大的提高，但是与直接把解码后的图像再次使用图像编码压缩回去相比，去重后的数据所占用的存储空间其实更多。这是因为解码会使图像数据的总量被放大到 9.4~15.28 倍，本书称这种现象为解码带来的"数据膨胀"。因此，尽管解码后有着更高的压缩比，但由于数据总量变大了，最终所存储的数据量却并没有减少。这说明传统的基于相似性的数据去重技术无法充分利用解码数据中的相似性，因此必须重新设计一个更高效的差量压缩器。

（2）数据膨胀还对整个数据去重系统的吞吐性能提出了更高的要求。解码导致的数据膨胀使整个系统需要处理的数据量变大了，系统现在需要在更大规模的数据中定位并消除相似数据。因此与解码之前的系统相比，整个系统的吞吐率大致上与数据膨胀的倍数成反比。这要求新技术在保证压缩比的同时还要保证系统的吞吐率不能因此下降太多，甚至要有所提升。

总之，细粒度图像去重需要建立在解码的基础上，并且解码导致的数据膨胀会给差量压缩器和系统吞吐率提出更高的要求，这是本章介绍的 imDedup 必须面对的两项挑战。

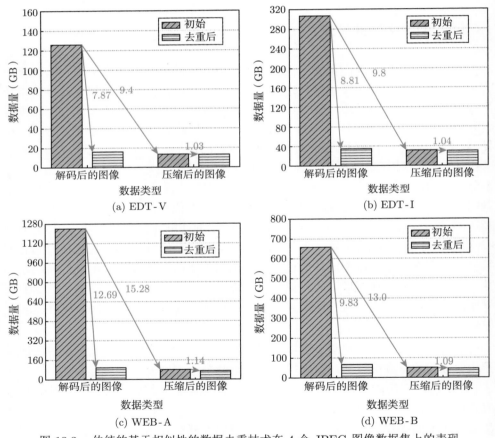

图 13.3　传统的基于相似性的数据去重技术在 4 个 JPEG 图像数据集上的表现

13.3　细粒度图像去重框架

第 13.2 节介绍的细粒度图像去重的两个挑战中,第一项挑战本质上是由于差量压缩器将冗余数据去除后,无法有效地处理剩下的非冗余数据,而这部分非冗余数据由于解码导致的数据膨胀抵消了去除冗余数据所带来的存储收益。因此,将非冗余数据再次使用原图像编码进行压缩,消除数据膨胀带来的影响,就可以只获取去除冗余数据所带来的收益,而不必承担数据膨胀的代价。但是,使用原图像编码再次压缩非冗余数据需要一些专门的设计。例如,JPEG 编码将数据看作以小块为单位的数据流,而传统的基于相似性的数据去重技术中的字节级差量压缩算法是以字节为单位的,这种处理粒度的差异导致去重后剩下的非冗余数据与原图像编码不兼容。换句话说,传统的差量压缩算法不考虑数据的块结构,导致最后剩下的非冗余数据失去了块结构,因而无法被 JPEG 编码压缩。因此,需要设计一个全新的、以块为单位的细粒度图像去重技术,只在 JPEG 块的边缘处产生差量压缩的 Copy 和 Insert 指令。也就是说,除非整个块都是冗余的,否则就将其中的数据视为非冗余数据。这样一来,剩下的非冗余数据依然保持着原有的 JPEG 块结构,自然就可以被 JPEG 编码再次压缩。

对于第二项挑战,在系统中使用二维的 JPEG 块为基本处理单元同样是有好处的。因为块单元比字节单元大得多,因此当要处理的数据量一定时,使用更大的 JPEG 块为基本单元可以降低总体需要处理的单元数量,这将大大降低后续特征生成和差量压缩的计算开销。因此,为了解决数据膨胀带来的吞吐率瓶颈,设计以块为基本单元的细粒度图像去重框架是必要的。此外,由于传统的相似性检测方法中的特征计算过程非常耗时,因此还必须进一步加快相似性检测中的特征计算过程,以此来换取更高的去重处理带宽。

综上,结合实验结果和理论分析,本章介绍一个全新的细粒度图像去重框架。该框架共分为 3 个步骤。无损地解码图像文件以暴露其被图像编码掩盖的相似性;快速找出相似的图像;消除相似图像之间的细粒度冗余,同时保证其剩下的非冗余数据与原图像编码兼容,随后使用原图像编码再次压缩非冗余数据。

在这一框架之下,理论上非冗余数据不会比去重前占用更多的空间,但冗余数据的空间却被节省了出来。要实现这一框架,难点在于如何快速地进行相似性检测、如何保证非冗余数据与原图像编码兼容。而针对 JPEG 图像,本章的解决思路是使用 JPEG 块作为基本单元,重新设计新的相似性检测和差量压缩算法,以适配 JPEG 编码。这一思路同样可以扩展到其他图像编码格式上。

在细粒度图像去重框架的基础上,本章还将针对 JPEG 图像设计一个详细的细粒度图像去重系统 imDedup。imDedup 主要由 3 个功能模块组成,分别为图像解码器、相似性检测器和差量压缩器。该系统的整体结构和各模块之间的数据流关系如图 13.4 所示。

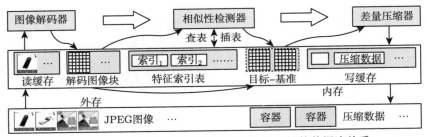

图 13.4　imDedup 的整体结构和各模块之间的数据流关系

图像解码器负责将输入的 JPEG 图像无损地解码成 DCT 块数据，以此来重新暴露图像之间的相似性。正如第 13.2.1 小节所讨论的，imDedup 选择将 JPEG 图像解码至 DCT 块，是因为相同的像素块在经过相同的 JPEG 编码器编码后所得到的 DCT 块也是一样的，这使得 DCT 块保持了图像压缩前的相似性。并且，DCT 块和 JPEG 图像之间的转换是可逆的，这保证了后续过程的无损性。**相似性检测器**会从输入的解码图像数据中提取出若干个数字特征，并根据所提取出的特征从索引表中寻找其相似图像。**差量压缩器**负责压缩目标图像并输出压缩后的数据。

13.4　基于特征位图的相似性检测器

imDedup 中的相似性检测器共需满足两个要求：能够准确地找出与输入图像最相似的图像，能够尽可能快地完成检测。

13.4.1　相似性检测器的框架

imDedup 中相似性检测器的工作流程如图 13.5 所示，其大致可以分为 3 个步骤：为每张输入的目标图像提取 n 个数字特征；查找所有与目标图像相似（具有相同特征）的图像；从这些图像中选出与目标图像最相似相同特征最多的图像，作为最终的基准图像。

相似性检测流程的更多细节见算法 13.1。在计算出 n 个特征后（算法 13.1，第 1 行），相似性检测器必须从全部已处理图像中找出所有与目标图像相似的图像（算法 13.1，第 5 行），这就需要相似性检测器去维护一个特征索引表（算法 13.1，第 18 行）。这个索引表保存了特征到图像列表的映射关系，当使用一个特征去查询这个索引表时，就可以找到一个图像列表，并且这个列表中保存了所有包含这个特征的图像。这样就可以通过遍历所有的图像列表来找到与目标图像最相似的基准图像（算法 13.1，第 6 行 ～ 第 9 行）。

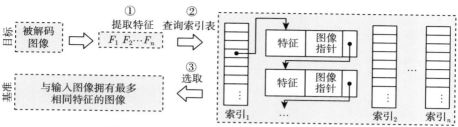

图 13.5　imDedup 中相似性检测器的工作流程

算法 13.1 imDedup 中的相似性检测流程

　　输入：被解码的目标图像数据 target；相似性检测器为每张图像计算的特征数量 n；
特征索引表 index[n]

　　输出：与目标图像最相似的图像 base

1: feature[$0, \cdots, n-1$] ← 计算 target 的 n 个整数特征;

2: maxMatch ← 0;

3: base ← NULL;

4: **for** $i = 0$; $i < n$; $i++$; **do**

5: 　　candidates ← 根据 feature[i] 查询索引 index[i];

6: 　　**for** image ∈ candidates **do**

7: 　　　　match ← 0;

8: 　　　　**for** $j = 0$; $j < n$; $j++$; **do**

9: 　　　　　　**if** feature[j] == image.feature[j] **then**

10: 　　　　　　　match ← match + 1;

11: 　　　　　　**end if**

12: 　　　　**end for**

13: 　　　　**if** match > maxMatch **then**　　　　　　　　　▷ 选取目前具有最多相同特征的图像

14: 　　　　　　maxMatch ← match;

15: 　　　　　　base ← image;

16: 　　　　**end if**

17: 　　**end for**

18: 　　将键值对 (feature[i], target) 插入索引 index[i];

19: **end for**

20: **return** base;

13.4.2　生成二维特征

　　传统的特征计算方法是将图像数据看作一维的字节流，然后使用一个固定长度的一维滑动窗口（如 64 B）逐字节地划过这个字节流。滑动窗口每到达一个位置就根据窗口里的字节内容计算一个指纹，随后该方法将所有位置的指纹全部收集起来，组成一个集合 S，并对其进行 n 次不同的线性变换，从而得到 n 个全新的集合。最后，该方法分别挑选出这 n 个集合中的最小值，并将它们作为最终的特征值。图 13.6 展示了一种简单的二维特征计算流程。这一方法与传统的特征计算方法不同，它将输入的解码图像看作以 DCT 块为基本单元的数据流，并且保持了其原有的二维结构。它使用一个二维的滑动窗口划过整个图像数据，并且以 DCT 块为基本单元移动，每当窗口划过一个位置，就根据窗口内的 DCT 块内容计算一个指纹。该方法同样首先收集所有的指纹并进行线性变换，然后选取其中的最小值作为最终的特征值。

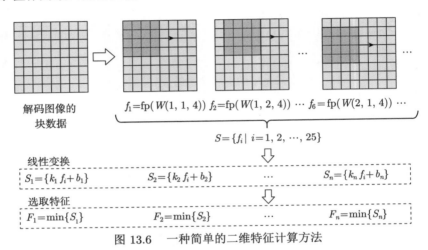

图 13.6　一种简单的二维特征计算方法

传统的特征计算方法在使用一维滑动窗口提取特征时，只考虑了数据在横向上的局部性。但图像显然是二维信息载体，因此这一新方法使用二维的滑动窗口将图像数据在纵向上的局部性也考虑了进来。另外，为了提取出多个特征，该方法对滑动窗口采集的指纹集合进行线性变换来模拟计算多个指纹；经多次线性变换后就可得到多个新的指纹集合；从这些集合中分别抽取最小值作为一个特征，就可以得到多个特征。值得一提的是，由于该方法将数据看作以 DCT 块为基本单元的数据流，因此其线性变换所需的计算开销被大大降低了。具体而言，DCT 块通常由 8×8 个 short 型整数组成，也就是 128 B。在一维的特征计算方法中，由于滑动窗口以字节为基本单元进行移动，因此它将为每个 DCT 块产生 128 个哈希指纹，在后续的线性变换阶段也要进行 128 次线性变换。而图 13.6 所示的方法以 DCT 块为基本单元，每个 DCT 块只需要计算一个哈希指纹，在线性变换阶段也只需要变换一次，这大大地降低了计算特征时线性变换所需的计算开销。同时，虽然以 DCT 块为基本单元使得选择特征值的范围变小了，但不会降低相似性检测的精度，因为 JPEG 数据就以 DCT 块为单位组合的。根据第 13.2.1 小节中的特点（3），JPEG 图像的相似性在 DCT 块层面上得到了保留，因此以 DCT 块为基本单元也同样可以准确地检测到图像之间的相似性。

13.4.3　基于特征位图的指纹算法

在为图像计算特征的过程中，一个计算量非常大的步骤就是计算滑动窗口的指纹（哈希值）。指纹的计算效率会大大影响相似性检测的整体速度。虽然直接将传统的一维字节级哈希算法应用到二维滑动窗口上是可行的，但是这样做的计算效率非常低。例如，N-Transform 方法所采用的经典 Rabin 指纹算法的计算过程就非常复杂。Rabin 指纹是一个字节级哈希指纹，可以滚动计算，但是其计算开销和内存访问量仍然不容小觑。如表 13.1 所示，当为一个 128 B 的 DCT 块滚动计算 Rabin 指纹时，一共需要执行 128 次或操作、256 次异或操作和 256 次移位操作，同时还需要 256 次查表操作和 128 次读内存操作。表 13.1 中 "特征位图" 算法及 "s" 的含义将在本小节后文中进行介绍。

表 13.1　Rabin 和基于特征位图方法在处理一个 DCT 块时的开销

算法	计算开销	内存访问开销
经典 Rabin 指纹算法	128 次或操作，256 次移位操作，256 次异或操作	256 次查表操作，128 次读内存操作
基于特征位图的指纹算法	$s+1$ 次或操作，$s+1$ 次移位操作，s 次与操作	1 次查表操作，s 次读内存操作

使用 Rabin 指纹算法计算二维数据块的指纹具有两个明显的缺点：它需要从内存读取整个 DCT 块才能进行其指纹计算；结合图 13.6 所示的二维特征提取过程，随着滑动窗口的移动，大多数 DCT 块会被滑动窗口多次包含进去，这就导致在整个特征提取过程中，同一个 DCT 块也许会被反复读取许多次，造成一个非常大的时间开销。因此，本小节介绍一种全新的针对 JPEG 的 DCT 块的指纹算法，这一算法的基础在于一个新型的定制化数据结构——特征位图。图 13.7 展示了该算法的一个示例，其中相似性检测器所计算的特征长度为 16 bit。下面结合这个示例对基于特征位图的指纹算法进行详细介绍。

首先，相似性检测器会为输入的解码图像计算一个特征位图，以备后续计算过程使用。这个特征位图是根据解码图像的 DCT 块内容计算得来的。特征位图可以看作一个二维数组，且与输入图像具有相同的二维结构。也就是说，特征位图中的每一个元素都可以与输入图像的 DCT 块一一对应，在这里称特征位图里的一个元素为其对应的 DCT 块的 "代理"。如果将特征位图分解来看，其每个元素都是由其对应的 DCT 块决定的。例如，在图 13.7 中，相似性检测器抽取每个 DCT 块的第一个数值的最小有效位作为该 DCT 块的代理，并将其填入特征位图，如此处理完所有的 DCT 块就可以得到一个图像的完整特征位图。在得到输入图像的特征位图之后，相似性检测器会使用一个滑动窗口划过这个特征位图，并根据滑动窗口内的内容来计算出窗口的指纹。这一过程的特别之处在于基于特征位图的指纹算法不是在图像数据本身上移动滑动窗口，而是在特征位图上移动；根据窗口内容计算哈希特征的方法也与传统算法有所不同，基于特征位图的指纹算法不是对窗口内的内容计算复杂的 Rabin 指纹，而是将窗口内的 DCT 块代理直接组合成一个指纹。

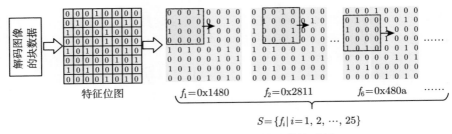

图 13.7　基于特征位图的指纹算法示例

　　例如，在图 13.7 中，相似性检测器所使用的滑动窗口大小为 4×4 个代理，因此第一个窗口中所包含的代理有比特 0、0、0、1、0、1、0、0、1、0、0、0、0、0、0 和 0。由于这里抽取代理的方式为抽取每个 DCT 块第一个数值的最小有效位，因此这些代理的长度实际上都是 1 bit，直接将它们组合就得到了长度为 16 bit 的二进制串"0001010010000000"，转化为 16 进制表示就是 0x1480，这就是第一个滑动窗口计算出的指纹。

　　值得一提的是，基于特征位图的指纹算法是可扩展的，即它可以根据用户的需求对指纹长度、代理长度和窗口大小进行自由的变换。例如，在 imDedup 原型中，相似性检测器所采用的特征长度实际上是 64 bit，此时可以选择为每个 DCT 块生成一个长度为 1 bit 的代理，同时使用一个大小为 8×8 个代理的滑动窗口在特征位图上滚动计算指纹，这样当系统组合每一个滚动窗口内的代理时，就可以得到一个长度为 8×8×1 bit = 64 bit 的指纹。或者可以改变每个 DCT 块代理的长度，例如为每个 DCT 块计算一个长度为 4 bit 的代理，此时为了继续获得长度为 64 bit 的指纹，就要改用大小为 4×4 个代理的滑动窗口来组合指纹，这样同样可以得到长度为 4×4×4 bit = 64 bit 的指纹。但是，当使用长度为 1 bit 的代理时，系统是抽取 DCT 块中第一个数值的最小有效位作为代理，而使用长度大于 1 bit 的代理时这样做所得到的代理长度是不够的。其实，这时只需要依次抽取 DCT 块的前 s 个数值的最低有效位并组合起来，就可以得到一个长度为 s（单位为 bit）的代理了。详细的特征位图计算方法见算法 13.2：首先在遍历所有行和列上的数据块时，提取当前块的前 s 个数值的最低有效位组合成代理（算法

13.2，第 5 行），然后将代理写入特征位图的相应位置（算法 13.2，第 7 行）。

算法 13.2 特征位图计算方法

　　输入：解码图像的 DCT 块数据 block；以 DCT 块为单位的输入图像的宽度 w 和长度 h；代理的长度 s

　　输出：输入图像的特征位图 map

1: **for** row $= 0$; row $< h$; row $+ +$; **do**
2: 　　**for** col $= 0$; col $< w$; col $+ +$; **do**
3: 　　　　tmp $\leftarrow 0$;
4: 　　　　**for** $k = 0$; $k < s$; $k + +$; **do**
5: 　　　　　　tmp $\leftarrow$ (tmp $\ll 1$) | (block[row][col][k] & 1);
6: 　　　　**end for**
7: 　　　　map[row][col] $\leftarrow$ tmp;
8: 　　**end for**
9: **end for**
10: return map;

使用特征位图计算指纹所需的计算开销和内存访问开销见表 13.1。可以看到，当为一个 DCT 块计算指纹时，基于特征位图的算法只需要 $s+1$ 次或操作、$s+1$ 次移位操作和 s 次与操作，以及 1 次查表操作和 s 次读内存操作，其中 s 是指代理的长度（最大为 64）。与 Rabin 指纹算法相比，基于特征位图的指纹算法无论是在计算开销上还是内存访问开销上都要小得多。

根据特征位图计算出指纹后，将所有位置上的指纹收集起来就可以得到一个指纹集合 S，随后对 S 进行 n 次不同的线性变换即可得到 n 个新的哈希指纹集合，最后分别从这 n 个集合中抽取出每个集合中的最小值，就是最终的 n 个特征值。基于特征位图的指纹算法见算法 13.3，上述线性变换和最小值选取对应其中第 10 行 ~ 第 15 行。

算法 13.3 基于特征位图的指纹算法

　　输入：输入图像的特征位图 map；以 DCT 块为单位的输入图像的宽度 w 和长度 h；以代理为单位的滑动窗口的大小 $m \times m$；代理的长度 s；n 次线性变换所需的常数对 $K[n]$ 和 $B[n]$

　　输出：n 个长度为 $(m \times m \times s)$ 的特征 feature$[0, \cdots, n-1]$

1: feature$[0, \cdots, n-1] \leftarrow 0$;
2: **for** row $= 0$; row $<= h - m$; row $+ +$; **do**
3: 　　hash $\leftarrow 0$;
4: 　　**for** $j = 0$; $j < m$; $j + +$; **do**　　　　　　　　　▷ 计算每一行的第一个指纹（哈希值）
5: 　　　　**for** $k = 0$; $k < m$; $k + +$; **do**
6: 　　　　　　hash $\leftarrow$ (hash $\ll s$) | map[row $+ k$][j];
7: 　　　　**end for**
8: 　　**end for**

```
 9:     for col = 0; col <= w − m; col + +; do                        ▷ 计算特征
10:         for k = 0; k < N; k + +; do
11:             transform[k] ← (K[k] * hash + B[k]) mod 2^{m×m×s};     ▷ 线性变换
12:             if transform[K] < feature[k] then                     ▷ 选取最小值
13:                 feature[k] ← transform[k];
14:             end if
15:         end for
16:         for k = 0; k < m; k + +; do                  ▷ 滚动计算下一个哈希指纹值
17:             hash ← (hash ≪ s) | map[row + k][col + m];
18:         end for
19:     end for
20: end for
21: return feature[0, · · · , n − 1];
```

从算法 13.3 的第 16 行 ～ 第 18 行可以看出，基于特征位图的指纹算法同样可以进行滚动计算：利用当前位置的旧指纹计算下一位置的新指纹，只需通过移位来去除离开窗口的 DCT 块的代理，并在移位后的旧指纹后面追加新进入窗口的 DCT 块的代理即可。但是每行的第一个指纹是没有旧指纹可以利用的，因此只能逐个组合所有的代理形成第一个指纹（算法 13.3，第 4 行 ～ 第 8 行）。

13.4.4　基于特征位图的相似性检测器的优点

概括而言，imDedup 所使用的基于特征位图的相似性检测方法主要有以下 4 个优点。

（1）imDedup 使用的方法以 DCT 块为基本单元生成特征，从而大大降低了线性变换阶段所需的计算量。这是因为 DCT 块比字节大，在处理相同大小的图像时，更大的基本单元会减少整体单元数量，从而减少线性变换的执行次数。

（2）imDedup 使用的方法在计算指纹时不需要读取每个 DCT 块的全部数据，这大大减少了指纹计算阶段的内存访问开销。这是因为 imDedup 的指纹计算方法设计巧妙，它是基于特征位图进行计算的，只需要读取每个 DCT 块的前 n 个数值即可，其中 n 为 DCT 块的代理长度。

（3）基于特征位图计算出的指纹可以充分地反映图像的特征。尽管基于特征位图的指纹算法只从 DCT 块的部分数据中进行采样，但这并不意味着它所计算出的指纹就没有代表性。基于特征位图的指纹算法充分利用了 JPEG 图像数据的特征——在一个 DCT 块中，一个元素离 DC 系数（DCT 块的第一个元素）越远，其相应波形的频率就越高、振幅就越小[13]。而 JPEG 编码在量化阶段会抛弃这些高频率、小振幅的系数[14]。因此，在 DCT 块中，越靠前的元素所包含的信息量就越大。基于特征位图的指纹算法正是从前 n 个元素中抽取长度为 n 的代理，因此并没有丢失 DCT 块中最重要的信息，其采样精度能够得到充分保证。

（4）基于特征位图的指纹算法不会重复地读取同一个 DCT 块来计算指纹。使用二维窗口在二维图像上进行滑动时，会导致 DCT 块被多个窗口重复划过。而基于特征位图的指纹算法则与其不同，它的滑动窗口是在特征位图上进行滑动的，因此 CPU 只会重复访问被窗口多次划过的 DCT 块代理。由于 DCT 块代理的大小远远小于 DCT 块本身的大小，因此其内存访问开销被大大减少。

13.5　与图像编码兼容的差量压缩器

imDedup 中的差量压缩器共需满足两个要求：能够最大化地无损压缩目标图像；能够尽可能快地完成压缩操作。

13.5.1　差量压缩器的框架

imDedup 所使用的差量压缩器被称为 Idelta。如本书第 13.2.2 小节所述，图像解码导致的数据膨胀会给差量压缩带来更高的要求，因此新的差量压缩器必须能够与图像编码兼容，这样才能使差量压缩后剩下的非冗余数据能够再次被原图像编码压缩，从而抵消数据膨胀带来的负面影响。由于 JPEG 编码以块为基本处理单元，因此 Idelta 为了使差量压缩后剩下的非冗余数据也能被 JPEG 编码压缩，就必须保证它们也依然存在块结构。Idelta 的解决思路是在差量压缩时也使用 DCT 块为基本处理单元，以保持其产生的非冗余数据与 JPEG 编码兼容。

Idelta 的整体流程如图 13.8 所示，它主要包括 3 个关键步骤：为基准图像中

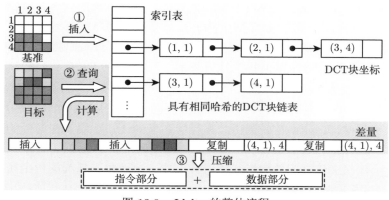

图 13.8　Idelta 的整体流程

的所有 DCT 块计算一个哈希索引表；利用基准图像的哈希索引表计算目标图像与基准图像之间的差量；压缩差量数据并输出。

13.5.2 差量压缩器的细节

下面详细介绍 Idelta 的两个关键步骤。

在第一个步骤中，Idelta 为基准图像中所有 DCT 块计算一个哈希索引表，用于记录和查询基准图像中的 DCT 块。具体而言，Idelta 会为基准图像中的每一个 DCT 块计算一个数字哈希摘要（如 Adler32），然后生成一个记录对"DCT 块的哈希摘要，DCT 块在基准图像中的位置"，并将其插入到索引中去。也就是说，使用一个哈希摘要去查询这个索引表，就可以找到所有"哈希摘要与被查询值相同"的 DCT 块在基准图像中的位置。有了这个索引表，目标图像就可以定位冗余 DCT 块，从而将它们消除。

在第二个步骤中，Idelta 会查找出目标图像中的冗余 DCT 块并生成差量数据。在这一过程中，Idelta 会利用在第一个步骤中生成的索引表来定位冗余 DCT 块，并在成功定位后使用一个"复制 {起点，长度}"指令来替换掉目标图像中的冗余 DCT 块，并使用"插入 {数据}"指令来保存目标图像中的非冗余 DCT 块。例如，在图 13.8 中，编码器要根据上面的基准图像来压缩下面的目标图像，假设图中相同颜色的块代表其内容也是相同的。Idelta 首先根据基准图像的内容建立起一个索引表，随后根据这个索引表定位目标图像中的冗余数据并生成差量数据，最后再将差量数据压缩并输出。这里着重观察 Idelta 为目标图像生成的差量数据，它由两条插入指令和两条复制指令组成。第一条插入指令一共插入了 4 个 DCT 块，即目标图像的第一行内容，可以看到这些数据块在基准图像中确实找不到冗余数据。第二条插入指令也同样插入了 4 个 DCT 块，这是目标图像的第二行内容，也同样在基准图像中找不到冗余数据。而接下来的第一条复制指令则表示从 (4,1)（基准图像的第 4 行第 1 列）开始复制 4 个 DCT 块。可以看到，这样将从基准图像那里复制过来 4 个蓝色 DCT 块，这正好就是目标图像的第 3 行内容。第二条复制指令也从同样的地方复制了 4 个蓝色 DCT 块，即目标图像的第 4 行内容。将所有这样的指令组合在一起，就是所谓的"差量"数据。

算法 13.4 为 Idelta 的伪代码，展示了 Idelta 流程中第二个步骤的更多细节。在第二个步骤中，Idelta 首先遍历一遍目标图像的 DCT 块，在遍历的同时会为每个 DCT 块计算一个哈希摘要（算法 13.4，第 6 行）；然后再根据这个哈希摘要在第一个步骤中建立起的索引表中进行查找，从而找到基准图像中所有与这个 DCT 块拥有相同哈希摘要的 DCT 块（算法 13.4，第 7 行），这些 DCT 块有很大概率与目标 DCT 块是相似的。但由于哈希摘要存在哈希碰撞的可能性，因此 Idelta 还必须对目标 DCT 块和查找到的基准 DCT 块进行逐字节比较, 以确保它们是真的相似。一旦确定了它们是真的相似, Idelta 会继续逐个比较它们后面的相邻 DCT 块, 直到遇到互不相同的 DCT 块或到达这一行的结尾, 并记从起点开始目标图像和基准图像在这一行的连续相同 DCT 块数为 "长度"(算法 13.4, 第 9 行)。此时, 将最开始找到的那个基准 DCT 块记为 "起点", 把 "起点" 和 "长度" 组合就可以得到一个新的 "复制" 指令, 称为一个 "匹配项"。由于基准图像中可能存在多个 DCT 块拥有相同的哈希摘要(有可能是发生了哈希碰撞, 但更有可能是因为这些 DCT 块本来就含有相同的内容), 因此目标图像中的一个 DCT 块也许能生成多个匹配项。但 Idelta 最终只会为正在被处理的冗余数据生成一条指令, 因此 Idelta 必须从这些匹配项中选出一个最好的、能够带来最多存储收益的作为最终的差量压缩指令。所以, 为了使单个指令能够尽可能多地存储冗余 DCT 块, Idelta 会选择所有匹配项中长度最长的那一个来生成指令(算法 13.4, 第 11 行 ～ 第 14 行)。而对于那些在基准索引表中找不到冗余 DCT 块的目标 DCT 块, 则直接用插入指令进行存储(算法 13.4, 第 20 行)。

算法 13.4 Idelta 的伪代码

  输入: 基准图像 base 和目标图像 target; 以 DCT 块为单位的基准图像和目标图像的宽度 w_{base} 和 w_{tar}, 以及对应的高度 h_{base} 和 h_{tar}

  输出: 压缩后的目标图像数据

1: index ← 为 base 中的每个 DCT 块建立索引;
2: **for** row = 0; row < h_{tar}; row + +; **do**
3:   col ← 0;
4:   **while** col < w_{tar} **do**
5:    maxLength ← 0;
6:    fp ← 计算 target[row][col] 的 Adler32;
7:    candidates ← 根据 fp 查询索引 index;
8:    **for** block ∈ candidates **do**
9:     length ← compare(block, target[row][col]);   ▷ 匹配长度
10:     **if** length > maxLength **then**
11:      maxLength ← length;
12:      positions ← block 在 base 中的位置;
13:     **end if**
14:    **end for**
15:    **if** maxLength > 0 **then**
16:     生成复制指令 (positions, maxLength);
17:     col ← col + maxLength;
18:    **else**
19:     生成插入指令 (target[row][col]);
20:     col ← col + 1;

21:　　　　**end if**

22:　　**end while**

23: **end for**

24: part₁ ← 使用 JPEG 编码压缩插入的数据块;

25: part₂ ← 使用熵编码压缩指令的元数据;

26: **return** part₁ + part₂;

13.5.3　针对连续重复块的优化

当在进行差量压缩时出现了过多的匹配项时,Idelta 的速度有可能会受到较大的影响。例如,在图 13.8 中,当编码器开始处理目标图像第 3 行、第 1 列的 DCT 块时,按照 Idelta 的压缩流程,首先要查找基准图像的索引表以找到基准图像中与其相同的 DCT 块。可以看到基准图像中有 7 个与之相同的 DCT 块,其坐标分别为 $(3,1)$、$(3,2)$、$(3,3)$、$(4,1)$、$(4,2)$、$(4,3)$ 和 $(4,4)$。因此,Idelta 将产生 7 个匹配项,为了从这 7 个匹配项中选出匹配长度最长的匹配项作为最终的复制指令,Idelta 还需要分别以它们为起点进行匹配,并比较连续相邻冗余 DCT 块的数量。但事实上,这是一个非常耗时的过程,存在大量的内存访问和比较操作,并且这些内存访问和比较操作还存在大量的冗余。例如,位于 $(4,4)$ 的 DCT 块在以 $(4,1)$、$(4,2)$、$(4,3)$ 和 $(4,4)$ 为起点进行匹配时都会被重复访问和比较,这大大降低了 Idelta 的压缩比。

但通过观察可以发现,其实 Idelta 只需要从 $(3,1)$ 和 $(4,1)$ 这两个位置进行匹配。这是因为 Idelta 在进行匹配时会在一行的结尾处停止,而 $(3,1)$ 和 $(4,1)$ 之后的起点由于与之前的 DCT 块有相同的内容,因此它们永远也不会比 $(3,1)$ 和 $(4,1)$ 拥有更长的匹配长度。例如,以 $(3,1)$ 为起点时匹配长度为 3,以 $(3,2)$ 为起点时匹配长度为 2,而以 $(3,3)$ 为起点时匹配长度只有 1。

因此,Idelta 针对这种情况专门做出了这样的优化:在生成基准图像的索引表时,如果在某一行中遇到了连续的相同 DCT 块,则 Idelta 只会将其中第一块插入索引表。这样一来,如果目标图像中也存在这样连续相同的 DCT 块,在生成匹配项时就根本不会查找到排在后面的 DCT 块,而可以直接找到匹配项最长的那一个起点。针对这种情况进行优化后的基准图像索引表的计算方法见算法 13.5。

算法 13.5 基准图像索引表的计算方法

　　输入:基准图像的 DCT 块 base;以 DCT 块为单位的图像的宽度 w 和高度 h

　　输出:base 的块索引表 index

1: 初始化一个空索引表 index;

2: LastFP ← 0;

3: **for** row = 0; row < h; row++; **do**

4:　　**for** column = 0; column < w; column + +; **do**

```
5:        FP ← 计算 base[row][column] 的 Adler32;
6:        if FP ! = LastFP then
7:            positions ←< row, column >;
8:            将键值对 (FP, positions) 插入索引 index;
9:            LastFP ← FP;
10:       end if
11:   end for
12: end for
13: return index;
```

改进后的基准图像索引表可以大大减少目标图像找到的匹配起点数量，从而减少生成最终指令所需的匹配次数，也就减少了大量重复的内存访问操作和逐字节比较操作。针对索引表的优化减轻了 Idelta 的负担，提高了压缩速率，但由于连续相同 DCT 块的第一块也许不是事实上的最长匹配，因此使用这种索引优化有可能不能得到最佳的压缩效果。但事实上，这种优化不会产生任何多余的插入指令，它只是有可能会将原本的一条复制指令拆分成多个复制指令，从而增加一些复制指令的数量。但由于复制指令本身并不占用很多空间，且可以被熵编码器有效地压缩，因此这种压缩比上的损失微乎其微。第 13.6.5 小节中的实验结果也表明，Idelta 的索引表优化对压缩比几乎没有负面影响，却能够大大提高压缩速率。

13.5.4　与图像编码兼容的差量压缩器的优点

Idelta 主要具有以下两个优点。

（1）Idelta 与传统的针对通用文件的差量压缩算法相比，Idelta 在图像场景下能够实现更高的压缩比。这是因为 Idelta 巧妙地以 DCT 块为单位进行差量压缩，这样就保证了剩下的非冗余数据是以整个 DCT 块为基本单元存在的，因此它们可以再次被 JPEG 编码压缩。这样一来，理论上非冗余数据不会比解码前占用更多的空间，但系统却收获了消除冗余数据带来的存储收益。

（2）与传统的字节级差量压缩算法相比，Idelta 能够实现更快的压缩速率。Idelta 以 DCT 块为基本处理单元，而不是以字节为基本处理单元。使用更大的处理单元，差量压缩时就只需要在更少的单元中寻找冗余，其中查表、插表等操作的效率更高，因此压缩速率得到了提高。

13.6　性能分析

本节首先介绍 imDedup 的系统原型细节和具体配置，然后在该原型上进行一系列测试，以验证本章提出的框架的有效性，并验证和讨论基于特征位图的相似性检测器和 Idelta 的高效性。

13.6.1 系统原型的实现和具体配置

imDedup 中用于解码 JPEG 图像的解码器是在 libjpeg-turbo 库的基础上完成的，这个库使用单指令多数据流指令集对 JPEG 编解码过程进行了加速。该解码器将 JPEG 图像解码成两部分数据：JPEG 文件头和 DCT 块数据。

imDedup 的相似性检测器在实际运行时为每张图像计算长度为 64 bit 的特征。并且，相似性检测器在检测时与 JPEG 编码压缩图像时一样，更关注图像的亮度信息。相似性检测器实际上只会从 JPEG 图像的亮度信息上提取特征，以此来减少相似性检测的计算开销。

另外，Idelta 不仅压缩 DCT 块数据，它同样也要处理 JPEG 文件头。Idelta 使用传统的字节级差量压缩器 Xdelta，在基准图像 JPEG 文件头的基础上差量压缩目标图像的 JPEG 文件头。

imDedup 还利用流水线技术实现并发，为每一个流水段单独分配线程来执行任务。相邻的流水段共同维护一个队列传递数据，形成生产者–消费者模式。

13.6.2 测试环境与数据集介绍

本实验全部运行在一台戴尔 Power Edge R740 服务器上，该服务器配有两块 2.1 GHz 的 Intel Xeon® Gold 6130 处理器；数据读写发生在 4 TB 的 SSD 和 128 GB 的 DDR4 内存上。该服务器运行的操作系统为 Ubuntu 18.04.2。

此外，共有 4 个数据集被运用在本实验中，它们分别为 EDT-V、EDT-I、Web-A 和 Web-B。它们的一些关键特征如表 13.2 所示。

表 13.2　本实验所用数据集的关键特征

数据集名称	总大小（GB）	图像数量（张）	类型	平均大小（KB）
EDT-V	13.4	120,521	合成	117
EDT-I	31.3	251,725	合成	130
Web-A	81.2	376,154	自然	226
Web-B	50.6	2,352,026	自然	23

EDT-V 是在 PASCAL VOC2012 数据集[15] 的基础上建立起来的合成数据集。对 VOC2012 中的每一张原始图像，在其基础上随机添加一些小图案生成随机数量的新图像，其中一组相似图像示例如图 13.9 所示。EDT-I 也是一个合成数据集，其合成方法与 EDT-V 类似。不同的是，EDT-I 所编辑的源图像是从另一个数据集 ImageNet 2012[16] 中抽取的 50,000 张图像。

图 13.9　EDT-V 中的一组相似图像示例

Web-A 是一个自然数据集，其中所有的图像都是从某个电商平台上下载的。这些图像几乎都是商品图片，这些图片之间的冗余主要是不同商品上的相同商标图案，或者相同商品上的不同价格、参数等信息，例如图 13.1 中两个不同的商品拥有相同的商标和部分文字信息。Web-B 同样是一个自然数据集，它是从另一个电商平台上下载的，其冗余信息的分布与 Web-A 相似。

13.6.3　关键性能测试指标

本实验主要涉及 4 个指标：

$$压缩比 = \frac{原始图像总大小}{压缩后的图像总大小} \tag{13.1}$$

$$去重吞吐率 = \frac{原始图像总大小}{去重所占用的时间} \tag{13.2}$$

$$检测成功率 = \frac{被检测出的相似图像总大小}{原始图像总大小} \tag{13.3}$$

$$检测精确度 = \frac{被检测出的相似图像总大小}{压缩后被检测出的图像总大小} \tag{13.4}$$

其中，检测成功率主要用于反映被检测出的相似图像所占的比例。同一个数据集上检测成功率越高，说明检测出的相似图像越多。检测精确度主要用于反映被检测出的相似图像的相似程度。检测精确度越高，说明被检测图像的可压缩性越高，其相似性也越高。

13.6.4　针对相似性检测器的测试

本小节首先讨论滑动窗口大小、特征数量这两个可变参数对系统的影响，然后将基于特征位图的相似性检测算法与其他算法进行对比。公平起见，本实验采用的差量压缩器均为 Idelta。

1. 滑动窗口大小

本实验一共为 imDedup 测试了 4 种不同大小的滑动窗口：1×1、2×2、4×4 和 8×8，单位均为一个代理。图 13.10 展示了 imDedup 使用不同大小的滑动窗口时检测成功率和检测精确度的变化情况。在 4 个数据集上，检测成功率都随着滑动窗口的增大而减小，但检测精确度却随着滑动窗口的增大而增大。这是因为一个更小的滑动窗口所覆盖的图像内容更少，其包含的细节也就更少，因此存在另一个包含相同内容或细节的图像的概率就会更高。这样一来，使用小窗口时就更容易找到匹配，因此也就能够检测出更多的相似图像对，其检测成功率自然就会更大。而更大的滑动窗口会包含更多、更复杂的图像细节，导致很难找到相似匹配，因而只能检测出更少的相似图像对，检测成功率更低。但是，大滑动窗口所包含的更多细节可以过滤掉那些碰巧拥有低相似度冗余的图像对，从而导致其检测出的相似图像对的相似度都较高，可以得到较高的压缩比，所以使用大滑动窗口时的检测精确度往往也更高。相较而言，使用小滑动窗口尽管可以检测出更多的相似图像对，但是其评判相似性的依据更宽松，因此检测出的图像里有可能存在着大量的低相似度图像对，导致其检测精确度较低。值得一提的是，如果使用一个大到可以包括整张图像的滑动窗口，那么此方法就退化成了文件级的精确去重方法。

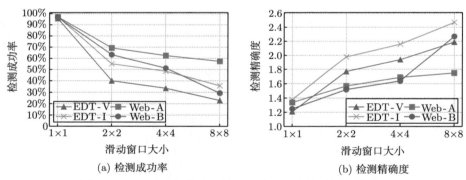

(a) 检测成功率　　　　　　　　　(b) 检测精确度

图 13.10　滑动窗口大小对检测成功率和检测精确度的影响

图 13.11 展示了滑动窗口大小对 imDedup 的压缩比和去重吞吐率的影响。在 4 个数据集上，去重吞吐率都随着滑动窗口的增大而提高，这是因为更大的滑动窗口有着更小的检测成功率，因此系统需要压缩的图像数量也就更少，所以能够更快地结束压缩。但相应的，当滑动窗口大于 2×2 时，随着滑动窗口的增大，低相似度的图像被检测到的概率降低，导致系统更难从低相似度图像对上获取压缩收益，系统的压缩比随之降低。另外，实验结果表明，并不是使用越小的滑动窗口取得的压缩比就越高，在所有被测试的数据集上，使用 1×1 的滑动窗口的压缩

比都比使用 2×2 的滑动窗口要更低。这是因为使用太小的滑动窗口降低了相似的标准，虽然因此检测到了更多的相似图像，但这些图像的相似度可能很低甚至有可能出现误判。这可能导致相似性检测器错过实际上最相似的图像对，而错把不那么相似的一对图像判断为相似。这样的误判会导致系统的压缩收益无法做到最大化，从而导致压缩比降低。

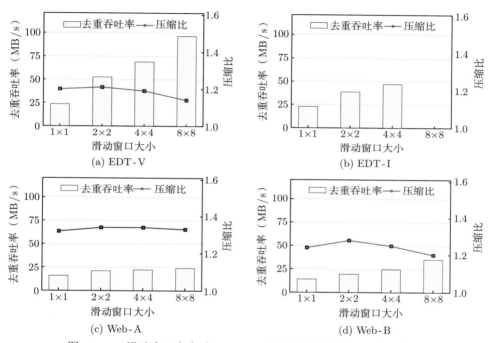

图 13.11　滑动窗口大小对 imDedup 的压缩比和去重吞吐率的影响

总之，实验表明，使用更大的滑动窗口能够提升系统的去重吞吐率，可是也会降低系统的压缩比，但并不是越小的窗口压缩比就越高。在 4 个测试数据集上，系统使用 2×2 的滑动窗口达到的压缩比均为最高。

2. 特征数量

下面测试相似性检测器所使用的特征数量对系统的影响。值得注意的是，为了使压缩率最大化，这里根据上一项测试的结果将滑动窗口均设置为 2×2。

图 13.12 展示了特征数量对检测成功率和检测精确度的影响。随着特征数量的增加，检测成功率也在提高，这是因为使用更多的特征提高了特征匹配成功的概率，使目标图像更容易找到一张基准图像，从而使被检测到的图像数量增加。同时，由于高相似度图像即使使用较少的特征也能被检测到，因此提高特征数量所

额外检测到的相似图像往往是相似度更低的图像对，这会导致检测精确度随着特征数量的增加而降低。

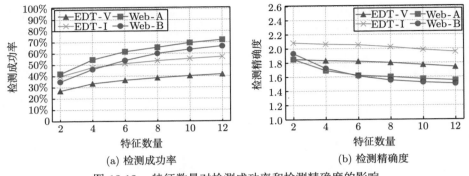

(a) 检测成功率　　　　　　　　(b) 检测精确度

图 13.12　特征数量对检测成功率和检测精确度的影响

图 13.13 展示了特征数量对 imDedup 的压缩比和去重吞吐率的影响。随着特征数量的增加，系统的压缩比也在提高，这是因为增加特征数量能够额外检测出更多的低相似度图像。这些图像的冗余数据虽然较少，但也确实能带来更多的存

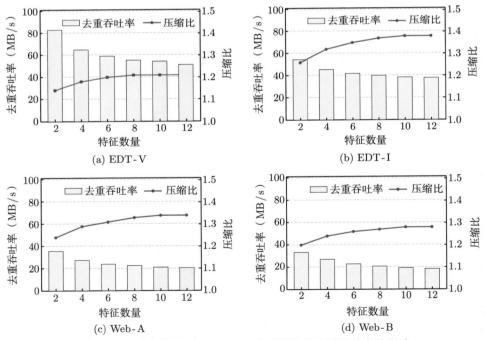

(a) EDT-V　　　　　　　　(b) EDT-I

(c) Web-A　　　　　　　　(d) Web-B

图 13.13　特征数量对 imDedup 的压缩比和去重吞吐率的影响

储收益。然而，系统的去重吞吐率却在随着特征数量的增加而降低。一方面，计算更多的特征本身就需要更多的计算量，因此更为耗时；另一方面，更高的检测成功率也意味着差量压缩器需要处理更多数据，这大大加重了差量压缩器的工作负担，使其需要耗费更长的时间。

总之，在相似性检测时使用更多的特征可以额外检测出更多的低相似度图像，从而提高系统的压缩比，但是也会加重系统的计算负担，导致去重吞吐率降低。此外，根据实验结果，本节后续实验中均将 imDedup 的特征数量设置为 10，这是因为在特征数量大于 10 后压缩比的变化开始趋于平坦，将特征数量设置为 10 可以在获取尽可能大的压缩比的同时保持最大的去重吞吐率。

3. 与其他检测算法的比较

下面将本章介绍的基于特征位图的相似性检测算法与另外两种算法进行对比，结果如图 13.14 所示，其中，"字节级" 指传统的一维字节级检测算法，其使用一个一维的 64 B 滑动窗口逐字节地计算 Rabin 指纹以进行特征提取；"二维Rabin" 指直接在二维窗口上计算 Rabin 指纹。

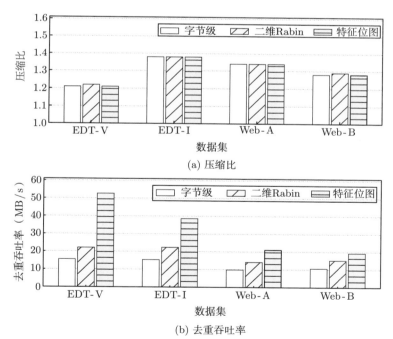

(a) 压缩比

(b) 去重吞吐率

图 13.14　不同相似性检测算法的对比结果

从图 13.14(a) 可以看到，在 4 个测试数据集上，这 3 种算法得到了几乎相同的压缩比。由于它们所使用的差量压缩器都是相同的，因此这可以说明它们的相似性检测效果是几乎相同的。但是从图 13.14(b) 可以看到，这 3 种算法对去重吞吐率的影响是不同的。字节级算法的去重吞吐率最低，二维 Rabin 算法的去重吞吐率可以达到字节级算法的 1.4~1.5 倍，这是因为二维 Rabin 算法以更大的 DCT 块为基本单元，从而减少了特征计算过程中的一些计算开销。基于特征位图的算法的去重吞吐率则可以达到字节级算法的 1.8~3.4 倍，这是因为基于特征位图的算法不仅使用更大的 DCT 块基本单元，还有更高效的指纹计算方式，因此能够达到更好的加速效果。

用户可以通过改变滑动窗口大小和特征数量在去重吞吐率和压缩比之间寻找平衡，这体现了 imDedup 的可扩展性。此外，实验表明本章介绍的算法与传统算法相比，在保证相同压缩比的前提下，可以实现 1.8~3.4 倍的去重吞吐率。

13.6.5 针对差量压缩器的测试

本小节主要测试 imDedup 中的 Idelta 的性能表现，并与目前广泛使用的 Xdelta[17] 进行比较，结果如图 13.15 所示。其中，"Xdelta+FSE"表示使用 Xdelta 产生目标图像和基准图像的差量数据，并使用有限状态熵编码（Finite State Entropy，FSE）压缩差量数据作为最终的数据输出；"简化的 Idelta"表示没有采用第 13.5.3 小节介绍的优化方法的 Idelta。公平起见，这些差量压缩器都配备相同的相似性检测器，即基于特征位图的相似性检测器。

从图 13.15(a) 可以看出，只使用 Xdelta 进行压缩所取得的压缩效果是最差的，因为它根本没有办法处理差量压缩剩下的非冗余数据，而这部分数据由于数据膨胀抵消了差量压缩带来的存储收益。如果继续使用 FSE 进一步压缩 Xdelta 的差量数据，可以进一步节省空间，但压缩比的提升并不明显。此外，绝大多数情况下，基于 Xdelta 算法取得的压缩比都低于 1.0，这说明使用它们进行压缩还不如不压缩更节省存储空间，也就是出现了反压缩现象。但基于 Idelta 的算法能取得超过 1.0 的压缩比，说明基于 Idelta 的算法确实能够节省存储空间。与传统的字节级 Xdelta 相比，Idelta 的压缩比可以达到 1.3~1.6，这是因为 Idelta 以 DCT 块为基本处理单元，能够有效地解决差量压缩后的非冗余数据的数据膨胀问题。此外，实验结果还表明，对第 13.5.3 小节所提出的"连续重复块"问题进行优化不会影响系统的压缩比。

从图 13.15(b) 可以看出，Xdelta 的编码速率明显更慢。其中，Xdelta+FSE 由于比单纯的 Xdelta 多了一步 FSE，因此编码速率更慢一点。与 Xdelta 相比，简化的 Idelta 之所以能够取得 1.1~2.4 倍的编码速率提升，是因为 Xdelta 采用字节级编码技术，而基于 Idelta 的算法使用更大的 DCT 块为基本处理单元，从而减少了单元数量，能够在更小范围内寻找冗余数据，从而提高了编码速率。而再进一步的完全体 Idelta 与 Xdelta 相比则能够实现 1.5～2.6 倍的编码速率提升，这是因为它进一步优化了"连续重复块"带来的匹配问题，大大提高了差量编码速率。尤其是在 Web-A 和 Web-B 这两个数据集上，由于"连续重复块"出现得更多，因此加速效果更明显。

总之，实验结果证明了 Idelta 的高效性，它比起传统的一维字节级差量压缩器，不仅在压缩比上实现了 1.3～1.6 倍的提升，还在编码速率上实现了 1.5～2.6 倍的提升。

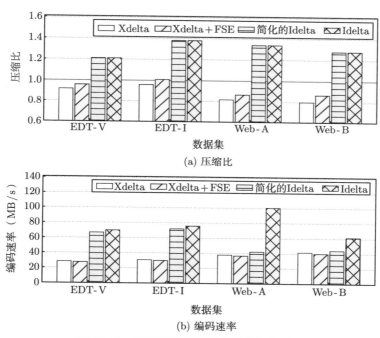

图 13.15　不同的差量压缩方法之间的对比

13.6.6　与粗粒度图像去重技术对比

为了展示 imDedup 的先进性，本小节实现了一个精确去重技术的系统原型进行对比实验。关于精确去重技术的介绍详见第 13.1 节。这里之所以选择精确去重而不是模糊去重进行对比，是因为模糊去重技术是有损的，它与本章介绍的无损压缩技术之间没有可比性。本小节着重对更容易被实际应用的无损压缩技术进行探讨，实验结果如图 13.16 所示。

实验结果显示，imDedup 能够实现 19%～38% 的压缩比提升，但也有 14%～26% 的去重吞吐率下降。精确去重技术在两个合成数据集（EDT-V 和 EDT-I）上只能达到 1.0 的压缩比，这说明这两个数据集里不存在完全相同的图像，因此精确去重技术完全无法从中获取存储收益。但是 imDedup 却可以达到高于 1.0 的压缩比，这说明这两个数据集中并非不存在冗余信息，只是精确去重技术无法检测并消除它们而已，但 imDedup 可以处理这种图像间的细粒度冗余信息。同时，在两个自然数据集上，imDedup 同样取得了更高的压缩比，这同时也说明自然场景下的图像中是确实存在着细粒度冗余的。

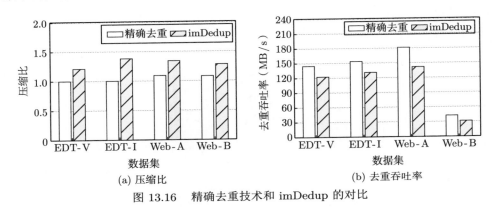

图 13.16　精确去重技术和 imDedup 的对比

13.7　本章小结

本章介绍的细粒度图像去重系统——imDedup，与现有的粗粒度图像去重技术相比，在压缩比上得到了巨大提升。imDedup 的技术创新点及优越性主要体现在以下 3 个方面。

（1）采用了细粒度图像去重框架。这一框架巧妙地结合了细粒度数据去重技术和图像编码技术，使二者兼容，从而做到了消除相似图像间细粒度冗余并实现压缩的效果。

（2）采用了一种全新的针对 JPEG 图像的相似性检测技术，即基于特征位图的相似性检测器。这一技术巧妙地利用了图像数据的二维结构和 JPEG 数据分布特征，减少了检测过程中的计算量和内存访问量，在不影响检测精确度的前提下大大提高了检测速度。

（3）采用了一个全新的与图像编码兼容的差量压缩器，称为 Idelta。Idelta 巧妙地改变了传统字节级差量压缩器的处理单元，能够与 JPEG 编码相兼容。

但是，imDedup 仍然具有非常大的改进空间，例如可以进一步研究如何将其扩展到其他图像格式上、如何将其去重思路延伸到视频数据上，以及具体该如何将其应用在分布式场景等。此外，在某些场景中，如何开展有损的细粒度图像去重也十分具有研究价值，可以探索在不破坏图像可读性的前提下提升图像数据的压缩比。

参考文献

[1] LEI Z, LI Z, LEI Y, et al. An Improved Image File Storage Method Using Data Deduplication[C]//Proceedings of International Conference on Trust, Security and Privacy in Computing and Communications (TrustCom'14). Beijing: IEEE Computer Society, 2014: 638-643.

[2] RASHID F, MIRI A, WOUNGANG I. Secure Image Deduplication Through Image Compression[J]. Journal of Information Security and Applications, 2016, 27: 54-64.

[3] WEN Z, LUO J, CHEN H, et al. A Verifiable Data Deduplication Scheme in Cloud Computing[C]//Proceedings of International Conference on Intelligent Networking and Collaborative Systems (INCOS'14). Salerno: IEEE, 2014: 85-90.

[4] GANG H, YAN H, XU L. Secure Image Deduplication in Cloud Storage[C]//Proceedings of Information and Communication Technology-EurAsia Conference (EurAsia-ICT'15). Daejeon: IEEE, 2015: 243-251.

[5] CHEN M, WANG S, TIAN L. A High-precision Duplicate Image Deduplication Approach[J]. Journal of Computers, 2013, 8(11): 2768-2775.

[6] LI X, LI J, HUANG F. A Secure Cloud Storage System Supporting Privacy-Preserving Fuzzy Deduplication[J]. Soft Computing, 2016, 20(4): 1437-1448.

[7] CHEN M, WANG Y, ZOU X, et al. A Duplicate Image Deduplication Approach via Haar Wavelet Technology[C]//Proceedings of International Conference on Cloud Computing and Intelligence Systems (CCIS'12). Hangzhou: IEEE, 2012: 624-628.

[8] TAKESHITA J, KARL R, JUNG T. Secure Single-server Nearly-identical Image Deduplication[C]//Proceedings of International Conference on Computer Communications and Networks (ICCCN'20). Honolulu: IEEE, 2020: 1-6.

[9] 李丹平, 杨超, 姜奇, 等. 一种支持所有权认证的客户端图像模糊去重方法[J]. 计算机学报, 2018, 41(6): 1267-1283.

[10] ZAUNER C, STEINEBACH M, HERMANN E. Rihamark: Perceptual Image Hash Benchmarking[C]//Proceedings of Media Watermarking, Security, and Forensics III (MWSF'11). San Francisco: SPIE, 2011: 343-357.

[11] XIE H, DENG Y, FENG H, et al. PXDedup: Deduplicating Massive Visually Identical JPEG Image Data[J]. Big Data Research, 2021, 23: 1-8.

[12] WALLACE G K. The JPEG Still Picture Compression Standard[J]. IEEE Transactions on Consumer Electronics, 1992, 38(1): 18-34.

[13] BHASKARAN V, KONSTANTINIDES K. Image and Video Compression Standards—Algorithms and Architectures, Second Edition[M]. 2 Netherlands: Kluwer, 1997: 74-86.

[14] AGOSTINI L V, SILVA I S, BAMPI S. Pipelined Fast 2D DCT Architecture for JPEG Image Compression[C]//Proceedings of Symposium on Integrated Circuits and Systems Design (SBCCI'01). Washington: IEEE, 2001: 226-231.

[15] EVERINGHAM M, ESLAMI S A, VAN GOOL L, et al. The Pascal Visual Object Classes Challenge: A Retrospective[J]. International Journal of Computer Vision, 2015, 111(1): 98-136.

[16] RUSSAKOVSKY O, DENG J, SU H, et al. ImageNet Large Scale Visual Recognition Challenge[J]. International Journal of Computer Vision, 2015, 115(3): 211-252.

[17] MACDONALD J. File System Support for Delta Compression[D]. Berkeley: University of California at Berkeley, 2000: 1-28.

第 14 章 总结与展望

回顾数据消冗技术的发展，我们发现其脉络是钟摆式的：伴随着数据规模的膨胀，块级数据去重应运而生；随着该技术的应用越来越广泛，多样的性能优化技术涌现；同时，数据规模的增加推动了相似数据去重技术的出现，使人们能够进一步探索更高的压缩率；而更复杂的业务流程促使更多性能优化或定制化消冗方案产生。从长远来看，更高的压缩率是一个永无止境的追求；从眼前来看，设计一套更为均衡的数据消冗系统仍然是个迫在眉睫的问题。

14.1 面向存储系统的通用数据消冗技术

具体而言，随着数据去重技术和差量压缩技术等面向存储系统的通用数据消冗技术走向成熟和工业化，它们将逐步成为现代存储系统的标准化技术，但是其仍存在诸多问题，如用户非常关注的数据消冗后的数据可用性和可恢复性。因此，数据去重技术和差量压缩技术的数据恢复性能改进研究、数据可靠性研究、数据去重安全性研究等引起了越来越多的关注。此外，如何部署一个更加智能化的数据消冗系统，以获得更高的压缩率并最小化数据消冗过程带来的资源消耗，也是工业界持续关注的研究课题。总的来说，数据消冗领域下一阶段的研究将集中在以下 6 个方面。

1. 联合数据去重和差量压缩的恢复性能研究

数据去重后会产生大量的磁盘碎片，导致数据恢复性能下降；而数据去重后的相似数据差量压缩识别了更多的冗余数据，同时也带来了数据管理和恢复上的困难。本书第 8 章中一些初步的研究成果显示差量压缩在某种程度上改善了数据去重后的数据恢复性能。所以具体的联合数据去重和差量压缩的恢复性能还有待进一步的讨论和分析。另外，如何进一步挖掘冗余数据的局部性等特征，如何提高内存中的数据恢复缓存命中率等问题，对提高数据消冗后的恢复性能都是很有研究意义的。

2. 数据去重和差量压缩过程中的安全性与可靠性研究

目前数据消冗的安全性研究还集中在数据去重的收敛加密和用户对数据的所有权证明等问题。对于联合差量压缩技术及添加了传统压缩算法功能的数据去重系统，目前还鲜有这方面的数据安全性和可靠性研究。而对于这些低带宽网络场景，差量压缩和传统的数据压缩通过更细粒度的识别冗余，可以最大化地消除数据冗余。如何既能够保证数据消冗的效果，同时又保障数据在传输过程中的安全性、可靠性，是下一步工作的研究重点。

3. 数据去重和差量压缩等数据消冗技术与存储新介质的联合研究

目前，各种新型存储器，包括 SSD、PCM、铁电存储器等，提供了越来越好的 I/O 性能。一方面，数据消冗技术可以帮这些新型存储器节省存储空间、减少重复读写次数；另一方面，这些新型存储器可以为数据消冗技术提供良好的指纹和数据块存储性能。目前，已经有研究工作提出使用数据去重技术消除 SSD 的重复写操作以达到延长其寿命的目的，也有提出利用 SSD 良好的随机 I/O 性能提升数据去重的指纹索引和数据恢复性能的研究工作。所以，如何使数据消冗技术和存储新介质互相合作、互取其长是下一步的重要研究点，即在降低数据消冗资源消耗的同时最大化降低存储成本，甚至通过数据消冗技术潜在地提升存储系统的 I/O 性能。

4. 多元化的智能冗余数据检测研究

目前，面向大规模系统的数据去重技术往往都遵循一些相对固定的步骤：将数据流切分为数据块，检查数据块的重复性，将数据块打包至容器中，最终保存数据容器到存储介质中。数据去重中检测重复数据的最小单位是数据块，粒度往往较大（4 KB 或 8 KB），无法最大程度地找出冗余数据并消除。在数据去重的基础上再引入相似去重，可以获得额外 2~5 倍的压缩率。然而，在数据去重系统中引入相似去重会使整个系统的复杂程度迅速上升，各种计算和索引开销大幅增加，难以适配目前高端存储系统的性能需求。所以如何挖掘数据流中冗余信息的局部性和内聚性，感知冗余数据背后的语义关联，分析与预测当前数据的可压缩性和特点，以使用特定的数据消冗方案，是进一步提升数据消冗效率的重点。

5. 快速响应的智能数据存储管理模式

数据去重系统的可用性和可维护性一直都是工业界关注的焦点，但是学术界的研究焦点一直集中于对写入数据性能的优化，在垃圾回收、数据恢复、容量管理、数据迁移等厂商所关注的可维护性的问题上仍缺乏研究。数据去重往往会破坏数据的局部性，这使得存储负载无法快速地被删除，数据管理层必须引入复杂的垃圾回收流程；同时也使得数据恢复的性能十分低下，这是数据的依赖关系混乱导致的。所以，如何进一步设计新的数据存储管理模式，从数据块、数据容器、存储设备的层次中深入思考数据去重后数据出现依赖的根本原因，找出数据依赖的解耦方案，是提高数据消冗系统可用性的重要研究方向。

6. 高并发自适应去重工作流调度模型

存储介质正向越来越高的性能和越来越低的单位成本的方向发展。一方面，新型的非易失性存储介质拥有可媲美内存的 I/O 性能，并且逐渐出现了企业级产品；另一方面，随着 SSD 等新型存储器件技术的逐渐进步，单位存储成本也将会大幅下降。新技术的产生会对整个系统的运行效率提出新的要求，同时，主流存储介质的变更带来了存储 I/O 特性的变化，也要求对数据去重系统的架构的重新思考。所以，如何充分利用不同特性的存储介质，适应主流存储介质未来发展的变化趋势，是一个非常有挑战性的研究课题。

14.2　针对特定场景的专用数据消冗技术

除了通用场景之外，数据消冗也可以做出定制化设计，以满足一些新型场景（如图片存储、高性能计算、人工智能模型存储等场景）的需求。在这些场景中，数据消冗可以和场景特性及其他技术相结合，从而实现更加强大的效果。

具体而言，数据消冗作为一种粗粒度的无损压缩技术，一般对于拥有较多冗余的数据有较好的效果。然而，对于大部分新型应用而言，他们产生的数据往往是结构化的，且会有细粒度和频繁的变化，如神经网络模型、图片存储、高性能计算海量数据、键值数据库、时序数据库等。因此，在这些场景下，传统数据消冗技术采用通用的块级数据去重或相似数据去重很难获得良好的效果。

面对这些特定领域的挑战，数据消冗技术需要有针对性地做出调整，可能的研究方向有以下 4 个。

（1）对于图像存储场景而言，实现更加有普适性的大规模数据消冗。图像编码技术本身就是一种有损压缩技术，实现了单文件的有效压缩，但是如何消除图像之间的冗余仍然是一个尚未解决的问题。本书第 13 章针对特定场景给出了一些技术思路和尝试，但是面向更通用的场景给出一个解决方案，依然是一个挑战。

（2）对于键值数据库（Key/Value Store）而言，数据的格式是一个个键值对，数据的边界非常明晰，不适合分块之类的算法再次切割。为了实现这种场景下的数据去重，可以先将每一个值（Value）视作一个消冗单元，在所有的值之间寻找相似的值，然后计算相似值之间的差异，以替代这些相似值，从而实现数据消冗的效果。

（3）对于高性能计算场景的数据而言，其数据一般由诸多浮点数组成。浮点数的尾数会有较强的随机性，普通的数据去重和差量压缩算法难以对其进行处理。在这个场景中，数据去重可以与有损压缩技术相结合，在有损压缩对数据进行精度可控的量化处理之后，将数据去重直接应用于量化的结果，以进一步提升整体的数据消冗效果。

（4）对于神经网络模型而言，其包含了大量的浮点数，使用传统的压缩算法难以进行压缩。本书第 10 章针对训练过程中的快照场景进行了讨论，利用轮数之间的版本相似性来进行压缩。但是如何针对没有相似性的神经网络进行压缩，以及如何把神经网络的压缩过程和计算过程相耦合，实现"不解压"计算，是一个非常重要的课题。

总体而言，数据去重和差量压缩等作为通用大规模数据消冗技术在某些新兴的场景下遇到了挑战，但是如果可以找到合适的切入点并结合场景特性进行定制化设计，数据消冗依然可以在这些场景发挥出重要的作用，这会是数据消冗技术的另一个重要发展方向。

附录　主要术语表

英文名称	英文简称	中文名称
Asymmetric Extremum	AE	非对称极值
Average Perceptual Hash		平均感知哈希
Batch Normalization	BN	批次标准化
Bitmap Encoding		位图编码
Bloom Filter		布隆过滤器
Central Processing Unit	CPU	中央处理器
Chunk		数据块
Coarse-grained Deduplication		粗粒度数据去重
Collaborative Channel Pruning		相关性通道剪枝
Compression Factor	CF	压缩比
Compression Ratio	CR	压缩率
Content-Defined Chunking	CDC	基于内容分块
Correlation Coefficient	CorrCoef	相关系数
Cuckoo Hash		布谷鸟哈希
Data Deduplication		数据去重
Deep Neural Network	DNN	深度神经网络
Delta Compression		差量压缩
Delta Encoding		增量编码
Dictionary Encoding		字典编码
Differential Encoding		差分编码
Discrete Cosine Transform	DCT	离散余弦变换
Entropy Encoding		熵编码
Exact Deduplication		精确去重
eXecute In Place	XIP	原地执行
Extremely Fast Hash Algorithm	xxHash	最快哈希算法
Fast Content-Defined Chunking	FastCDC	极速基于内容分块（算法）
Feature		特征值
Fine-grained Deduplication		细粒度数据去重
Finite State Entropy	FSE	有限状态熵（编码）
Fix Sized Chunking	FSC	定长分块
Fuzzy Deduplication		模糊去重
Gear Hash		齿轮哈希
Gear-CDC	Gear-CDC	基于齿轮哈希的分块（算法）
General Purpose Graphic Processing Unit	GPGPU	通用图形处理器
Global Positioning System	GPS	全球定位系统
Graphics Processing Unit	GPU	图形处理单元
Hardware Disk Drive	HDD	磁盘
Hidden Markov Model	HMM	隐马尔可夫模型
Huffman Encoding		哈夫曼编码

英文名称	英文简称	中文名称
Information Entropy		信息熵
Input/Ouput	I/O	输入/输出
Joint Photographic Experts Group	JPEG	联合影像专家组
Least Recently Used	LRU	最近最久未使用（替换算法）
Lerenzo Predictor		洛伦佐预测器
Local Branch Predictor		基于局部历史的分支预测器
Lossless Compression		无损压缩
Lossy Compression		有损压缩
Low-Bandwidth Network File System	LBFS	低带宽网络文件系统
Manhattan Distance Mean	MDM	曼哈顿距离均值
Merkle Hash Tree	MHT	默克尔哈希树
Non-Volatile Dual In-line Memory Module	NVDIMM	非易失性双列直插内存模块
Non-Volatile Memory	NVM	非易失性存储器
Normalized Chunking	NC	收敛分块
Normalized Chunking-Level	NC-Level	收敛分块等级
Optane DC Persistent Memory Module	Optane DCPMM	傲腾持久化内存模块
Perceptual Hash		感知哈希
Phase Change Memory	PCM	相变存储器
Plant Information System	PI	工厂信息管理系统
Rabin-based CDC	Rabin-CDC	基于 Rabin 指纹的分块（算法）
Real-time Database		实时数据库
Resistive Random Access Memory	RRAM	阻变随机存取存储器
Run Length Encoding	RLE	游程编码
Secure Hash Algorithm		安全哈希算法
Segment		数据段
Similarity Degree		（数据块的）相似程度
Solid State Disk	SSD	固态硬盘
Spin-Transfer Torque Random Access Memory	STT-RAM	自旋转移力矩随机存取存储器
Stochastic Gradient Descent	SGD	随机梯度下降算法
Structural Similarity Index	SSIM	结构相似性
Super-Feature/Super-Fingerprint	SF	超级特征值/超级指纹
Support Vector Machine	SVM	支持向量机
Swinging Door Trending	SDT	旋转门（算法）
Time-Series Data		时序数据
Time-Series Database	TSDB	时序数据库
Two-level Adaptive Predictor		两级自适应预测器
Variable Length Integer		变长整数（编码）

中国电子学会简介

中国电子学会于 1962 年在北京成立，是 5A 级全国学术类社会团体。学会拥有个人会员 10 万余人、团体会员 1200 多个，设立专业分会 47 个、专家委员会 17 个、工作委员会 9 个，主办期刊 13 种，并在 26 个省、自治区、直辖市设有相应的组织。学会总部是工业和信息化部直属事业单位，在职人员近 200 人。

中国电子学会的 47 个专业分会覆盖了半导体、计算机、通信、雷达、导航、微波、广播电视、电子测量、信号处理、电磁兼容、电子元件、电子材料等电子信息科学技术的所有领域。

中国电子学会的主要工作是开展国内外学术、技术交流；开展继续教育和技术培训；普及电子信息科学技术知识，推广电子信息技术应用；编辑出版电子信息科技书刊；开展决策、技术咨询，举办科技展览；组织研究、制定、应用和推广电子信息技术标准；接受委托评审电子信息专业人才、技术人员技术资格，鉴定和评估电子信息科技成果；发现、培养和举荐人才，奖励优秀电子信息科技工作者。

中国电子学会是国际信息处理联合会（IFIP）、国际无线电科学联盟（URSI）、国际污染控制学会联盟（ICCCS）的成员单位，发起成立了亚洲智能机器人联盟、中德智能制造联盟。世界工程组织联合会（WFEO）创新专委会秘书处、中国科协联合国咨商信息与通信技术专业委员会秘书处、世界机器人大会秘书处均设在中国电子学会。中国电子学会与电气电子工程师学会（IEEE）、英国工程技术学会（IET）、日本应用物理学会（JSAP）等建立了会籍关系。

关注中国电子学会微信公众号

加入中国电子学会